普通高等教育“十三五”应用型人才培养规划教材

数据处理与知识发现

主　编　徐　琴　刘智珺

副主编　王　晶

参　编　黄向宇

机　械　工　业　出　版　社

本书系统地介绍了数据预处理、数据仓库和数据挖掘的原理、方法及应用技术，以及采用 Mahout 对相应的挖掘算法进行实际练习。本书共有 11 章，分为两大部分。第 1 ~ 7 章为理论部分。第 1 章为绪论，介绍了数据挖掘与知识发现领域中的一些基本理论、研究方法等，也简单介绍了 Hadoop 生态系统中的 Mahout；第 2 ~ 7 章按知识发现的过程，介绍数据预处理的方法和技术、数据仓库的构建与 OLAP 技术、数据挖掘原理及算法（包括关联规则挖掘、聚类分析方法、分类规则挖掘）、常见的数据挖掘工具与产品。第 8 ~ 11 章为实验部分，采用 Mahout 对数据挖掘各类算法进行实际练习。

本书应用性较强，与实践相结合，以小数据集为例详细介绍各种挖掘算法，使读者更易掌握挖掘算法的基本原理及过程；使用最广泛的大数据平台——Hadoop 生态系统中的 Mahout 对各种挖掘算法进行实际练习，实战性强，也符合目前数据处理与挖掘的发展趋势。

本书既便于教师课堂讲授，又便于自学者阅读，可作为高等院校高年级学生“数据挖掘技术”“数据仓库与数据挖掘”“数据处理与智能决策”等课程的教材。

（责任编辑邮箱：jinacmp@ 163. com）

图书在版编目（CIP）数据

数据处理与知识发现/徐琴，刘智珺主编．—北京：机械工业出版社，2018. 8（2023. 6 重印）
普通高等教育“十三五”应用型人才培养规划教材
ISBN 978-7-111-60584-3

Ⅰ. ①数…　Ⅱ. ①徐…②刘…　Ⅲ. ①数据处理—高等学校—教材
Ⅳ. ①TP274

中国版本图书馆 CIP 数据核字（2018）第 171144 号

机械工业出版社（北京市百万庄大街 22 号　邮政编码 100037）
策划编辑：吉　玲　责任编辑：吉　玲　范成欣　刘丽敏
责任校对：肖　琳　封面设计：张　静
责任印制：张　博
北京中科印刷有限公司印刷
2023 年 6 月第 1 版第 4 次印刷
184mm × 260mm · 18 印张 · 440 千字
标准书号：ISBN 978-7-111-60584-3
定价：45. 00 元

前 言

现在的社会是一个高速发展的社会，科技发达，信息畅通，人们之间的交流越来越密切，生活也越来越方便，大数据就是这个高科技时代的产物，并且将会以更多、更复杂、更多样化的方式持续增长。大数据的复杂化和格式多样化，决定了应用服务平台中针对大数据的服务场景和类型的多样化，从而要求应用服务平台必须融合大数据技术来应对，传统的数据存储和分析技术已无法满足应用的需求。

目前行业中使用最广泛的大数据平台是基于 Apache 开源社区版本的 Hadoop 生态体系，阿里巴巴、腾讯、百度、脸书（Facebook）等国内外各大互联网公司的系统基本都采用 Hadoop 生态系统，来完成数据存储和处理。事实上，在未来 2~3 年预计有超过 50% 的大数据项目会在 Hadoop 框架下运行。

在大数据时代，大学生应具备一定的大数据处理能力。本书围绕大数据背景下的数据处理和知识发现问题，从基本概念入手，由浅入深、循序渐进地介绍了数据处理与知识发现过程中的数据预处理技术、数据仓库技术、数据挖掘的基本方法，并在最后使用最广泛的大数据平台——Hadoop 生态系统中的 Mahout 对各种挖掘算法进行实际练习，实战性强，也符合目前数据处理与挖掘的发展趋势。

目前，数据处理与知识发现及应用方法逐渐成为各高校信息类和管理类本科专业的必修内容。本书作为立足于本科教学的教材，具有如下特色：

（1）在逻辑安排上循序渐进，由浅入深，便于读者系统学习。

（2）内容丰富，信息量大，融入了大量本领域的新知识和新方法。

（3）作为教材，以小数据集为例详细介绍各种挖掘算法，使读者更易掌握挖掘算法的基本原理及过程；使用 Mahout 实践各种挖掘算法，符合大数据的发展趋势。

（4）图文并茂，形式生动，可读性强。

本书的编写得到了武汉民办高校合作联盟、武昌首义学院信息科学与工程学院和机械工业出版社的大力支持和帮助，在此深表谢意！

由于编者水平有限，书中难免会出现不足之处，欢迎读者批评指证。如果您有更多的宝贵意见，欢迎发邮件至邮箱 xuqin@ wsyu. edu. cn。

编　者

目 录 Contents

下篇 实验部分

理论部分

第1章 绪　论

现在的社会是一个高速发展的社会，科技发达，信息流通，人们之间的交流越来越密切，生活也越来越方便，大数据就是这个高科技时代的产物。在我们的生活中，多样化的设备和应用系统不断地产生大数据，并且将会以更多、更复杂、更多样化的方式持续增长。面对海量数据库和大量繁杂信息，如何才能从中提取有价值的知识，进一步提高信息的利用率，此为一个研究方向：基于数据库的知识发现（Knowledge Discovery in Database，KDD）以及相应的数据处理、数据挖掘（Data Mining）理论和技术的研究。

数据的处理过程可分为数据采集、数据预处理、数据存储及管理、数据分析及挖掘等环节，其中数据采集、数据存储及管理是其他课程涉及的内容，本书主要介绍数据预处理、数据分析及挖掘等内容。

本章除介绍数据仓库与数据挖掘相关的基本概念和引导性知识外，还简单介绍了Mahout这一基于Hadoop的机器学习和数据挖掘的分布式计算框架，其目的是为后续章节的学习做好基础知识的储备，并起到穿针引线的作用。

1.1　KDD与数据挖掘

KDD一词首次出现在1989年举行的第11届美国人工智能协会（American Association for Artifical Intelligence，AAAI）学术会议上，其后，在超大规模数据库（Very Large Database，VLDB）及其他与数据库领域相关的国际学术会议上也举行了KDD专题研讨会。1995年，在加拿大蒙特利尔召开了第一届KDD国际学术会议（KDD'95），随后每年召开一次这样的会议。由Kluwer Academic Publisher出版，1997年创刊的Knowledge Discovery and Data Mining（知识发现和数据挖掘）是该领域中的第一本学术刊物。此后，KDD的研究工作逐步成为热点。

知识发现和数据挖掘领域的研究工作适应市场竞争需要，它将为决策者提供重要的、潜在的信息或知识，从而产生不可估量的效益。目前，关于KDD的研究工作已经被众多领域所关注，如过程控制、信息管理、商业、医疗、金融等领域。

1.1.1　KDD的定义

人们给KDD下过很多定义，内涵也各不相同，目前公认的定义是由美国Microsoft Research Labs的Fayyad等人提出的。基于数据库的知识发现（KDD）是指从大量数据中提取有效的、新颖的、潜在有用的、最终可被理解的模式的非平凡的过程。

数据：指一个有关事实F的集合，用以描述事物的基本信息。如学生学籍管理数据库中有关学生基本情况的记录。一般来说，这些数据都是准确无误的。

模式：对于集合 F 中的数据，可以用语言 L 来描述其中数据的特性，一个模式 E，就是 L 中的一个陈述，E 所描述的数据是集合 F 的一个子集 F_E。F_E 表明数据集中的数据具有特性 E。作为一个模式，E 比枚举数据子集 F_E 简单。例如，“如果分数在 81 ~ 90 之间，则成绩优良”可称为一个模式。

非平凡过程：KDD 是由多个步骤构成的处理过程，包括数据预处理、模式提取、知识评估及过程优化。非平凡过程是指具有一定程度的智能性和自动性，而不仅是简单的数值统计和计算。

有效性（可信性）：从数据中发现的模式必须有一定的可信度。函数 C 将表达式映射到度量空间 M_C，c 表示模式 E 的可信度，$c=C(E,F)$，其中 $E\in \mathrm{L}$，E 所描述的数据集合 $F_E\subseteq F$。

新颖性：提取的模式必须是新颖的。模式是否新颖可以通过以下两个途径来衡量：一是通过当前得到的数据和以前的数据或期望得到的数据之间的比较结果来判断该模式的新颖程度；二是通过对比发现的模式与已有模式的关系来判断。通常用一个函数来表示模式的新颖程度 $N(E,F)$，该函数的返回值是逻辑值或是对模式 E 的新颖程度的一个判断数值。

潜在作用：指提取出的模式将来会实际运用。通过函数 U 把 L 中的表达式映射到度量空间 M_U，u 表示模式 E 的有作用程度，$u=U(E,F)$。

可理解性：发现的模式应该能被用户理解，以帮助人们更好地了解和使用数据库中的信息，这主要体现在简洁性上。要想让一个模式更易于理解并不容易，需要对其简单程度进行度量。用 s 表示模式 E 的简单度（可理解度），它也通过函数来反映，即 $s=S(E,F)$。

上述度量函数只是从不同角度进行模式评价，往往采用权值来进行综合评判。在某些 KDD 系统中，利用函数来求得模式 E 的权值 $i=I(E,F,C,N,U,S)$；在另外一些系统中，通过对求得的模式的不同排序来表示模式的权值大小。

1.1.2　KDD 过程与数据挖掘

KDD 是一个反复迭代的人机交互处理过程。该过程需要经历多个步骤，并且很多决策需要由用户提供。从宏观上看，KDD 过程主要由以下部分组成：数据清理、数据集成、选择与变换、数据挖掘、模式评估与知识表示，如图 1-1 所示。

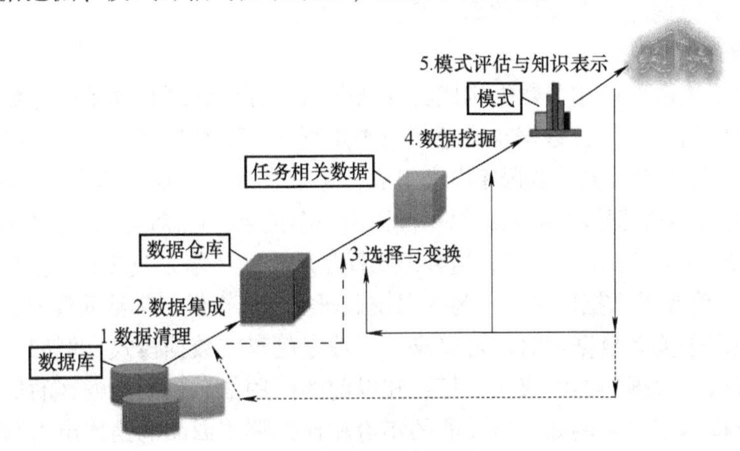

图 1-1　KDD 过程示意图

1）数据清理：消除噪声和不一致数据，如删除无效数据，用统计方法填充丢失数据等。

2）数据集成：将多种数据源的数据组合在一起，一个流行的趋势是将数据清理和数据集成作为预处理步骤执行，结果数据存放在数据仓库中。数据仓库是数据挖掘的一种对象。

3）数据选择：从数据库中提取与分析任务相关的数据。

4）数据变换：数据变换或统一成适合挖掘的形式，如通过汇总或聚集操作。

5）数据挖掘。

① 确定 KDD 目标：首先根据用户的要求，确定 KDD 要发现的知识的类型，因为对 KDD 的不同要求会在具体的知识发现过程中采用不同的知识发现算法，如分类、关联规则、聚类等。

② 选择算法：根据确定的任务选择合适的知识发现算法，包括选取合适的模型和参数。同样的目标可以选用不用的算法来解决，这可以根据具体情况进行分析选择。选择算法的途径有以下两种：一是根据数据的特点不同，选择与之相关的算法；二是根据用户的要求，有的用户希望得到描述型的结果，有的用户希望得到预测准确度尽可能高的结果，不能一概而论。总之，要做到选择算法与整个 KDD 过程的评判标准相一致。

③ 数据挖掘：这是整个 KDD 过程中很重要的一个步骤。运用前面选择的算法，从数据中提取出用户感兴趣的数据模式，并以一定的方式表示出来是数据挖掘的目的。

6）模式评估：根据某种兴趣度度量，识别表示知识的真正有趣的模式。

7）知识表示：使用可视化和知识表示技术，向用户提供挖掘的知识。

在上述步骤中，数据挖掘占据着非常重要的地位，它主要是利用某些特定的知识发现算法，在一定的运算效率范围内，从数据中发现出有关知识，决定了整个 KDD 过程的效果与效率。

1.2 数据挖掘的对象

数据挖掘的对象原则上可以是各种存储方式的信息。目前的信息存储方式主要包括关系数据库、数据仓库、事务数据库、高级数据库系统、文件数据和 Web 数据等，其中高级数据库系统包括面向对象数据库、关系对象数据库以及面向应用的数据库（如空间数据库、时态数据库、文本数据库、多媒体数据库等）。

1. 关系数据库

一个数据库系统由一些相关数据构成，并通过软件程序管理和存储这些数据。数据库管理系统提供数据库结构定义，数据检索语言（SQL 等），数据存储，并发、共享和分布式机制，数据访问授权等功能。关系数据库由表组成，每个表由一个唯一的表名，属性（列或域）集合组成表结构，表中数据按行存放，每一行称为一个记录，记录间通过键值加以区别。关系表中的一些属性域描述了表间的联系，这种语义模型就是实体联系（E-R）模型。关系数据库是目前最流行、最常见的数据库之一，为数据挖掘研究工作提供了丰富的数据源。

当数据挖掘用于关系数据库时，可以进一步搜索趋势或数据模式。例如，数据挖掘系统可以分析顾客数据，根据顾客的收入、年龄和以前的信用信息预测新顾客的信用风险。数据挖掘系统也可以检测偏差。例如，与以前的年份相比，哪些商品的销售出人预料。可以进一步考察这种偏差，如数据挖掘可能发现这些商品的包装的变化，或价格的大幅度提高。

2. 数据仓库

数据仓库可以把来自不同数据源的信息以同一模式保存在同一个物理地点。其构成需要经历数据清理、数据格式转换、数据集成、数据载入及阶段性更新等过程。数据仓库（Data Warehouse，DW）是一个面向主题的（Subject Oriented）、集成的（Integrated）、相对稳定的（Non-Volatile）、反映历史变化的（Time Variant）、支持管理决策（Decision Making Support）的数据集合。面向主题是指数据仓库的组织围绕一定的主题，不同于日复一日的操作和事务处理型的组织，而是通过排斥对决策无用的数据等手段提供围绕主题的简明观点。集成是指数据仓库将多种异质数据源集成为一体，如关系数据库、文件数据、在线事务记录等。数据存储包含历史信息（如过去的5～10年）。数据仓库要将分散在各个具体应用环境中的数据转换后才能使用，所以它不需要事务处理、数据恢复、并发控制等机制。

数据仓库根据多维数据库结构建模，每一维代表一个属性集，每个单元存放一个属性值，并提供多维数据视图，允许通过预计算快速地对数据进行总结。尽管数据仓库中集成了很多数据分析工具，但仍然需要像数据挖掘等更深层次、自动的数据分析工具。数据仓库的构造和使用框架如图1-2所示。

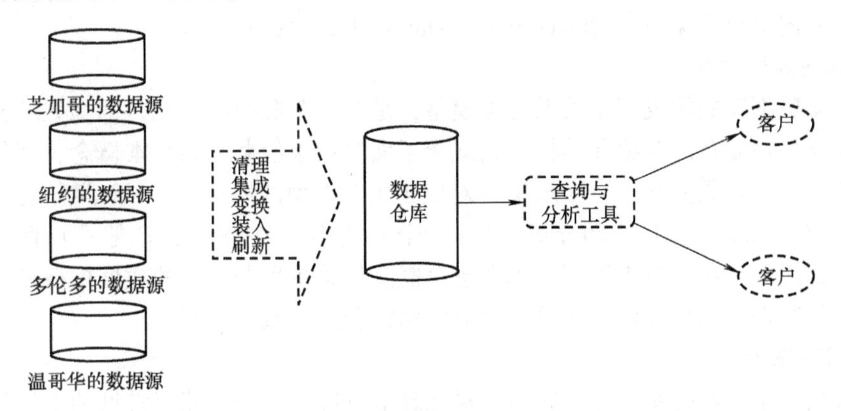

图1-2　AAA公司的数据仓库的构造和使用框架

关于数据仓库的内容主要在第3章介绍。

3. 事务数据库

一个事务数据库由文件构成，每条记录代表一个事务。通常，一个事务包含唯一的事务标识号（Trans_ID）和组成该事务的项的列表（如在超市中购买的商品）。超市的销售数据是典型的事务型数据，见表1-1。事务数据库可能有一些与之关联的附加表，如包含关于销售的其他信息：事务的日期、顾客的ID号、销售者的ID号、连锁分店的ID号等。更深层次的市场货篮（Market Basket）数据分析（如哪些商品经常同时销售等问题）只能利用数据挖掘思想来解决。

表1-1　超市销售事务数据

Trans_ID	商品ID的列表
T100	I1，I3，I8，I16
T200	I2，I8
…	…

例如，你可能问“哪些商品一起销售得很好?”，这种“购物篮数据分析”使你能够制定促销策略，将商品捆绑销售。例如，有了“打印机与计算机经常一起销售”的知识，你可以给购买指定计算机的顾客以较大的折扣（甚至免费）提供某种打印机，以期销售更多较贵的计算机（通常比打印机更贵）。传统的数据库系统不能进行购物篮数据分析。事务数据上的数据挖掘可以通过挖掘频繁项集来做这件事。频繁项集是频繁地一起销售的商品的集合。

4. 面向对象数据库

面向对象数据库是基于面向对象程序设计的范例，是面向对象程序设计技术与数据库技术结合的产物。面向对象数据库每一个实体作为一个对象，与对象相关的程序和数据封装在一个单元中，通常用一组变量描述对象，等价于实体联系模型和关系模型中的属性。对象通过消息与其他对象或数据库系统进行通信。对象机制提供一种模式获取消息并做出反应的手段。类是对象共享特征的抽象。对象是类的实例，也是基本运行实体。可以把对象类按级别分为类和子类，实现对象间属性共享。其主要特点是具有面向对象技术的封装性和继承性，提高软件的可重用性。

常见的面向对象数据库有 Object Store、Ontos、O2、Jasmin 等。

5. 关系对象数据库

关系对象数据库的构成基于关系对象模型，是对关系模型的扩充，因为大部分复杂的数据库应用需要处理复杂的对象和结构。它继承了面向对象数据库的基本概念，把每个实体看作一个对象，每个对象关联一个变量集（对应于关系模型的属性）、一个消息集（使用它可与其他对象或数据库系统其他部分通信）、一个方法集（每个方法实现一个消息的代码）。关系对象数据库在工业、应用等方面越来越普遍。与关系数据库上的数据挖掘相比，关系对象数据库上的数据挖掘更强调操作复杂的对象结构和复杂数据类型。

6. 空间数据库

空间数据库是指在关系型数据库内部对地理信息进行物理存储。常见的空间数据库数据类型包括地理信息系统、遥感图像数据、医学图像数据。空间数据可以用包括 n 维位图、像素图等光栅格式表示（如二维卫星图像数据可以用光栅格式表示，每一个像素记录一个降雨区域），也可以用向量形式表示（如道路、桥梁、建筑物等基本地理结构可以用点、线、多边形等几何图形表示为向量格式）。空间数据库具有一些共同的特点：数据量庞大、空间数据模型复杂、属性数据和空间数据联合管理、应用范围广泛。

对空间数据库可以进行何种数据挖掘呢?

例如，数据挖掘可以发现描述坐落在特定类型地点（如公园）附近的房屋特征，可能描述不同海拔的山区气候，或根据城市离主要高速公路的距离描述大城市贫困率的变化趋势。另外，可以将移动对象的趋势分组，识别移动怪异的车辆，或根据疾病随时间的地理分布，区别生物恐怖攻击与正常的流感爆发。

7. 时态数据库和时间序列数据库

时态数据库和时间序列数据库都存放与时间有关的数据。

时态数据库通常存放与时间相关的属性值，这些属性可以是具有不同语义的时间戳，如与时间相关的职务、工资等个人信息数据及个人简历信息数据等均属于时态数据库数据。

时间序列数据库存放随时间变化的值序列，如零售行业的产品销售数据、股票数据、气象观测数据等均为时间序列数据。

对时态数据库和时间序列数据库的数据挖掘，通过研究事物发生发展的过程，可以发现数据对象的演变特征或对象变化趋势。例如，对银行数据的挖掘可能有助于根据顾客的流量安排银行出纳员；可以挖掘股票交易数据，发现可能帮助你制定投资策略的趋势，如何是实时购买某支股票的最佳时机。

8. 文本数据库

文本数据库是包含用文字描述的对象的数据库。这里的文字不是简单的关键字，可能是长句子或图形，如产品说明书、出错或调试报告、警告信息、简报等文档信息。文本数据类型包括无结构类型（大部分的文本资料和网页）、半结构类型（XML数据）、结构类型（图书馆数据）。

通过挖掘文本数据可以发现如文本文档的简明概括的描述、关键词或内容关联，以及文本对象的聚类行为等。

9. 多媒体数据库

在多媒体数据库中主要存储图形（Graphics）、图像（Image）、音频（Audio）、视频（Video）等。多媒体数据库管理系统提供在多媒体数据库中对多媒体数据进行存储、操纵和检索的功能，特别强调多种数据间（如图像、声音等）的同步和实时处理，主要应用在基于图片内容的检索、语音邮件系统、视频点播系统。对于多媒体数据库的数据挖掘，需要将存储和检索技术相结合。目前的主要方法包括构造多媒体数据立方体、多媒体数据库的多特征提取、基于相似性的模式匹配等。

10. 万维网数据

万维网（WWW）可以被看成最大的文本数据库。万维网提供了丰富的、世界范围的联机信息服务，用户通过链接，从一个对象到另一个对象，寻找感兴趣的信息。这种系统对数据挖掘提供了大量的机会和挑战。

面向Web的数据挖掘比面向数据库和数据仓库的数据挖掘要复杂得多，这是由于互联网上异构数据源环境、数据结构的复杂性、动态变化的应用环境等特性所决定的。Web数据挖掘包括Web结构挖掘、Web使用挖掘、Web内容挖掘。

例如，理解用户的访问模式不仅有助于改进系统设计（通过提供高度相关的对象间的有效访问），而且还可以导致更好的市场决策（如通过在频繁访问的文档上布置广告，或提供更好的顾客分类和行为分析等）。

11. 流数据

与传统数据库中的静态数据不同，流数据是海量甚至可能是无限，动态变化，以固定的次序流进和流出，只允许一遍或少数几遍扫描，要求快速（常是实时的）响应时间。与传统数据库相比，流数据在存储、查询、访问、实时性的要求等方面都有很大区别。

流数据的主要应用场合包括网络监控、网页点击流、股票交易、流媒体、气象或环境监控数据等。

挖掘数据流涉及流数据中的一般模式和动态变化的有效发现。例如，人们可能希望根据消息流中的异常检测计算机网络入侵，这可以通过数据流聚类、流模型动态构造或将当前的频繁模式与前一次的频繁模式进行比较来发现。

1.3 数据挖掘的任务

通常，数据挖掘任务分为以下两大类。

1）预测任务。这些任务的目标是根据其他属性的值，预测特定属性的值。被预测的属性一般称目标变量（Target Variable）或因变量（Dependent Variable），而用来做预测的属性称说明变量（Explanatory Variable）或自变量（Independent Variable）。例如，用于预测离散的目标变量，如预测一个 Web 用户是否会在网上书店买书是分类任务；用于预测连续的目标变量，如预测某股票的未来价格则是回归任务；从数据集中发现与众不同的数据是离群点检测等。

典型的分类型任务如下：

- 给出一个客户的购买或消费特征，判断其是否会流失。
- 给出一个信用卡申请者的资料，判断其编造资料骗取信用卡的可能性。
- 给出一个病人的症状，判断其可能患的疾病。
- 给出大额资金交易的细节，判断是否有洗钱的嫌疑。
- 给出很多文章，判断文章的类别（如科技、体育、经济等）。

2）描述任务。通过对数据集的深度分析，寻找出概括数据相互联系的模式或规则，描述性数据挖掘任务通常是探查性的，并且常常需要后处理技术验证和解释结果。例如，把没有预定义类别的数据划分成几个合理的类别是聚类分析、任务发现数据项之间的关系是关联分析、形成数据高度浓缩的子集及描述是摘要任务等。

典型的描述型任务如下：

- 给出一组客户的行为特征，将客户分成多个行为相似的群体。
- 给出一组购买数据，分析购买某些物品和购买其他物品之间的联系。
- 给出一篇文档，自动形成该文档的摘要。

1. 关联分析

我们经常会碰到这样的问题：

① 商业销售上，如何通过交叉销售，以得到更大的收入？

② 保险方面，如何分析索赔要求，发现潜在的欺诈行为？

③ 银行方面，如何分析顾客消费行业，以便有针对性地向其推荐感兴趣的服务？

④ 哪些制造零件和设备设置与故障事件关联？

⑤ 哪些病人和药物属性与结果关联？

⑥ 哪些商品是已经购买商品 A 的人最有可能购买的？

在商业销售上，关联规则可用于交叉销售，以得到更大的收入；在保险业务方面，如果出现了不常见的索赔要求组合，则可能为欺诈，需要进行进一步的调查；在医疗方面，可找出可能的治疗组合；在银行方面，对顾客进行分析，可以推荐感兴趣的服务等。这些都属于关联规则挖掘问题。

关联分析（Association Analysis）用来发现描述数据中强关联特征的模式。所发现的模式通常用蕴涵规则或特征子集的形式表示。关联规则挖掘的目的就在于在一个数据集中找出项之间的关系，从大量的数据中挖掘出有价值的描述数据项之间相互联系的有关知识。

关联分析挖掘的规则形式：Body⇒Head [support, confidence]。例如，buys (x, diapers) ⇒ buys (x, beers) [0.5%, 60%]，支持度为0.5%表示所分析的所有事务的0.5%同时购买diapers和beers。置信度60%意味着购买diapers的顾客60%也购买了beers。这个关联规则涉及单个重复的属性或谓词（即buys）。包含单个谓词的关联规则称为单维关联规则（Single-dimensional Association Rule）。去掉谓词符号，上面的规则可以简单地写成“diapers ⇒beers [0.5%, 60%]”。

在典型情况下，如果关联规则满足最小支持度阈值和最小置信度阈值，则此关联规则被认为是有趣的。如果某一关联规则不能同时满足最小支持度阈值和最小置信度阈值，则它会被认为是不令人感兴趣的而被丢弃。这些阈值可以由用户或领域专家设定。

【例1-1】　关联分析。表1-2给出的事务是在一家杂货店收银台收集的销售数据。关联分析可以用来发现顾客经常同时购买的商品。例如，我们可能发现规则{Diaper}→{Milk}。该规则暗示购买尿布的顾客多半会购买牛奶。这种类型的规则可以用来发现各类商品中可能存在的交叉销售的商机。

表1-2　购物篮数据

TID	Items
1	Bread、Coke、Milk
2	Beer、Bread
3	Beer、Coke、Diaper、Milk
4	Beer、Bread、Diaper、Milk
5	Coke、Diaper、Milk
…	…

关联规则的挖掘将在第4章进行介绍。

2. 聚类分析

我们经常会碰到这样的问题：

- 如何通过一些特定的症状归纳某类特定的疾病？
- 谁是银行信用卡的黄金客户？
- 谁喜欢打国际长途，在什么时间，打到哪里？
- 对住宅区进行分析，确定自动提款机ATM的安放位置。
- 如何对用户WAP上网行为进行分析，通过客户分群，进行精确营销？

除此之外，促销应该针对哪一类客户，这类客户具有哪些特征？这类问题往往是在促销前首要解决的问题，对整个客户做分群，将客户分组在各自的群组里，然后对每个不同的群组采取不同的营销策略。这些都是聚类分析的例子。

不像分类和预测分析标号类的数据对象，聚类（Clustering）分析数据对象不考虑已知的类标号。一般情况下，训练数据中不提供类标号，因为开始并不知道类标号，可以使用聚类产生这种标号。聚类是按照某个特定标准（通常是某种）把一个数据集分割成不同的类，使得类内相似性尽可能地大，同时类间的区别性也尽可能地大。直观地看，最终形成的每个聚类在空间上应该是一个相对稠密的区域。可见，最大化类内部的相似性、最小化类之间的相似性是聚类的原则。

聚类方法主要包括划分聚类、层次聚类、基于密度的聚类、基于网格的聚类、基于模型的聚类等。

作为一种数据挖掘功能，聚类分析也可以作为一种独立的工具，用来洞察数据的分布，观察每个簇的特征，将进一步分析集中在特定的簇集合上。另外，聚类分析可以作为其他算法（如特征化、属性子集选择和分类）的预处理步骤，之后这些算法将在检测到的簇和选择的属性或特征上进行操作。例如，“哪一种类的促销对客户响应最好?”，对于这一类问题，首先对整个客户做聚集，将客户分组在各自的聚集里，然后对每个不同的聚集回答问题，可能效果更好。

【例 1-2】 **聚类分析**。设有记录了 4 个顾客 3 个信息的数据库，见表 1-3。

表 1-3　计算机商店顾客信息

顾客 ID	学　生	年龄段/岁	收　入	类　别
x_1	否	31 ~ 40	一般	?
x_2	是	≤30	一般	?
x_3	是	31 ~ 40	较高	?
x_4	否	≥41	一般	?

将记录进行聚类分析。由于没有指定具体的相似度标准，因此根据表 1-3 的属性，可以考虑选择几个不同的标准来进行聚类分析，并对结果进行比较。

① 以是否为“学生”为相似度标准，则 4 条记录可聚成以下两个簇：

$$A_{学生} = \{x_2, x_3\},\ B_{非学生} = \{x_1, x_4\};$$

② 以顾客的年龄段作为相似度标准，则 4 条记录可聚成以下 3 个簇：

$$A_{\leqslant 30} = \{x_2\}, B_{31\sim 40} = \{x_1, x_3\},\ C_{\geqslant 41} = \{x_4\};$$

③ 以收入水平作为相似度标准，则 4 条记录可聚成以下两个簇：

$$A_{一般} = \{x_1, x_2, x_4\}, B_{较高} = \{x_3\};$$

通过此例可以发现，对顾客记录的聚类分析是对顾客集合的一个恰当的划分。对一个给定顾客数据库，如果相似性度量标准不同，则划分结果也不同，即聚类算法对相似性度量标准是敏感的。这也告诉我们，可选择不同的度量标准对数据库记录进行聚类分析，以期得到更加符合实际工作需要的聚类结果。

聚类分析将在第 5 章进行介绍。

3. 分类分析

分类分析（Classification Analysis）通过分析已知类别标记的样本集合（示例数据库）中的数据对象（记录），为每个类别做出准确的描述，或建立分类模型，或提取出分类规则（Classification Rules），然后用这个分类模型或规则对样本集合以外的记录进行分类。

分类预测导出的模型的表示形式有分类（IF-THEN）规则、决策树、数学公式或神经网络，如图 1-3 所示。在图 1-3 中，决策树是一种类似于流程图的树结构，其中每个结点代表在一个属性值上的测试，每个分支代表测试的一个输出，而树叶代表类或类分布，决策树容易转换成为分类规则；用于分类时，神经网络是一组类似于神经元的处理单元，单元之间加权连接。

另外，还有构造分类模型的其他方法，如朴素贝叶斯分类、支持向量机和 k 最近邻分类。

age(X,"young") and income(X,"high") →class(X,"A")
age(X,"young") and income(X,"low") →class(X,"B")
age(X,"middle_aged") →class(X,"C")
age(X,"senior") →class(X,"C")

a) 分类（IF-THEN）规则

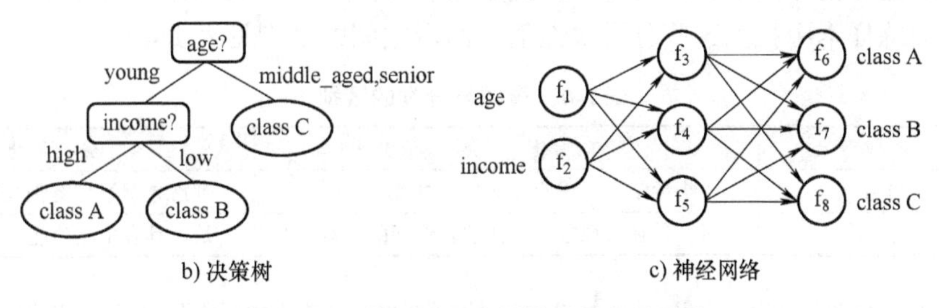

b) 决策树　　c) 神经网络

图 1-3　分类预测导出的模型的表示形式

【例 1-3】　**分类分析**。对于贷款申请数据，该过程显示在图 1-4 中。为了便于解释，数据被简化。实际上，可能需要考虑更多的属性。数据分类是包括学习阶段（构建分类模型）和分类阶段（使用模型预测给定数据的类标号）两个过程。

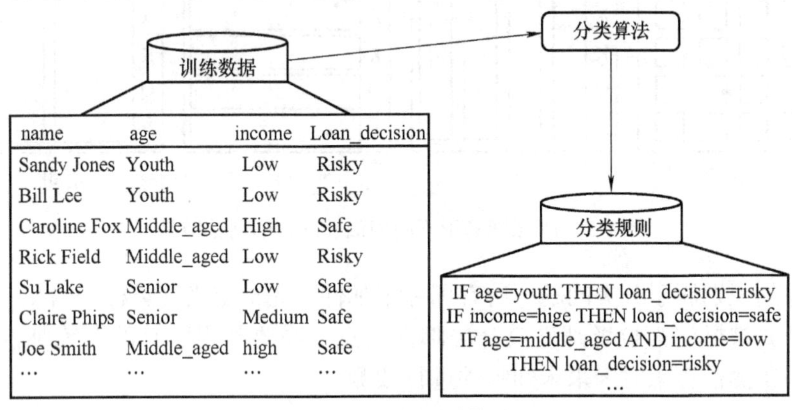

a) 学习阶段（构建分类模型）

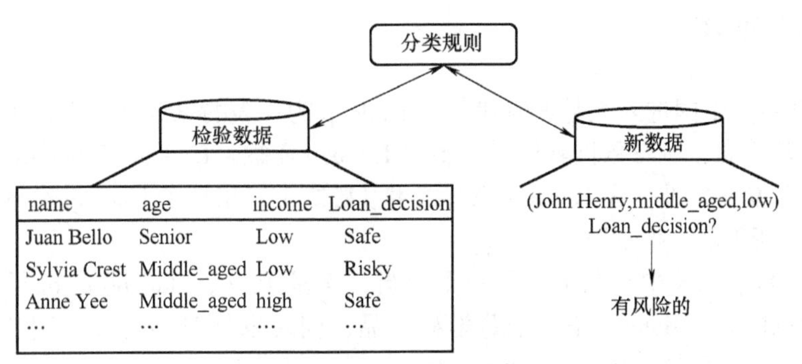

b) 分类阶段（使用模型预测给定数据的类标号）

图 1-4　贷款风险的分类预测

数据分类过程：①如图 1-4a 所示——学习：用分类算法分析训练数据，这里，类标号属性是 loan_decision，学习的模型或分类器以分类规则形式提供；②如图 1-4b 所示——分类：检验数据用于评估分类规则的准确率，如果准确率是可以接受的，则规则用于新的数据元组分类。

第 6 章将更详细地讨论分类和预测。

聚类与分类是容易混淆的两个概念，聚类是一种无指导的观察式学习，没有预先定义的类。分类问题是有指导的示例式学习，预先定义有类。分类是训练样本包含分类属性值，而聚类则是在训练样本中找到这些分类属性值。两者之间的区别见表 1-4。

表 1-4 聚类与分类的区别

	聚　类	分　类
监督（指导）与否	无指导学习（没有预先定义的类）	有指导学习（有预先定义的类）
是否建立模型或训练	否，旨在发现空间实体的属性间的函数关系	是，具有预测功能

【例 1-4】 分类与聚类的区别。扑克牌的划分与垃圾邮件的识别之间的差异。

扑克牌的划分属于聚类问题。在不同的扑克游戏中采用不同的划分方式。如图 1-5 所示为 16 张牌基于不同相似性度量（花色、点数或颜色）的划分结果。

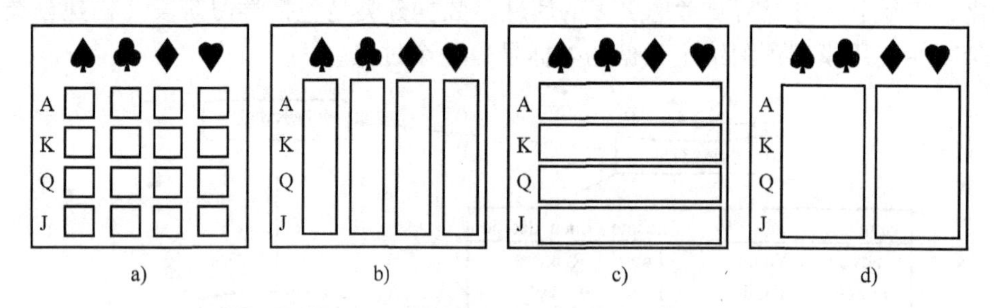

图 1-5　16 张牌基于不同相似性度量的划分结果

垃圾邮件的识别属于分类问题，所有训练用邮件预先被定义好类标号信息，即训练集中的每封邮件预先被标记为垃圾邮件或合法邮件信息，需要利用已有的训练邮件建立预测模型，然后利用预测模型来对未来未知邮件进行预测。

1.4 Mahout 简介

从 2011 年开始，中国进入大数据时代，以 Hadoop 为代表的家族软件占据了大数据处理的地盘。开源界及厂商，所有数据软件无一不向 Hadoop 靠拢。Hadoop 也从小众的高富帅领域变成了大数据开发的标准。在 Hadoop 原有技术基础之上，出现了 Hadoop 家族产品，通过“大数据”概念不断创新，推动科技进步。

Mahout 是 Hadoop 家族中与众不同的一个成员，是基于一个 Hadoop 的机器学习和数据挖掘的分布式计算框架。Mahout 是一个跨学科产品，同时也是 Hadoop 家族中最有竞争力、最难掌握、最值得学习的项目之一。

Mahout 为数据分析人员解决了大数据的门槛，为算法工程师提供基础的算法库，为 Hadoop 开发人员提供了数据建模的标准，为运维人员打通了和 Hadoop 连接。

1.4.1 Mahout

Apache Mahout 是 Apache Software Foundation（ASF）旗下的一个开源项目，Mahout 项目

是由 Apache Lucene（开源搜索）社区中对机器学习感兴趣的一些成员发起的，他们希望建立一个可靠、文档翔实、可伸缩的项目，在其中实现一些常见的用于集群和分类的机器学习算法，皆在帮助开发人员更加方便快捷地创建智能应用程序。目前已经有了 3 个公共发行版本，通过 Apache Mahout 库，Mahout 可以有效地扩展到云中。Mahout 包括许多实现，包括聚类、分类、推荐引擎、频繁子项挖掘。

Apache Mahout 的主要目标是建立可伸缩的机器学习算法。这种可伸缩性是针对大规模的数据集而言的。Apache Mahout 的算法运行在 Apache Hadoop 平台下，它通过 Mapreduce 模式实现。但是，Apache Mahout 并非严格要求算法的实现基于 Hadoop 平台，单个结点或非 Hadoop 平台也可以。Apache Mahout 核心库的非分布式算法也具有良好的性能。

Mahout 是一个机器学习 Java 类库的集合，用于完成各种各样的任务，如分类、评价性的聚类和模式挖掘等。

Mahout 开源项目就是一个 Hadoop 云平台的算法库，已经实现了多种经典算法，并一直在扩充中，其目标就是致力于创建一个可扩容的云平台算法库。

在 Hadoop 云平台下编程不仅要求用户对 Hadoop 云平台框架比较熟悉，还要对 Hadoop 云平台下的底层数据流、Map 和 Reduce 原理都非常熟悉，这是基本的编程要求。此外，用户要编写某一个算法还需要对该算法的原理比较熟悉，即需要对算法原理有透彻的理解。总体来看，编写云平台下的算法程序是属于高难度的开发工作了。如果使用 Mahout，情况就会有很大的不同，用户再也不用自己编写复杂的算法，不需要掌握太高深的云平台的框架和数据流程的理论知识。用户所需要了解的只是算法的大概原理、算法实际应用环境和如何调用 Mahout 相关算法的程序接口。当然，在具体的项目中，用户还应该根据实际需求在 Mahout 源代码基础上进行二次开发以满足具体的实际应用情况。

1.4.2 Mahout 算法库

Mahout 是一个很强大的数据挖掘工具，是一个分布式机器学习算法的集合，包括被称为 Taste 的分布式协同过滤的实现、分类、聚类等。Mahout 最大的优点就是基于 Hadoop 实现，把很多以前运行于单机上的算法转化为 MapReduce 模式，这样大大提升了算法可处理的数据量和处理性能。

表 1-5 为 Mahout 支持的算法。

表 1-5 Mahout 支持的算法

算 法 类	算 法 名	中 文 名
分类算法	Logistic Regression	逻辑回归
	Bayesian	贝叶斯
	Support Vector Machines	支持向量机
	Perceptron and Winnow	感知器算法
	Neural Network	神经网络
	Random Forests	随机森林
	Restricted Boltzmann Machines	有限波尔兹曼机

（续）

算法类	算法名	中文名
聚类算法	Canopy Clustering	Canopy 算法（重点）
	K-means Clustering	K 均值算法（重点）
	Fuzzy K-means	模糊 K 均值（重点）
	Expectation Maximization	EM 聚类（期望最大化聚类）
	Mean Shift Clustering	均值漂移聚类
	Hierarchical Clustering	层次聚类（重点）
	Dirichlet Process Clustering	狄里克雷过程聚类
	Latent Dirichlet Allocation	LDA 聚类（重点）
	Spectral Clustering Minhash Clustering Top Down Clustering	谱聚类
关联规则挖掘	Parallel FP Growth Algorithm	并行 FP Growth 算法
回归	Locally Weighted Linear Regression	局部加权线性回归
降维/维约简	Stochastic SingularValue Decomposition	奇异值分解
	Principal Components Analysis	主成分分析
	Independent Component Analysis	独立成分分析
	Gaussian Discriminative Analysis	高斯判别分析
推荐/协同过滤	Non-distributed recommenders	Taste（UserCF、ItemCF、SlopeOne）
	Distributed Recommenders	ItemCF
向量相似度计算	Row SimilarityJob	计算列间相似度
	Vector DistanceJob	计算向量间距离
非 Map Reduce 算法	Hidden Markov Models	隐马尔科夫模型
集合方法扩展	Collocations	扩展了 Java 的 Collections 类

1. 聚类算法

Mahout 算法库中的聚类模块包含的算法有 Canopy 算法、K 均值算法、Fuzzy K-means、Mean Shift 算法、Hierarchical 算法、Spectral 算法、Minhash 算法、Top Down 算法。

（1）Canopy 算法

Canopy 算法是一种非常简单、快速的聚类方法。Canopy 算法经常用于其他聚类算法的初始步骤，如 K-means 算法等。

（2）K-means 算法

K-means 算法是一种相对简单并且广为人知的聚类算法，一般聚类问题都可以使用聚类算法。在 Mahout 中，该算法在每次循环时都会新建一个任务，对于算法来说，增加了很多外部消耗。

（3）Fuzzy K-means

Fuzzy K-means 是 K-means 的扩展，是一种比较简单且流行的聚类方法。相比于 K-means 聚类方法用于发现严格的聚类中心（即一个数据点只属于一个聚类中心），Fuzzy K-means 聚类方法用于发现松散的聚类中心（即一个数据点可能属于几个聚类中心）。

（4）Mean Shift 算法

Mean Shift 算法最开始应用于图像平滑、图像分割和跟踪方面，在 1995 年一篇重要的文献发表后，Mean Shift才被大家所了解。Mean Shift算法比较吸引人的地方是该算法不需要提前知道要聚类的类别数（K-Means算法就需要），并且该算法形成的聚类形状是任意的且与要聚类的数据是相关的。

（5）Spectral算法

Spectral算法相对于K-means算法来说更加有效和专业化，它是处理图像谱分类的一种有效的算法，主要针对的数据也是图像数据。

（6）Minhash算法

Minhash算法只负责将原始内容尽量均匀、随机地映射为一个签名值，原理上相当于伪随机数产生算法。对于传统Hash算法产生的两个签名，如果相等，说明原始内容在一定概率下是相等的；如果不相等，除了说明原始内容不相等外，不再提供任何信息，因为即使原始内容只相差一个字节，所产生的签名也很可能差别极大。从这个意义上来说，要设计一个Hash算法，使相似的内容产生的签名也相近是更为艰难的任务，因为它的签名值除了提供原始内容是否相等的信息外，还能额外提供不相等的原始内容的差异程度的信息。

（7）Top Down算法

Top Down算法是分层聚类的一种，它首先寻找比较大的聚类中心，然后对这些中心进行细粒度分类。

2. 分类算法

Mahout算法库中的分类模块包含的算法有Logistic Regression、Bayesian、Support Vector Machines、Random Forests、Hidden Markov Models。

（1）Logistic Regression

Logistic Regression是一种利用预测变量（预测变量可以是数值型，也可以是离散型）来预测事件出现概率的模型。其主要应用于生产欺诈检测、广告质量估计，以及定位产品预测等。在Mahout中主要使用随机梯度下降（Stochastic Gradient Decent，SGD）思想来实现该算法。

（2）Bayesian

通常，事件A在事件B发生的条件下的概率，与事件B在事件A发生的条件下的概率是不一样的；然而，这两者是有确定的关系，贝叶斯（Bayesian）定理就是这种关系的陈述。通过联系事件A与事件B，计算从一个事件产生另一事件的概率，即从结果上溯源。

在Mahout中，目前已经有以下两种实现的贝叶斯分类器：朴素贝叶斯算法和互补型的朴素贝叶斯算法。

（3）Support Vector Machines

Support Vector Machines（支持向量机）属于一般化线性分类器，也可以认为是提克洛夫规范化（Tikhonov Regularization）方法的一个特例。这种分类器的特点是它能够同时最小化经验误差与最大化几何边缘区，因此支持向量机也称为最大边缘区分类器。

（4）Random Forests

Random Forests（随机森林）是一个包含多个决策树的分类器，并且其输出的类别由个别树输出的类别的众数而定。这里的众数是指个别树输出类别重复最多的一个类别数值。随机森林算法在决策树的基础上发展而来，继承了决策树的优点，同时弱化了决策树的缺点。

(5) Hidden Markov Models

Hidden Markov Models（隐马尔科夫模型）主要用在机器学习上，如语音识别、手写识别及自然语音处理等。隐马尔科夫模型是一个包含两个随机变量 O 和 Y（O 和 Y 可以按照顺序改变它们自身的状态）的分析模型。其中，变量 Y 是隐含变量，包含 $\{y\_1,\cdots,y\_n\}$ 个状态，其状态不能被直接检测出来。变量 Y 的状态按照一定的顺序改变，其状态改变的概率只与当前状态有关而不随时间改变。变量 O 称为可观察变量，包含 $\{o\_1,\cdots,o\_m\}$ 个状态，其状态可以被直接检测出来。变量 O 的状态与当前变量 Y 的状态有关。

3. 频繁项集挖掘算法

在 Mahout 算法库中，频繁项集挖掘算法主要是指 FP 树关联规则算法。传统关联规则算法是根据数据集建立 FP 树，然后对 FP 树进行挖掘，得到数据库的频繁项集。在 Mahout 中实现并行 FP 树关联规则算法的主要思路是按照一定的规则把数据集分开，在每个分开的部分数据集建立 FP 树，然后再对 FP 树进行挖掘，得到频繁项集。这里使用的是把数据集分开的规则，可以保证最后通过所有 FP 树挖掘出来的频繁项集全部加起来没有遗漏，但是会有少量重叠。

4. 协同过滤算法

协同过滤算法是电子商务推荐系统的一种重要算法。与传统的基于内容过滤直接分析内容进行推荐不同，协调过滤分析用户兴趣，在用户群中找到指定用户的相似（兴趣）用户，综合这些相似用户对某一信息的评价，形成系统对该指定用户对此信息的喜好程度预测，如推荐系统、商品推荐和用户推荐。

协同过滤算法也可以称为推荐算法。在 Mahout 算法库中，主要包括 Distributed Item-Based Collaborative Filtering、Collaborative Filtering using a Parallel Matrix Factorization。

(1) Distributed Item-Based Collaborative Filtering

Distributed Item-Based Collaborative Filtering 是基于项目的协同过滤算法，其简单思想就是利用项目之间的相似度来为用户进行项目推荐。项目之间的相似度通过不同用户对该项目的评分来求出，每个项目都有一个用户向量，两个项目之间的相似度就是根据这个用户向量求得的。求得项目之间的相似度，就可以针对用户对项目的评分清单来推荐与清单中极为相似的项目。

(2) Collaborative Filtering using a Parallel Matrix Factorization

Collaborative Filtering using a Parallel Matrix Factorization 在 Mahout 的介绍中是以 Collaborative Filtering with ALS-WR 的名称出现的。该算法最核心的思想就是把所有的用户以及项目想象成一个二维表格，该表格中数据的单元格（i,j）就是第 i 个用户对第 j 个项目的评分，然后利用该算法使用表格中有数据的单元格来预测为空的单元格。预测得到的数据即为用户对项目的评分，然后按照预测的项目评分从高到低排序，这样就可以进行推荐了。

1.4.3 Mahout 应用

Mahout 的应用极其广泛，一般分为商业应用和学术应用。

在商业应用中，Adobe AMP 公司使用 Mahout 的聚类算法把用户区分为不同的圈子，通过精确定位营销来增加客户。Amazon 的个人推荐平台也是使用 Mahout 的算法库来进行推荐的。AOL 使用 Mahout 来进行购物推荐。DataMine Lab 使用 Mahout 的推荐算法以及聚类算法来提高客户广告投放的精确度。iOffer 使用 Mahout 频繁项集挖掘算法和协同过滤算法为用户推荐项目。Twitter 使用 Mahout 的 LDA 模型为用户推荐其感兴趣的东西。Yahoo 公司的邮件使用 Mahout 的关联规则算法。

在学术应用中，Mahout 也被广泛应用。在 TU Berlin 大学的"Large Scale Data Analysis and Data Mining"课程中，使用 Hadoop 和 MapReduce 来进行数据并行分析的教学。在 Nagoya Institute of Technology，Mahout 被用来在一个研究项目中进行数据分析。

1.5 小结

1）基于数据库的知识发现（KDD）是指从大量数据中提取有效的、新颖的、潜在有用的、最终可被理解的模式的非平凡过程。数据挖掘是整个 KDD 过程中的重要步骤，它运用数据挖掘算法从数据库中提取用户感兴趣的知识，并以一定的方式表示出来。

2）本章介绍了知识发现与数据挖掘的基本概念、涉及的数据对象，简要地介绍了一些数据挖掘方法，并罗列了一些应用实例，使读者对数据处理与知识发现领域有一个初步的了解。

3）本章最后简单介绍了 Hadoop 生态系统中的 Mahout，包括提供的算法库及其应用。

1.6 习题

1-1　什么是数据挖掘？什么是知识发现？

1-2　简述 KDD 的主要过程。

1-3　简述数据挖掘涉及的数据类型。

1-4　简述数据挖掘主要的挖掘方法。

1-5　简述聚类与分类的区别。

第2章 数据预处理

现实世界中的数据一般有噪声、数量庞大并且可能来自异种数据源。本章将讨论一些与数据相关的问题，它们对于数据挖掘的成败至关重要。

数据类型 数据集的不同表现在多方面。例如，用来描述数据对象的属性可以具有不同的类型——定量的或定性的，并且数据集可能具有特定的性质。例如，某些数据集包含时间序列或彼此之间具有明显联系的对象。所以数据的类型决定我们应使用何种工具和技术来分析数据。此外，数据挖掘研究常常是为了适应新的应用领域和新的数据类型的需要而展开的。

数据的质量 数据通常并非完美。尽管大部分数据挖掘技术可以忍受某种程度的数据不完美，但是注重理解和提高数据质量将改进分析结果的质量。通常必须解决的数据质量问题包括存在噪声和离群点，数据遗漏、不一致或重复，数据有偏差或者不能代表它应该描述的现象或总体情况。

使数据适合挖掘的预处理步骤 通常原始数据必须加以处理才能适合于分析。处理一方面是要提高数据的质量，另一方面要让数据更好地适应特定的数据挖掘技术或工具。例如，可能需要将连续值属性（如长度）转换成具有离散的分类值的属性（如短、中、长），以便应用特定的技术。又如，数据集属性的数目常常需要减少，因为属性较少时许多技术用起来更加有效。数据预处理是数据挖掘过程的第一个主要步骤。

根据数据联系分析数据 数据数据分析的一种方法是找出数据对象之间的联系，之后使用这些联系而不是数据对象本身来进行其余的分析。例如，可以计算对象之间的相似度或距离，然后根据这种相似度或距离进行分析——聚类、分类或异常检测。诸如此类的相似性或距离度量很多，要根据数据的类型和特定的应用做出正确的选择。

2.1 数据概述

通常，数据集可以看作数据对象的集合。数据对象有时也叫作记录、点、向量、模式、事件、案例、样本、观测或实体。数据对象用一组刻画对象基本特性（如物体质量或事件发生时间）的属性描述。属性有时也叫作变量、特性、字段、特征或维。

【例2-1】 学生信息。通常，数据集是一个文件，其中对象是文件的记录（或行），而每个字段（或列）对应于一个属性。例如，表2-1显示包含学生信息的样本数据集。每行对应于一个学生，而每列是一个属性，描述学生的某一方面，如平均成绩（AVG）或标识号（ID）。

表 2-1 包含学生信息的样本数据集

学生 ID	年　级	平均成绩 AVG	…
1721212	二年级	88	…
1731263	三年级	78	…
1752321	五年级	85	…
…	…	…	…

基于记录的数据集在平展文件或关系数据库系统中是最常见的，但是还有其他类型的数据集和存储数据的系统。在2.1.2节将讨论数据挖掘经常遇到的其他类型的数据集。

2.1.1 属性与度量

本节介绍使用何种类型的属性描述数据对象，来处理描述数据的问题。

1. 属性的定义

定义 2.1 属性（Attribute）是对象的性质或特性，它因对象而异，或随时间而变化。

例如，眼球颜色因人而异，而物体的温度随时间而变。注意，眼球颜色是一种符号属性，具有少量可能的值{棕色，黑色，蓝色，绿色，淡褐色，……}，而温度是数值属性，可以取无穷多个值。

追根溯源，属性并非数字或符号。为了讨论和精细地分析对象的特性，这里为属性赋予了数字或符号。为了用一种明确定义的方式做到这一点，我们需要测量标度。

定义 2.2 测量标度（Measurement Scale）是将数值或符号值与对象的属性相关联的规则（函数）。

形式上，测量过程是使用测量标度将一个值与一个特定对象的特定属性相关联。这看上去有点抽象，但是任何时候，我们总在进行这样的测量过程。例如，踏上家里的电子秤称体重；将人分为男女；清点会议室的椅子数目，确定是否能够为所有与会者提供足够的座位。在所有这些情况下，对象属性的“物理值”都被映射到数值或符号值。

2. 属性类型

属性的性质不必与用来度量它的值的性质相同。换句话说，用来代表属性的值可能具有不同于属性本身的性质，并且反之亦然。下面用两个例子进行解释。

【例 2-2】 雇员年龄和 ID 号。与雇员有关的两个属性是年龄和 ID，这两个属性都可以用整数表示。谈论雇员的平均年龄是有意义的，但是谈论雇员的平均 ID 却毫无意义。我们希望 ID 属性所表达的唯一方面是它们互不相同。因而，对雇员 ID 的唯一合法操作就是判定它们是否相等。但在使用整数表示雇员 ID 时，并没暗示有此限制。对于年龄属性而言，用来表示年龄的整数的性质与该属性的性质大同小异。尽管如此，这种对应仍不完备，如年龄有最大值，而整数没有。

【例 2-3】 线段长度。图 2-1 展示了一些线段对象和如何用两种不同的方法将这些对象的长度属性映射到整数。从上到下，每条后继线段都是通过最上面的线段自我添加而形成的。这样，第二条线段是最上面的线段两次相连而形成的，第三条线段是最上面的线段三次相连而形成的，依次类推。从物理意义上讲，所有的线段都是第一条线段的倍数。这个事实由图右边的测量捕获，但未被左边的测量捕获。更准确地说，左边的测量标度仅仅捕获长度属性的序，而右边的标度同时捕获序和可加性的性质。因此，属性可以用一种不描述属性全部性质的方式测量。

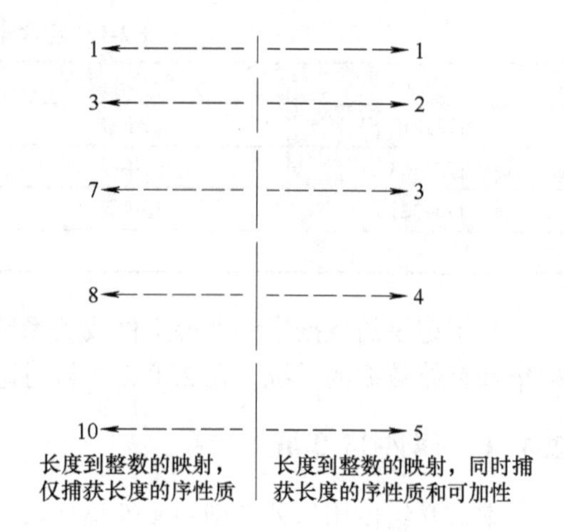

图 2-1　两种不同的测量标度下的线段长度测量

属性的类型告诉我们，属性的哪些性质反映在用于测量它的值中。知道属性的类型是重要的，因为它告诉我们测量值的哪些性质与属性的基本性质一致，从而使我们可以避免诸如计算雇员的平均 ID 这样的愚蠢行为。注意，通常将属性的类型称为**测量标度的类型**。

3. 属性的不同类型

一种指定属性类型的有用（和简单）的办法是确定对应于属性基本性质的数值的性质。例如，长度的属性可以有数值的许多性质。按照长度比较对象，确定对象的排序，以及谈论长度的差和比例都是有意义的。数值的以下性质（操作）常常用来描述属性。

① ＝和≠。

② <、≤、>和≥。

③ ＋和－。

④ ＊和/。

给定这些性质，可以定义以下 4 种属性类型：标称（Nominal）、序数（Ordinal）、区间（Interval）和比率（Ratio）。表 2-2 给出这些类型的定义，以及每种类型上有哪些合法的统计操作等信息。每种属性类型拥有其上方属性类型上的所有性质和操作。因此，对于标称、序数和区间属性合法的任何性质或操作，对于比率属性也合法。换句话说，属性类型的定义是累积的。对于某种属性类型合适的操作，对其上方的属性类型就不一定合适。

表 2-2　不同的属性类型

属性类型		描　述	例　子	操　作
分类的（定性的）	标称	其属性值只提供足够的信息以区分对象。这种属性值没有实际意义（＝和≠）	颜色、性别、产品编号、雇员 ID 号	众数、熵、列联相关
	序数	其属性值提供足够的信息以区分对象的序（<、≤、>和≥）	成绩等级（优、良、中、及格、不及格）、年级（一年级、二年级、三年级、四年级）	中值、百分位、秩相关、符号检验
数值的（定量的）	区间	其属性值之间的差是有意义的（＋和－）	日历日期、摄氏温度	均值、标准差、皮尔逊相关
	比率	其属性值之间的差和比率都是有意义的（＊和/）	长度、时间和速度、质量	几何平均、调和平均、百分比变差

标称和序数属性统称分类的（Categorical）或定性的（Qualitative）属性。定性属性（如雇员 ID）不具有数的大部分性质。即使使用数（即整数）表示，也应当像对待符号一样对待它们。其余两种类型的属性（即区间和比率属性）统称定量的（Quantitative）或数值的（Numeric）属性。定量属性用数表示，并且具有数的大部分性质。注意，定量属性可以是整数值或连续值。

4. 用值的个数描述属性

区分属性的一种独立方法是根据属性可能取值的个数来判断。

1）**离散的**（Discrete） 离散属性具有有限个值或无限个值。这样的属性可以是分类的（如邮政编码或 ID 号），也可以是数值的（如计数）。通常，离散属性用整数变量表示。**二元属性**（Binary Attribute）是离散属性的一种特殊情况，并只接受两个值，如真/假、是/否、男/女或 0/1。通常，二元属性用布尔变量表示，或者用只取两个值 0 或 1 的整型变量表示。

2）**连续的**（Continuous）**连续属性是取实数值的属性，如温度、高度或重量等属性。通常，连续属性用浮点变量表示。实践中，实数值只能用有限的精度测量和表示。**

从理论上讲，任何测量标度类型（标称的、序数的、区间的和比率的）都可以与基于属性值个数的任意类型（二元的、离散的和连续的）组合。然而，有些组合并不常出现，或者没有什么意义。例如，很难想象一个实际数据集包含连续的二元属性。通常，标称和序数属性是二元的或离散的，而区间和比率属性是连续的。计数属性（Count Attribute）是离散的，也是比率属性。

5. 非对称的属性

对于非对称的属性（Asymmetric Attribute），出现非零属性值才是重要的。考虑这样一个数据集，其中每个对象是一个学生，而每个属性记录学生是否选修大学的某个课程。对于某个学生，如果他选修了对应于某属性的课程，则该属性取值 1，否则取值 0。由于学生只选修所有可选课程中的很小一部分，这种数据集的大部分值为 0。因此，关注非零值将更有意义、更有效。否则，如果在学生们不选修的课程上做比较，则大部分学生都非常相似。只有非零值才重要的二元属性是非对称的二元属性。这类属性对于关联分析特别重要。也可能有离散的或连续的非对称特征。例如，如果记录每门课程的学分，则结果数据集将包含**非对称的离散属性或连续属性**。

6. 中心趋势度量：均值、中位数、众数和中列数

中心趋势度量是度量数据分布的中部或中心位置，直观地说，给定一个属性，它的值大部分落在何处？这里讨论均值、中位数、众数和中列数。

假设有某个属性 X，如 salary，已经对一个数据对象集记录了它们的值。令 X_1，X_2，…，X_N为 X 的 N 个观测值。在余下部分，这些值又称（X 的）“数据集”。如果标出 salary 的这些观测值，则大部分值将落在何处？这反映数据的中心趋势的思想。中心趋势度量包括均值、中位数、众数和中列数。

数据集“中心”的最常用、最有效的数值度量是（算术）均值。令 X_1，X_2，…，X_N为某数值属性 X（如 salary）的 N 个观测值。该值集合的均值（mean）为

$$\overline{X} = \frac{\sum_{i=1}^{N} X_i}{N} = \frac{X_1 + X_2 + \cdots + X_N}{N} \tag{2-1}$$

这对应于关系数据库系统提供的内置聚集函数 average [SQL 的 avg()]。

【例 2-4】 **均值**。假设有 salary 的如下值（以千美元为单位），按递增次序显示：30，31，47，50，52，52，56，60，63，70，70，110。使用式（2-1），有

$$\overline{X} = \frac{30+31+47+50+52+52+56+60+63+70+70+110}{12}\text{千美元} = \frac{691}{12}\text{千美元} \approx 58\text{ 千美元}$$

因此，salary 的均值为 58 000 美元。

有时，对于 $i=1, \cdots, N$，每个值 X_i 可以与一个权重 ω_i 相关联。权重反映它们所依附的对应值的意义、重要性或出现的频率。在这种情况下，可以计算

$$\overline{X} = \frac{\sum_{i=1}^{N} \omega_i X_i}{\sum_{i=1}^{N} \omega_i} \tag{2-2}$$

这称为加权算术均值或加权平均。

尽管均值是描述数据集的最有用的单个量，但是它并非总是度量数据中心的最佳方法。主要问题是，均值对极端值（如离群点）很敏感。例如，公司的平均工资可能被少数几个高收入的经理显著推高。类似地，一个班的考试平均成绩可能被少数很低的成绩拉低一些。为了抵消少数极端值的影响，可以使用**截尾均值**（Trimmed Mean）。截尾均值是丢弃高低极端值后的均值。例如，可以对 salary 的观测值排序，并且在计算均值之前去掉高端和低端的 2%。应该避免在两端截去太多（如 20%），因为这可能导致丢失有价值的信息。

对于倾斜（非对称）数据，数据中心的更好度量是**中位数**（Median）。中位数是有序数据值的中间值。它是把数据较高的一半与较低的一半分开的值。

在概率论与统计学中，中位数一般用于数值数据。我们把这一概念推广到序数数据。假设给定某属性 X 的 N 个值按递增序排序。如果 N 是奇数，则中位数是该有序集的中间值；如果 N 是偶数，则中位数不唯一，它是最中间的两个值和它们之间的任意值。在 X 是数值属性的情况下，根据约定，中位数取作最中间两个值的平均值。

【例 2-5】 **中位数**。找出【例 2-4】中数据的中位数。该数据已经按递增序排序。有偶数个观测值（即 12 个观测值），因此中位数不唯一。它可以是最中间两个值 52 和 56（即列表中的第 6 和第 7 个值）中的任意值。根据约定，指定这两个最中间的值的平均值为中位数。即

$$\frac{52+56}{2}\text{千美元} = \frac{108}{2}\text{千美元} = 54\text{ 千美元}$$

于是，中位数为 54 000 美元。

假设只有该列表的前 11 个值。给定奇数个值，中位数是最中间的值，即为列表的第 6 个值，其值为 52 000 美元。

当观测的数量很大时，中位数的计算开销很大。对于数值属性，可以很容易计算中位数的近似值。假定数据根据它们的 X_i 值划分成区间，并且已知每个区间的频率（即数据值的个数）。例如，可以根据年薪将人划分到诸如 10 000 ~ 20 000 美元、20 000 ~ 30 000 美元等区间。令包含中位数频率的区间为中位数区间。可以使用如下公式，用插值计算整个数据集的中位数的近似值（如薪水的中位数）：

$$\text{median} = L_1 + \left(\frac{\frac{N}{2} + (\sum \text{freq})_1}{\text{freq}_{\text{median}}}\right)\text{width} \tag{2-3}$$

式中，L_1是中位数区间的下界；N是整个数据集中值的个数；$(\sum \text{freq})_1$是低于中位数区间的所有区间的频率和；$\text{freq}_{\text{median}}$是中位数区间的频率；width是中位数区间的宽度。

众数是另一种中心趋势度量。数据集的**众数**（mode）是集合中出现最频繁的值。因此，可以对定性和定量属性确定众数。可能最高频率对应多个不同值，导致多个众数。具有一个、两个、三个众数的数据集合分别称为单峰的（Unimodal）、双峰的（Bimodal）和三峰的（Trimodal）。一般地，具有两个或更多众数的数据集是多峰的（Multimodal）。在另一种极端情况下，如果每个数据值仅出现一次，则它没有众数。

【例2-6】 众数。【例2-4】的数据是双峰的，两个众数为52 000美元和70 000美元。

对于适度倾斜（非对称）的单峰数值数据，有下面的经验关系

$$\text{mean} - \text{mode} \approx 3 \times (\text{mean} - \text{median}) \tag{2-4}$$

这意味：如果均值和中位数已知，则适度倾斜的单峰频率曲线的众数容易近似计算。

中列数（midrange）也可以用来评估数值数据的中心趋势。中列数是数据集的最大值和最小值的平均值。中列数容易使用SQL的聚集函数max()和min()进行计算。

【例2-7】 中列数。【例2-4】数据的中列数为(30 000 + 110 000)美元/2 = 70 000美元。

在具有完全对称的数据分布的单峰频率曲线中，均值、中位数和众数都是相同的中心值，如图2-2a所示。

在大部分实际应用中，数据都是不对称的。它们可能是正倾斜的，其中众数出现在小于中位数的值上（见图2-2b）；或者是负倾斜的，其中众数出现在大于中位数的值上（见图2-2c）。

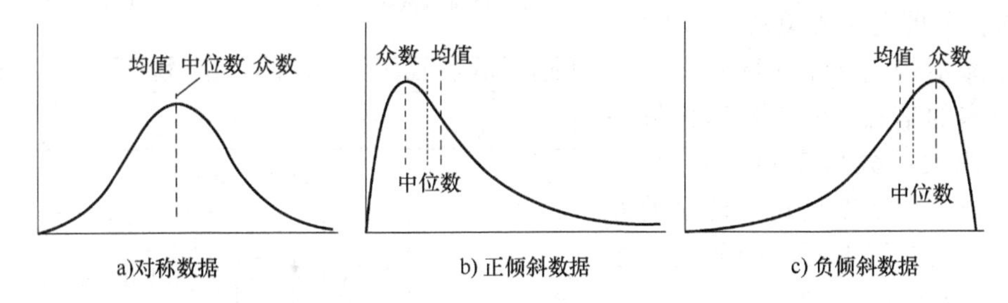

图2-2 对称、正倾斜和负倾斜数据的中位数、均值和众数

2.1.2 数据集的类型

数据集的类型有多种，并且随着数据挖掘的发展与成熟，还会有更多类型的数据集将用于分析。本节将介绍一些很常见的类型。为方便起见，这里将数据集类型分成三组：记录数据、基于图形的数据和有序的数据。这些分类不能涵盖所有的可能性，肯定还存在其他的分组。

1. 数据集的一般特性

在提供特定类型数据集的细节之前，先讨论适用于许多数据集的几个特性：维度、稀疏性和分辨率，它们对数据挖掘技术具有重要影响。

1）维度（Dimensionality）：指数据集中的对象具有的属性个数总和。

低维度数据往往与中、高维度数据有质的不同。分析高维数据有时会陷入所谓维灾难（Curse of Dimensionality）。正因为如此，数据预处理的一个重要动机就是减少维度，称为维归约（Dimensionality Reduction）。

2）稀疏性（Sparsity）：指在某些数据集中，有意义的数据非常少，对象在大部分属性上的取值为0，非零项不到1%。

实际上，稀疏性是一个优点，因为只有非零值才需要存储和处理。这将节省大量的计算时间和存储空间。此外，有些数据挖掘算法仅适合处理稀疏数据。

3）分辨率（Resolution）：通常，可以在不同的分辨率下得到数据，而且不同分辨率下数据的性质不同。

例如，在几米的分辨率下，地球表面看上去很不平坦，但在数十千米的分辨率下却相对平坦。数据的模式也依赖于分辨率。如果分辨率太高，模式可能看不出，或者掩埋在噪声中；如果分辨率太低，模式可能不出现。例如，几小时记录一下气压变化可以反映出风暴等天气系统的移动；而在月的标度下，这些现象就检测不到。

2. 记录数据

许多数据挖掘任务都假定数据集是记录（数据对象）的汇集，每个记录包含固定的数据字段（属性）集，如图2-3a所示。对于记录数据的大部分基本形式，记录之间或数据字段之间没有明显的联系，并且每个记录（对象）具有相同的属性集。记录数据通常存放在平展文件或关系数据库中。关系数据库不仅仅是记录的汇集，它还包含更多的信息，但是数据挖掘一般并不使用关系数据库的这些信息。更确切地说，数据库是查找记录的方便场所。下面介绍不同类型的记录数据，并用图2-3加以说明。

（1）事务数据或购物篮数据

事务数据（Transaction Data）是一种特殊类型的记录数据，其中每个记录（事务）涉及一系列的项。考虑一个杂货店。顾客一次购物所购买的商品的集合就构成一个事务，而购买的商品是项。这种类型的数据称为购物篮数据（Market Basket Data），因为记录中的项是顾客“购物篮”中的商品。事务数据是项的集合的集族，但是也能将它视为记录的集合，其中记录的字段是非对称的属性。这些属性常常是二元的，指出商品是否已买。更一般地，这些属性还可以是离散的或连续的，如表示购买的商品数量或购买商品的花费。图2-3b展示了一个事务数据集，每一行代表一位顾客在特定时间购买的商品。

Tid	有房者	婚姻状况	年收入	拖欠贷款
1	Yes	Single	125K	No
2	No	Married	100K	No
3	No	Single	70K	No
4	Yes	Married	120K	No
5	No	Divorced	95K	Yes
6	No	Married	60K	No
7	Yes	Divorced	220K	No
8	No	Single	85K	Yes
9	No	Married	75K	No
10	No	Single	90K	Yes

a）记录数据

事务ID	商品的ID列表
T100	Bread、Milk、Beer
T200	Soda、Cup、Diaper
…	…

b）事务数据

Projection of x Load	Projection of y load	Distance	Load	Thickness
10.23	5.27	15.22	2.7	1.2
12.65	6.25	16.22	2.2	1.1

c）数据矩阵

	team	coach	play	ball	score	game	win	lost	timeout	season
Document 1	3	0	5	0	2	6	0	2	0	2
Document 2	0	7	0	2	1	0	0	3	0	0
Document 3	0	1	0	0	1	2	2	0	3	0

d）文档—词矩阵

图2-3　记录数据的不同变体

（2）**数据矩阵**

如果一个数据集族中的所有数据对象都具有相同的数值属性集，则数据对象可以看作多维空间中的点（向量），其中每个维代表对象的一个不同属性。这样的数据对象集可以用一个 $m \times n$ 的矩阵表示，其中 m 为行，一个对象一行；n 为列，一个属性一列。也可以将数据对象用列表示，属性用行表示。这种矩阵称为数据矩阵（Data Matrix）或模式矩阵（Pattem Matrix）。数据矩阵是记录数据的变体，由于它由数值属性组成，可以使用标准的矩阵操作对数据进行变换和处理，因此对于大部分统计数据，数据矩阵是一种标准的数据格式。图2-3c 表示一个样本数据矩阵。

（3）**稀疏数据矩阵**

稀疏数据矩阵是数据矩阵的一种特殊情况，其中属性的类型相同并且是非对称的，即只有非零值才是重要的。事务数据是仅含 0～1 元素的稀疏数据矩阵的例子。另一个常见的例子是文档数据。特别地，如果忽略文档中词（术语）的次序，则文档可以用词向量表示，其中每个词是向量的一个分量（属性），而每个分量的值是对应词在文档中出现的次数。文档集合的这种表示通常称为**文档—词矩阵**（Document-term Matrix）。图2-3d 显示了一个文档—词矩阵。文档是该矩阵的行，而词是矩阵的列。实践应用时，仅存放稀疏数据矩阵的非零项。

3. 基于图形的数据

有时，图形可以方便而有效地表示数据。考虑以下两种特殊情况：图形捕获数据对象之间的联系，数据对象本身用图形表示。

（1）**带有对象之间联系的数据**

对象之间的联系常常携带重要信息。在这种情况下，数据常常用图形表示。一般把数据对象映射到图的结点，而对象之间的联系用对象之间的链和诸如方向、权值等链性质表示。考虑万维网上的网页，页面上包含文本和指向其他页面的链接。为了处理搜索查询，Web 搜索引擎收集并处理网页，提取它们的内容。众所周知，指向或出自每个页面的链接包含了大量该页面与查询相关程度的信息，因而必须考虑。图2-4a 显示了相互链接的网页集。

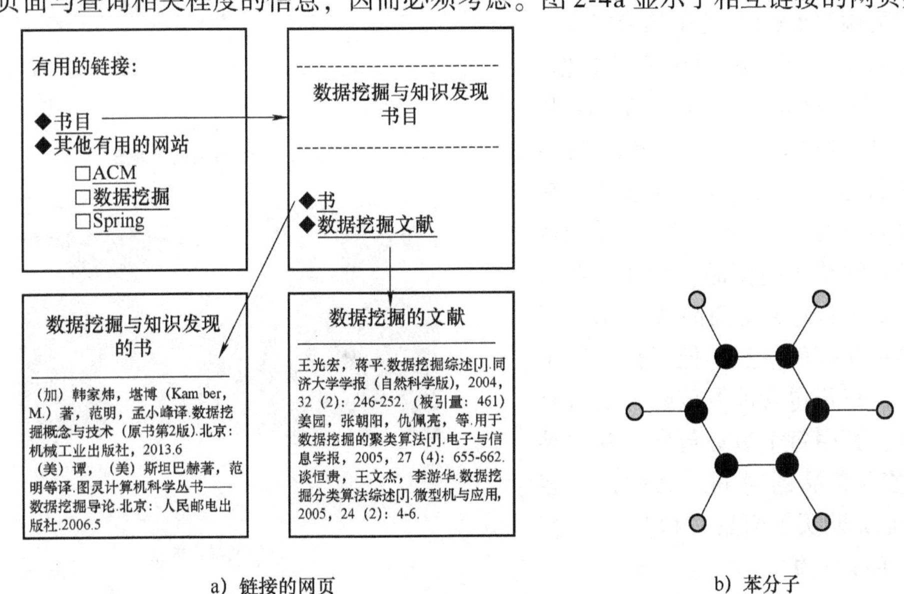

a）链接的网页　　b）苯分子

图2-4　不同的图形数据

（2）**具有图形对象的数据**

如果对象具有结构，即对象包含具有联系的子对象，则这样的对象常常用图形表示。例如，化合物的结构可以用图形表示，其中结点是原子，结点之间的链是化学键。图 2-4b 给出了化合物苯的分子结构示意图，包含碳原子（黑色）和氢原子（灰色）。图形表示可以确定何种子结构频繁地出现在化合物的集合中，并且查明这些子结构中是否有某种子结构与诸如熔点或生成热等特定的化学性质有关。子结构挖掘是数据挖掘中分析这类数据的一个分支。

4. 有序数据

对于某些数据类型，属性具有涉及时间或空间序的联系。下面介绍各种类型的有序数据，如图 2-5 所示。

时间	顾客	购买的商品
t1	C1	A,B
t2	C2	A,C
t2	C3	C,D
t3	C1	A,D
t4	C2	E
t5	C1	A,E

顾客	购买时间与购买商品
C1	(t1:A,B)(t3:A,D)(t5:A,E)
C2	(t2:A,C)(t4:E)
C3	(t2:C,D)

a) 时序事务数据

GGTTCCGCCTTCAGCCCCGCGCC
CGCAGGGCCCGCCCCGCGCCGTC
GAGAAGGGCCCGCCTGGCGGGCG
GGGGGAGGCGGGGCCGCCCGAGC
CCAACCGAGTCCGACCAGGTGCC
CCCTCTGCTCGGCCTAGACCTGA
GCTCATTAGGCGGCAGCGGACAG
GCCAAGTAGAACACGCGAAGCGC
TGGGCTGCCTGCTGCGACCAGGG

b) 基因组序列数据

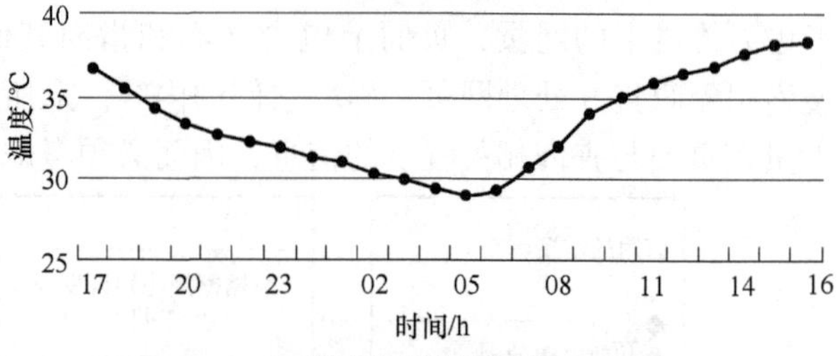

c) 某城市温度时间序列图

d) 空间温度数据

图 2-5　不同的有序数据

（1）**时序数据**

时序数据（Sequential Data）也称时间数据（Temporal Data），可以看作记录数据的扩充，其中每个记录包含一个与之相关联的时间。考虑存储事务发生时间的零售事务数据。时间信息可以帮助我们发现“万圣节前夕糖果销售达到高峰”之类的模式。时间也可以与每个属性相关联。例如，每个记录可以是一位顾客的购物历史，包含不同时间购买的商品列表。使用这些信息，就有可能发现“购买 DVD 播放机的人趋向于在其后不久购买 DVD”之类的模式。

图 2-5a 展示了一些时序事务数据。有 5 个不同的时间：t1、t2、t3、t4 和 t5；3 位不同的顾客：C1、C2 和 C3；5 种不同的商品：A、B、C、D 和 E。在图 2-5a 中的表中，每行对应于一位顾客在特定的时间购买的商品。例如，在时间 t3，顾客 C1 购买了商品 A 和 D。下面的表显示相同的信息，但每行对应于一位顾客。每行包含涉及该顾客的所有事务信息，其中每个事务包含一些商品和购买这些商品的时间。例如，顾客 C3 在时间 t2 购买了商品 C 和 D。

（2）**序列数据**

序列数据（Sequence Data）是一个

数据集合，它是各个实体的序列，如词或字母的序列。除没有时间戳之外，它与时序数据非常相似，只是有序序列考虑项的位置。例如，动植物的遗传信息可以用称为基因的核苷酸的序列表示。与遗传序列数据有关的许多问题都涉及由核苷酸序列的相似性预测基因结构和功能的相似性。图 2-5b 显示用 4 种核苷酸表示的一段人类基因码。所有 DNA 都可以用 A、T、G 和 C 4 种核苷酸构造。

（3） **时间序列数据**

时间序列数据（Time Series Data）是一种特殊的时序数据，其中每个记录都是一个时间序列（Time Series），即一段时间以来的测量序列。例如，金融数据集可能包含各种股票每日价格的时间序列对象。再例如，图 2-5c 显示从前一天的 17 点到当天的 16 点的某城市温度的近 24h 时间序列。在分析时间数据时，重要的是要考虑时间自相关（Temporal Autocorrelation），即如果两个测量的时间很接近，则这些测量的值通常非常相似。

（4） **空间数据**

有些对象除了其他类型的属性之外，还具有空间属性，如位置或区域。空间数据的一个例子是从不同的地理位置收集的气象数据（降水量、气温、气压）。空间数据的一个重要特点是空间自相关性（Spatial Autocorrelation），即物理上靠近的对象趋向于在其他方面也相似。这样，地球上相互靠近的两个点通常具有相近的气温和降水量。

空间数据的重要例子是科学和工程数据集，其数据取自二维或三维网格上规则或不规则分布的点上的测量或模型输出。例如，地球科学数据集记录在各种分辨率（如每度）下经纬度球面网格点（网格单元）上测量的温度和气压（见图 2-5d）。另一个例子，在瓦斯气流模拟中，可以针对模拟中的每个网格点记录流速和方向。

5. 处理非记录数据

大部分数据挖掘算法都是为记录数据或其变体（如事务数据和数据矩阵）设计的。通过从数据对象中提取特征，并使用这些特征创建对应于每个对象的记录，针对记录数据的技术也可以用于非记录数据。考虑前面介绍的化学结构数据。给定一个常见的子结构集合，每个化合物都可以用一个具有二元属性的记录表示，这些二元属性指出化合物是否包含特定的子结构。这样的表示实际上是事务数据集，其中事务是化合物，而项是子结构。

在某些情况下，容易用记录形式表示数据，但是这类表示并不能捕获数据中的所有信息。考虑这样的时间空间数据，它由空间网格每一点上的时间序列组成。通常，这种数据存放在数据矩阵中，其中每行代表一个位置，而每列代表一个特定的时间点。这种表示并不能明确地表示属性之间存在的时间联系以及对象之间存在的空间联系。但并不是这种表示不合适，而是分析时必须考虑这些联系。例如，在使用数据挖掘技术时，假定属性之间在统计上是相互独立的并不是一个好主意。

2.2 数据预处理

当今现实世界的数据库极易受噪声、缺失值和不一致数据的侵扰，因为数据库太大，并且多半来自多个异种数据源。低质量的数据将导致低质量的挖掘结果。如何对数据进行预处理，提高数据质量，从而提高挖掘结果的质量？如何对数据预处理，使得挖掘过程更加有效、更加容易？数据清理可以用来清除数据中的噪声，纠正不一致。数据集成将数据由多个数据源合并成一个一致的数据存储，如数据仓库。数据归约可以通过如聚集、删除冗余特征或聚类来降低数据的规模。数据变换（如规范化）可以用来把数据压缩到较小的区间，如0.0~1.0。这可以提高涉及距离度量的挖掘算法的准确率和效率。这些技术不是相互排斥的，可以一起使用。例如，数据清理可能涉及纠正错误数据的变换，如通过把一个数据字段的所有项都变换成公共格式进行数据清理。

在挖掘之前使用这些数据处理技术，可以显著地提高挖掘模式的总体质量，减少实际挖掘所需要的时间。

2.2.1 数据预处理概述

1. 数据质量：为什么要对数据预处理

数据如果能满足其应用要求，那么它是高质量的。数据质量涉及许多因素，包括准确性、完整性、一致性、时效性、可信性和可解释性。

想象你是AAA公司的经理，负责分析你的部门的公司销售数据。你立即着手进行这项工作，仔细地研究和审查公司的数据库和数据仓库，识别并选择应当包含在你的分析中的属性或维（如item、price和units_sold）。注意到，许多元组在一些属性上没有值。对于你的分析，你希望知道每种销售商品是否做了降价销售广告，但是发现这些信息根本未被记录。此外，你的数据库系统用户已经报告某些事务记录中的一些错误、不寻常的值和不一致性。换言之，你希望使用数据挖掘技术分析的数据是不完整的（缺少属性值或某些感兴趣的属性，或仅包含聚集数据）、不正确的或含噪声的（包含错误或存在偏离期望的值），并且是不一致的（如用于商品分类的部门编码存在差异）。

这种情况阐明了数据质量的以下3个要素：准确性、完整性和一致性。不正确、不完整和不一致的数据是现实世界的大型数据库和数据仓库的共同特点。导致不正确的数据（即具有不正确的属性值）可能有多种原因：收集数据的设备可能出故障；可能在数据输入时出现人或计算机的错误；当用户不希望提交个人信息时，可能故意向强制输入字段输入不正确的值（如为生日选择默认值“1月1日”）。这称为被掩盖的缺失数据。错误也可能在数据传输中出现这些可能是由于技术的限制，如用于数据转移和消耗的同步缓冲区大小的限制。不正确的数据也可能是由命名约定或所用的数据代码不一致，或输入字段（如日期）的格式不一致而导致的。重复元组也需要数据清理。

不完整数据的出现可能有多种原因。有些感兴趣的属性，如销售事务数据中顾客的信息，并非总是可以得到的。其他数据没有包含在内，可能只是因为输入时认为是不重要的。相关数据没有记录可能是由于理解错误，或者因为设备故障。与其他记录不一致的数据可能已经被删除。此外，历史或修改的数据可能被忽略。缺失的数据，特别是某些元组属性上的缺失值，可能需要推导出来。

注意，数据质量依赖于数据的应用。对于给定的数据库，两个不同的用户可能有完全不同的评估。例如，市场分析人员可能访问上面提到的数据库，得到顾客地址的列表。有些地址已经过时或不正确，但毕竟还有80%的地址是正确的。市场分析人员考虑到对于目标市场营销而言，这是一个大型顾客数据库，因此对该数据库的准确性还算满意，尽管作为销售经理，你发现数据是不正确的。

时效性（Timeliness）也影响数据的质量。假设你正在监控AAA公司的高端销售代理的月销售红利分布，一些销售代理未能在月末及时提交他们的销售记录，月底之后还有大量更正与调整。在下月的一段时间内，存放在数据库中的数据是不完整的。一旦所有的数据被接收之后，它就是正确的。月底数据未能及时更新对数据质量具有负面影响。

影响数据质量的另外两个因素是可信性和可解释性。可信性（Believability）反映有多少数据是用户信赖的，而可解释性（Interpretability）反映数据是否容易理解。假设在某一时刻数据库有一些错误，之后都被更正。然而，过去的错误已经给销售部门的用户造成了问题，因此他们不再相信该数据。数据还使用了许多会计编码，销售部门并不知道如何解释它们。即使该数据库现在是正确的、完整的、一致的、及时的，但是由于很差的可信性和可解释性，销售部门的用户仍然可能把它看成低质量的数据。

2. 数据预处理的主要任务

这里考察数据预处理的主要步骤，即数据清理、数据集成、数据归约、数据变换、离散化和概念分层。

数据清理通过填写缺失的值，光滑噪声数据，识别或删除离群点，并解决不一致性来“清理”数据。如果用户认为数据是脏的，则他们可能不会相信这些数据上的挖掘结果。此外，脏数据可能使挖掘过程陷入混乱，导致不可靠的输出。尽管大部分挖掘例程都有一些过程用来处理不完整数据或噪声数据，但是它们并非总是鲁棒的。相反，它们更致力于避免被建模的函数过分拟合数据。因此，一个有用的预处理步骤旨在使用数据清理例程处理你的数据。

回到在AAA公司的任务，假定你想在分析中使用来自多个数据源的数据。这涉及集成多个数据库、数据立方体或文件，即数据集成（Data Integration）。代表同一概念的属性在不同的数据库中可能具有不同的名字，导致不一致性和冗余。例如，关于顾客标识的属性在一个数据库中可能是customer_id，而在另一个中为cust_id。命名的不一致还可能出现在属性值中。例如，同一个人的名字可能在第一个数据库中登记为“Bill”，在第二个数据库中登记为“William”，而在第三个数据库中登记为“B”。此外，你可能会觉察到，有些属性可能是由其他属性导出的（如年收入）。包含大量冗余数据可能降低知识发现过程的性能或使之陷入混乱。显然，除了数据清理之外，必须采取措施避免数据集成时的冗余。通常，在为数据仓库准备数据时，数据清理和集成将作为预处理步骤进行。还可以再次进行数据清理，检测和删去可能由集成导致的冗余。

随着更深入地考虑数据，你可能会问自己：“我为分析而选取的数据集是巨大的，这肯定会降低数据挖掘过程的速度。有什么办法能降低数据集的规模，而又不损害数据挖掘的结果吗？”数据归约（Data reduction）得到数据集的简化表示，它小得多，但能够产生同样的（或几乎同样的）分析结果。数据归约策略包括维归约和数值归约。

在维归约中，使用数据编码方案，以便得到原始数据的简化或“压缩”表示。例如，包括数据压缩技术（如小波变换和主成分分析），以及属性子集选择（如去掉不相关的属性）和属性构造（如从原来的属性集导出更有用的小属性集）。

在数值归约中，使用参数模型（如回归和对数线性模型）或非参数模型（如直方图、聚类、抽样或数据聚集），用较小的表示取代数据。

回到你的数据，假设你决定使用诸如神经网络、最近邻分类或聚类这样的基于距离的挖掘算法进行你的分析。如果待分析的数据已经规范化，即按比例映射到一个较小的区间

(如[0.0,1.0]),则这些方法将得到更好的结果。例如,你的顾客数据包含年龄和年薪属性。年薪属性的取值范围可能比年龄大得多。这样,如果属性未规范化,则距离度量在年薪上所取的权重一般要超过距离度量在年龄上所取的权重。

离散化和概念分层产生也可能是有用的,那里属性的原始值被区间或较高层的概念所取代。例如,年龄的原始值可以用较高层的概念(如青年、中年和老年)取代。

对于数据挖掘而言,离散化与概念分层产生是强有力的工具,因为它们使得数据的挖掘可以在多个抽象层上进行。规范化、数据离散化和概念分层产生都是某种形式的数据变换(Data Transformation)。数据变换操作是引导挖掘过程成功的附加的预处理过程。

图2-6概括了这里介绍的数据预处理步骤。注意,上面的分类不是互斥的。例如,冗余数据的删除既是一种数据清理形式,也是一种数据归约。

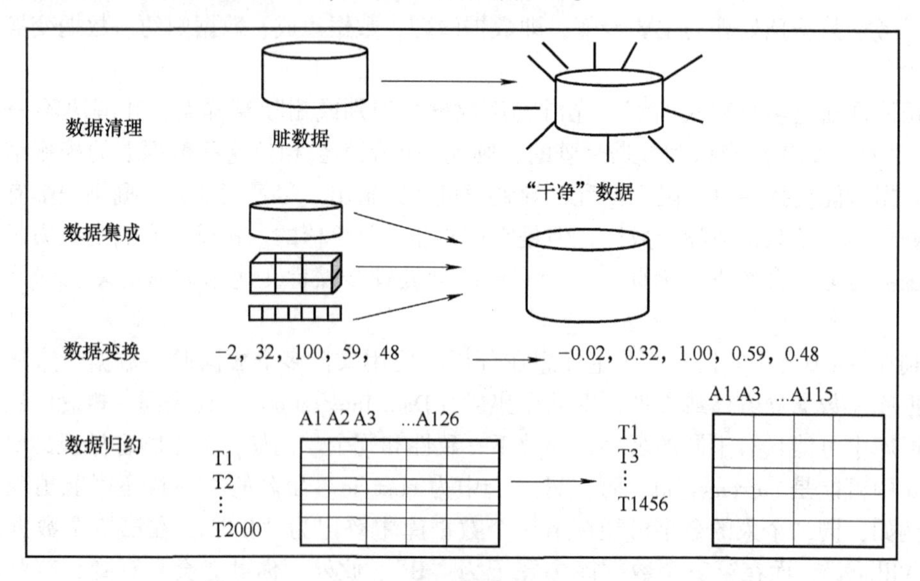

图2-6 数据预处理的形式

总之,现实世界的数据一般是脏的、不完整的和不一致的。数据预处理技术可以改进数据的质量,从而有助于提高其后的挖掘过程的准确率和效率。由于高质量的决策必然依赖于高质量的数据,因此数据预处理是知识发现过程的重要步骤。检测数据异常、尽早地调整数据并归约待分析的数据,将为决策带来高回报。

2.2.2 数据清理

现实世界的数据一般是不完整的、有噪声的和不一致的。数据清理例程试图填充缺失的值、光滑噪声并识别离群点、纠正数据中的不一致。这里将研究数据清理的基本方法。

1. 缺失值

想象你需要分析AAA公司的销售和顾客数据。你注意到许多元组的一些属性(如顾客的income)没有记录值。怎样才能为该属性填上缺失的值?我们看看下面的方法。

1)忽略元组:当缺少类标号时通常这样做(假定挖掘任务涉及分类)。除非元组有多个属性缺少值,否则该方法不是很有效。当每个属性缺失值的百分比变化很大时,性能特别差。采用忽略元组,你不能使用该元组的剩余属性值,而这些数据可能对手头的任务是有用的。

2）人工填写缺失值：一般来说，该方法很费时，并且当数据集很大、缺失很多值时，该方法可能行不通。

3）使用一个全局常量填充缺失值：将缺失的属性值用同一个常量（如“Unknown”或 $-\infty$）替换。如果缺失的值都用如“Unknown”替换，则挖掘程序可能误以为它们形成了一个有趣的概念，因为它们都具有相同的值——“Unknown”。因此，尽管该方法简单，但是并不十分可靠。

4）使用属性的中心度量（如均值或中位数）填充缺失值：对于正常的（对称的）数据分布而言，可以使用均值，而倾斜数据分布应该使用中位数。例如，假定AAA公司的顾客收入的数据分布是对称的，并且平均收入为56 000美元，则使用该值替换income中的缺失值。

5）使用与给定元组属同一类的所有样本的属性均值或中位数：例如，如果将顾客按credit_risk分类，则用具有相同信用风险的顾客的平均收入替换income中的缺失值。如果给定类的数据分布是倾斜的，则中位数是更好的选择。

6）可能的值填充缺失值：可以用回归、贝叶斯形式化方法的基于推理的工具或决策树归纳确定。例如，利用数据集中其他顾客的属性，可以构造一棵决策树，来预测income的缺失值。

方法3）～方法6）使数据有偏，填入的值可能不正确。方法6）是最流行的策略。与其他方法相比，它使用已有数据的大部分信息来预测缺失值。在估计income的缺失值时，通过考虑其他属性的值，有更大的机会保持income和其他属性之间的联系。

要注意的是，在某些情况下，缺失值并不意味数据有错误。例如，在申请信用卡时，可能要求申请人提供驾驶执照号。没有驾驶执照的申请者可能自然地不填写该字段。表格应当允许填表人使用诸如“不适用”等值。软件例程也可以用来发现其他空值（如“不知道”“?”或“无”）。在理想情况下，每个属性都应当有一个或多个关于空值条件的规则。这些规则可以说明是否允许空值，或者说明这样的空值应当如何处理或转换。如果在业务处理的稍后步骤提供值，则字段也可能故意留下空白。因此，在得到数据后，我们可以尽我们所能来清理数据，但好的数据库和数据输入设计将有助于在第一现场把缺失值或错误的数量降至最低。

2. 噪声

噪声（Noise）是被测量的变量的随机误差或方差。噪声是测量误差的随机部分，包含错误或孤立点值。

导致噪声产生的原因如下：

- 数据收集的设备故障。
- 数据录入过程中人的疏忽。
- 数据传输过程中的错误。

目前噪声数据的平滑方法包括以下几种。

- 分箱：分箱方法通过考察“邻居”（即周围的值）来平滑有序数据的值。
- 聚类：聚类将类似的值组织成群或“簇”。
- 回归：用一个函数拟合数据来平滑数据。

给定一个数值属性（如 price），怎样才能“光滑”数据、去掉噪声？下面介绍数据光滑技术。

（1）分箱（binning）

分箱方法通过考察数据的“近邻”（即周围的值）来光滑有序数据值。这些有序的值被分布到一些“桶”或“箱”中。由于分箱方法考察近邻的值，因此它进行局部光滑。对一个数据集采用分箱技术，一般需要以下 3 个步骤：①对数据集的数据进行排序；②确定箱子个数 k，选定数据分箱的方法并对数据集中数据进行分箱；③选定处理箱子数据的方法，并对其重新赋值。

常用的分箱方法有等深分箱、等宽分箱、自定义区间和最小熵分箱法 4 种。

假设箱子数为 k，数据集共有 n（$n \geqslant k$）个数据且按递增方式排序为 a_1，a_2，a_3，…，a_n，即 $a_i \in [a_1, a_n]$。

1）等深分箱法。它把数据集中的数据按照排列顺序分配到 k 个箱子中。

① 当 k 整除 n 时，令 $p = n/k$，则每个箱子都有 p 个数据，即

第 1 个箱子的数据为 a_1，a_2，…，a_p；

第 2 个箱子的数据为 a_{p+1}，a_{p+2}，…，a_{2p}；

⋮

第 k 个箱子的数据为 a_{n-p+1}，a_{n-p+2}，…，a_n。

② 当 k 不能整除 n 时，令 $p = \lfloor n/k \rfloor$，$q = n - k * p$，则可让前面 q 个箱子有 $p+1$ 个数据，后面 $k-q$ 个箱子有 p 个数据，即

第 1 个箱子的数据为 a_1，a_2，…，a_{p+1}；

第 2 个箱子的数据为 a_{p+2}，a_{p+3}，…，a_{2p+2}；

⋮

第 k 个箱子的数据为 a_{n-p+1}，a_{n-p+2}，…，a_n。

当然，也可以让前面 $k-q$ 个箱子有 p 个数据，后面 q 个箱子有 $p+1$ 个数据，或者随机选择 q 个箱子放 $p+1$ 个数据。

【例 2-8】 等深分箱。设数据集 $A = \{1,2,3,3,4,4,5,6,6,7,7,8,9,11\}$ 共有 14 个数据，请用等深分箱法将其分放在 4 个箱子中。

解：因为 $k=4$，$n=14$，所以 $p = \lfloor n/k \rfloor = \lfloor 14/4 \rfloor = 3$，$q = 14 - 4 \times 3 = 2$。因此，前面两个箱子各放 4 个数据，后两个箱子各放 3 个数据。数据集 A 已经排序，因此 4 个箱子的数据分别是：

箱 1：$\{1,2,3,3\}$　　　　箱 2：$\{4,4,5,6\}$

箱 3：$\{6,7,7\}$　　　　箱 4：$\{8,9,11\}$

2）等宽分箱法。把数据集最小值和最大值形成的区间分为 k 个宽度相等、左闭右开的子区间（最后一个除外）I_1，I_2，…，I_k。如果 $a_i \in I_j$，就把数据 a_i 放入第 j 个箱子。

【例 2-9】 等宽分箱。设数据集 $A = \{1,2,3,3,4,4,5,6,6,7,7,8,9,11\}$ 共有 14 个数据，请用等宽分箱法将其分放在 4 个箱子中。

解：因为数据集最小值和最大值形成的区间为 [1，11]，而 $k=4$，所以子区间的平均宽度为 $(11-1)/4 = 2.5$，可得 4 个区间 $I_1 = [1,3.5)$，$I_2 = [3.5,6)$，$I_3 = [6,8.5)$，$I_4 = [8.5,11]$。

所以，按照等宽分箱法，所得的 4 个箱子的数据分别是：

箱 1：{1,2,3,3}　　　　箱 2：{4,4,5}

箱 3：{6,6,7,7,8}　　　　箱 4：{9,11}

3）用户自定义区间。当用户明确希望观察某些区间范围内的数据分布时，可以根据实际需要自定义区间，方便地帮助用户达到预期目的。

【例 2-10】　自定义分箱。设数据集 $A=\{1,2,3,3,4,4,5,6,6,7,7,8,9,11\}$ 共有 14 个数据，用户希望的 4 个数据子区间分别为 $I_1=[0,3)$，$I_2=[3,6)$，$I_3=[6,10)$，$I_4=[10,13]$，试求出每个箱子包含的数据。

解：按照自定义区间方法，4 个箱子的数据分别是：

箱 1：{1,2,3,3}　　　　箱 2：{4,4,5}

箱 3：{6,6,7,7,8,9}　　　　箱 4：{11}

当完成数据集的分箱工作之后，就要选择一种方法对每个箱子中的数据进行单独处理，并重新赋值，使得数据尽可能接近实际或用户认为合理的值，这一赋值过程称为数据平滑。

对数据集的数据进行平滑的方法主要有按平均值、按边界值和按中值平滑 3 种。

① 按平均值平滑。对同一个箱子中的数据求平均值，并用这个平均值替代该箱子中的所有数据。

对例 2-10 所得 4 个箱子中的数据，其平滑情况如下。

箱 1：{1,2,3,3} 的平滑结果为{2. 25,2. 25,2. 25,2. 25}。

箱 2：{4,4,5} 的平滑结果为{4. 33,4. 33,4. 33}。

箱 3：{6,6,7,7,8,9} 的平滑结果为{7. 17,7. 17,7. 17,7. 17,7. 17,7. 17}。

箱 4：{11} 的平滑结果为{11}。

② 按边界值平滑。对同一个箱子中的每一个数据，观察它和箱子两个边界值（给定箱中的最大和最小值被视为箱边界）的距离，并用距离较小的那个边界值替代该数据。

对例 2-10 所得 4 个箱子中的数据，其平滑情况如下。

箱 1：{1,2,3,3} 的平滑结果为{1,1,3,3}或者{1,3,3,3}，因为 2 到 1 和 3 的距离相同，所以可任选一个边界代替它，也可以规定这种情况以左端边界为准。

箱 2：{4,4,5} 的平滑结果为{4,4,5}。

箱 3：{6,6,7,7,8,9} 的平滑结果为{6,6,6,6,9,9}。

箱 4：{11} 的平滑结果为{11}。

③ 按中位数平滑。用箱子的中间值（即中位数）来替代箱子中的所有数据。

对于例 2-10 所得 4 个箱子中的数据，其平滑情况如下。

箱 1：{1,2,3,3} 的平滑结果为{2. 5,2. 5,2. 5,2. 5}。

箱 2：{4,4,5} 的平滑结果为{4,4,4}。

箱 3：{6,6,7,7,8,9} 的平滑结果为{7,7,7,7,7,7}。

箱 4：{11} 的平滑结果为{11}。

分箱方法也常用于连续型数据集的离散化。

【例 2-11】　连续型数据集的离散化。数据集 $A=\{1,2,3,3,4,4,5,6,6,7,7,8,9,11\}$ 共有 14 个数据，请用等深分箱法将其离散化为 $k=4$ 个类型。

解：首先按等深分箱法将其分为 4 个箱子的数据，结果分别为

箱 1：{1,2,3,3}　　　　　　　　箱 2：{4,4,5,6}
箱 3：{6,7,7}　　　　　　　　　箱 4：{8,9,11}

因此数据 A 离散化的结果为

{1,1,1,1,2,2,2,2,3,3,3,4,4,4}，即用箱子的标号作为数据离散化后的所属类型。

此外，也可以用字母 a，b，c，d 代替箱子的标号，这样数据集 A 离散化的结果为

{$a,a,a,a,b,b,b,b,c,c,c,d,d,d$}

（2）回归（regression）

用一个函数拟合数据来光滑数据的技术称为回归。线性回归涉及找出拟合两个属性（或变量）的“最佳”直线，使得一个属性可以用来预测另一个。多元线性回归是线性回归的扩充，其中涉及的属性多于两个，并且数据拟合到一个多维曲面。回归将在后面进一步讨论。

（3）离群点分析（outlier analysis）

可以通过如聚类来检测离群点。聚类将类似的值组织成群或“簇”。直观地，落在簇集合之外的值被视为离群点（见图 2-7）。如果关注该对象，就称为孤立点，否则视为噪声。

许多数据光滑的方法也用于数据离散化（一种数据变换形式）和数据归约。例如，上面介绍的分箱技术减少了每个属性的不同值的数量。对于基于逻辑的数据挖掘方法（如决策树归纳），它反复地在排序后的数据上进行比较，这充当了一种形式的数据归约。概念分层是一种数据离散化形式，也可以用于数据光滑。例如，price 的概念分层可以把实际的 price 的值映射到便宜、适中和昂贵，从而减少了挖掘过程需要处理的值的数量。数据离散化将在 2.2.6 节讨论。有些分类方法（如神经网络）有内置的数据光滑机制。分类是第 6 章的主题。

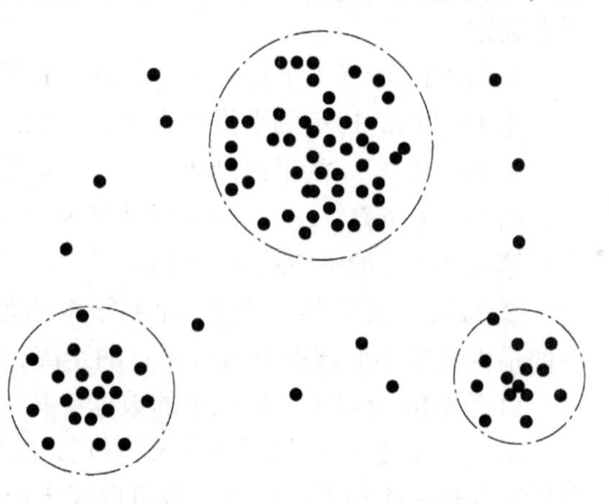

图 2-7　顾客在城市中的位置的 2 – D 图

2.2.3　数据集成

数据挖掘经常需要数据集成——合并来自多个数据存储的数据。数据集成有助于减少结果数据集的冗余和不一致，有助于提高其后挖掘过程的准确性和速度。

数据语义的多样性和结构对数据集成提出了巨大的挑战。如何匹配多个数据源的模式和对象？这实质上是实体识别问题。下面介绍数值和标称数据的相关性检验，介绍元组重复，最后讨论数据值的冲突和解决方法。

1. 实体识别问题

数据分析任务多半涉及数据集成。数据集成将多个数据源中的数据合并存放在一个一致的数据存储中，如存放在数据仓库中。这些数据源可能包括多个数据库、数据立方体或一般文件。

在数据集成时，有许多问题需要考虑。模式集成和对象匹配可能需要技巧。来自多个信息源的现实世界的等价实体如何才能“匹配”？这涉及实体识别问题。例如，数据分析者或

计算机如何才能确信一个数据库中的 customer_id 与另一个数据库中的 cust_number 指的是相同的属性？每个属性的元数据包括名字、含义、数据类型和属性的允许取值范围，以及处理空白、零或 NULL 值的空值规则。这样的元数据可以用来帮助避免模式集成的错误。元数据还可以用来帮助变换数据（如 pay_type 的数据编码在一个数据库中可以是“H”和“S”，而在另一个数据库中是 1 和 2）。因此，这一步也与前面介绍的数据清理有关。

在集成期间，当一个数据库的属性与另一个数据库的属性匹配时，必须特别注意数据的结构，旨在确保源系统中的函数依赖和参照约束与目标系统中的匹配。例如，在一个系统中，discount 可能用于订单，而在另一个系统中，它用于订单内的商品。如果在集成之前未发现，则目标系统中的商品可能被不正确地打折。

2. 冗余和相关分析

冗余是数据集成的另一个重要问题。一个属性（如年收入）如果能由另一个或另一组属性“导出”，则这个属性可能是冗余的。属性或维命名的不一致也可能导致结果数据集中的冗余。

有些冗余可以被相关分析检测到。给定两个属性，这种分析可以根据可用的数据，度量一个属性能在多大程度上蕴涵另一个。对于标称数据，使用χ^2（卡方）检验。对于数值属性，使用相关系数（Correlation Coefficient）和协方差（Covariance），它们都评估一个属性的值如何随另一个变化。

（1）标称数据的χ^2相关检验

对于标称数据，两个属性 A 和 B 之间的相关联系可以通过χ^2（卡方）检验发现。假设 A 有 c 个不同值 a_1，a_2，…，a_c，B 有 r 个不同值 b_1，b_2，…，b_r。用 A 和 B 描述的数据元组可以用一个相依表显示，其中 A 的 c 个值构成列，B 的 r 个值构成行。令（A_i,B_j）表示属性 A 取值 a_i、属性 B 取值 b_j的联合事件，即（$A=a_i,B=b_j$）。每个可能的（A_i,B_j）联合事件都在表中有自己的单元。χ^2值（又称 Pearson χ^2统计量）可以用下式计算：

$$\chi^2 = \sum_{i=1}^{c}\sum_{j=1}^{r}\frac{(O_{ij}-e_{ij})^2}{e_{ij}} \tag{2-5}$$

式中，O_{ij}是联合事件（A_i,B_j）的观测频度（即实际计数）；e_{ij}是（A_i,B_j）的期望频度，可以用下式计算：

$$e_{ij} = \frac{\text{count}(A=a_i)\times\text{count}(B=b_j)}{n} \tag{2-6}$$

式中，n 是数据元组的个数；$\text{count}(A=a_i)$是 A 上具有值 a_i的元组个数，而 $\text{count}(B=b_j)$是 B 上具有值 b_j的元组个数。式（2-5）中的和在所有 $r\times c$ 个单元上计算。注意，对χ^2值贡献最大的单元是其实际计数与期望计数很不相同的单元。

χ^2统计检验假设 A 和 B 是独立的。检验基于显著水平，具有自由度 $(r-1)\times(c-1)$。用【例 2-12】解释该统计量的使用。如果可以拒绝该假设，则说 A 和 B 是统计相关的。

【例 2-12】 使用χ^2的标称属性的相关分析。假设调查了 1 500 个人，记录了每个人的性别。每个人对他们喜爱的阅读材料类型是否是小说进行投票。这样，我们有两个属性 gender 和 preferred_reading。每种可能的联合事件的观测频率（或计数）汇总在表 2-3 所显示的相依表中，其中括号中的数是期望频率。期望频率根据两个属性的数据分布用式（2-6）计算。

表 2-3　例 2-12 的数据的 2×2 相依表

	男	女	合　计
小说	250（90）	200（360）	450
非小说	50（210）	1000（840）	1050
合计	300	1200	1500

gender 和 prcferred_reading 相关吗？

使用式（2-6），可以验证每个单元的期望频率。例如，单元（男，小说）的期望频率是

$$e_{11}=\frac{\text{count}(\text{男})\times\text{count}(\text{小说})}{n}=\frac{300\times450}{1500}=90$$

注意，在任意行，期望频率的和必须等于该行总观测频率，并且任意列的期望频率的和也必须等于该列的总观测频率。

使用式（2-5）计算χ^2，得到：

$$\chi^2=\frac{(250-90)^2}{90}+\frac{(50-210)^2}{210}+\frac{(200-360)^2}{360}+\frac{(1000-840)^2}{840}$$
$$=284.44+121.90+71.11+30.48=507.93$$

对于这个 2×2 的表，自由度为（2－1)(2－1）=1。对于自由度 1，在 0.001 的置信水平下，拒绝假设的值是 10. 828（取自χ^2分布上百分点表，通常可以在任意统计学教科书中找到）。由于我们计算的值大于该值，因此可以拒绝 gender 和 preferred_reading 独立的假设，并断言对于给定的人群，这两个属性是（强）相关的。

（2）数值数据的相关系数

对于数值数据，可以通过计算属性 A 和 B 的相关系数（又称 Pearson 积矩系数，用发明者 Karl Pearson 的名字命名），估计这两个属性的相关度 $r_{A,B}$，

$$r_{A,B}=\frac{\sum_{i=1}^{n}(a_i-\bar{A})(b_i-\bar{B})}{n\sigma_A\sigma_B}=\frac{\sum_{i=1}^{n}(a_ib_i)-n\bar{A}\bar{B}}{n\sigma_A\sigma_B}\tag{2-7}$$

式中，n 是元组的个数，a_i和 b_i分别是元组 i 在 A 和 B 上的值，$\bar{A}$和$\bar{B}$分别是 A 和 B 的均值，σ_A和 σ_B分别是 A 和 B 的标准差，而 $\sum(a_ib_i)$ 是 AB 叉积和（即对于每个元组，A 的值乘以该元组 B 的值）。注意，$-1\leqslant r_{A,B}\leqslant+1$。如果 $r_{A,B}>0$，则 A 和 B 是正相关的，这意味着 A 值随 B 值的增加而增加。该值越大，相关性越强（即每个属性蕴涵另一个的可能性越大）。因此，一个较高的 $r_{A,B}$值表明 A（或 B）可以作为冗余而被删除。

如果该结果值等于 0，则 A 和 B 是独立的，并且它们之间不存在相关性。如果该结果值小于 0，则 A 和 B 是负相关的，一个值随另一个减少而增加。这意味着每一个属性都阻止另一个出现。

注意，相关性并不蕴涵因果关系。也就是说，如果 A 和 B 是相关的，这并不意味着 A 导致 B 或 B 导致 A。例如，在分析人口统计数据库时，我们可能发现一个地区的医院数与汽车盗窃数是相关的，这并不意味一个导致另一个，实际上，二者必然地关联到第三个属性——人口。

(3) 数值数据的协方差

在概率论与统计学中，协方差和方差是两个类似的度量，评估两个属性如何一起变化。考虑两个数值属性 A、B 和 n 次观测的集合 $\{(a_1,b_1),\cdots,(a_n,b_n)\}$。$A$ 和 B 的均值又分别称为 A 和 B 的期望值，即

$$E(A)=\bar{A}=\frac{\sum_{i=1}^{n}a_i}{n} \quad 且 \quad E(B)=\bar{B}=\frac{\sum_{i=1}^{n}b_i}{n}$$

A 和 B 的协方差（Covariance）定义为

$$\mathrm{Cov}(A,B)=E[(A-\bar{A})(B-\bar{B})]=\frac{\sum_{i=1}^{n}(a_i-\bar{A})(b_i-\bar{B})}{n} \tag{2-8}$$

如果把式（2-7）的 $r_{A,B}$（协相关系数）与式（2-8）相比较，则可以看到：

$$r_{A,B}=\frac{\mathrm{Cov}(A,B)}{\sigma_A\sigma_B} \tag{2-9}$$

式中，σ_A和σ_B分别是 A 和 B 的标准差。还可以证明：

$$\mathrm{Cov}(A,B)=E(A\cdot B)-\bar{A}\,\bar{B} \tag{2-10}$$

该式可以简化计算。

对于两个趋向于一起改变的属性 A 和 B，如果 $A>\bar{A}$（A 的期望值），则 B 很可能大于$\bar{B}$（B 的期望值）。因此，A 和 B 的协方差为正。另一方面，如果当一个属性小于它的期望值时，则另一个属性趋向于大于它的期望值，则 A 和 B 的协方差为负。

如果 A 和 B 是独立的（即它们不具有相关性），则 $E(A\cdot B)=E(A)\cdot E(B)$。因此，协方差为 $\mathrm{Cov}(A,B)=E(A\cdot B)-\bar{A}\,\bar{B}=E(A)\cdot E(B)-\bar{A}\,\bar{B}=0$。然而，其逆不成立。某些随机变量（属性）对可能具有协方差0，但是不是独立的。仅在某种附加的假设下（如数据遵守多元正态分布），协方差0蕴涵独立性。

【例 2-13】　数值属性的协方差分析。表 2-4 给出了在5 个时间点观测到的 AAA 公司和 HT（某高技术公司）的股票价格的简化例子。如果股市受相同的产业趋势影响，则它们的股价会一起涨跌吗？

表 2-4　AAA 公司和 HT 公司的股票价格

时 间 点	AAA 公司	HT 公司
T1	6	20
T2	5	10
T3	4	14
T4	3	5
T5	2	5

$$E(\text{AAA 公司})=\frac{6+5+4+3+2}{5}\text{美元}=\frac{20}{5}\text{美元}=4\ \text{美元}$$

$$而\ E(\text{HT 公司})=\frac{20+10+14+5+5}{5}\text{美元}=\frac{54}{5}\text{美元}=10.8\ \text{美元}$$

于是，使用式（2-10）计算

$$\text{Cov}(\text{AAA 公司}, \text{HT 公司}) = \frac{6\times20+5\times10+4\times14+3\times5+2\times5}{5} - 4\times10.80 = 50.2 - 43.2 = 7\text{ 美元} > 0$$

由于协方差为正，因此可以说两个公司的股票同时上涨。

3. 元组重复

除了检测属性间的冗余外，还应当在元组级检测重复（如对于给定的唯一数据实体，存在两个或多个相同的元组）。去规范化表（Denormalized Table）的使用（这样做通常是通过避免连接来改善性能）是数据冗余的另一个来源。不一致通常出现在各种不同的副本之间，由于不正确的数据输入，或者由于更新了数据的某些出现，但未更新所有的出现。例如，如果订单数据库包含订货人的姓名和地址属性，而不是这些信息在订货人数据库中的码，则差异就可能出现，如同一订货人的名字可能以不同的地址出现在订单数据库中。

4. 数据值冲突的检测与处理

数据集成还涉及数据值冲突的检测与处理。例如，对于现实世界的同一实体，来自不同数据源的属性值可能不同。这可能是因为表示、尺度或编码不同。例如，重量属性可能在一个系统中以公制单位存放，而在另一个系统中以英制单位存放。对于连锁旅馆，不同城市的房价不仅可能涉及不同的货币，而且可能涉及不同的服务（如免费早餐）和税收。例如，不同学校交换信息时，每个学校可能都有自己的课程计划和评分方案。一所大学可能采取学季制，开设3门数据库系统课程，用 $A^+ \sim F$ 评分；而另一所大学可能采用学期制，开设两门数据库课程，用1~10评分。很难在这两所大学之间制定精确的课程成绩变换规则，这使得信息交换非常困难。

属性也可能在不同的抽象层，其中属性在一个系统中记录的抽象层可能比另一个系统中“相同的”属性低。例如，total_sales 在一个数据库中可能涉及 AAA 公司的一个分店，而另一个数据库中相同名字的属性可能表示一个给定地区的诸 AAA 公司分店的总销售量。

2.2.4 数据变换

数据变换将数据转换成统一或适合于挖掘的形式。数据变换可能涉及以下内容。

平滑：去除数据中的噪声数据。这种技术包括分箱、回归、聚类。

聚集：对数据进行汇总或聚集，数据立方体的构建。例如，可以聚集日销售数据，计算月和年销售量等。通常，这一步用来为多粒度数据分析构造数据立方体。

数据概化：使用概念分层，用高层概念替换低层或“原始”数据。例如，分类的属性，如街道，可以概化为较高层的概念，如城市或国家；类似地，数值属性，如年龄，可以映射到较高层概念，如青年、中年和老年。

规范化：将数据按比例缩放，使之落入一个小的特定区间（消除量纲的影响），如规范化到 -1.0~1.0 或 0.0~1.0。

属性构造（或特征构造）：通过现有属性构造新的属性，并添加到数据集中，以帮助挖掘过程。

平滑是数据清理形式，前面已经讲到，聚集和概化是一种数据归约形式，在后面讨论，这里讨论规范化和特征构造。

1. 规范化

通过将属性值按比例缩放，使之落入一个小的特定区间（如0.0～1.0），对属性规范化。对于涉及神经网络或距离度量的分类算法（如最近邻分类）和聚类，规范化特别有用。如果使用神经网络后向传播算法进行分类挖掘（见第6章），对于训练元组中量度每个属性的输入值，规范化将有助于加快学习阶段的速度。对于基于距离的方法，规范化可以帮助防止具有较大初始值域的属性（如 income）与具有较小初始值域的属性（如二元属性）相比权重过大。有许多数据规范化的方法，这里介绍以下3种：最小—最大规范化、Z-score规范化和按小数定标规范化。

1）最小—最大规范化：对原始数据进行线性变换。假设 $\min_A$和 $\max_A$分别为属性 A 的最小值和最大值，利用公式将 A 的值映射到区间［new_min_A，new_max_A］中的 v'。

$$v'=\frac{v-\min_A}{\max_A-\min_A}(\text{new\_max}_A-\text{new\_min}_A)+\text{new\_min}_A \tag{2-11}$$

最小—最大规范化保持原始数据值之间的联系。如果今后的输入落在 A 的原始数据值域之外，则该方法将面临“越界”错误。

【例2-14】 最小—最大规范化。假定属性 income 的最小与最大值分别为12 000美元和98 000美元，想把 income 映射到区间［0.0,1.0］。根据最小—最大规范化，income 值73 600美元将变换为$\frac{73\ 600-12\ 000}{98\ 000-12\ 000}\times(1.0-0)+0=0.716$

2）Z-score规范化（或零均值规范化）：属性 A 的值基于 A 的均值和标准差规范化。A 的值 v 规范化为 v'，由公式计算：

$$v'=\frac{v-\bar{A}}{\sigma_A} \tag{2-12}$$

式中，$\bar{A}$ 为属性 A 的均值，σ 为标准差。当属性 A 的实际最大和最小值未知，或由于某些“孤立点”存在使得最小—最大规范化方法不是很实际时，该方法是有用的。

【例2-15】 Z-score规范化（1）。假定属性 income 的均值和标准差分别为54 000和16 000，使用Z-score规范化，值73 600转换为（73 600－54 000）/16 000＝1.225

【例2-16】 Z-score规范化（2）。对于样本集 $A=\{1,2,4,5,7,8,9\}$，试用Z-score规范化方法对数据7进行规范化。

解：因为样本集有7个样本数据，其平均值：

$$\bar{A}=\frac{\sum_{i=1}^{7}x_i}{7}=5.14$$

样本的标准差 σ_A：

$$\sigma_A=\sqrt{\frac{\sum_{i=1}^{7}(x_i-\bar{A})^2}{7-1}}=\sqrt{\frac{68.86}{6}}=3.39$$

对样本集中的数据 $v=7$ 进行Z-score规范化的结果是：

$$v'=\frac{v-\bar{A}}{\sigma_A}=\frac{7-5.14}{3.39}=0.55$$

3）小数定标规范化。小数定标规范化通过移动属性 a 的小数点位置进行规范化。此方法也需要在属性取值区间已知的条件下使用。小数点的移动位数依赖于 A 的最大绝对值。A 的值 v 规范化为 v'，由公式计算：

$$v' = \frac{v}{10^j} \tag{2-13}$$

式中，j 是使得 $\mathrm{Max}(|v'|) < 1$ 的最小整数。

【例 2-17】 小数定标规范化（1）。假定 a 的取值为 $-986 \sim 917$。A 的最大绝对值为 986。使用小数定标规范化，用 1000（即 $j=3$）除每个值，这样，-986 规范化为 -0.986，而 917 规范化为 0.917。

【例 2-18】 小数定标规范化（2）。对于样本集 $A = \{11, 22, 44, 55, 66, 77, 88\}$，试用小数定标规范化方法对数据 88 进行规范化。

解：样本数据取值区间为［11，88］，最大绝对值为 88。

对于 A 中的任一个值 v，使 $\max\left(\left|\frac{v}{10^j}\right|\right) = \left|\frac{88}{10^j}\right| < 1$ 成立的 j 为 2，因此，最大值 $v = 88$ 规范化后的值为 $v' = 0.88$。

2. 特征构造

特征构造指由一个或多个原始特征共同构造新的特征。有时，原始数据集的特征具有必要的信息，但其形式不适合数据挖掘算法。在这种情况下，一个或多个由原特征构造的新特征可能比原特征更有用。例如，我们可能希望根据属性 height（高度）和 width（宽度）添加属性 area（面积），通过组合属性，属性构造可以发现关于数据属性间联系的缺失信息，这对知识发现是有用的。

【例 2-19】 密度。为了解释这一点，考虑一个包含人工制品信息的历史数据集。该数据集包含每个人工制品的体积和质量，以及其他信息。为简单起见，假定这些人工制品使用少量材料（木材、陶土、铜、黄金）制造，并且希望根据制造材料对它们分类。在此情况下，由质量和体积特征构造的密度特征（即密度 = 质量/体积）可以很直接地产生准确的分类。

尽管有一些人试图通过考察已有特征的简单的数学组合来自动地进行特征构造，但是最常见的方法还是使用专家的意见构造特征。

2.2.5 数据归约

对海量数据进行复杂的数据分析和挖掘将需要很长时间，使得这种分析不现实或不可行。数据归约技术可以用来得到数据集的归约表示，它小得多，但仍接近保持原数据的完整性。这样，对归约后的数据集挖掘将更有效，并能产生相同（或几乎相同）的分析结果。

数据归约的策略如下。

① 数据立方体聚集：聚集操作用于数据立方体结构中的数据。

② 维归约：可以检测并删除不相关、弱相关或冗余的属性或维。

③ 数据压缩：使用编码机制减小数据集的规模。

④ 数值归约：用替代的、较小的数据表示替换或估计数据，如参数模型（只需要存放模型参数，而不是实际数据）或非参数方法，如聚类、抽样和使用直方图。

⑤ 离散化和概念分层产生：属性的原始数据值用区间值或较高层的概念替换。数据离散化是一种数据归约形式，对于概念分层的自动产生是有用的。离散化和概念分层产生是数

据挖掘强有力的工具，允许挖掘多个抽象层的数据。

用于数据归约的计算时间不应当超过或“抵消”对归约数据挖掘节省的时间。

1. 数据立方体聚集

想象已经为分析收集了数据。这些数据由 AAA 公司 2002 ~ 2004 年每季度的销售数据组成。然而，你感兴趣的是年销售（每年的总和），而不是每季度的总和。可以对这种数据聚集，使得结果数据汇总每年的总销售，而不是每季度的总销售。该聚集如图 2-8 所示。结果数据集小得多，并不丢失分析任务所需的信息。

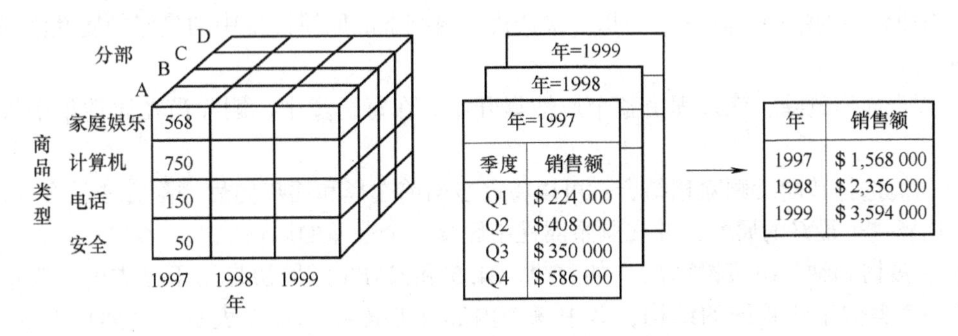

图 2-8　AAA 公司的 1997 ~ 1999 年的销售数据

在图 2-8 中，最左边显示的销售数据给出了所有商品类型和所有部门的销售额，是明细数据。如果你感兴趣的是季度销售，就可以对数据进行聚集，使得结果数据汇总每季度的总销售；如果你感兴趣的是年销售（每年的总和），而不是每季度的总和，就可以在前一次汇总的基础上对数据聚集，使得结果数据汇总每年的总销售。

在最低抽象层创建的立方体称为基本方体（Base Cuboid）。基本方体应当对应于感兴趣的个体实体，如 sales 或 customer。换言之，最低层应当是对于分析可用的或有用的。最高层抽象的立方体称为顶点方体（Apex Cuboid）。对于图 2-8 的销售数据，顶点方体将给出一个汇总值——所有商品类型，所有分店 3 年的总销售额。对不同抽象层创建的数据立方体称为方体（Cuboid），因此数据立方体可以看作方体的格（Lattice of Cuboids）。每个较高层抽象将进一步减少结果数据的规模。当回答数据挖掘查询时，应当使用与给定任务相关的最小可用方体。

2. 维归约

用于分析的数据集可能包含数以百计的属性，其中大部分属性可能与挖掘任务不相关，或者是冗余的。例如，如果分析任务是按顾客听到广告后是否愿意在 AllElectronics 购买新的流行 CD，则将顾客分类，与属性 age（年龄）和 music taste（音乐鉴赏力）不同，诸如顾客的电话号码等属性多半是不相关的。例如，学生的 ID 号码对于预测学生的总平均成绩是不相关的。不相关或冗余的属性增加了数据量，可能会减慢挖掘进程。

属性子集选择通过删除不相关或冗余的属性（或维）减小数据集。属性子集选择的目标是找出最小属性集，使得数据类的概率分布尽可能地接近使用所有属性得到的原分布。它减少了出现在发现模式的属性数目，使得模式更易于理解。

如何找出原属性的一个‘好的’子集？对于 n 个属性，有 2^n 个可能的子集。穷举搜索找出属性的最佳子集可能是不现实的，特别是当 n 和数据类的数目增加时。因此，对于属性子集选择，通常使用压缩搜索空间的启发式算法。通常，这些方法是贪心算法，在搜索属性空间时，总是做看上去当时最佳的选择。策略是做局部最优选择，期望由此导致全局最优解。在实践中，这种贪心方法是有效的，并可以逼近最优解。

“最好的”（和“最差的”）属性通常使用统计显著性检验来确定。这种检验假定属性是相互独立的。也可以使用其他属性评估度量，如建立分类决策树使用信息增益度量。

属性子集选择的基本启发式方法包括以下技术。

① 逐步向前选择：该过程由空属性集作为归约集开始，确定原属性集中最好的属性，并将它添加到归约集中。在其后的每一次迭代，将剩下的原属性集中的最好的属性添加到该集合中。

② 逐步向后删除：该过程由整个属性集开始。在每一步中，删除尚在属性集中最差的属性。

③ 向前选择和向后删除相结合：可以将逐步向前选择和逐步向后删除方法结合在一起，每一步选择一个最好的属性，并在剩余属性中删除一个最差的属性。

④ 决策树归纳：决策树算法（如 ID3、C4.5 和 CART）最初是用于分类的。决策树归纳构造一个类似于流程图的结构，其中每个内部（非树叶）结点表示一个属性上的测试，每个分枝对应于测试的一个结果；每个外部（树叶）结点表示一个类预测。在每个结点上，算法选择“最好”的属性，将数据划分成类。当决策树归纳用于属性子集选择时，由给定的数据构造决策树。不出现在树中的所有属性假定是不相关的。出现在树中的属性形成归约后的属性子集。

3. 数据压缩

数据压缩就是使用数据编码或变换，以便得到原数据的归约或“压缩”表示。如果原数据可以由压缩数据重新构造而不丢失任何信息，则该数据归约是无损的。如果只能重新构造原数据的近似表示，则该数据归约是有损的。本小节介绍两种流行、有效的有损的数据压缩方法：小波变换和主成分分析。

（1）小波变换

离散小波变换（DWT）是一种线性信号处理技术，当用于数据向量 X 时，将它变换成数值上不同的小波系数向量 X'。两个向量具有相同的长度。当这种技术用于数据归约时，每个元组看作一个 n 维数据向量，即 $X=(x_1,x_2,\cdots,x_n)$，描述 n 个数据库属性在元组上的 n 个测量值。

如果小波变换的数据与原数据的长度相等，则这种技术如何能够用于数据归约？关键在小波变换后的数据可以截短。仅存放一小部分最强的小波系数，就能保留近似的压缩数据。例如，保留大于用户设定的某个阈值的所有小波系数，其他系数置为0。这样，结果数据表示非常稀疏，使得如果在小波空间进行计算，则利用数据稀疏特点的操作计算得非常快。该技术也能用于消除噪声，而不会光滑掉数据的主要特征，使得它们也能有效地用于数据清理。给定一组系数，使用所用的 DWT 的逆，可以构造原数据的近似。

流行的小波变换包括 Haar-2、Daubechies-4 和 Daubechies-6 变换。应用离散小波变换的一般过程使用一种分层金字塔算法（Pyramid Algorithm），它在每次迭代将数据减半，导致很快的计算速度。

① 输入数据向量的长度 L 必须是 2 的整数幂。必要时（$L \geqslant n$），通过在数据向量后添加

0，这一条件可以满足。

② 每个变换涉及应用两个函数。第一个使用某种数据光滑，如求和或加权平均。第二个进行加权差分，产生数据的细节特征。

③ 两个函数作用于 X 中的数据点对，即用于所有的测量对（x_{2i}，x_{2i+1}）。这导致两个长度为 $L/2$ 的数据集。一般，它们分别代表输入数据的光滑后的版本或低频版本和它的高频内容。

④ 两个函数递归地作用于前面循环得到的数据集，直到得到的数据集长度为2。

⑤ 由以上迭代得到的数据集中选择值，指定其为数据变换的小波系数。

等价地，可以将矩阵乘法用于输入数据，以得到小波系数。所用的矩阵依赖于给定的DWT。矩阵必须是标准正交的，即列是单位向量并相互正交，使得矩阵的逆是它的转置。这种性质允许由光滑和光滑—差数据集重构数据。通过将矩阵因子分解成几个稀疏矩阵，对于长度为 n 的输入向量，快速DWT算法的复杂度为 $O(n)$。

小波变换可以用于多维数据，如数据立方体。可以按以下方法进行：首先将变换用于第一个维，然后第二个……计算复杂性关于立方体中单元的个数是线性的。对于稀疏或倾斜数据和具有有序属性的数据，小波变换给出很好的结果。据报道，小波变换的有损压缩比当前的商业标准JPEG压缩好。小波变换有许多实际应用，包括指纹图像压缩、计算机视觉、时间序列数据分析和数据清理。

（2）主成分分析

假定待归约的数据由 n 个属性或维描述的元组或数据向量组成。主成分分析（Principal Components Analysis）或PCA（又称Karbunen－Loeve或K-L方法）搜索 k 个最能代表数据的 n 维正交向量，其中 $k \leqslant n$。这样，原来的数据投影到一个小得多的空间，导致维度归约。不像属性子集选择通过保留原属性集的一个子集来减少属性集的大小，PCA通过创建一个替换的、更小的变量集"组合"属性的基本要素。原数据可以投影到该较小的集合中。PCA常常揭示先前未曾察觉的联系，并因此允许解释不寻常的结果。

基本过程如下：

① 对输入数据规范化，使得每个属性都落入相同的区间。此步有助于确保具有较大定义域的属性不会支配具有较小定义域的属性。

② PCA计算 k 个标准正交向量，作为规范化输入数据的基。这些是单位向量，每一个方向都垂直于另一个。这些向量称为主成分。输入数据是主成分的线性组合。

③ 对主成分按"重要性"或强度降序排列。主成分基本上充当数据的新坐标轴，提供关于方差的重要信息。也就是说，对坐标轴进行排序，使得第一个坐标轴显示数据的最大方差，第二个显示次大方差，如此下去。例如，图2-9显示原来映射到轴 X_1 和 X_2 的给定数据集的前两个主成分 Y_1 和 Y_2。这一信息帮助识别数据中的分组或模式。

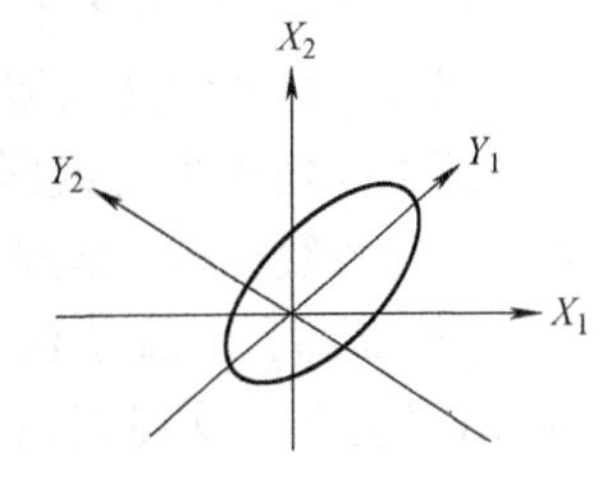

图2-9　主成分分析

④ 既然主成分根据"重要性"降序排列，就可以通过去掉较弱的成分（即方差较小）来归约数据的规模。使用最强的主成分，应当能够重构原数据的很好的近似。

PCA计算开销低，可以用于有序和无序的属性，并且可以处理稀疏和倾斜数据。多于2

维的多维数据可以通过将问题归约为2维问题来处理。主成分可以用作多元回归和聚类分析的输入。与小波变换相比，PCA能够更好地处理稀疏数据，而小波变换更适合高维数据。

4. 数值归约

“我们能通过选择替代的、‘较小的’数据表示形式来减少数据量吗?”数值归约技术确实可以用于这一目的。这些技术可以是参数的，也可以是非参数的。参数方法使用一个模型估计数据，只需要存放数据参数，而不是实际数据。（离群点也可能存放。）对数线性模型是一个例子，它估计离散的多维概率分布。存放数据归约表示的非参数方法包括直方图、聚类和抽样。

（1）回归和对数线性模型

回归和对数线性模型可以用来近似给定的数据。在（简单）线性回归中，对数据建模，使之拟合到一条直线。例如，可以用以下公式，将随机变量 y（称为响应变量）建模为另一随机变量 x（称为预测变量）的线性函数，即 $y = ax + b$。其中，a、b 称为回归系数，分别为直线的直线斜率和 y 轴截距。参数需要估计以最好的拟合给定的数据。绝大多数情况“最好的拟合”由最小二乘法实现，它最小化分离数据的实际直线与估计直线之间的误差。给定 n 个样本或形如 (x_1, y_1)，(x_2, y_2)，…，(x_n, y_n) 的数据点，回归系数 a 和 b 的估计值可以用下面的公式计算：

$$a = \frac{\sum_{i=1}^{n}(x_i - \bar{x})(y_i - \bar{y})}{\sum_{i=1}^{n}(x_i - \bar{x})^2} \tag{2-14}$$

$$b = \bar{y} - a\bar{x} \tag{2-15}$$

这里，$\bar{x}$是 x_1，x_2，…，x_n的平均值，$\bar{y}$是 y_1，y_2，…，y_n的平均值。

多元线性回归是（简单）线性回归的扩充，允许响应变量 y 建模为两个或多个预测变量的线性函数。

对数线性模型（Log-linear Model）近似离散的多维概率分布。给定 n 维（如用 n 个属性描述）元组的集合，可以把每个元组看作 n 维空间的点。可以使用对数线性模型基于维组合的一个较小子集，估计离散化的属性集的多维空间中每个点的概率。这使得高维数据空间可以由较低维空间构造。因此，对数线性模型也可以用于维归约（由于低维空间的点通常比原来的数据点占据较少的空间）和数据光滑（因为与较高维空间的估计相比，较低维空间的聚集估计较少受抽样方差的影响）。

回归和对数线性模型都可以用于稀疏数据，尽管它们的应用可能是受限制的。虽然两种方法都可以处理倾斜数据，但是回归可能更好。当用于高维数据时，回归可能是计算密集的，而对数线性模型表现出很好的可伸缩性，可以扩展到10维左右。

【例2-20】 **简单线性回归**。在图2-10给出的数据中：y—Diameter at Breast Height（DBH（树干）胸高直径）；x—Age（树龄）。

给定12个样本或形如 (x_1, y_1)，(x_2, y_2)，…的数据点，对于线性函数 $y = ax + b$，回归系数 a、b 的估计值可以用最小二乘法计算。

$\bar{x} = 54.5$，$\bar{y} = 8.25$，由式（2-14）计算得到 $a = 0.128$，由式（2-15）计算得到 $b = 1.285$；所以线性函数 $y = 0.128x + 1.285$。由此函数可得，图2-10a中的第0个样本 y 的值为5.637。

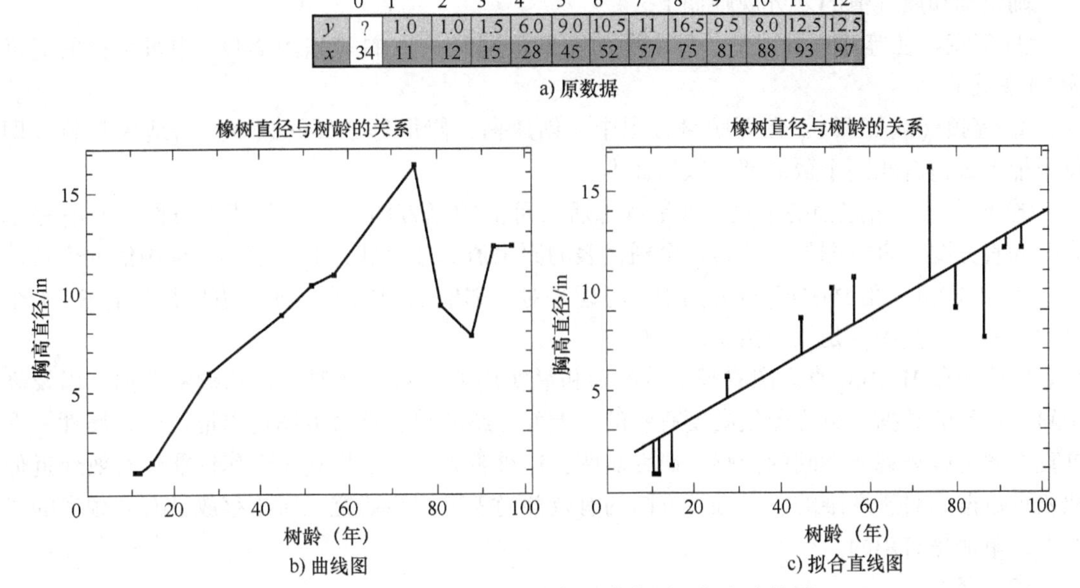

	0	1	2	3	4	5	6	7	8	9	10	11	12
y	?	1.0	1.0	1.5	6.0	9.0	10.5	11	16.5	9.5	8.0	12.5	12.5
x	34	11	12	15	28	45	52	57	75	81	88	93	97

图 2-10　简单线性回归原数据、曲线图、拟合直线图

注：1in≈25.4mm

（2）直方图

直方图使用分箱来近似数据分布，是一种流行的数据归约形式。

属性 A 的直方图将 A 的数据分布划分为不相交的子集或桶。如果每个桶只代表单个属性值/频率对，则该桶称为单值桶。通常，桶表示给定属性的一个连续区间。

【例 2-21】　直方图。以下数据是 AAA 公司通常销售的商品的单价列表（按美元四舍五入取整）。已对数据进行了排序：1，1，5，5，5，5，5，8，8，10，10. 10，10，12，14，14，14，15，15，15，15，15，15，18，18，18，18，18，18，18，18，20，20，20，20，20，20，20，21，21，21，21，25，25，25，25，25，28，28，30，30，30。

图 2-11a 使用单值桶显示了这些数据的直方图。为进一步压缩数据，通常让一个桶代表给定属性的一个连续值域；在图 2-11b 中每个桶代表 price 的一个不同的 10 美元区间。

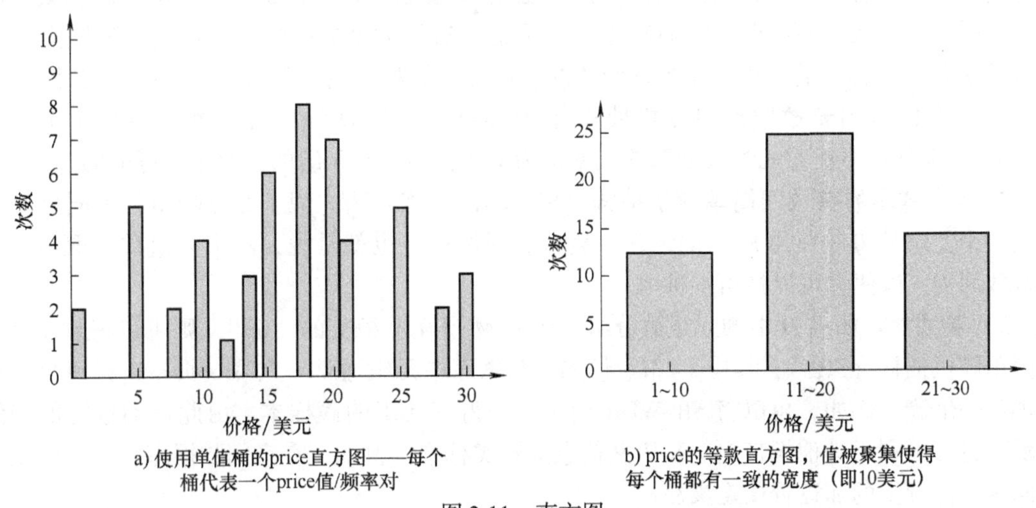

a) 使用单值桶的price直方图——每个桶代表一个price值/频率对

b) price的等款直方图，值被聚集使得每个桶都有一致的宽度（即10美元）

图 2-11　直方图

确定桶和属性值的划分规则如下。

① 等宽：在等宽直方图中，每个桶的宽度区间是一致的（如图 2-11b 中每个桶的宽度为 10 美元）。

② 等频（或等深）：在等频直方图中，创建桶，使得每个桶的频率粗略地为常数（即每个桶大致包含相同个数的邻近数据样本）。

③ V 最优：给定桶的个数，如果考虑所有可能的直方图，则 V 最优直方图是具有最小方差的直方图。直方图的方差是每个桶代表的原来值的加权和，其中权等于桶中值的个数。

④ MaxDiff：在 MaxDiff 直方图中，考虑每对相邻值之间的差。桶的边界是具有 $\beta-1$ 个最大差的对，其中 β 是用户指定的桶数。

V 最优和 MaxDiff 直方图看来是最准确和最实用的。对于近似稀疏和稠密数据，以及高倾斜和均匀的数据，直方图是高度有效的。上面介绍的单属性直方图可以推广到多属性。多维直方图可以表现属性间的依赖。研究表明，这种直方图对于多达 5 个属性能够有效地近似地表示数据。对于高维的、多维直方图的有效性尚需进一步研究。对于存放具有高频率的离群点，单桶是有用的。

（3）聚类

聚类技术把数据元组看作对象。它将对象划分为群或簇，使得在一个簇中的对象相互“相似”，而与其他簇中的对象“相异”。通常，相似性基于距离函数，用对象在空间中的“接近”程度定义。簇的“质量”可以用直径表示，直径是簇中两个对象的最大距离。质心距离是簇质量的另一种度量，它定义为簇中每个对象到簇质心（表示“平均对象”或簇空间中的平均点）的平均距离。图 2-7 所示显示了关于顾客在城市中位置的顾客数据 2-D 图，其中 3 个数据簇是明显的。

在数据归约中，用数据的簇代表替换实际数据。该技术的有效性依赖于数据的性质。相对于被污染的数据，对于能够组织成不同的簇的数据，该技术有效得多。

有许多定义簇和簇质量的度量。聚类方法将在第 5 章进行讨论。

（4）抽样

抽样可以作为一种数据归约技术使用。统计学使用抽样是因为得到感兴趣的整个数据集的费用太高、太费时间。数据挖掘使用抽样也是因为处理所有的数据的费用太高、太费时间。抽样允许用数据的小得多的随机样本（子集）表示大型数据集。假定大型数据集 D 包含 N 个元组。下面看看可以用于数据归约的、最常用的对 D 的抽样方法，如图 2-12 所示。

1）**s 个样本的无放回简单随机抽样**（SRSWOR）：从 D 的 N 个元组中抽取 s 个样本（$s<N$），其中 D 中任意元组被抽取的概率均为 $1/N$，即所有元组的抽取是等可能的。

2）**s 个样本的有放回简单随机抽样**（SRSWR）：该方法类似于 SRSWOR，不同之处在于当一个元组从 D 中抽取后，记录它，然后放回原处。也就是说，一个元组被抽取后，它又被放回 D，以便它可以被再次抽取。

3）**簇抽样**：如果 D 中的元组被分组，放入 M 个互不相交的“簇”，则可以得到 s 个簇的简单随机抽样（SRS），其中 $s<M$。例如，数据库中元组通常一次取一页，这样每页就可以视为一个簇。例如，可以将 SRSWOR 用于页，得到元组的簇样本。由此得到数据的归约表示。也可以利用其他携带更丰富语义信息的聚类标准。例如，在空间数据库中，可以基于不同区域位置上的邻近程度定义簇。

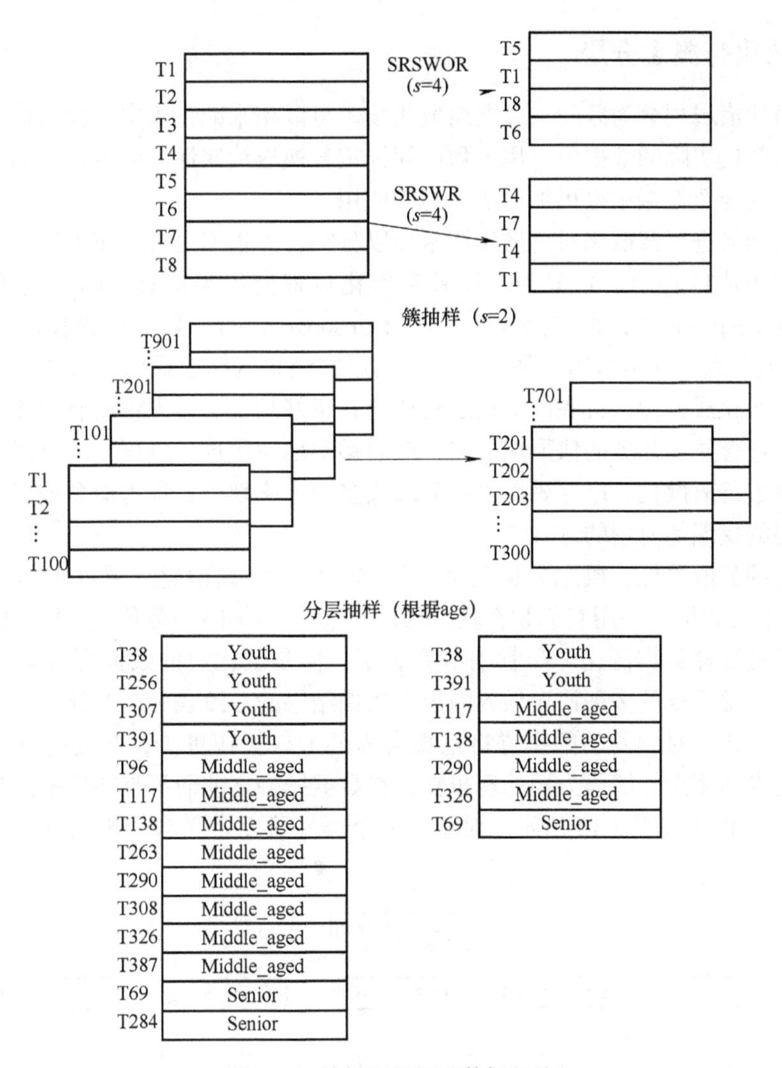

图 2-12　抽样可以用于数据归约

4）**分层抽样**：如果 D 被划分成互不相交的部分（称为“层”），则通过对每一层的 SRS 就可以得到 D 的分层抽样。特别是当数据倾斜时，这可以帮助确保样本的代表性。例如，可以得到关于顾客数据的一个分层抽样，其中分层对顾客的每个年龄组创建。这样，具有的顾客人数最少的年龄组肯定能够得到表示。

采用抽样进行数据归约的优点是，得到样本的花费正比例于样本集的大小 s，而不是数据集的大小 N。因此，抽样的复杂度可能子线性（Sublinear）于数据的大小。其他数据归约技术至少需要完全扫描 D。对于固定的样本大小，抽样的复杂度仅随数据的维数 n 线性地增加；而其他技术，如使用直方图，复杂度随 n 呈指数增长。

用于数据归约时，抽样最常用来估计聚集查询的回答。在指定的误差范围内，可以确定（使用中心极限定理）估计一个给定的函数所需的样本大小。样本的大小 s 相对于 N 可能非常小。对于归约数据的逐步求精，抽样是一种自然选择。通过简单地增加样本大小，这样的集合可以进一步求精。

2.2.6 离散化与概念分层

通过将属性值域划分为区间，数据离散化技术可以用来减少给定连续属性值的个数。区间的标记可以替代实际的数据值。用少数区间标记替换连续属性的数值，从而减少和简化了原来的数据。这导致挖掘结果更加简洁、易于使用。

可以根据如何进行离散化对离散化技术加以分类，如根据是否使用类信息或根据进行方向（即自顶向下或自底向上）分类。如果离散化过程使用类信息，则称它为监督离散化（Supervised Discretization），否则是非监督的（Unsupervised）。如果首先找出一点或几个点（称为分裂点或割点）来划分整个属性区间，然后在结果区间上递归地重复这一过程，则称为自顶向下离散化或分裂。自底向上离散化或合并正好相反，首先将所有的连续值看作可能的分裂点，通过合并相邻域的值形成区间，然后递归地应用这一过程于结果区间。可以对一个属性递归地进行离散化，产生属性值的分层或多分辨率划分，称为概念分层。概念分层对于多个抽象层的挖掘是有用的。

对于给定的数值属性，概念分层定义了该属性的一个离散化。通过收集较高层的概念（如青年、中年或老年）并用它们替换较低层的概念（如年龄的数值），概念分层可以用来归约数据。通过这种数据泛化，尽管细节丢失了，但是泛化后的数据更有意义、更容易解释。这有助于通常需要的多种挖掘任务的数据挖掘结果的一致表示。此外，与对大型未泛化的数据集挖掘相比，对归约的数据进行挖掘所需的I/O操作更少，并且更有效。正因为如此，离散化技术和概念分层作为预处理步骤，在数据挖掘之前而不是在挖掘过程进行。属性price的概念分层例子如图2-13所示。对于同一个属性可以定义多个概念分层，以适合不同用户的需要。

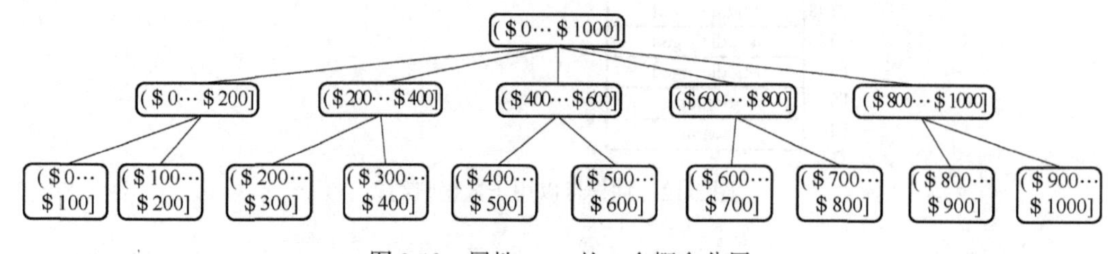

图2-13 属性price的一个概念分层

注：区间（$ X…$ Y]表示从$ X（不包括）到$ Y（包括）的区间

对于用户或领域专家，人工地定义概念分层是一项令人乏味、耗时的任务。可以使用一些离散化方法来自动地产生或动态地提炼数值属性的概念分层。此外，许多分类属性的分层结构蕴涵在数据库模式中，可以在模式定义级自动地定义。

1. 数值数据的离散化和概念分层产生

对于数值属性来说，概念分层是困难的和令人乏味的，这是由于数据的可能取值范围的多样性和数据值的更新频繁。这种人工地说明还可能非常随意。

数值属性的概念分层可以根据数据离散化自动构造。考察如下方法：分箱、直方图分析、聚类分析和根据直观划分离散化。一般，每种方法都假定待离散化的值已经按递增序排序。

（1）分箱

分箱是一种基于箱的指定个数自顶向下的分裂技术。2.2.2节讨论了数据光滑的分箱方法。这些方法也可以用作数值归约和概念分层产生的离散化方法。例如，通过使用等宽或等频分箱，然后用箱均值或中位数替换箱中的每个值，可以将属性值离散化，就像分别用箱的均位或箱的中位数光滑一样。这些技术可以递归地作用于结果划分，产生概念分层。分箱并不使用类信息，因此是一种非监督的离散化技术。它对用户指定的箱个数很敏感，也容易受离群点的影响。

（2）直方图分析

像分箱一样，直方图分析也是一种非监督离散化技术，因为它也不使用类信息。直方图将属性 A 的值划分成不相交的区间，称为桶。直方图已在 2.2.5 节介绍过。例如，在等宽直方图中，将值分成相等的划分或区间（如图 2-11 的 price，其中每个桶的宽度为 10 美元）。使用等频直方图，理想地分割值使得每个划分包括相同个数的数据元组。直方图分析算法可以递归地用于每个划分，自动地产生多级概念分层，直到达到预先设定的概念层数过程终止。也可以对每一层使用最小区间长度来控制递归过程。最小区间长度设定每层每个划分的最小宽度，或每层每个划分中值的最少数目。直方图也可以根据数据分布的聚类分析进行划分。

（3）聚类分析

聚类分析是一种流行的数据离散化方法。通过将属性 A 的值划分成簇或组，聚类算法可以用来离散化数值属性 A。聚类考虑 A 的分布以及数据点的邻近性，因此可以产生高质量的离散化结果。遵循自顶向下的划分策略或自底向上的合并策略，聚类可以用来产生 A 的概念分层，其中每个簇形成概念分层的一个结点。在前者，每一个初始簇或划分可以进一步分解成若干子簇，形成较低的概念层。在后者，通过反复地对邻近簇进行分组，形成较高的概念层。数据挖掘的聚类方法将在第 5 章进行介绍。

（4）根据直观划分离散化

尽管上面的离散化方法对于数值分层的产生是有用的，但是许多用户希望看到数值区域划分为相对一致的、易于阅读、看上去直观或“自然”的区间。例如，更希望将年薪划分成像（50 000 美元，60 000 美元］的区间，而不是像由某种复杂的聚类技术得到的（51 263.98 美元，60 872.34 美元］那样的区间。

3-4-5 规则可以用来将数值数据分割成相对一致、看上去自然的区间。一般，该规则根据最高有效位的取值范围，递归逐层地将给定的数据区域划分为 3、4 或 5 个相对等宽的区间。下面用一个例子解释这个规则的用法。规则如下：

1）如果一个区间在最高有效位包含 3、6、7 或 9 个不同的值，则将该区间划分成 3 个区间（对于 3、6 和 9，划分成 3 个等宽的区间，而对于 7，按 2-3-2 分组，划分成 3 个区间）。

2）如果它在最高有效位包含 2、4 或 8 个不同的值，则将区间划分成 4 个等宽的区间。

3）如果它在最高有效位包含 1、5 或 10 个不同的值，则将区间划分成 5 个等宽的区间。

4）最高分层一般在第 5 个百分位到第 95 个百分位上进行。

下面是一个自动构造数值分层的例子，解释 3-4-5 规则的使用。

【例 2-22】 根据直观划分产生数值概念分层。假定 AAA 公司不同分店 2004 年的利润覆盖了一个很宽的区间 -351 976.00 美元 ~4 700 896.50 美元。用户希望自动地产生利润的概念分层。为了改进可读性，使用记号（$l \cdots r$］表示区间（l, r］。例如，（-1 000 000 美元…0 美元］表示由 -1 000 000 美元（开的）到 0 美元（闭的）的区间。

假定第5个百分位和第95个百分位中的数据在 −159 876 美元和 1 838 761 美元之间。使用3-4-5规则的结果如图2-14所示。

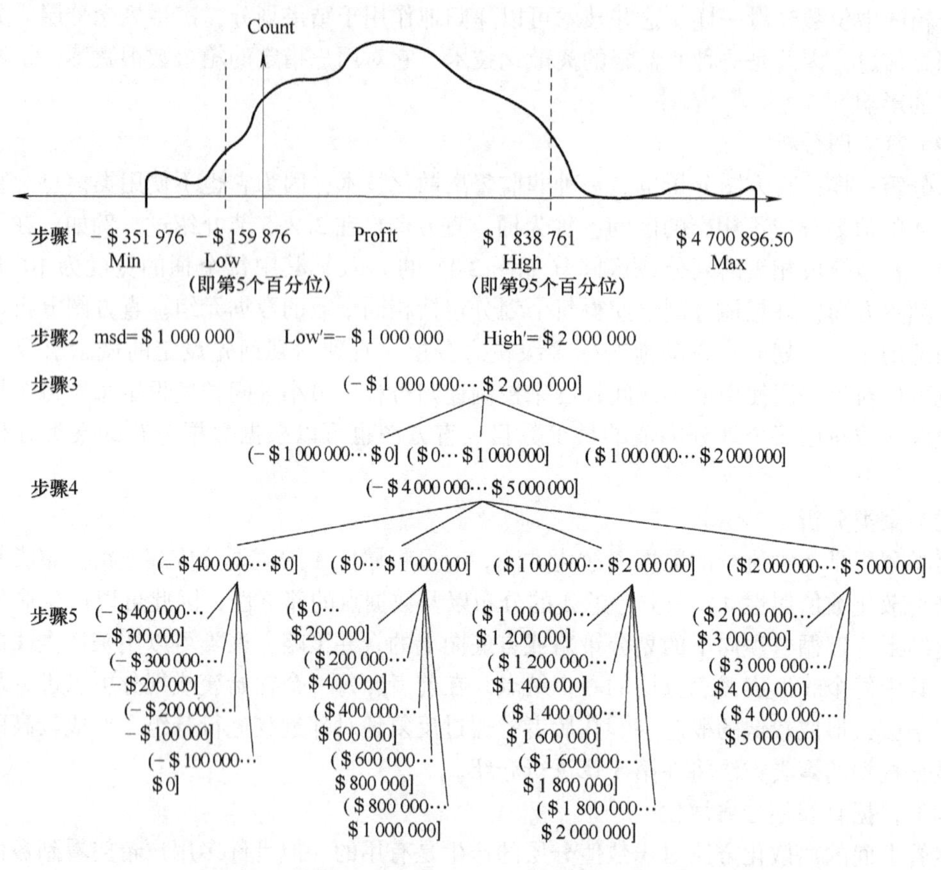

图2-14 根据3-4-5规则，Profit概念分层的自动产生

数据的第5个百分位到第95个百分位在 −159 876 美元和 1 838 761 美元之间。

① 根据以上信息，最小值和最大值分别为 Min = −351 976.00 美元和 Max = 4 700 896.50 美元。对于分段的顶层或第一层，要考虑的最低值（第5个百分位数）和最高（第95个百分位数）值是：Low = −159 876 美元，High = 1 838 761 美元。

② 给定 Low 和 High，最高有效位在百万美元数字位（即 msd = 1 000 000）。Low 向下对百万美元数字位取整，得到 Low′ = −1 000 000 美元；High 向上对百万美元数字位取整，得到 High′ = 2 000 000 美元。

③ 由于该区间在最高有效位上跨越了3个值，即 (2 000 000 − (−1 000 000))/1 000 000 = 3，根据3-4-5规则，该区间被划分成以下3个等宽的区间：(−1 000 000 美元…0 美元]，(0 美元…1 000 000 美元] 和 (1 000 000 美元…2 000 000 美元]。这代表分层结构的最顶层。

④ 现在，考察 Min 和 Max，看它们“适合”在第一层划分的什么地方。由于第一个区间 (−1 000 000 美元…0 美元] 覆盖了 Min 值（即 Low′ < Min），因此可以调整该区间的左边界，使区间更小一点。Min 的最高有效位在10万数字位。Min 向下对10万数字位取整，得到 Min′ = −400 000。因此，第一个区间被重新定义为 (−400 000 美元…0 美元]。

由于最后一个区间（1 000 000 美元…2 000 000 美元］不包含 Max 值，即 Max > High′，因此需要创建一个新的区间来覆盖它。对 MAX 向上对最高有效位取整，新的区间为(2 000 000美元…5 000 000 美元］。因此，分层结构的最顶层包含以下 4 个区间：(−400 000美元…0 美元］，(0 美元…1 000 000 美元］，(1 000 000 美元…2 000 000 美元］和（2 000 000 美元…5 000 000 美元］。

⑤ 递归地，每一个区间可以根据 3-4-5 规则进一步划分，形成分层结构的下一个较低层。

2. 分类数据的概念分层产生

分类数据是离散数据。分类属性具有有限个（但可能很多）不同值，值之间无序，如包括地理位置、工作类别和商品类型。有很多方法产生分类数据的概念分层。

（1）由用户或专家在模式级显式地说明属性的偏序

通常，分类属性或维的概念分层涉及一组属性。用户或专家在模式级通过说明属性的偏序或全序，可以很容易地定义概念分层。例如，关系数据库或数据仓库的维 Location 可能包含如下属性组：street、city、province_or_state 和 country。可以在模式级说明这些属性的全序，如 street < city < province_or_state < country，来定义分层结构。

（2）通过显式数据分组说明分层结构的一部分

这基本上是人工地定义概念分层结构的一部分。在大型数据库中，通过显式的值枚举定义整个概念分层是不现实的。然而，对于一小部分中间层数据，可以很容易地显式说明分组。例如，在模式级说明了 province 和 country 形成一个分层后，用户可能人工地添加某些中间层。

（3）说明属性集但不说明它们的偏序

用户可以说明一个属性集形成概念分层，但并不显式说明它们的偏序。系统可以尝试自动地产生属性的序，构造有意义的概念分层。“没有数据语义的知识，如何找出任意的分类属性集的分层序？”考虑下面的事实：由于一个较高层的概念通常包含若干从属的较低层概念，因此定义在高概念层的属性（如 country）与定义在较低概念层的属性（如 street）相比，通常包含较少数目的不同值。根据这一事实，可以根据给定属性集中每个属性不同值的个数自动地产生概念分层。具有最多不同值的属性放在分层结构的最底层。一个属性的不同值个数越少，它在所产生的概念分层结构中所处的层次越高。在许多情况下，这种启发式规则都很顶用。在考察了所产生的分层之后，如果必要，则局部层次交换或调整可以由用户或专家来做。

【例 2-23】 根据每个属性的不同值的个数产生概念分层。假定用户从 AAA 公司数据库中选择了关于 location 的属性集：country、province_or_state、city、street，但没有指出这些属性之间的层次序。

location 的概念分层可以自动地产生，如图 2-15 所示。首先，根据每个属性的不同值个数，将属性按升序排列，其结果如下（其中，每个属性的不同值数目在括号中）：country（15），

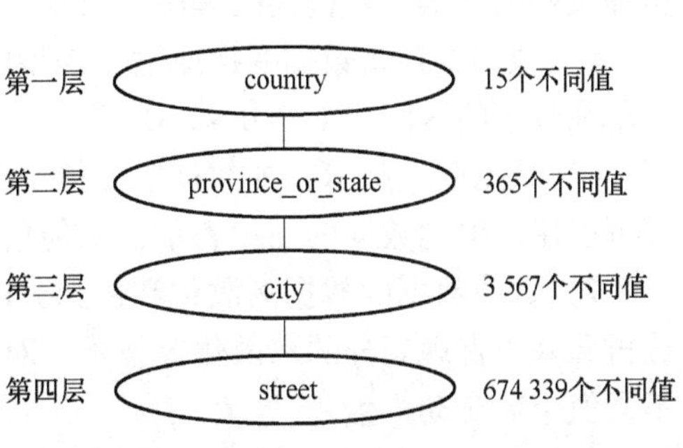

图 2-15 基于不同属性值个数的模式概念分层的自动产生

province_or _state（365），city（3 567），street（674 339）。其次，按照排好的次序，自顶向下产生分层，第一个属性在最顶层，最后一个属性在最底层。最后，用户考察所产生的分层，必要时，修改它以反映属性之间期望的语义联系。在这个例子中，显然不需要修改所产生的分层。

注意，这种启发式规则并非完美无缺的。例如，数据库中的时间维可能包含 20 个不同的年，12 个不同的月，每周 7 个不同的天。然而，这并不意味时间分层应当是 year < month < days_of_the_week，在分层结构的最顶层。

（4）只说明部分属性集

在定义分层时，有时用户可能不小心，或者对于分层结构中应当包含什么只有很模糊的想法，结果用户可能在分层结构说明中只包含了相关属性的一小部分。例如，用户可能没有包含 location 所有分层相关的属性，而只说明了 street 和 city。为了处理这种部分说明的分层结构，需要在数据库模式中嵌入数据语义，使得语义密切相关的属性能够捆在一起。用这种办法，一个属性的说明可能触发整个语义密切相关的属性组“拖进”，形成一个完整的分层结构。必要时，用户应当可以选择忽略这一特性。

【例 2-24】 使用预先定义的语义关系产生概念分层。假定数据挖掘专家（作为管理者）已将 5 个属性 number、street、city、province_or-state 和 country 捆绑在一起，因为它们关于 location 概念语义密切相关。如果用户在定义 location 的分层结构时只说明了属性 city，系统可以自动地拖进以上 5 个语义相关的属性，形成一个分层结构。用户可以选择去掉分层结构中的任何属性，如 number 和 street，让 city 作为该分层结构的最低概念层。

2.3 小结

1）数据预处理对于数据仓库和数据挖掘都是一个重要的问题，因为现实中的数据多半是不完整的、有噪声和不一致的。数据预处理包括数据清理、数据集成、数据变换和数据归约。

2）描述性数据汇总为数据预处理提供分析基础。数据汇总的基本统计学度量包括度量数据集中趋势的均值、加权平均、中位数和众数，它们对数据预处理和挖掘是有用的。

3）数据清理试图填补缺失的值，光滑噪声，识别离群点并纠正数据的不一致性。

4）数据集成将来自不同数据源的数据整合成一致的数据存储。元数据、相关分析、数据冲突检测和语义异构性的解决都有助于数据的顺利集成。

5）数据变换将数据变换成适于挖掘的形式。例如，属性数据可以规范化，使得它们可以落在较小的区间，如 0.0 ~1.0。

6）数据归约技术，如数据立方体聚集、属性子集选择，维度归约、数值归约和离散化都可以用来得到数据的归约表示，而使信息内容的损失最小。

7）数值数据的数据离散化和概念分层自动产生可能涉及诸如分箱、直方图分析、聚类分析和基于直观划分的离散化等技术。对于分类数据，概念分层可以根据定义分层的属性的不同值个数自动产生。

8）尽管已经开发了许多数据预处理的方法，但是由于不一致或脏数据数量巨大以及问题本身的复杂性，数据预处理仍然是一个活跃的研究领域。

2.4 习题

2-1 实际数据中，元组数据中通常出现空缺值。描述处理该问题的各种方法。

2-2 假定用于分析的数据包含属性 age。数据元组的 age 值（以递增序）是：13，15，16，16，19，20，20，21，22，22，25，25，25，25，30，33，33，35，35，35，35，36，40，45，46，52，70。回答以下问题：

（1）该数据的均值是多少？中位数是什么？

（2）该数据的众数是什么？

（3）该数据的中列数是多少？

2-3 设给定的数据集已经分组到区间，这些区间和对应频率见表2-5，请计算该数据的近似中位数。

表2-5 年龄-频率表

Age	Frequency
1～5	200
6～15	450
16～20	300
21～50	1500
51～80	700
81～110	44

2-4 假设医院对18个随机挑选的成年人检查年龄和身体肥胖状况，得到表2-6所示的结果，请计算Age和%fat的均值、中位数和标准差。

表2-6 成年人查年龄和身体肥胖数据

Age	23	23	27	27	39	41	47	49	50
%fat	9.5	26.5	7.8	17.8	31.4	25.9	27.4	27.2	31.2
Age	52	54	54	56	57	58	58	60	61
%fat	34.6	42.5	28.8	33.4	30.2	34.1	32.9	41.2	35.7

2-5 使用习题2-2给出的 age 数据，回答以下问题：

（1）使用分箱均值光滑对以上数据进行光滑，箱的深度为3。解释你的步骤。评述对于给定的数据，该技术的效果。

（2）如何确定数据中的离群点？

（3）描述其他的数据平滑技术。

2-6 假设12个销售价格记录组已经排序，如5，10，11，13，15，35，50，55，72，92，204，215。使用以下方法将它们划分成3个箱。

（1）等频（等深）划分。

（2）等宽划分。

（3）聚类。

2-7 使用习题2-4中给出的 age 和%fat 数据，回答如下问题：

（1）基于Z-score规范化，规范化这两个属性。

（2）计算相关系数（Pearson积矩系数）。这两个变量是正相关还是负相关？计算它们的协方差。

2-8 使用习题2-2给出的 age 数据，回答以下问题：

（1）使用最小—最大规范化方法，将 age 值 37 变换到［0.0,1.0］区间。

（2）使用 Z-score 规范化方法变换 age 值 37，其中 age 的标准差为 12.94。

（3）使用小数定标规范化方法变换 age 值 37。

（4）对于给定的数据，你愿意使用哪种方法？请陈述你的理由。

2-9　使用习题 2-2 给出的 age 数据，完成以下工作：

（1）画一个宽度为 10 的等宽直方图。

（2）为以下每种抽样技术勾画例子：当样本长度为 5 时，分别进行 SRSWOR、SRSWR、聚类抽样、分层抽样，层次分别为“青年”“中年”和“老年”。

第3章 数据仓库

3.1 数据仓库概述

随着计算机技术的迅速发展，数据存储、数据处理的需求增加，从而推动了数据库技术的极大发展。面对海量增加的数据，提取蕴藏在数据中的知识为决策服务，基本的数据库技术已经显得无能为力了，在这种情况下，数据库逐步发展到了数据仓库。

3.1.1 从数据库到数据仓库

对于数据存储和数据处理需求量大的企业，数据处理大致分为以下两类。一类是操作型处理，也称为联机事务处理（OnLine Transaction Processing，OLTP），是针对具体业务在数据库联机的日常操作，通常对少数记录进行查询、修改。用户较为关心操作的响应时间、数据的安全性、完整性和并发支持的用户数等问题。传统的数据库系统作为数据管理的主要手段，主要用于操作型处理。另一类是分析型处理，一般针对某些主题的历史数据进行分析，支持管理决策。

经过数年的信息化建设，数据库中积累了大量的日常业务数据，传统的决策支持系统（DSS）直接建立在这种事务处理环境上。然而传统的数据库对分析处理的支持一直不能令人满意，这是因为操作型处理和分析型处理具有不同的特征，主要体现在以下几个方面。

1）处理性能。日常业务涉及频繁、简单的数据存取，因此对操作型处理的性能要求较高，需要数据库在很短时间内做出响应。与操作型处理不同，分析型处理对系统的响应并不要求那么苛刻。有的分析甚至可能需要几个小时，耗费大量的系统资源。

2）数据集成。企业的操作型处理通常较为分散，传统数据库面向应用的特性使数据集成困难。数据分散，缺乏一致性，外部数据和非结构化数据的存在使得很难得到全面、准确的数据；而分析型处理是面向主题的，经过加工和集成后的数据全面、准确，可以有效支持分析。

3）数据更新。操作型处理主要由原子事务组成，数据更新频繁，需要并行控制和恢复机制。分析型处理包含复杂的查询，大部分是只读操作。过时的数据往往会导致错误的决策，因此对分析型处理数据需要定期刷新。

4）数据时限。操作型处理主要服务于日常的业务操作，因此只关注当前的数据。对于决策分析而言，对历史数据的分析处理则是必要的，这样才能准确把握企业的发展趋势，从而制定正确的决策。

5）数据综合。操作型处理系统通常只有简单的统计功能。操作型处理积累了大量的细节数据，对这些数据进行不同程度的汇总和聚集有助于以后的分析处理。

总的来说，操作型处理与分析型处理系统中数据的结构、内容和处理都不相同。

在一个大型企业中，不同级别的数据库可能使用不同类型的数据库系统，对于拥有巨型数据量的企业级数据库可能使用 IBM DB2，而对于部门级和个人级的中小型数据库可能使用 SQL Server。各种数据库的开发工具和开发环境不同，当需要在整个企业范围内查询数据时，数据处理的低效率将是不容忽视的。

事务型处理以传统的数据库为中心进行日常业务处理。例如，高校学生的“一卡通”数据库用于记录学生在学校生活的消费情况，银行的数据库用于记录客户的账号、密码、存入和支出等一系列业务行为。分析型处理以数据仓库为中心分析数据背后的关联和规律，为企业的决策提供可靠有效的依据。例如，通过对超市近期数据进行分析可以发现近期畅销的产品，从而为公司的采购部门提供指导信息。又如，对高校大学生就业信息进行分析的结果及结论，可以有效地指导学校制定招生计划和合理设置专业等。

事务处理的使用人员通常是具体操作人员，处理的数据通常是业务的细节信息，其目标是实现业务运营；分析处理的使用人员通常是企业、单位的中高层的管理者，或者是从事数据分析的工程师。决策分析数据环境包含的信息往往是企业的宏观信息而非具体的细节，其目的是为企业的决策者提供信息支持，并最终指导企业的商务活动。为满足决策分析需要，需要在数据库的基础上产生适应决策分析的数据环境——数据仓库（Data Warehose）。

事务处理和信息分析数据环境的划分如图 3-1 所示。

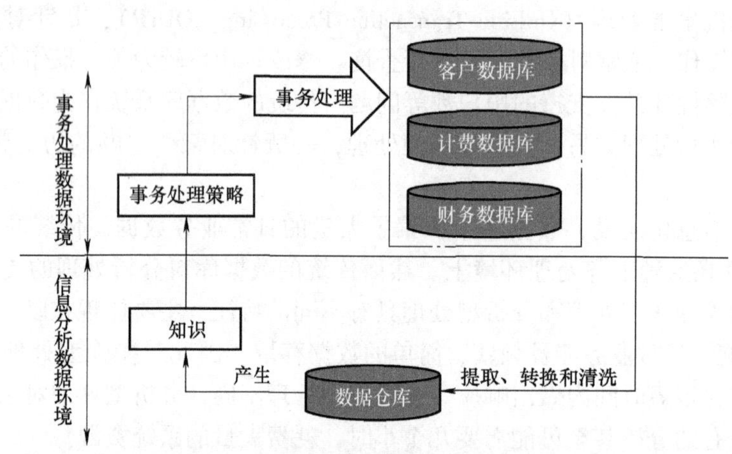

图 3-1　事务处理和信息分析数据环境

事务处理和信息分析数据环境的分离划清了数据处理的分析型环境与事务型环境之间的界限，根据对数据操作以及数据处理需求的差异，将原来以单一数据库为中心的数据环境发展为以数据库为中心的事务处理系统和以数据仓库为基础的分析处理系统。

综上所述，为了要提高分析和决策的效率和有效性，分析型处理及其数据必须与操作型处理及其数据相分离，把分析型数据从事务处理环境中提取出来。按照 DSS 处理的需要进行重新组织，建立单独的分析处理环境，这种适应分析处理环境而出现的数据存储和组织技术就是数据仓库。数据仓库技术已成为企业信息集成和辅助决策应用的关键技术之一。

3.1.2　数据仓库

世界上最早的数据仓库是 NCR 公司为全美，也是全世界最大的连锁超市集团 Wal-Mart

（沃尔玛）在1981年建立的，而最早将数据仓库提升到理论高度进行分析并提出数据仓库这个概念的则是著名学者W. H. Inmon。他在“Building Data Warehouse（构建数据仓库）”一书中，把数据仓库定义为“一个面向主题的、集成的、稳定的、随时间变化的数据的集合，以用于支持管理决策过程。”

数据仓库有许多不同的定义，在众多的数据仓库定义中，公认的仍然是W. H. Inmon的定义，该定义指出了数据仓库面向主题、集成、稳定、随时间变化这4个最重要的特征。建立数据仓库的目的是为了企业高层系统地组织、理解和使用数据，以便进行战略决策。

1. 面向主题

传统数据库面向应用进行数据组织，数据仓库中的数据是面向主题进行组织的。从信息管理的角度看，主题是在一个较高的管理层次上对信息系统的数据，按照某一具体的管理对象进行综合、归类所形成的分析对象；从数据组织的角度看，主题是部分数据集合，这些数据集合对分析对象通过数据、数据之间的关系做了比较完整的、一致的描述。因此，面向主题的数据组织方式是在较高层次上对分析对象的数据的一个完整、一致的描述。对面向应用的数据组织方式而言，较高层次是指按照主题进行数据组织的方式具有更高的数据抽象级别。

图3-2所示是校园一卡通以及相关数据库的关系。传统数据库已经建立有一卡通消费数据库、财务数据库、客户服务数据库等。其中，一卡通消费数据库记录了用户的消费情况，财务数据库记录了用户账户的缴存情况，客户服务数据库记录了客户的咨询和投诉情况。这几个数据库里都有与客户主题相关的数据。当需要对“客户”和“收益”信息进行分析时，基于传统数据库系统需要访问多个数据库才能获得各个侧面的信息：收益主题主要是从一卡通消费数据库和财务数据库中获取相关情况，客户主题则从用户消费数据库、财务数据库、客户服务数据库中获得客户的全方位信息。在这个过程中，多次交叉查询多个数据库是必不可少的，那么分析过程会影响系统处理的时间和效率，并且存在数据之间的不一致性和不同步等问题，影响决策的可靠性。

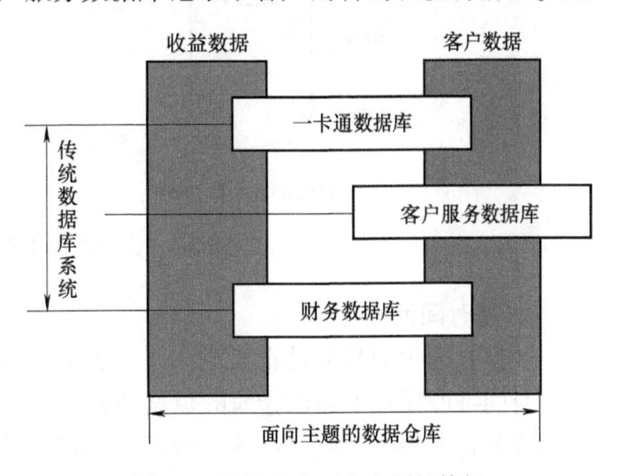

图3-2　数据仓库面向主题的特征

2. 集成

数据仓库中存储的数据一般从原来已建立的数据库系统中提取出来，但不是原有数据的简单复制，而是是对分散的数据进行抽取、清理、转换和汇总后得到的，这样保证了数据仓库内的数据关于整个企业的一致性。这些系统内部数据的命名可能不同，数据格式也可能不同。把不同来源的数据存储到数据仓库之前，需要去除这些不一致。

1）原有数据库系统记录的是每一项业务处理的流水账，这些数据对于数据的分析处理是不合适的。在进入数据仓库之前必须经过综合、计算，同时抛弃一些分析处理不需要的数据项，必要时还要增加一些可能涉及的外部数据。

2）数据仓库每一个主题所对应的源数据在源分散数据库中有许多重复或不一致之处，必须将这些数据转换成全局统一的定义，消除不一致和错误之处，以保证数据的质量，这样保证了通过数据分析能做出科学、正确的决策。

3）源数据加载到数据仓库后，还要根据决策分析的需要对这些数据进行概括、聚集处理。决策支持系统需要集成的数据，全面而正确的数据是有效地分析和决策的首要前提，相关数据收集得越完整，得到的结果就越可靠。因此，源数据的集成是数据仓库建设中最关键、最复杂的一步。

3. 稳定性

业务系统一般只需要当前数据，在数据库中一般也只存储短期数据，因此在数据库系统中数据是不稳定的。事务数据库记录的是系统中数据变化的瞬态。对于决策分析而言，历史数据是相当重要的，许多分析方法必须以大量的历史数据为依托，没有大量历史数据的支持难以进行企业的决策分析。因此，数据仓库具有稳定性，数据仓库中的数据大多表示过去某一时刻的数据，主要用于查询、分析。

图 3-3 中形象地说明了数据仓库中数据的稳定性，可以看到数据仓库在数据存储方面是分批进行的，定期执行提取过程为数据仓库增加数据，这些数据一旦加入，一般不再从系统中删除。

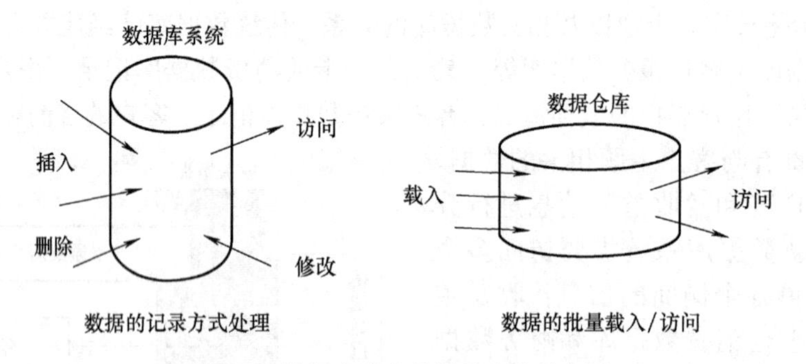

图 3-3　数据仓库中数据稳定性示意图

4. 随时间而变化

数据仓库中的数据是批量载入的，是稳定的，因此数据仓库中的数据总是拥有时间维度，时间维度保证了数据仓库的数据随着时间变化。从这个角度来看，数据仓库实际是记录了系统的各个瞬态，通过将各个瞬态串连起来形成动画，在进行数据分析时再现系统运动的全过程。数据批量载入（提取）的周期，实际上决定了动画间隔的时间，数据提取的周期短，则动画的速度快，如图 3-4 所示。

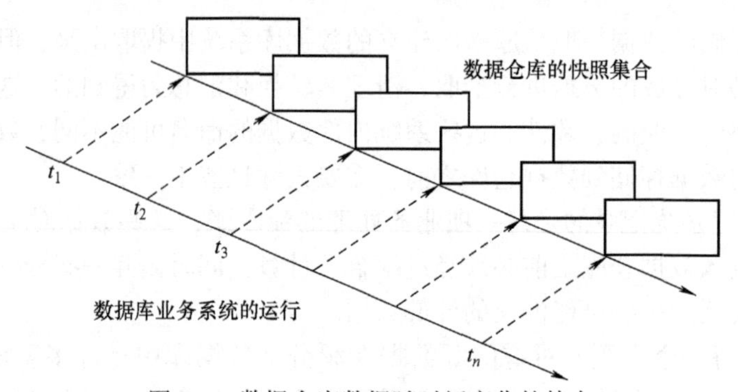

图 3-4　数据仓库数据随时间变化的特点

3.1.3 数据仓库系统结构

一般数据仓库的系统结构被划分为以下三层：数据仓库服务器、OLAP 服务器和前端工具。数据仓库的系统结构可以用图 3-5 来表示。

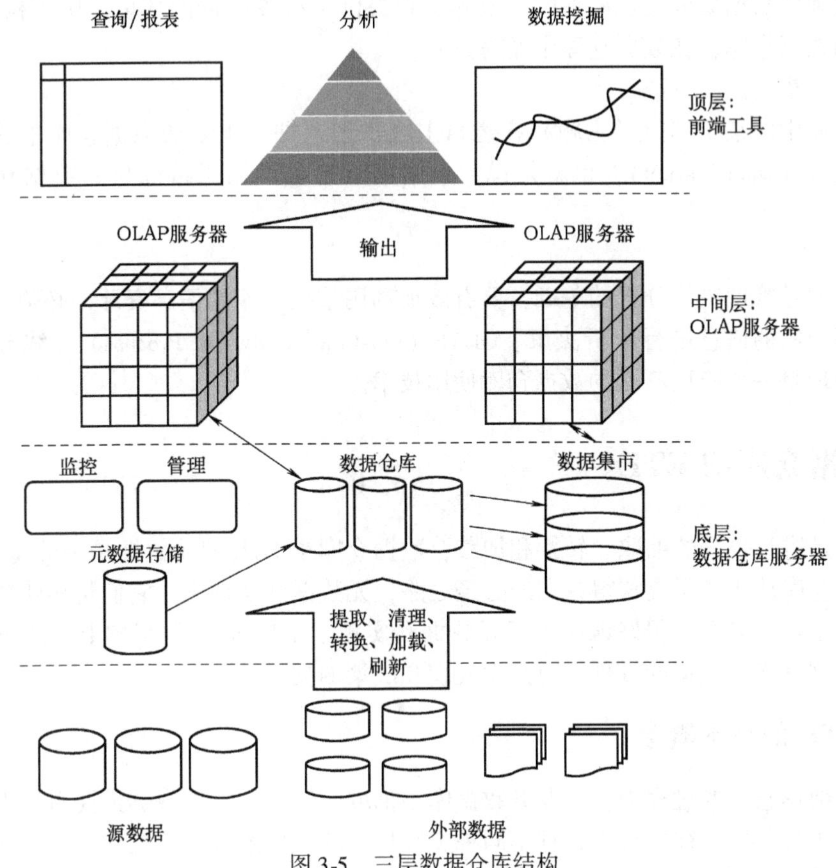

图 3-5　三层数据仓库结构

1）底层是数据仓库服务器，数据仓库系统使用 ETL（Extract Transformation Load）工具从操作数据库和外部信息源加载和刷新数据，ETL 工具通过数据提取、数据清洗、数据转换、数据加载和数据刷新等功能实现数据仓库数据的筛选和清理。此外，底层还包含一个元数据存储，是关于数据仓库和数据仓库中数据的信息。

2）中间层是 OLAP 服务器，其典型的实现有关系 OLAP（ROLAP）模型，即扩展的关系 DBMS，将多维数据上的操作映射为标准的关系操作；多维 OLAP（MOALP）模型，一种特殊的服务器，直接实现多维数据操作。

3）顶层是客户，包括查询和报表工具、分析工具和数据挖掘工具（如关联分析、分类分析、预测等）。

3.1.4 数据仓库中的名词

(1) ETL

ETL 就是进行数据的抽取、转换和加载。具体来讲，ETL 工具包括数据提取（Data

Extract)、数据转换（Data Transform）、数据清洗（Data Cleaning）和数据加载（Data Loading）。

（2）元数据

元数据是描述数据的数据。在数据仓库中，元数据是定义数据仓库对象的数据。

元数据包括相应数据仓库的数据名和定义、数据提取操作时被提取数据的时间和地点，以及数据清理或数据集成过程添加的字段等。它提供了有关数据的环境，用于构造、维持、管理和使用数据仓库，在数据仓库中尤为重要。

（3）数据集市

面向企业中的某个部门（主题）在逻辑上或物理上划分出来的数据仓库中的数据子集称为数据集市（Data Market）。也就是说，数据集市包含了用于特殊目的数据仓库的部分数据。

（4）OLAP

数据仓库是管理决策分析的基础，要有效地利用数据仓库的信息资源，必须要有强大的工具对数据仓库的信息进行分析决策。OLAP（On-Line Analytical Process）在线分析处理或联机分析处理是一个应用广泛的数据仓库使用技术。

3.2 数据仓库的 ETL

ETL 就是进行数据的抽取、转换和加载，数据仓库中 ETL 和元数据是十分重要的概念。ETL 是数据仓库从业务系统获得数据的必经之路，元数据则是地图，它们是构建数据仓库的基础，缺一不可。只有在很好地使用了元数据和实现了 ETL 应用的基础上，才可能最大限度地发挥数据仓库对数据的管理、对知识发现和决策的支持。

3.2.1 ETL 的基本概念

在构建数据仓库的过程中，从业务数据库中抽取、转换、加载数据需要占据大量工作时间，同时由于源数据往往来自于各种不同种类和形式的业务系统，因此在日常运行中容易出现问题，也经常出现问题。为了保证数据仓库中数据的质量，ETL 抽取程序支持多种数据源，具有数据“净化提炼”功能、数据加工功能和自动运行功能。

ETL 是构建数据仓库的重要环节，对数据仓库的后续环节影响比较大。ETL 包括以下 6 个子过程：数据提取（Data Extract）、数据转换（Data Transform）、数据清洗（Data Cleaning）、数据集成（Data Integration）、数据聚集（Data Aggregation）和数据加载（Data Load）。

目前市场上的 ETL 工具有 Informatica 公司的 Power Center、IBM 公司的 Data Stage、Oracle 公司的 Warehouse Builder 以及 Microsoft 公司的 SQL Server IS 等，还有开源的 Apache 公司的 Camel、Kafka。下面简要介绍 ETL 的主要功能。

3.2.2 ETL 的工具

1. 数据提取

数据仓库是面向主题的，并非源数据库的所有数据都是有用的，所以在把源数据库中的相关数据导入数据仓库之前，需要先确定该数据库中哪些数据是与决策相关的。数据提取的过程如下。

① 确认数据源的数据及其含义。

② 提取。确定访问源数据库中的哪些文件或表，需要提取其中哪些字段。

③ 提取频率。需要定期更新数据仓库的数据，因此对于不同的数据源，需要确定数据提取的频率，如每天、每星期、每月或每季度等。

④ 输出。数据输出的目的地和输出的格式。

⑤ 异常处理。当需要的数据无法提取时如何处理。

2. 数据转换

数据仓库的数据来自多种数据源。不同的数据源可能由不同的平台开发，使用不同的数据库管理系统，数据格式也可能不同。源数据在被装载到数据仓库之前，需要进行一定的数据转换。数据转换的主要任务是对数据粒度以及不一致的数据进行转换。

① 不一致数据转换。数据不一致包括同一数据源内部的不一致和多个数据源之间的数据不一致等类别。例如，在一个应用系统中，N 表示性别为男，S 表示性别为女。在另一个应用系统中，对应的代码分别为 0 和 1。此外，不同业务系统的数量单位、编码或值域需要统一，如某供应商在结算系统的编码是 990001，而在 CRM 中的编码是 YY0001，这时就需要抽取后统一转换编码。

② 数据粒度的转换。业务系统一般存储细粒度的事务型数据，而数据仓库中的数据是用于查询、分析的，因此需要多种不同粒度的数据（粒度的概念后面详细介绍），这些不同粒度的数据可以通过对细粒度的事务型数据聚集（合）产生。

3. 数据清洗

数据源中数据的质量是非常重要的，低劣的“脏”数据容易导致低质量的决策，甚至是错误的决策。此外，这些“脏”数据或不可用数据也可能造成报表的不一致等问题。因此有必要全面校验数据源的数据质量，尽量减少差错，此过程就是数据清洗（Data Cleaning），也叫数据的标准化。目前一些商务智能企业提供数据质量防火墙，如 Business Objects（SAP）的 Firstlogic，它能够解决数据的噪声。清洗后的数据经过业务主管确认并修正后再进行抽取。数据清洗能处理数据源中的各种噪声数据。主要的数据质量问题有以下几种。

① 缺失（Missing）数据。即数据值的缺失，这在顾客相关的数据中经常出现，如顾客输入个人信息时遗漏了所在区域。

② 错误数据。常见的错误数据包括字段的虚假值、异常取值等。例如，在教学选课系统中，选修某门课程的人数不能够超过该课程所在教室的座位数。这些错误数据产生的主要原因是由于业务系统在数据输入后不能进行正确性判断而被录入数据库。错误数据需要被及时找出并限期修正。

③ 数据重复。数据重复是反复录入同样的数据记录导致的，这类数据会增加数据分析的开销。

④ 数据冲突。源数据中一些相关字段的值必须是兼容的，数据冲突包括同一数据源内部的数据冲突和多个数据源之间的数据冲突。例如，一个顾客记录中省份字段使用 SH（上海），而此顾客的邮政编码字段使用 100000（北京地区的邮政编码）。冲突的数据也需要及时修正。

4. 数据集成

数据集成是将多个数据源联合成一个统一数据接口来进行数据分析的过程。数据集成是仓库数据转换过程中最重要的步骤，也是数据仓库设计中的关键概念。

数据集成可能极其复杂。在这个模块中，可以应用数据集成业务规则以及数据转换逻辑和算法。集成过程的源数据可以来自多个数据源，它通常包含不同的连接操作。源数据还可能来自单个数据源，该类型的数据集成通常包含域值的合并和转换。集成结果通常生成新的数据实体或属性，易于终端用户进行访问和理解。

5. 数据聚集

数据聚集是收集并以总结形式表达信息的过程。数据聚集通常是数据仓库需求的一部分，它通常是以业务报表的形式出现的。在多维模型中，数据聚集路径是维度表设计中的重要部分。因为数据仓库几乎都是关系数据模型类型的，所以最好从数据集市构建业务报表。如果直接从数据仓库构建报表，则需确保数据聚集表与其余的数据仓库模式相对分隔，这样，报表的业务需求修改将不影响基本的数据仓库数据结构。

6. 数据加载

数据转换、清洗结束后需要把数据加载到数据仓库中。数据加载通常分为以下几种方式：

① 初始加载。一次对整个数据仓库进行加载。

② 增量加载。在数据仓库中，增量加载可以保证数据仓库与源数据变化的同期性。

3.3 元数据与外部数据

3.3.1 元数据

数据仓库的元数据是关于数据仓库中数据的数据。元数据的作用类似于数据库管理系统的数据字典，保存了逻辑数据结构、文件、地址和索引等信息。从广义上讲，在数据仓库中，元数据描述了数据仓库内数据的结构和建立方法的数据。

1. 元数据的必要性

元数据是数据仓库管理系统的重要组成部分。元数据管理器是企业级数据仓库中的关键组件，贯穿数据仓库构建的整个过程，直接影响着数据仓库的构建、使用和维护。

1）构建数据仓库的主要步骤之一是 ETL。进行 ETL 时，元数据将发挥重要的作用，它定义了源数据系统到数据仓库的映射、数据转换的规则、数据仓库的逻辑结构、数据更新的规则、数据导入历史记录以及加载周期等相关内容。数据抽取和转换的专家以及数据仓库管理员正是通过元数据高效地构建数据仓库。

2）用户在使用数据仓库时，通过元数据访问数据，明确数据项的含义以及定制报表。

3）数据仓库的规模及其复杂性离不开正确的元数据管理，包括增加或移除外部数据源，改变数据清洗方法，控制出错的查询以及安排备份等。

元数据可分为技术元数据和业务元数据。技术元数据描述了与数据仓库开发、管理和维护相关的数据，包括数据源信息、数据转换描述、数据仓库模型、数据清洗与更新规则、数据映射和访问权限等，为开发和管理数据仓库的 IT 人员使用。业务元数据从业务角度描述数据，包括商务术语、数据仓库中有什么数据、数据的位置和数据的可用性等，帮助业务人员更好地理解数据仓库中哪些数据是可用的以及如何使用，为管理层和业务分析人员服务。

由此可见，元数据定义了数据仓库中数据的模式、来源、抽取和转换规则等，是整个数据仓库系统运行的基础，通过元数据把数据仓库系统中各个松散的组件联系起来，组成了一个有机的整体。

2. 元数据的作用

在数据仓库中，元数据的主要作用如下：

① 描述哪些数据在数据仓库中，帮助决策分析者对数据仓库的内容定位。

② 定义数据进入数据仓库的方式，作为数据汇总、映射和清洗的指南。

③ 记录业务事件发生而随之进行的数据抽取工作时间安排。

④ 记录并检测系统数据一致性的要求和执行情况。

⑤ 评估数据质量。

3. 元数据的存储与管理

元数据有以下两种常见存储方式：一种是以数据集为基础，每一个数据集有对应的元数据文件，每一个元数据文件包含对应数据集的元数据内容；另一种存储方式是以数据库为基础，即元数据库。其中元数据文件由若干项组成，每一项表示元数据的一个要素，每条记录为数据集的元数据内容。

元数据的存储方式各有优缺点，第一种存储方式的优点是调用数据时相应的元数据也作为一个独立的文件被传输，相对数据库有较强的独立性，在对元数据进行检索时可以利用数据库的功能实现，也可以把元数据文件调到其他数据库系统中操作；不足是如果每一数据集都对应一个元数据文档，在规模巨大的数据库中则会有大量的元数据文件，管理不方便。第二种存储方式下，元数据库中只有一个元数据文件，管理比较方便，添加或删除数据集，只要在该文件中添加或删除相应的记录项即可。在获取某数据集的元数据时，因为实际得到的只是关系表格数据的一条记录，所以要求用户系统可以接收这种特定形式的数据。因此推荐使用元数据库的方式。

元数据库用于存储元数据，因此元数据库最好选用主流的关系数据库管理系统。元数据库还包含用于操作和查询元数据的机制。建立元数据库的主要好处是提供统一的数据结构和业务规则，易于把企业内部的多个数据集市有机地集成起来。目前，一些企业倾向建立多个数据集市，而不是一个集中的数据仓库，这时可以考虑在建立数据仓库（或数据集市）之前，先建立一个用于描述数据、服务应用集成的元数据库，做好数据仓库实施的初期支持工作，对后续开发和维护有很大的帮助。元数据库保证了数据仓库数据的一致性和准确性，为企业进行数据质量管理提供基础。

4. 粒度

粒度是指数据仓库的数据单位中保存数据的细化或综合程度的级别，粒度反映了数据仓库按照不同的层次组织数据，根据不同的查询需要，存储不同细节的数据。在数据仓库中，粒度越小，级别越低，数据越细，查询范围就越广泛。相反，粒度级别越高，表示细节程度越低，查询范围越小。

例如，当信用卡发行商查询数据仓库时，首先需要了解某个地区信用卡的总体使用情况，然后检查不同类别用户的信用卡消费记录，这个过程就涉及了不同细节的数据。数据仓库中包含的数据冗余程度较高，批量载入和查询会影响到数据管理和查询效率，因此数据仓库采用数据分区存储技术以改善数据仓库的可维护性，提升查询速度和加载性能，把数据划分成多个小的单元，解决从数据仓库中删除旧数据时造成的数据修剪等问题。

根据粒度的不同，把数据划分为早期细节级、当前细节级、轻度综合级和高度综合级等。ETL 后的源数据首先进入当前细节级，并根据需要进一步进入轻度综合级乃至高度综合级。一旦数据过期，当前数据粒度的具体划分会直接影响到数据仓库中的数据量以及查询质量。

数据仓库数据的多粒度化为用户使用数据提供了一定的灵活性，如家用电器销售数据可以同时满足市场、财务和销售等部门的需要，财务部若要了解某地区的销售收入，只需改变相关数据的粒度即可。

3.3.2 外部数据

在创建数据仓库的过程中，很多的情况下不仅需要内部数据，还需要来自外部的数据信息。对于一个企业的数据信息而言，把来自于企业外的描述、企业外部环境的数据称为外部数据。

数据仓库中的源数据来源包含了现有业务系统中的内部数据和企业外的外部数据。如图 3-6 所示。

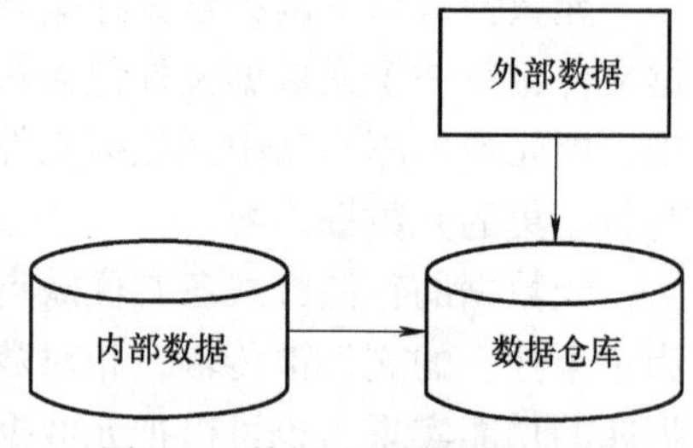

图 3-6 数据仓库源数据来源

外部数据往往有多种来源，如报纸、期刊、咨询报告等，还有一些外部数据是无法用数字或统一的结构表示的数据类，即非结构化数据，如图像、视频和声音。

在数据仓库中也要考虑外部数据、非结构化数据的使用、存储相关的问题。从访问的频率和可用频率上考虑，外部数据的呈现频率是不可预测的，为了确保捕获正确的数据，必须建立永久的监控方式。从数据的形式上，外部数据的形式是完全没有规则的，为了使之有用并能放入数据仓库，就必须对外部数据进行一定的重新格式化，将其转化成为内部可接受的、有用的形式。从不可预测性考虑，外部数据可能来源于多种数据源，外部数据本身可用性的不可预测性使得即使获得所需要的外部数据，也很难保证其一致性和完整性。

1. 元数据与外部数据

元数据是数据仓库的一个重要组成部分。在数据仓库环境中通过元数据对外部数据进行注册、访问与控制，因此元数据对存储和管理外部数据与非结构化数据起着重要的作用，如图 3-7 所示。在数据仓库中，元数据的典型内容就是元数据重要性的最好解释，通过元数

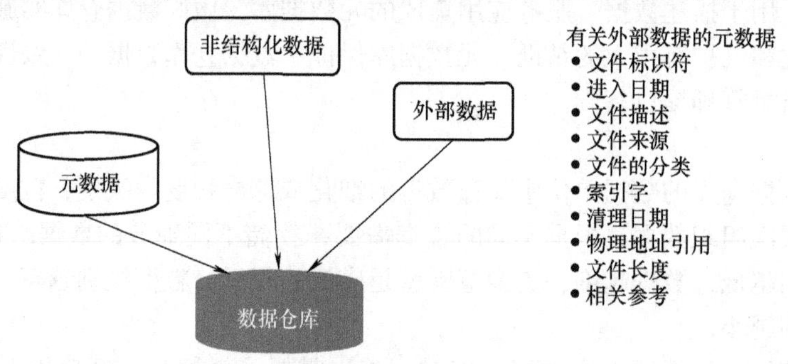

图 3-7 元数据对外部数据/非结构化数据的作用

据，管理者可以判断许多有关外部数据的信息。在清除不相关的或过时的文件中，浏览元数据可为管理者减少大量的工作。对于外部数据，适当地建立和维护外部元数据对于数据仓库的操作是完全必要的。

2. 外部数据的存储

如果方便且费用允许，则外部数据可以存储在数据仓库中。在许多情况下，外部数据（尤其是非结构化数据）的数量是巨大的，因此将所有的外部数据存储在数据仓库中是不可能的或者是不经济的。为解决这一问题，在数据仓库的元数据中，创建一个条目来说明找到外部数据本身的途径，从而可以实现对外部数据进行登录。

3. 外部数据的管理

外部数据通常包括许多不同的组成部分，对用户而言，各组成部分的重要程度是不一样的。以某一产品的完整生产历史记录为例，生产过程的某些生产指标是很重要的，如从开始到最后装配的时间、所有非装配的原材料的总成本等。除此之外，生产信息中还有许多次要的信息，如生产的实际日期、装运说明书、生产时的温度。

为了有效管理好外部数据，有经验的 DSS 分析员或工程师首先要弄清楚哪些是重要的数据部分，哪些是相对次要的数据部分，然后将最重要的数据存储在一个联机的、容易访问的位置，而对于不重要的细节则将其放在大容量的存储位置。这样，就能够有效地存储和管理大量的外部数据。

3.4 数据仓库模型及数据仓库的建立

数据模型是数据仓库建设的基础，一个完整、灵活、稳定的数据模型对于数据仓库项目的成功十分重要。数据仓库模型包括概念模型、逻辑模型和物理模型。概念模型描述的是客观世界到主观世界的映射，逻辑模型描述的是主观世界到关系模型的映射，物理模型描述的是关系模型到物理实现的映射。

3.4.1 多维数据模型

数据模型的构造是数据仓库过程中非常重要的一步。数据模型对数据仓库影响巨大，它不仅决定了数据仓库所能进行的分析的种类、详细程度、性能效率和响应时间，还是存储策略和更新策略的基础。在关系型数据库中，逻辑层一般采用关系表和视图进行描述，在数据仓库采用的数据模型比较常见的有星形模型和雪花模型，如图 3-8 所示。

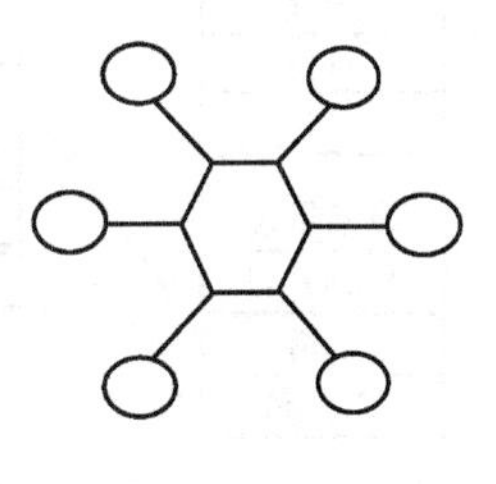

a) 星形模型

b) 雪花模型

图 3-8 数据模型形态

1. 星形模型

星形模型是一种多维数据关系，由一个事实表和一组维表组成（见图 3-9）。星形模型是一种由一点向外辐射的建模范例，中间有一个单一对象沿半径向外连接到多个对象。星形模型中心的对象称为“事实表”，与之相连的对象称为“维表”。每个维表都有一个键作为主键，所有这些键组合成事实表的主键。事实表的非主属性是事实，它们一般都是数值或其他可以进行计算的数据。维表大都是文字、时间等类型的数据。事实表与维表连接的键通常为整数类型，并尽量不包含字面意思。

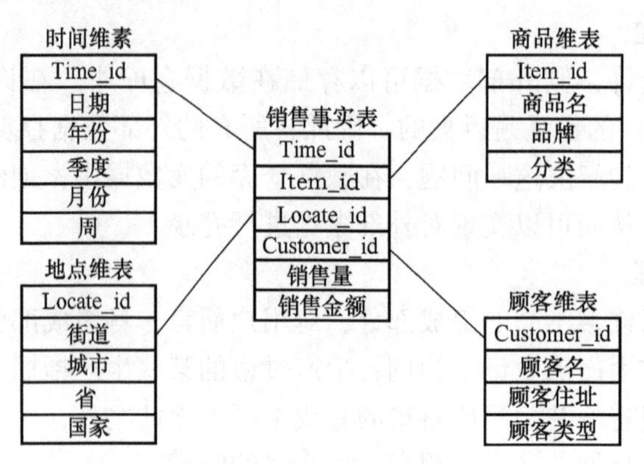

图 3-9　星形模型实例

一个简单逻辑的星形模型由一个事实表和若干个维表组成。复杂的星形模型包含数百个事实表和维表。

2. 雪花模型

当有一个或多个维表没有直接连接到事实表上，而是通过其他维表连接到事实表上时，就像多个雪花连接在一起，故称雪花模型（见图 3-10）。雪花模型是对星形模型的扩展。它对星形模型的维表进一步层次化，原有的各维表可能被扩展为小的事实表，形成一些局部的“层次”区域，这些被分解的表都连接到主维度表而不是事实表。相比星形模型，雪花模型的特点是贴近业务，更加符合数据库范式，数据冗余较少，但是在分析数据时，操作比较复杂，需要 join 的表比较多，所以其性能并不一定比星形模型高。

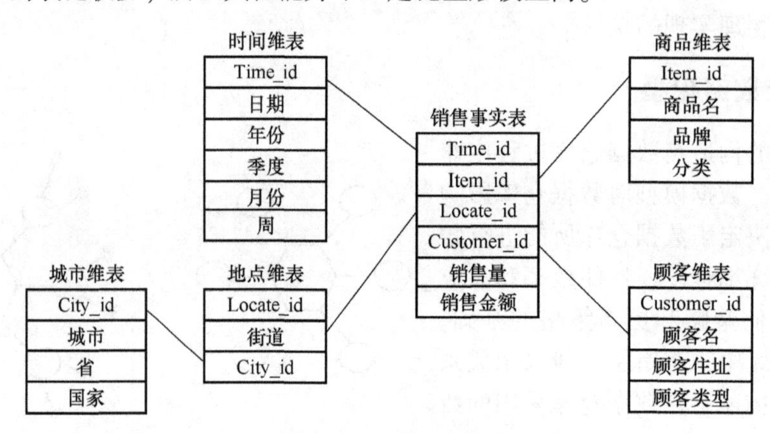

图 3-10　雪花模型实例

3. 事实星座模式

事实星座模式是当多个主题之间具有公共的维时，可以把围绕这些主题组织的星形模式通过共享维表，把事实表相互连接起来。这种多个事实表共享维表的星形模式集称为事实星座模式，也称为星系模型。星系模式结构图如图 3-11 所示。

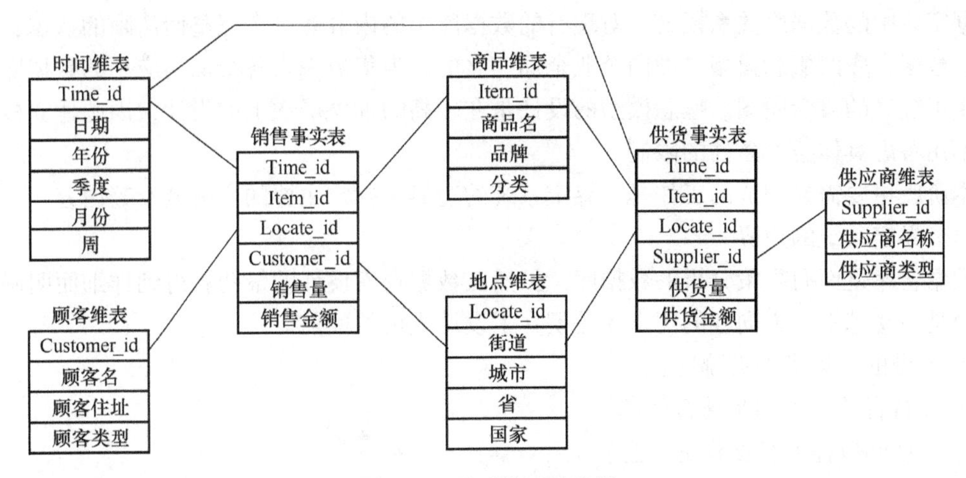

图 3-11　星系模式结构图

虽然星形模式、雪花模式和星系模式这些多维数据模型都考虑了多维数据模式中的多维层次结构的问题，但仍具有局限性。为了更好地表示数据仓库系统中多维数据的层次结构，需要采用支持不平衡、异构的维层次结构的多维数据模型，充分表达数据仓库的复杂数据结构，并将其作为一种具有普遍适用性和灵活性的多维数据组织的形式化定义与知识描述方法。

数据仓库的数据模型可以分为逻辑数据模型与实体数据模型。逻辑数据模型陈述业务相关数据的关系，基本上是一种与数据库无关的结构设计，通常均会采用正规方式设计，从业务领域的角度及高度制定出主题域模型，再逐步向下深入到实体和属性。实体数据模型则与数据库管理系统有关，是建立在该系统上的数据架构，设计时需考虑数据类型、空间及性能相关的议题。

3.4.2　多维数据模型的建立

1. 概念模型设计

为了把现实世界中的具体事物抽象、组织为某一数据库管理系统支持的数据模型，首先将现实世界抽象为信息世界，然后将信息世界转换为机器世界。也就是说，把现实世界中的客观对象抽象为某一种信息结构，这种信息结构并不依赖于具体的计算机系统，不是某一个数据库管理系统（DBMS）支持的数据模型，而是概念级的模型（称为概念模型）。

通常在对数据仓库进行开发之前可以对数据仓库的需求进行分析，从各种途径了解数据仓库用户的意向性数据需求，即在决策过程中需要什么数据作为参考。数据仓库概念模型的设计需要给出一个数据仓库的粗略架构，来确认数据仓库的开发人员是否已经正确地了解数据仓库最终用户的信息需求。在概念模型的设计中必须很好地对业务进行理解，保证所有的业务处理都被归纳进概念模型。

概念模型设计的成果是，在原有的数据库的基础上建立了一个较为稳固的概念模型。数据仓库是对原有数据库系统中的数据进行集成和重组而形成的数据集合。进行数据仓库的概念模型设计，首先要对原有数据库系统加以分析理解，然后考虑应当如何建立数据仓库系统的概念模型。在数据仓库的概念模型设计过程中，一方面通过原有的数据库的设计文档以及在数据字典中的数据库关系模式，对现有的数据库中的内容有一个完整而清晰的认识；另一方面，数据仓库的概念模型是面向企业全局建立的，为集成来自各个面向应用的数据库的数据提供了统一的概念视图。概念模型的设计是在较高的抽象层次上的设计，因此建立概念模型时不用考虑具体技术条件的限制。

本阶段主要需要完成的工作是：界定系统的边界，确定主要的主题域及其内容。

（1）界定系统的边界

数据仓库是面向决策分析的数据库，虽然在数据仓库设计的最初就得到详细而明确的需求，但是一些基本的方向性的需求还是摆在了设计人员的面前。

① 要做的决策类型有哪些？

② 经营者感兴趣的是什么问题？

③ 这些问题需要什么样的信息？

④ 要得到这些信息需要包含原有数据库系统的哪些部分的数据？

这样，我们可以划定一个当前的大致的系统边界，集中精力对最需要的部分进行开发。因而，从某种意义上讲，界定系统边界的工作也可以看作数据仓库系统设计的需求分析，因为它将决策者的数据分析的需求用系统边界的定义形式反映出来。

（2）确定主要的主题域及其内容

确定系统所包含的主题域，对每个主题域的内容进行较明确的描述。描述的内容包括主题的公共码键，主题之间的联系，充分代表主题的属性组。

由于数据仓库的实体绝不会是相互对等的，在数据仓库的应用中，不同的实体数据载入量会有很大分别，因此需要一种不同的数据模型设计处理方式，用来管理数据仓库中载入某个实体的大量数据的设计结构，这就是星形模型。星形模型是最常用的数据仓库设计结构的实现模式。星形模式通过使用一个包含主题事实表和多个包含事实的非正规化描述的维度表，支持各种决策查询。星形模型的核心是事实表，围绕事实表的是维度表。

假设以一个网上药店为例建立星形模型。建立网上药店的数据仓库，对于卖家来说，可以通过数据仓库掌握商品的销售和库存信息，以便及时调整营销策略。对于买家来说，也可以通过数据仓库了解商品的库存信息，以便顺利地购买成功。比较传统数据库，数据仓库更有利于辅助企业做出营销决策，对企业制定策略时更加有参考价值。通过数据仓库中的信息可以帮助企业更加准确地决策分析用户和把握需求：买家的购买喜好、买家的信用度、药品供应外部市场行情、药品的销售量、药品的采购量、药品的库存量、药品的利润和供应商信息。

数据仓库通常是按照主题来组织数据的，所以设计概念模型首先要确定主题并根据主题设定系统的边界。经过对网上药店各层管理人员所需要信息的内容以及数据间关系的分析、抽象和综合，得到系统的数据模型，再将数据模型映射到数据库系统，就可以了解到现有数据库系统完成了数据模型中的哪些部分，还缺少哪些部分，最后将数据模型映射到数据仓库系统，总结出网上药店系统需要的主题。

网上药店系统主要包括下列主题：药品（商品）主题、买家主题、仓储主题。在充分分析各层管理人员决策过程中需要的行业信息以及信息粒度（详细程度）后，还可以衍生出供应主题和销售主题，见表3-1。

表 3-1　网上药店的主题

主　题	内容描述
药品主题	药品信息、保质期、库存信息
买家主题	买家信息、级别权限、送货信息
供应主题	供应商信息、资质、药品供应信息
仓储主题	仓储方式、数量、管理情况
销售主题	销售订单、付款记录等

可以通过包图来描述药店数据仓库的主题。包图是类图的上层容器，可以使用类图描述各主题，用包图来描述主体之间的关联。网上药店数据仓库主题确定的星形模型如图 3-12 所示。当然，这还不是完备的模型，还需要细化到表格进行关联，在本书的实例部分会详细阐述，这里不再赘述。

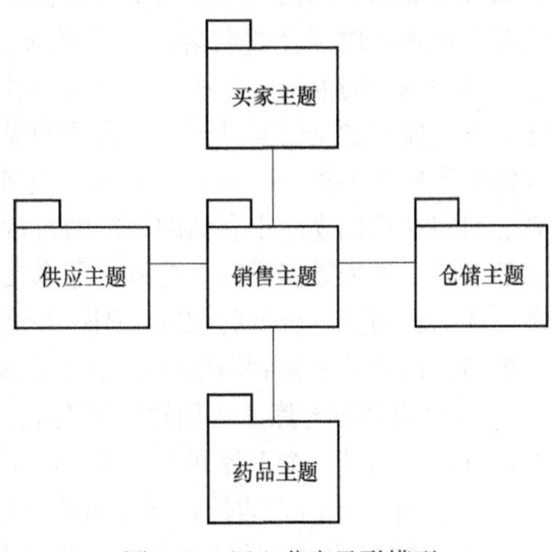

图 3-12　网上药店星形模型

2. 逻辑模型设计

逻辑模型就是用来构建数据仓库的数据库逻辑模型。根据分析系统的实际需求决策构建数据库逻辑关系模型，定义数据库物体结构及其关系。它关联着数据仓库的逻辑模型和物理模型两方面。逻辑建模是数据仓库实施中的重要一环，因为它能直接反映出业务部门的需求，同时对系统的物理实施有着重要的指导作用，它的作用在于可以通过实体和关系勾勒出企业的数据蓝图。

数据仓库不单要能满足现有的信息消费需求，还要有很好的可扩展性满足新的需求，并能作为一个未来其他系统的数据平台。因此，数据仓库必须要有灵活、统一的数据组织结构，并试图包含所有现在和未来客户关心和可能关心的信息。因此，一个成功的数据仓库逻辑模型设计应该考虑十分全面。

逻辑模型应该是按主题域组织起来的，主题域之间的关联关系可以引申到各主题下各个逻辑模型之间的关联关系，这样不但可以满足现有的一些跨主题查询需求，还能为后期实现更多有价值的分析提供保障。在逻辑模型设计中，还应尽可能充分地考虑各主题的指标、相关维度，以及其他与分析无关但有明细查询意义的字段。

从最终应用的功能和性能的角度来看，数据仓库的数据逻辑模型是整个项目最重要的方面，主要包括确立主题域、划分粒度层次、确定数据分割策略和确定关系模式几个阶段。

（1）确立主题域

在概念模型设计中，确定了几个基本的主题域。数据仓库的设计方法是一个逐步求精的过程，在进行设计时，一般是一次一个主题或一次若干个主题地逐步完成的。所以，必须对概念模型设计步骤中确定的几个基本主题域进行分析，从中选择首先要实施的主题域。选择第一个主题域所要考虑的是它要足够大，使得该主题域能建设成为一个可应用的系统；它还要足够小，以便于开发和较快地实施。如果所选择的主题域很大并且很复杂，甚至可以针对它的一个有意义的子集来进行开发。

（2）划分粒度层次

数据仓库逻辑设计中要解决的一个重要问题是决定数据仓库的粒度划分层次。粒度层次划分适当与否直接影响到数据仓库中的数据量和所适合的查询类型。确定数据仓库的粒度划分，可以通过估算数据行数和所需的DASD（直接存储设备）数来确定是采用单一粒度还是多重粒度，以及粒度划分的层次。

在数据仓库中，包含了大量事务系统的细节数据。如果系统每运行一个查询，都扫描所有的细节数据，则会大大降低系统的效率。在数据仓库中将细节数据进行预先综合，形成轻度综合或者高度综合的数据，这样就满足了某些宏观分析对数据的需求。这虽然增加了冗余，却使响应时间缩短。所以，确定粒度是数据仓库开发者需要面对的一个最重要的设计问题。其主要问题是使其处于一个合适的级别，粒度级别既不能太高也不能太低。确定适当粒度级别所要做的第一件事就是对数据仓库中将来的数据行数和所需的DASD数进行粗略估算。对将在数据仓库中存储的数据的行数进行粗略估算，对于体系结构设计人员来说是非常有意义的。如果数据只有万行级，那么几乎任何粒度级别都不会有问题；如果数据有千万行级，那么就需要一个低的粒度级别；如果有百亿行级，不但需要有一个低粒度级别，还需要考虑将大部分数据移到溢出存储器（辅助设备）上。空间/行数的计算方法如下：

① 确定数据仓库所要创建的所有表，然后估计每张表中一行的大小。确切的大小可能难以确定，估计一个下界和上界就可以了。

② 估计一年内表的最大行数和最小行数。

③ 用同样的方法估计5年内表的最大和最小行数。

④ 计算索引数据所占的空间，确定每张表（对表中的每个关键字或会被直接搜索的数据元素）的关键字或数据元素的长度，并弄清楚是否原始表中的每条记录都存在关键字。

将各表中行数可能的最大值和最小值分别乘以每行数据的最大长度和最小长度。另外，还要将索引项数目与关键字长度的乘积累加到总的数据量中去，以确定出最终需要的数据总量。

（3）确定数据分割策略

数据分割是数据仓库设计的一项重要内容，是提高数据仓库性能的一项重要技术。数据的分割是指把逻辑上是统一整体的数据分割成较小的、可以独立管理的物理单元（称为分片）进行存储，以便于重构、重组和恢复，以提高创建索引和顺序扫描的效率。

数据的分割使数据仓库的开发人员和用户具有更大的灵活性。选择适当的数据分割一般要考虑以下几方面因素：数据量（而非记录行数）、数据分析处理的实际情况、简单易行以及粒度划分策略等。数据量的大小是决定是否进行数据分割和如何分割的主要因素；数据分析处理的要求是选择数据分割标准的一个主要依据，因为数据分割是跟数据分析处理的对象紧密联系的；还要考虑到所选择的数据分割标准应是自然的、易于实施的，同时也要考虑数据分割的标准与粒度划分层次是适应的，最常见的是以时间进行分割，如产品每年的销售情况可分别独立存储。

（4）确定关系模式

数据仓库的每个主题都是由多个表来实现的，这些表之间依靠主题的公共码键联系在一起，形成一个完整的主题。在概念模型设计时，确定了数据仓库的基本主题，并对每个主题的公共码键、基本内容等做了描述，在这一步将要对选定的当前实施的主题进行模式划分，形成多个表，并确定各个表的关系模式。

3. 物理模型设计

物理模型就是构建数据仓库的物理分布模型，主要包含数据仓库的软硬件配置、资源情况以及数据仓库模式。概念世界是现实情况在人们头脑中的反映，人们需要利用一种模式将现实世界在自己的头脑中表达出来。逻辑世界是人们为将存在于自己头脑中的概念模型转换到计算机中的实际物理存储过程中的一个计算机逻辑表示模式。通过这个模式，人们可以容易地将概念模型转换成计算机世界的物理模型。物理模型是指现实世界中的事物在计算机系统中的实际存储模式，只有依靠这个物理存储模式，人们才能实现利用计算机对现实世界的信息管理。

物理模型设计所做的工作是根据信息系统的容量、复杂度、项目资源以及数据仓库项目自身（也可以是非数据仓库项目）的软件生命周期确定数据仓库系统的软硬件配置、数据仓库分层设计模式、数据的存储结构、确定索引策略、确定数据存放位置、确定存储分配等。物理模型设计由项目经理和数据仓库架构师共同实施。确定数据仓库实现的物理模型，要求设计人员必须做到以下几方面。

① 要全面了解所选用的数据库管理系统，特别是存储结构和存取方法。

② 了解数据环境、数据的使用频度、使用方式、数据规模以及响应时间要求等，这些是对时间和空间效率进行平衡和优化的重要依据。

③ 了解外部存储设备的特性，如分块原则、块大小的规定、设备的I/O特性等。

一个好的物理模型设计还必须符合以下规则。

（1）确定数据的存储结构

一个数据库管理系统往往都提供多种存储结构供设计人员选用，不同的存储结构有不同的实现方式，各有各的适用范围和优缺点。设计人员在选择合适的存储结构时，应该权衡存取时间、存储空间利用率和维护代价3个方面的主要因素。

（2）确定索引策略

数据仓库的数据量很大，因此需要对数据的存取路径进行仔细的设计和选择。由于数据仓库的数据都是不常更新的，因此可以设计多种多样的索引结构来提高数据存取效率。在数据仓库中，设计人员可以考虑对各个数据存储建立专用的、复杂的索引，以获得最高的存取效率。因为在数据仓库中的数据是不常更新的，也就是说，每个数据存储是稳定的，因此虽然建立专用的、复杂的索引有一定的代价，但一旦建立就几乎不需维护索引的代价。

（3）确定数据存放位置

同一个主题的数据并不要求存放在相同的介质上。在物理设计时，常常要按数据的重要程度、使用频率以及对响应时间的要求进行分类，并将不同类的数据分别存储在不同的存储设备中。重要程度高、经常存取并对响应时间要求高的数据就存放在高速存储设备上，如硬盘；存取频率低或对存取响应时间要求低的数据则可以放在低速存储设备上，如磁盘或磁带。数据存放位置的确定还要考虑到其他一些方法，如决定是否进行合并表，是否对一些经常性的应用建立数据序列，对常用的、不常修改的表或属性是否冗余存储。如果采用了这些技术，就要记入元数据。

（4）确定存储分配

数据库管理系统提供了一些存储分配的参数供设计者进行物理优化处理，如块的尺寸、缓冲区的大小和个数等，都要在物理设计时确定。

物理数据模型是依据中间层的逻辑模型创建的，它是通过模型的键码属性和模型的物理特性、扩展中层数据模型而建立的。物理数据模型由一系列物理表构成，其中最主要的是事实表模型和维表模型。

物理模型中的事实表来源于逻辑模型中的主题。

数据仓库中的事实表一般很大，包含大量的业务信息，因此在设计事实表时，可使事实表尽可能小，还要处理好数据的粒度问题。

设计维度表的目的是为了把参考事实表的数据放置在一个单独的表中，即将事实表中的数据有组织地分类，以便于进行数据分析。在数据仓库维度体系设计中，要详细定义维度类型、名称及成员说明，以网上药店用户分析模型为例（见图 3-13），客户流失分析主要依据自然属性维、用户属性维、消费属性维来建立维度表。

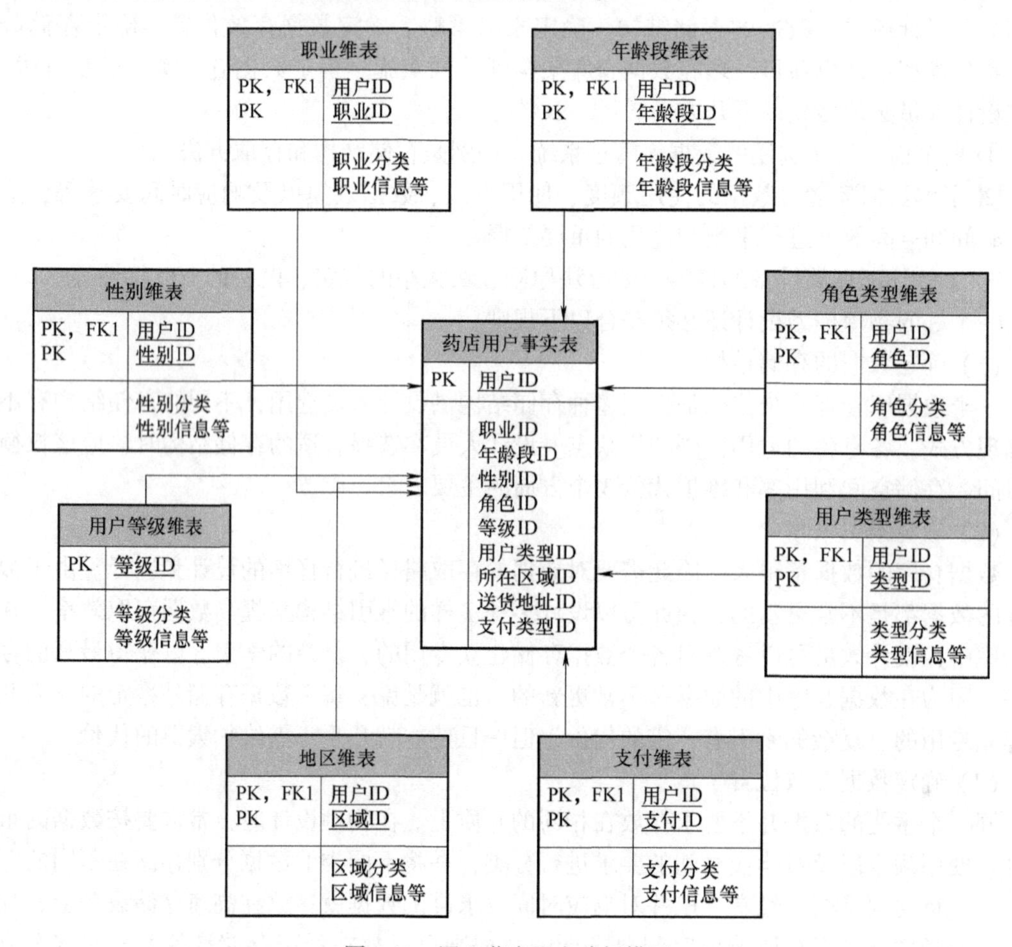

图 3-13　网上药店用户分析模型

在物理建模的过程中，根据概念模型和逻辑模型设计建立其他维度表，帮助决策分析。还可以有以下维度表。

1）时间维表：年、季度、月、日。

2）地区维表：省、市、市区、郊区、县城、乡镇。

3）用户类型维表：标识用户对医药网站的重要程度信息，如医院采购客户、普通客户等。

4）职业维表：定义用户的社会行业类别属性，帮助分析归类购买行为。

5）年龄段维表：对用户所属消费年龄群体进行分类，帮助分析归类购买行为。

6）注册时间维表：按用户注册网站时间长短进行分类，帮助分析归类购买行为。

7）购买类型维表：用户所购买药品类型，如常备药、慢性病药、化疗药品等。

8）增值服务类型维表：药品网站提供的各项增值业务的收费项目类别。

物理结构设计还有以下3个最基本的原则（这3点是数据库设计与优化的最低要求，其他设计与优化措施也得考虑）。

1）尽量提高性能。

2）防止产生过多的碎片。

3）快速重整数据库。

这3个原则既有独立性，又密切相关，所以在数据仓库的开发中应注意以下3个方面的问题。

1）表空间的设计，主要考虑性能方面以及便于数据库的快速重整。

2）重点表的存储空间设计，主要考虑性能方面以及防止产生过多的碎片。

3）索引的设计，主要考虑性能方面以及索引的存储空间。

3.5 联机分析处理 OLAP 技术

3.5.1 OLAP 概述

1. OLAP 的由来

OLAP 的概念最早是由关系数据库之父埃德加·弗兰克·科德（E. F. Codd）在1993年提出的。当时 E. F. Codd 认为 OLTP 已经不能够满足终端用户对数据库查询分析的需求，SQL 对大数据库进行的简单查询也不能够满足用户分析的需求。用户的决策分析需要对关系型数据库进行大量的计算才能得到结果，而且查询的结果并不能够满足决策者提出的需求。因此，E. F. Codd 提出了多维数据库与多维分析的概念，即 OLAP。

2. OLAP 的概念

OLAP 是共享多维数据信息、快速在线访问具体问题的数据的分析和展示的软件技术。通过观察信息的几种方式进行快速、一致和交互式访问，允许企业的管理决策者进一步观测数据。这些多维数据是辅助决策的数据，同时也是企业管理者进行决策的主要内容。OLAP 特别适用于复杂的分析操作，重点支持决策人员和企业管理人员的决策，依据分析人员所需的进行快速和灵活的大数据量的复杂查询处理，可以形成一个直观、易于理解的窗体，将查询结果提供给企业的决策者，使得他们能准确掌握企业的业务状态、了解对象的特定需要，从而可以制定适合企业长远发展的方案。

3. OLAP 的规则

Codd 提出了 OLAP 的12条规则，具体如下。

1）多维概念视图：用户按多维角度来看待企事业数据，故 OLAP 模型应当是多维的。

2）透明性：分析工具的应用对使用者是透明的。

3）存取能力：OLAP 工具能将逻辑模式映射到物理数据存储，并可访问数据，给出一致的用户视图。

4）一致的报表性能：报表操作不应随维数增加而削弱。

5）客户/服务器体系结构：OLAP 服务器能适应各种客户通过客户/服务器方式使用。

6）维的等同性：每一维在其结构与操作功能上必须等价。

7）动态稀疏矩阵处理：当存在稀疏矩阵时，OLAP 服务器应能推知数据是如何分布的，以及怎样存储才能更有效。

8）多用户支持：OLAP 工具应提供并发访问（检索与修改），以及并发访问的完整性与安全性维护等功能。

9）非限定的交叉维操作：在多维数据分析中，所有维的生成与处理都是平等的。OLAP 工具应能处理维间相关计算。

10）直接数据操作：如果要在维间进行细剖操作，则都应该通过直接操作来完成，而不需要使用菜单或跨用户界面进行多次操作。

11）灵活的报表：可按任何想要的方式来操作、分析、查看数据与制作报表。

12）不受限制的维与聚类：OLAP 服务器至少能在一个分析模型中协调 15 个维，每一个维应能允许无限个用户定义的聚类。

4. OLAP 的优势

OLAP 的优势主要体现在以下几个方面：OLAP 的查询分析功能很灵活、完整，可以直观地对数据进行操作，并且产生的查询结果可以进行可视化的展示。

由于使用了 OLAP，因此企业用户可以对大量的、结构比较复杂的数据进行分析，而且这种查询分析对 OLAP 而言是很轻松、高效的，基于此用户可以快速地做出合适的判断。与此同时，OLAP 也可以对人们提出的相对比较复杂的假设进行验证，产生以表格或者图形形式的结果，这些结果是对某些分析信息的总结。这样产生的异常信息并不被标识出来，这将是一种有效地进行知识求证的方法。OLAP 技术可以满足用户分析的需求。

5. OLAP 中的基本概念

依据 OLAP 的定义，通过对原始数据进行转换，产生用户能够容易理解并且真实地反映企业根本特性的数据信息。OLAP 可以对产生的这些数据信息进行交互性、一致和快速的存取，从而使企业的执行人员、管理人员和决策人员能够从多个角度对这些数据信息的本质内容进行深入的了解。下面介绍 OLAP 中的一些基本概念。

（1）变量

变量是进行数据度量的指标，描述数据的实际意义，即描述数据“是什么”。通常也被称为度量（或量度）。例如，用来反映一个企业经营效益好坏的销售额、销售量与库存量等。

（2）维

维是指人们观察数据的特定的角度。维实际上是考虑问题时的一类属性，单个属性或者属性集合都可以构成一个维。在实际应用设计中，维可以分成共享维、私有维、常规维、虚拟维以及父子维等类型，从而为用户更好地展现维的特性。维是一种较高层次的类型划分。例如，企业管理者所关心的企业业务流程随着时间而发生变化，那么时间就是一个维度，称为时间维。

（3）维的层次

维度按照细节的程度不同可以分为不同的层次或者分类，这些层次描述了维度的具体细节信息。例如，地区维度可以分为东西方、大洲、国家、省市、区县等不同的层次结构，那么东西方、大洲、国家等就是地区维度的层次。同一个维度的层次没有统一的规定，这主要是由于不同的分析应用所要求的数据信息的详细程度不太相同。在某些维中可能存在着完全不相同的几条层次路径，这种情况是经常出现的。

（4）维的成员

成员是维的一个取值。如果维是多层次的，则不同层次的取值构成一个维成员。需要指出的是维的成员可以不是每个维层次都必须取值，部分维层次也同样可以构成维成员，而且维的成员是无序的。

（5）多维数据集

多维数据集是OLAP的核心，也可以称为超方体或者立方体。由维度和变量组成的数据结构称为多维数据集，一般可以用一个多维的数组进行表示：（维度1，维度2，…，维度n，变量）。例如，按发货途径、地区和时间组织起来的包裹的具体数量所组成的多维数据集可以表示为发包途径、时间、地区、发包量。对于这种三维的数据集可以采用图3-14的可视化的表达方式，这种表达方式更清楚、直观。

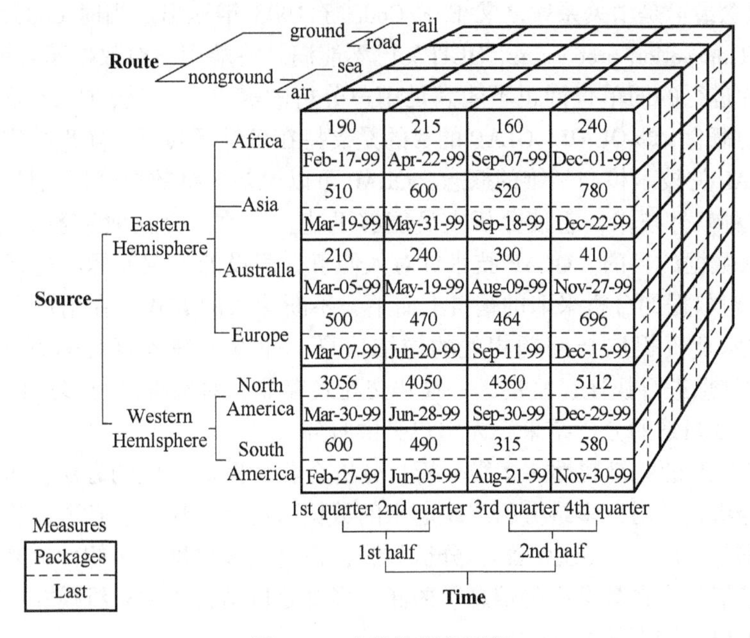

图3-14　多维数据集图例

（6）数据单元

多维数组的取值称为数据单元。如果多维数组的每个维都确定一个维成员，就唯一确定了一个变量的值。数据单元也可以表示为（维1成员，维2成员，…，维n成员，度量值）。例如，在图3-14中，时间、地区与发包路径维上分别选取维成员“4th quarter”“Africa”“air”，那么可以唯一地确定观察度量“Packages”的一个取值240，这样该数据单元就表示为（4th quarter，Africa，air，240）。

3.5.2 OLAP 与数据仓库

1. 特点

（1）数据仓库

数据仓库之父 W. H. Inmon 认为“数据仓库是一个面向主题的、集成的、不可更新的且随时间不断变化的数据集合，用来支持管理人员的决策”。这个定义表明了数据仓库是一个处理过程，这个过程以主题作为依据，对若干个分布的、异质的信息源中的历史数据进行组织和存储，并能集成地进行数据分析。因此，数据仓库具备比一般数据库系统更大的数据规模。数据仓库具有共享性、完整性、数据独立性等传统数据库管理系统的基本特点，还具有主题、集成性、历史性、时间属性等数据仓库独有的特征。

数据仓库系统的最终目的是把分散的、不利于访问的数据转换成集中、统一、随时可用的信息。因此，数据仓库系统的基本功能是：数据获取、数据存储和管理、信息的访问。为了决策目标将不同形式的数据集合成为一种特殊的格式，建立起一种新的数据存储体系，使数据操作环境与数据分析环境相分离。

（2）OLAP

OLAP 的概念最早是由关系库之父 E. F. Codd 于 1993 年提出。当时 Codd 认为联机事务处理（On-line Transaction processing，OLTP）已不能满足终端用户对数据库查询分析的需要，SQL 对大数据库进行的简单查询也不能满足用户分析的需求。于是，Codd 提出了多维数据库和多维分析的概念，即 OLAP。OLAP 的目的是支持在多维环境下，实现特定的查询和报表需求，因此 OLAP 的技术核心是维的概念，OLAP 可以说是多维数据分析工具的集合。

OLAP 是一种软件技术，它使分析人员能够迅速、一致、交互地从各个方向观察信息，以达到深入理解数据的目的。OLAP 技术针对人们事先假设的特定问题，进行联机数据访问和分析。OLAP 对数据的分析采取的是自上而下、不断深入的方式，在用户提出问题或假设之后，OLAP 技术负责提取与问题相关的详细信息，并以一种较直观的方式呈现给用户。OLAP 技术能对信息进行快速、稳定、一致和交互式存取，对数据进行多层次、阶段的分析处理，以获得高度归纳的分析结果，为用户提供服务。

多维性是 OLAP 的关键属性，多维分析是分析企业数据最有效的方法，也是 OLAP 的灵魂。多维数据分析是指对以多维分析组织起来的数据取切片、切块、钻取、旋转等各种分析动作来剖析数据，使用户直观地理解、分析数据，最终能多角度、多侧面地观察数据库中的数据，深入地了解包含在数据中的信息、内涵。多维分析结合人的思维模式，因此减少了混淆，并且降低了出现错误的可能性。

2. 数据仓库和 OLAP 的关联关系

数据仓库是一个决策支持技术的集合，旨在能够使知识工作者（执行者、主管、分析人员）做出更快更好的决策。随着数据量的爆炸性增长，数据仓库技术在许多行业已经进行应用，如制造业（订单发货和客户支持）、零售业（用户分析和库存管理）、金融服务业（索赔分析、风险分析、信用卡分析、诈骗侦查）、运输业（车队管理）、电信业（呼叫分析和欺诈检测）、城市管理服务业（电力使用情况分析）、保健业（结果分析）等。数据仓库支持联机分析处理（OLAP），其功能和性能要求与传统情况下由操作数据库支持的联机事务处理（OLTP）应用有很大不同。

OLTP应用程序通常会自动处理当前数据任务，如订单输入和银行交易等单位实用日常操作。这些数据任务重复且具有复杂结构，由短的、孤立的原子事务组成。这些事务要求详细的、确保最新的数据，并且读/写的数十条记录，通常来自于对主码的访问。操作数据库访问记录数量则往往是百兆到千兆字节大小。数据库的一致性和可恢复性至关重要，最大化事务吞吐量是关键性能指标，因此数据库设计的目的是反映已知应用程序的操作语义，并减少多事务并发运行的冲突。

与OLTP处理当前数据任务相反，数据仓库的定位是服务于决策支持。在决策支持过程中，历史的、汇总的、统一的数据比详细的个别记录更重要。工作量大多为点对点的密集查询，复杂的查询能够访问数百万条记录并执行大量的扫描、连接、聚合。因此，查询吞吐量和反应时间都要比事务吞吐量更为重要些。

为帮助复杂分析和促进形象化，数据仓库中的数据通常被多维模型化。例如，在一个销售数据仓库中，出售时间、销售地点、售货员和产品可能会是一些有关利润的维度。通常，这些维度是分层的，销售时间可能被组织定义为“日-月-季-年”层次，产品被组织为“生产-目录-工业”分层。典型的OLAP操作包括通过沿一个或多个维的概念分层钻取（上卷操作提高聚集水平，下钻操作降低聚集程度或增加详情），切片和切块（选择和投影），以及旋转（重排数据的多维视图）。

3. 针对OLAP的数据仓库模型

构建和维护一个数据仓库不仅需要为它选择一个OLAP服务器，还需要定义一个模式、一些复杂查询，很多机构都希望实现一个横跨整个组织的、收集有关所有主题（如客户、产品、销售、资产、人员等）信息的集成企业仓库。构建一个企业仓库是个漫长而复杂的过程，需要广泛的业务建模，并可能花费许多年才能成功。

一个普遍的并且影响前端工具的数据库设计和OLAP查询引擎的概念模型是数据仓库的多维视图。在多维数据模型中，有一组作为分析对象的数字度量方式。这种度量方式的例子有销售、预算、收入、库存和ROI（投资回报率）。每种数字度量方式均取决于一组维，维为度量提供环境。多维数据把一个度量视为维的多维空间内的一个值，每维由一系列属性来描述。例如，产品的维可以由以下4种属性组成：种类、产品工业、推出时间（年）、平均利润率。产品名称就可通过一种层次关系与种类和产业属性相关联。

OLAP概念模型的另一个区别性特征是，它强调把一个或多个维的度量的聚集作为其中一个关键操作。例如，按照不同地区或者年份计算并排名总销量，其他普遍操作包括比较两个由相同的维聚齐起来的度量（如销售额和预算）。在多个维中，时间是一个对决策支持（如动向分析）具有特殊意义的维。

4. 基于数据仓库、OLAP、数据挖掘的决策支持系统体系结构设计

在数据仓库化的决策支持系统中，将数据仓库、OLAP、数据挖掘进行有机结合，其所担当的角色分如下：

1）数据仓库用于数据的存储和组织，它从事务应用系统中抽取数据，并对其进综合、集成与转换，提供面向全局的数据视图；OLAP致力于在数据仓库的基础之上实现数据的分析；数据挖掘则专注于在数据中寻找知识，实现知识的自动发现。

2）在数据仓库和OLAP、数据仓库和数据挖掘之间存在着单向支持的关系，在数据挖掘与OLAP之间存在双向联系，即数据挖掘为OLAP提供分析的模式，同时OLAP对数据挖掘的结果进行验证，并给予适当的引导。

3.5.3 OLAP 的模型

数据仓库与 OLAP 的关系是互补的，现代 OLAP 系统一般以数据仓库作为基础，即从数据仓库中抽取详细数据的一个子集并经过必要的聚集存储到 OLAP 存储器中，供前端分析工具读取。

OLAP 系统按照其存储器的数据存储格式可以分为关系 OLAP（Relational OLAP，ROLAP）、多维 OLAP（Multidimensional OLAP，MOLAP）和混合型 OLAP（Hybrid OLAP，HOLAP）3种类型。下面重点介绍 MOLAP 和 ROLAP 两种类型。

1. MOLAP 的数据组织模式

MOLAP 以 MDDB（多维数据库）为核心，以多维方式存储数据。MDDB 由许多经过压缩的、类似于数组的对象构成，每个对象又由单元块聚集而成，然后单元块通过直接的偏移计算来进行存取，表现出来的结构是立方体。MOLAP 的结构如图 3-15 所示。

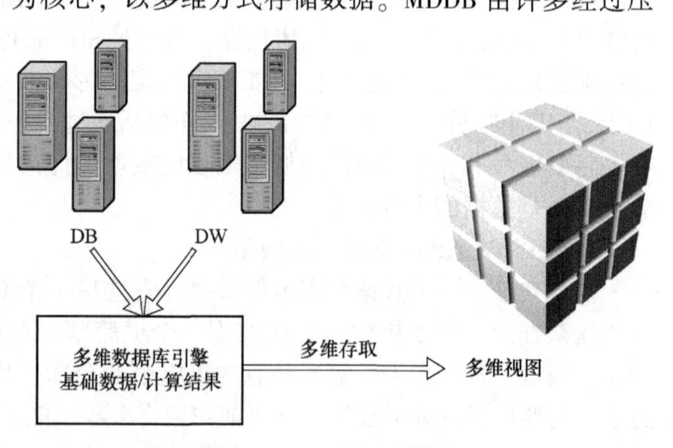

图 3-15 MOLAP 的结构

MOLAP 应用逻辑层与数据库服务器合为一体，数据的检索和存储由数据仓库或者数据库负责；全部的 OLAP 需求由应用逻辑层执行。来源于不同的业务系统的数据利用批处理过程添加到 MDDB 中去，当载入成功之后，MDDB 会自动进行预综合处理以及建立相应的索引，从而提高了查询分析的性能和效果。

2. ROLAP 的数据组织模式

通过使用关系型数据库来管理所需的数据的 OLAP 技术是 ROLAP。为了更好地在关系型数据库中存储和表示多维数据，多维数据结构在 ROLAP 中分为以下两个类型的数据表：①事实表，事实表中存放了维度的外键信息和变量信息；②维度表，多维数据模型中的维度都至少包含了一个表，维度表中包含了维的成员类别信息、维度的层次信息以及对事实表的描述信息。ROLAP 的结构如图 3-16 所示。

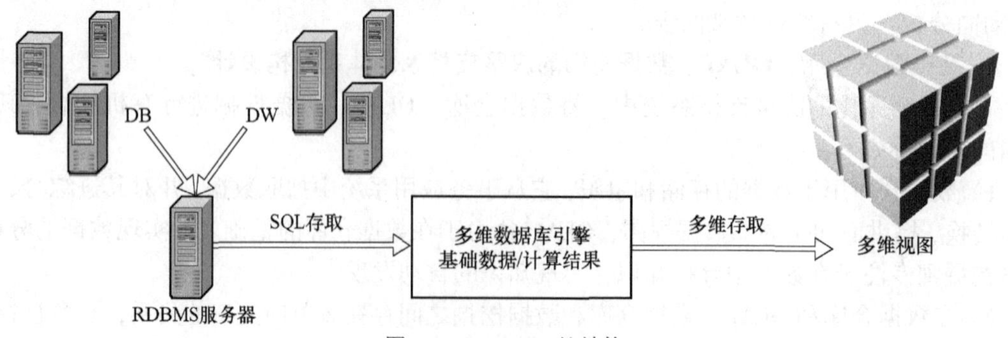

图 3-16 ROLAP 的结构

数据模型主要包含星形模型和雪花模型。多维数据模型在定义完毕之后，来自不同数据源的数据将被添加到数据仓库中，然后系统将根据多维数据模型的需求对数据进行综合，并且通过索引的创建来优化存取的效率。在进行多维数据分析时，将用户的请求语句通过ROLAP 引擎动态地翻译为 SQL 请求，然后经过传统的关系数据库来对 SQL 请求进行处理，最后将查询的结果经多维处理后返回给用户。

数据仓库可能在标准或扩展的关系数据库管理系统中实现，称为 ROLAP 服务器。这些服务器假定数据是存储在关系型数据库中的，并且支持 SQL 语言的扩展和特殊的访问实现方法，以高效实现多维数据模型和操作。多维联机分析处理器（MOLAP）将多维数据直接存储在特殊的数据结构中（如数组），并且在这些特殊的数据机构上实现 OLAP 操作。

3. MOLAP 和 ROLAP 的性能比较

MOLAP 和 ROLAP 是目前使用范围最广的两种 OLAP 技术，由于它们的数据表示和存储方案完全不相同，因此导致两者各自存在着不同的优点和缺点。下面从以下 3 个方面来对它们进行比较。

（1）查询性能

MOLAP 的查询响应速度一般较快，这主要是由于多维数据库在加载数据时，预先做了大量的计算工作。对于 ROLAP 中的查询与分析，一般需要在维度表与事实表之间建立较为复杂的表连接，响应时间通常很难预计。

（2）分析性能

MOLAP 能够更加清晰和准确地表达和描述 OLAP 中的多维数据，因此 MOLAP 具有天然的分析优势。多维数据库是一种新技术，目前没有一个统一标准，不同的多维数据库的客户端接口是互不相同的。ROLAP 采用 SQL 语言，ROLAP 服务器首先将用户的请求转化为 SQL 语言，再由 RDBMS 进行相应的处理，最后将经过多维处理后的处理结果返回给用户，因此分析的效果不如 MOLAP 好。

（3）数据存储和管理

多维数据库是 MOLAP 的核心，多维数据的管理形式主要以维和维的成员为主，大多数的多维数据库的产品都支持进行单元级的控制，可以达到单元级别的数据封锁。多维数据库通过数据管理层来实现这些控制，一般情况不能绕过这些控制。ROLAP 是以关系型数据库系统作为基础，安全性以及对存取的控制基于表，封锁基于行、页面或者表。因为这些与多维概念的应用程序没有直接关系，需要提供额外的安全性和访问控制管理所需的 ROLAP 工具，用户可以绕过安全机制直接访问数据库中的数据。

通过上面的分析结果，MOLAP 和 ROLAP 具有各自的优缺点，但是它们提供给用户进行查询分析的功能相似。在进行 OLAP 设计时，采用哪种形式的 OLAP 应该依据不同的情况而有所不同，但是应用的规模是一个主要的因素。如果需要建立一个功能复杂的、大型的企业级 OLAP 应用，则最好的选择是 ROLAP；如果需要建立一个维数较少、目标较为单一的数据集市，则 MOLAP 是一个较佳的选择。

3.5.4 OLAP 的基本操作

OLAP 决策数据是多维数据，而决策的主要内容就是多维数据。多维分析是指对多维数据集中进行分析，通过分析，能够使管理人员从多个侧面、多个角度去观察数据仓库中的数据。只有这样，才可以更加深入地了解数据仓库中数据所隐藏的信息，才能使管理人员更加深入地挖掘出隐藏在数据背后的漏洞。多维分析的基本操作包括切片、切块、上卷、下钻以及旋转等。

在多维分析的基本操作中，上卷相当于对当前数据对象做进一步的概括分组处理，因而可以对数据进行上卷操作，将其归约到某个维度的指定层；下钻则是上卷的逆操作；切片和切块操作可以降低多维数据集的维，也就是说，为了其余维的选定值，在该给定立方体维的一个子集上做数据投影。

1. 切片

选定多维数据集中某个维的维成员的动作叫作切片（Slice）。也就是为多维数据集（维1，维2…维 n，观察变量）中的一个维 i 选定一个确定值，即构成了切片（维1，维2…维 i 成员…维 n，观察变量）。多维数据集中的切片不同于一般的二维平面“切片”，其维数取决于原来数据集的维数；其数量则取决于所选定的那个维的维成员数量。切片的目的是通过降低多维数据集的维度，以利于使用者更方便地查看内容。

2. 切块

选定多维数据集中两个或两个以上维的维成员的动作叫作切块（Dice）。构成的切块可以表示为（维1，维2…维 i 成员…维 k 成员…维 n，观察变量）。实际上，切块可以看作多次切片结果的重叠，其作用和目的都是一样的。

3. 钻取

维度是具有层次性的，如时间维可能由年、月、日构成，维度的层次实际上反映了数据的综合程度。维度层次越高，细节越少，数据量越少；维度层次越低，则代表的数据综合度越低，细节越充分，数据量越大。

钻取（Drill）包含向下钻取（Drill Down）和向上钻取（Drill Up）操作，钻取的深度与维所划分的层次相对应。向下钻取就是从较高的维度层次下降到较低的维度层次上来观察多维数据细节；反之，则执行的操作就是向上钻取。

4. 旋转

旋转（Rotate）即改变一个报告或页面现实的维方向。例如，旋转可能包含了交换行和列，或是把某一个行维移到列维中去，或是把页面显示中的一个维和页面外的维进行交换，令其成为新的行或列中的一个。

另外，OLAP 操作还包括钻过（Drill across）和钻透（Drill through）。钻过是指跨越多个事实表进行查询；而钻透则指对数据立方体操作时，利用数据库关系，钻透立方体底层，进入后端关系表。

OLAP 是建立在 B/S 结构之上的，因为需要对来自数据仓库的数据进行多维化或预综合处理，所以它与传统的 OLTP 软件的两层结构不同，它是三层的 B/S 结构，第一层能够解决数据的多维数据存储问题；第二层是 OLAP 服务器，它接受查询并提取数据；第三层是前端软件。将数据逻辑、分析逻辑和表示逻辑严格分开是此种结构的优点，OLAP 服务器综合数据仓库的细节数据，能够满足前端用户的多维数据分析的需要。

3.6 数据仓库实例

数据仓库实施时期的任务包括 DW 创建、数据抽取、数据转换和数据加载 4 个阶段。

3.6.1 数据仓库的创建

这个阶段的任务就是根据逻辑设计阶段的结果，创建一个数据库文件，并在其中创建事实表、维度表以及详细类别表结构，即没有任何数据记录。同时，根据物理结构设计结果完成存储位置、存储分配等物理参数设置，等待数据抽取、数据转换直到完成数据的加载。

以 Windows 身份验证登录 SQL Server 2008 R2 的数据库引擎服务器，并在 SSMS 环境中创建数据仓库 product-sale DW，具体创建步骤如下。

1. 创建数据仓库名称

（1）打开快捷菜单

在“对象资源管理器”中右击“数据库”对象，弹出关于“数据库”对象相关的快捷菜单，如图 3-17 所示。

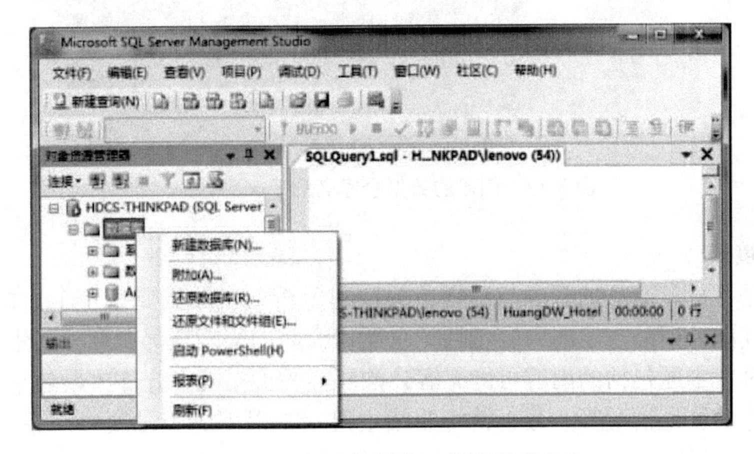

图 3-17 “新建数据库”快捷菜单命令

（2）输入数据仓库名称

在如图 3-17 所示的快捷菜单中选择“新建数据库”命令，在弹出的“新建数据库”窗口中的“数据库名称”文本框中输入“product-sale”，单击“确定”按钮完成数据仓库名的创建，并返回 SSMS 环境，如图 3-18 所示。

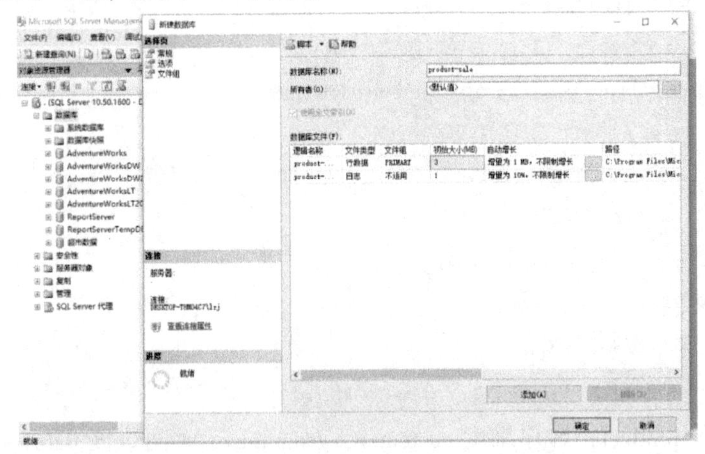

图 3-18 在“新建数据库”窗口文本框中输入“product-sale”

(3) 查看数据仓库名称

在图 3-19 中右击“数据库”对象，并在弹出的快捷菜单中选择“刷新”命令，适当调整窗口的大小，则在“对象资源管理器”区域下方可以看见，刚刚创建的数据仓库名称 product-sale，如图 3-19 所示。

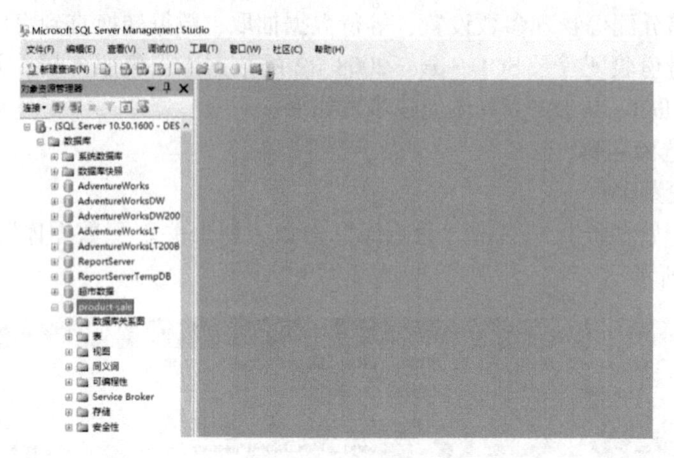

图 3-19 创建的数据仓库名称 product-sale

2. 创建维度表

数据仓库是自行车商品的管理与销售，关注和分析的主题主要有 4 个：供应商、产品、库存和客户。其中，商品主题的内容包括记录超市商品的采购情况、商品的销售情况和商品的存储情况；客户主题包括的内容可能有客户购买商品的情况；仓库主题包括仓库中商品的存储情况和仓库的管理情况等。分析销售业绩主要基于以下 3 个维度：产品、客户和时间。事实数据为销售记录。

按照以下顺序分别创建 Dim Date、Dim product、Dim customer、Dim geography 共 4 张维度表。可以在 SSMS 环境中采用可视化方法创建所有维度表，也可以在 SSMS 环境中使用 SQL 命令完成维度表的创建。

创建时间维度表 DimDate 的 SQL 命令如下：

```
CREATE TABLE DimDate (
    DateKey nchar (10) PRIMARY KEY,
    FullDateTime smalldatetime NULL,
    CYear smallint NULL,
    CMonth tinyint NULL,
    CDay tinyint NULL,
    CQuarter tinyint NULL,
    Cweek tinyint NULL,
    CHour tinyint NULL
)
```

按照产品维度 product，客户维度 customer、geography，时间维度 date，事实表 factinternetsale 建立多维数据表，如图 3-20 所示。

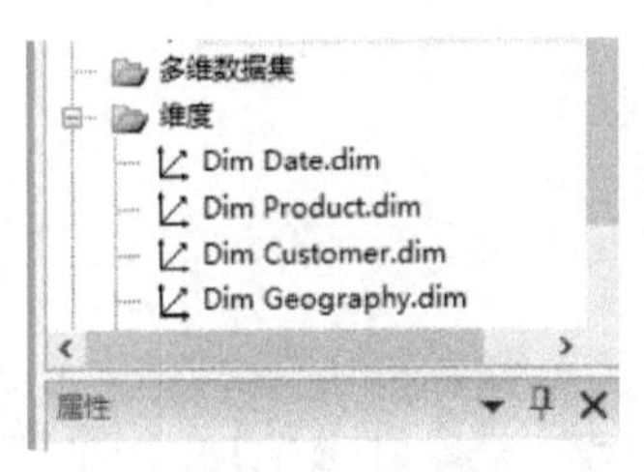

图3-20　维度图

3.6.2　数据的提取、转换和加载

维度建立后，接下来的工作就是配置数据提取、转换和加载（Extraction Loading Transformation，ETL）包，也称为SSIS包或ETL包，使其能够完成从事务数据库OLTP Hotel中抽取数据，并将其转换后加载到数据仓库product-sale之中。

3.7　小结

本章论述了数据仓库的基本概念、数据仓库的体系结构，明确了数据仓库与数据库的关系，以及在商业分析的提前下数据仓库的必要性。按照数据仓库设计与建造步骤，对数据仓库的ETL、传统系统到数据仓库的迁移、多维数据模型进行了介绍，解释了数据仓库涉及的相关概念：数据粒度、数据分割、元数据管理、外部数据与非结构化数据。最后通过一个数据仓库设计的实例，将数据仓库与OLAP技术进行了应用。

3.8　习题

3-1　简述数据仓库的3种模型的设计工作。

3-2　简述数据仓库的3种模型之间的关系。

3-3　某电信公司由多个分公司组成，各个分公司包括营业厅、计费中心、账务中心、核算中心、客户服务中心、市场营销部门、网管中心等部门。该公司现有的业务数据库系统包括客户数据库、网管数据库、计费数据库、账务数据库、市场信息数据库、营销数据库。该公司希望能够从不同角度对公司的收益情况进行分析，了解公司客户的情况、呼叫特征等。为此目的，公司打算建立数据仓库，请你为该公司的数据仓库进行模型设计。

3-4　什么是数据的粒度？粒度有哪些形式？粒度与数据仓库的性能有何关系？

3-5　为什么说粒度和分割是数据仓库中的重要概念？

3-6　简要说明建立一个数据仓库的过程。

3-7　什么是OLAP？OLAP是一种技术还是一种数据库？

3-8　OLTP和OLAP的区别是什么？

3-9　OLAP中的数据切片是如何实现的？

3-10　OLAP中的钻取操作可以用来为哪些决策提供帮助？

3-11　什么是维？能否使用多个维度来取代一个维度上的多个层次？为什么？

3-12　用一个实例说明维的层次概念和维的分类概念的联系及区别。

3-13　ROLAP和MOLAP在OLAP的数据存储中各有什么特点？在什么情况下，选择MOLAP？在什么情况下，选择ROLAP？

第4章

关联规则挖掘

从“尿布与啤酒”的故事开始：

在一家超市里，有一个有趣的现象：尿布和啤酒赫然摆在一起出售，但是这个奇怪的举措却使尿布和啤酒的销量双双增加了。这不是一个笑话，而是发生在美国沃尔玛连锁店超市的真实案例，并一直为商家所津津乐道。沃尔玛拥有世界上最大的数据仓库系统，为了能够准确了解顾客在其门店的购买习惯，沃尔玛对其顾客的购物行为进行购物篮分析，想知道顾客经常一起购买的商品有哪些。沃尔玛数据仓库里集中了其各门店的详细原始交易数据。在这些原始交易数据的基础上，沃尔玛利用数据挖掘方法对这些数据进行分析和挖掘。一个意外的发现是：跟尿布一起购买最多的商品竟是啤酒。经过大量实际调查和分析，揭示了一个隐藏在“尿布与啤酒”背后的美国人的一种行为模式：在美国，一些年轻的父亲下班后经常要到超市去买婴儿尿布，而他们中有30%～40%的人同时也为自己买一些啤酒。产生这一现象的原因是：美国的太太们常叮嘱她们的丈夫下班后为小孩买尿布，而丈夫们在买尿布后又随手带回了他们喜欢的啤酒。

按常规思维，尿布与啤酒风马牛不相及，若不是借助数据挖掘技术对大量交易数据进行关联分析，沃尔玛是不可能发现数据内在这一有价值的规律的。

再想象你是AAA公司的销售经理，正在与一位刚在商店购买了计算机和数码相机的顾客交谈。你应该向他推荐什么产品？你的顾客在购买了计算机和数码相机之后频繁购买哪些产品，这种信息对你做出推荐是有用的。在这种情况下，频繁模式和关联规则正是你想要挖掘的知识。

频繁模式（Frequent Pattern）是频繁地出现在数据集中的模式（如项集、子序列或子结构）。例如，频繁地同时出现在交易数据集中的商品（如牛奶和面包）的集合是频繁项集。一个子序列，如首先购买计算机，然后是数码相机，最后是内存卡，如果它频繁地出现在购物历史数据库中，则称它为一个（频繁的）序列模式。一个子结构可能涉及不同的结构形式，如子图、子树或子格，它可能与项集或子序列结合在一起。如果一个子结构频繁地出现，则称它为（频繁的）结构模式。对于挖掘数据之间的关联、相关性和许多其他有趣的联系，发现这种频繁模式起着至关重要的作用。此外，它对数据分类、聚类和其他数据挖掘任务也有帮助。因此，频繁模式的挖掘就成了一项重要的数据挖掘任务和数据挖掘研究关注的主题之一。

关联规则不仅在超市交易数据分析方面得到了应用，在诸如股票交易、银行保险以及医学研究等众多领域都得到了广泛的应用。因此，本章专门介绍关联规则挖掘的基本概念、挖掘关联规则的Apriori算法和FP-growth算法，关联规则的评价方法，最后简单介绍序列模式发现算法。

4.1 问题定义

本节介绍发现事务或关系数据库中项集之间有趣的关联或相关性的频繁模式挖掘的基本概念。4.1.1 节给出一个购物篮分析的例子，这是频繁模式挖掘的最初形式，旨在得到关联规则。挖掘频繁模式和关联规则的基本概念在 4.1.2 节进行介绍。

4.1.1 购物篮分析

频繁项集挖掘的一个典型例子是购物篮分析。该过程通过发现顾客放入他们“购物篮”中的商品之间的关联，分析顾客的购物习惯。这种关联的发现可以帮助零售商了解哪些商品频繁地被顾客同时购买，从而帮助他们制定更好的营销策略。例如，如果顾客在一次超市购物时购买了牛奶，他们有多大可能也同时购买面包（以及何种面包）？这种信息可以帮助零售商做选择性销售和安排货架空间，导致增加销售量。

看一个购物篮分析的例子。

【例 4-1】 购物篮分析。假定作为 AAA 公司的部门经理，你想更多地了解顾客的购物习惯。尤其是，你想知道“顾客可能会在一次购物同时购买哪些商品?”为了回答问题，可以在商店的顾客事务零售数据上运行购物篮分析。分析结果可以用于营销规划、广告策划，或新的分类设计。例如，购物篮分析可以帮助你设计不同的商店布局。一种策略是：经常同时购买的商品可以摆放近一些，以便进一步刺激这些商品同时销售。例如，如果购买牛奶的顾客也倾向于同时购买面包，则把牛奶摆放离面包陈列近一点，可能有助于增加这两种商品的销售。

另一种策略是：把牛奶和面包摆放在商店的两端，可能诱发买这些商品的顾客一路挑选其他商品。例如，在决定购买一箱很贵的牛奶后，去购买面包，途中看到销售糖果，可能会决定也买一些糖果。购物篮分析也可以帮助零售商规划什么商品降价出售。如果顾客趋向于同时购买计算机和打印机，则打印机的降价出售可能既促使顾客购买打印机，又促使顾客购买计算机。

4.1.2 基本术语

定义 4.1 二元表示 购物篮数据可以用表 4-1 所示的二元形式来表示，其中每行对应一个事务，而每列对应一个项。项可以用二元变量表示，如果项在事务中出现，则它的值为1，否则为 0。因为通常认为项在事务中出现比不出现更重要，因此项是非对称（Asymmetric）二元变量。或许这种表示是实际购物篮数据极其简单的展现，因为这种表示忽略数据的某些重要的方面，如所购商品的数量和价格等。

表 4-1 购物篮数据的二元（0/1）表示

TID	面包	牛奶	尿布	啤酒	鸡蛋	可乐
1	1	1	0	0	0	0
2	1	0	1	1	1	0
3	0	1	1	1	0	1
4	1	1	1	1	0	0
5	1	1	1	0	0	1

定义 4.2 项集和支持度计数 令 $I=\{i_1,i_2,\cdots,i_d\}$ 是购物篮数据中所有项的集合，而 $T=\{t_1,t_2\cdots t_N\}$ 是所有事务的集合。每个事务 t_i 包含的项集都是 I 的子集。在关联分析中，包含0个或多个项的集合被称为项集（Itemset）。如果一个项集包含 k 个项，则称它为 k-项集。例如，{啤酒，尿布，牛奶} 是一个3-项集。空集是指不包含任何项的项集。

事务的宽度定义为事务中出现的项的个数。如果项集 X 是事务 t_j 的子集，则称事务 t_j 包括项集 X。例如，在表4-1中第二个事务包括项集 {面包，尿布}，但不包括项集 {面包，牛奶}。项集的一个重要性质是它的支持度计数，即包含特定项集的事务个数。数学上，项集 X 的支持度计数 $\sigma(X)$ 可以表示为 $\sigma(X)=|\{t_i|X\subseteq t_i,\ t_i\in T\}|$。

其中，符号 $|\cdot|$ 表示集合中元素的个数。在表4-1显示的数据集中，项集 {啤酒，尿布，牛奶} 的支持度计数为2，因为只有两个事务同时包含这3个项。

定义 4.3 关联规则（Association Rule） 关联规则是形如 $X\rightarrow Y$ 的蕴涵表达式，其中 X 和 Y 是不相交的项集，即 $X\cap Y=\emptyset$。关联规则的强度可以用它的**支持度**（Support）和**置信度**（Confidence）度量。支持度确定规则可以用于给定数据集的频繁程度，而置信度确定 Y 在包含 X 的事务中出现的频繁程度。支持度和置信度这两种度量的形式定义如下：

$$\text{support}\ (X\rightarrow Y)=\sigma(X\cup Y)/N \tag{4-1}$$

$$\text{confidence}\ (X\rightarrow Y)=\sigma(X\cup Y)/\sigma(X) \tag{4-2}$$

【例 4-2】 支持度和置信度的计算。考虑规则 {牛奶，尿布}→{啤酒}。由于项集 {牛奶，尿布，啤酒} 的支持度计数是2，而事务的总数是5，所以规则的支持度为2/5 = 0.4。规则的置信度是项集 {牛奶，尿布，啤酒} 的支持度计数与项集 {牛奶，尿布} 支持度计数的商。由于存在3个事务同时包含牛奶和尿布，所以该规则的置信度为2/3 = 0.67。

为什么使用支持度和置信度？支持度是一种重要度量，因为支持度很低的规则可能只是偶然出现。从商务角度来看，低支持度的规则多半也是无意义的，因为对顾客很少同时购买的商品进行促销可能并无益处。因此，支持度通常用来删去那些无意义的规则。此外，支持度还具有一种期望的性质，可以用于关联规则的有效发现。

另一方面，置信度度量通过规则进行推理具有可靠性。对于给定的规则 $X\rightarrow Y$，置信度越高，Y 在包含 X 的事务中出现的可能性就越大。置信度也可以估计 Y 在给定 X 下的条件概率。

应当小心解释关联分析的结果。一方面由关联规则做出的推论并不必然蕴涵因果关系，它只表示规则前件和后件中的项明显地同时出现；另一方面，因果关系需要关于数据中原因和结果属性的知识，并且通常涉及长期出现的联系（如臭氧损耗导致全球变暖）。

关联规则挖掘问题的形式描述 关联规则的挖掘问题可以形式地描述如下：

定义 4.4 关联规则发现 给定事务的集合 T，关联规则发现是指找出支持度大于等于 minsup 并且置信度大于等于 minconf 的所有规则，其中 minsup 和 minconf 是对应的支持度和置信度阈值。

挖掘关联规则的一种原始方法是：计算每个可能规则的支持度和置信度。但是这种方法的代价很高，令人望而却步，因为可以从数据集提取的规则的数目达指数级。更具体地说，从包含 d 个项的数据集提取的可能规则的总数为

$$R = 3^d - 2^{d+1} + 1 \tag{4-3}$$

即使对于表4-1所示的小数据集，这种方法也需要计算 $3^6 - 2^7 + 1 = 602$ 条规则的支持度和置信度。使用 minsup = 20% 和 minconf = 50%，80%以上的规则将被丢弃，使得大部分计算是无用的开销。为了避免进行不必要的计算，事先对规则剪枝，而无须计算它们的支持度和置信度的值将是有益的。

提高关联规则挖掘算法性能的第一步是拆分支持度和置信度要求。由式（4-1）可以看出，规则 $X \to Y$ 的支持度仅依赖于其对应项集 $X \cup Y$ 的支持度。例如，下面的规则有相同的支持度，因为它们涉及的项都源自同一个项集｛啤酒，尿布，牛奶｝：

｛啤酒，尿布｝→｛牛奶｝，｛尿布，牛奶｝→｛啤酒｝，｛牛奶｝→｛啤酒，尿布｝，

｛啤酒，牛奶｝→｛尿布｝，｛啤酒｝ → ｛尿布，牛奶｝，｛尿布｝→｛啤酒，牛奶｝

如果项集｛啤酒，尿布，牛奶｝是非频繁的，则可以立即剪掉这6个候选规则，而不必计算它们的置信度值。

因此，大多数关联规则挖掘算法通常采用的一种策略是，将关联规则挖掘任务分解为以下两个主要的子任务。

1）频繁项集产生：其目标是发现满足最小支持度阈值的所有项集，这些项集称为频繁项集（Frequent Itemset）。

2）规则的产生：其目标是从上一步发现的频繁项集中提取所有高置信度的规则，这些规则称为强规则（Strong Rule）。

通常，频繁项集产生所需的计算开销远大于产生规则所需的计算开销。频繁项集和关联规则产生的有效技术将分别在4.2节和4.3节讨论。

4.2 频繁项集的产生

格结构（Lattice Structure）常常被用来枚举所有可能的项集。图4-1所示为 $I = \{a, b, c, d, e\}$ 的项集格。一般来说，一个包含 k 个项的数据集可能产生 $2^k - 1$ 个频繁项集，不包括空集在内。由于在许多实际应用中 k 的值可能非常大，因此需要探查的项集搜索空间可能是指数规模的。

Brute-force（蛮力）方法是发现频繁项集的一种原始方法：它确定格结构中每个候选项集（Candidate Itemsct）的支持度计数。为了完成这一任务，必须将每个候选项集与每个事务进行比较，如图4-2所示。如果候选项集包含在事务中，则候选项集的支持度计数增加。例如，由于项集｛Cola，Beer｝出现在事务200和300中，因此其支持度计数将增加2次。这种方法的开销可能非常大，因为它需要进行O（NMw）次比较，其中 N 是事务数，$M = 2^k - 1$ 是候选项集数，而w是事务的最大宽度。代价极高，因为 $M = 2^k - 1$。所以，需要想办法降低产生频繁项集的计算复杂度。

以下几种方法可以降低产生频繁项集的计算复杂度。

1）减少候选项集的数目（M）。先验（Apnori）原理是一种不用计算支持度值而删除某

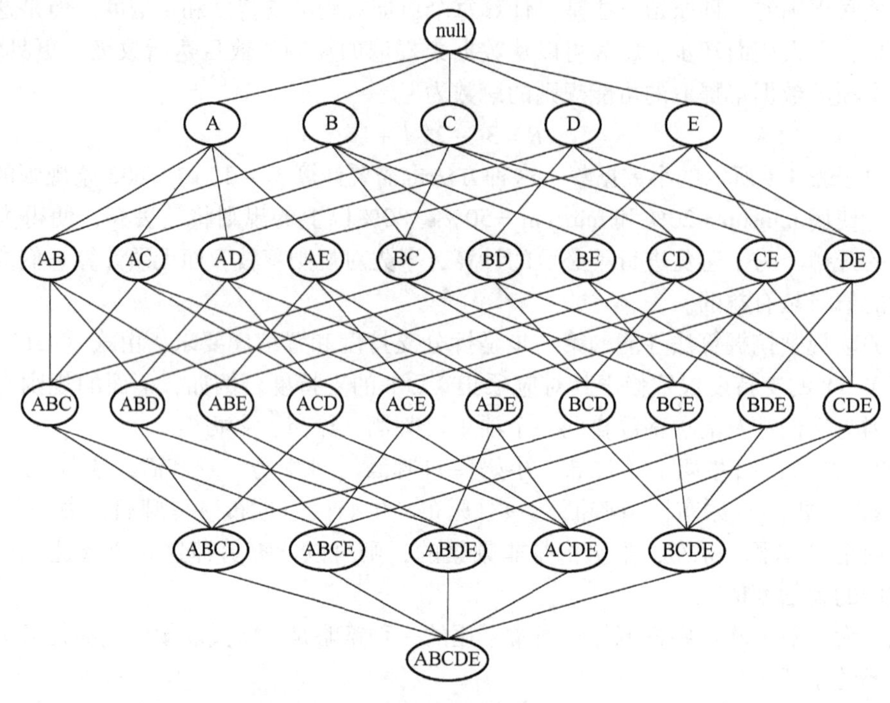

图 4-1　项集的格

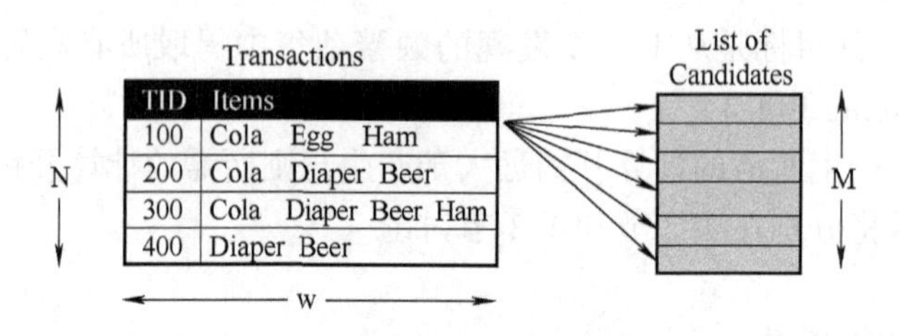

图 4-2　计算候选项集的支持度

些候选项集的有效方法。

2）减少比较次数。替代将每个候选项集与每个事务相匹配，可以使用更高级的数据结构，或者存储候选项集或者压缩数据集，来减少比较次数。

4.2.1　先验原理

本节描述如何使用支持度度量，帮助减少频繁项集产生时需要探查的候选项集个数。使用支持度对候选项集剪枝基于如下原理。

定理 4.1　先验原理　如果一个项集是频繁的，则它的所有子集一定也是频繁的。

为了解释先验原理的基本思想，考虑图 4-3 所示的项集格。假定 $\{C,D,E\}$ 是频繁项集，任何包含项集 $\{C,D,E\}$ 的事务一定包含它的子集 $\{C,D\}$、$\{C,E\}$、$\{D,E\}$、$\{C\}$、$\{D\}$ 和 $\{E\}$。这样，如果 $\{C,D,E\}$ 是频繁的，则它的所有子集（图 4-3 中的阴影项集）一定也是频繁的。

相反，如果项集 $\{A,B\}$ 是非频繁的，则它的所有超集也一定是非频繁的。如图 4-4 所

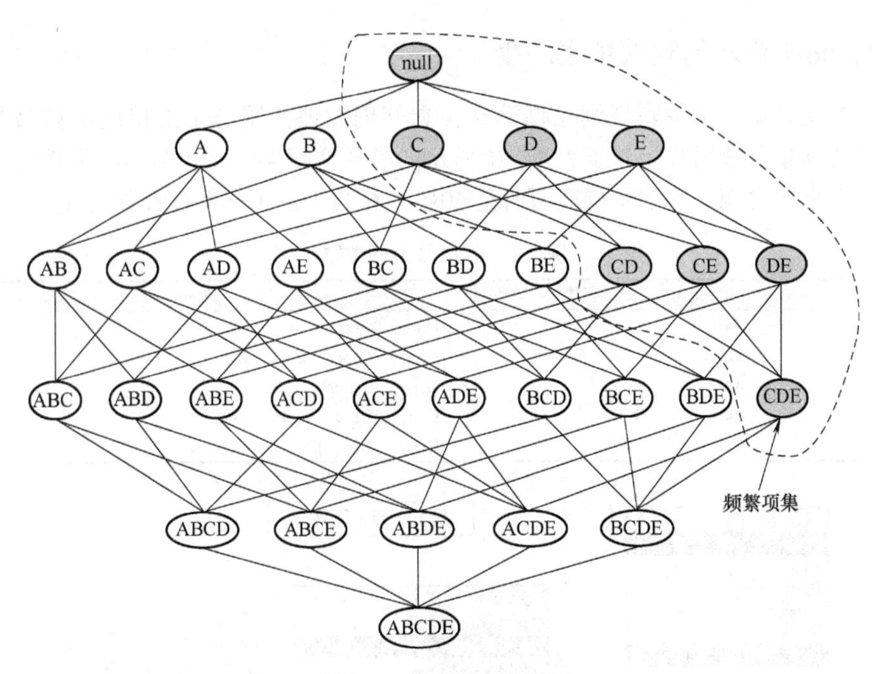

图4-3　先验原理的图示

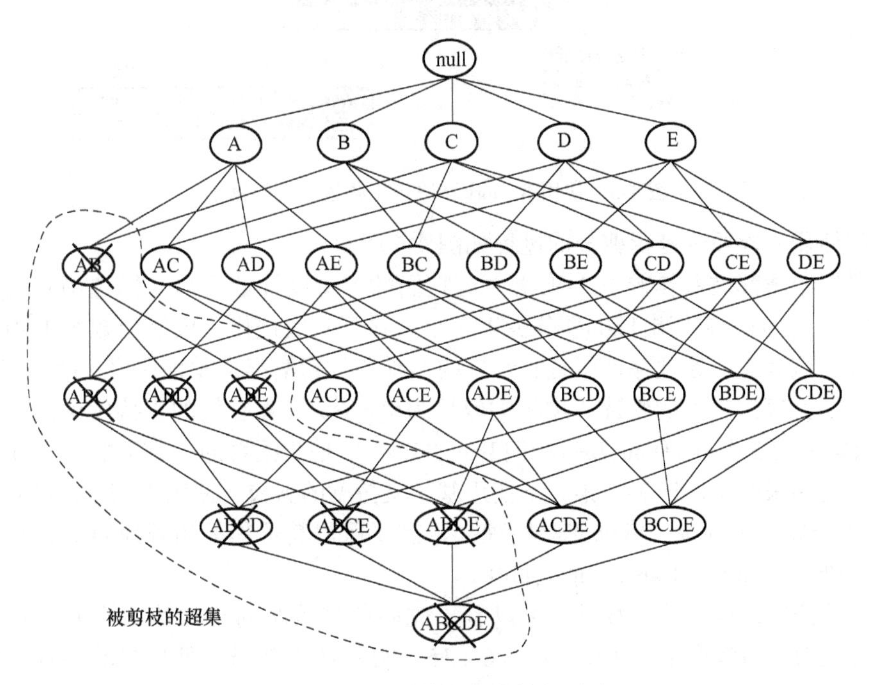

图4-4　基于支持度的剪枝的图示

示，一旦发现 $\{A,B\}$ 是非频繁的，则整个包含 $\{A,B\}$ 超集的子图可以被立即剪枝。这种基于支持度度量修剪指数搜索空间的策略称为基于支持度的剪枝（Support-based Pruning）。这种剪枝策略依赖于支持度度量的一个关键性质，即一个项集的支持度决不会超过它的子集的支持度。这个性质也称支持度度量的反单调性（Anti-monotone）。

4.2.2 Apriori 算法的频繁项集产生

Apriori 算法是第一个关联规则挖掘算法，它开创性地使用基于支持度的剪枝技术，系统地控制候选项集指数增长。对于表 4-2 中所示的事务，图 4-5 给出 Apriori 算法频繁项集产生部分的一个高层实例。假定支持度阈值是 60%，相当于最小支持度计数为 3。

表 4-2 购物篮事务数据

TID	Items
100	Ham、Milk
200	Ham、Diaper、Beer、Egg
300	Milk、Diaper、Beer、Cola
400	Ham、Milk、Diaper、Beer
500	Ham、Milk、Diaper、Cola

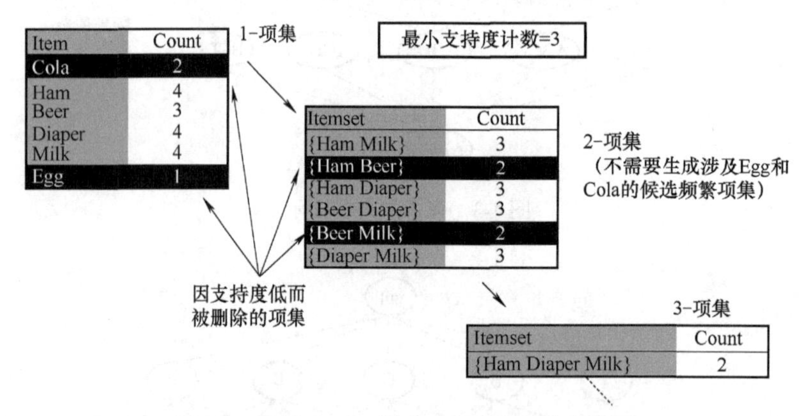

图 4-5 使用 Apriori 算法产生频繁项集的例子

对应的使用先验原理进行剪枝的过程如图 4-5 所示。

初始时每个项都被看作候选 1-项集。对它们的支持度计数之后，候选项集 {Cola} 和 {Eggs} 被丢弃，因为它们出现的事务少于 3 个。在下一次迭代，仅使用频繁 1-项集来产生候选 2-项集，因为先验原理保证所有非频繁的 1-项集的超集都是非频繁的。由于只有 4 个频繁 1-项集，因此算法产生的候选 2-项集的数目为$C_4^2=6$。计算它们的支持度值之后，发现这 6 个候选项集中的 2 个（{Ham, Beer} 和 {Beer, Milk}）是非频繁的。剩下的 4 个候选项集是频繁的，因此用来产生候选 3-项集。不使用基于支持度的剪枝，使用该例给定的 6 个项，将形成$C_6^3=20$个候选 3-项集。依据先验原理，只需要保留其子集都频繁地候选 3-项集，具有这种性质的唯一候选是 {Ham, Diaper, Milk}。

通过计算产生的候选项集数目，可以看出先验剪枝策略的有效性。枚举所有项集（到 3-项集）的蛮力策略将产生$C_6^1+C_6^2+C_6^3=6+15+20=41$个候选；使用先验原理，将减少为$C_6^1+C_4^2+1=6+6+1=13$个候选。在这个简单的例子中，候选项集的数目也降低了 68%。

算法 4.1 中给出了 Apriori 算法产生频繁项集部分的伪代码，它开创性地使用基于支持度的剪枝技术，系统地控制候选项集指数增长。算法流程描述如下：

1）设定 $k=1$。

2）扫描事务数据库一次，生成频繁的 1-项集。

3）如果存在两个或以上频繁 k-项集，则重复下面的过程：

①［候选产生］由长度为 k 的频繁项集生成长度为 $k+1$ 的候选项集。

②［候选前剪枝］对每个候选项集，若其具有非频繁的长度为 k 的子集，则删除该候选项集。

③［支持度计算］扫描事务数据库一次，统计每个余下的候选项集的支持度。

④［候选后剪枝］删除非频繁的候选项集，仅保留频繁的（$k+1$）-项集。

⑤ 设定 $k=k+1$。

Apriori 算法的核心步骤如下。

1）候选产生。设 $A=\{a_1,a_2,\cdots,a_k\}$ 和 $B=\{b_1,b_2,\cdots,b_k\}$ 是一对频繁 k-项集，当且仅当 $a_i=b_i(i=1,2,\cdots,k-1)$ 并且 $a_k \neq b_k$ 时，合并 A 和 B，得到 $\{a_1,a_2,\cdots,a_k,b_k\}$。

例如，合并{Bread, Milk}和{Bread, Diaper}得到{Bread, Milk, Diaper}，但{Milk, Bread}和{Bread, Diaper}不能合并，因为它们的第一个项不相同。

2）候选前剪枝。设 $A=\{a_1,a_2,\cdots,a_k,a_{k+1}\}$ 是一个候选（$k+1$）-项集，检查每个 A' 是否在第 k 层频繁项集中出现，其中 A' 由 A 去掉 $a_i(i=1,\cdots,k+1)$ 得到。若某个 A' 没有出现，则 A 是非频繁的。

例如，$A=\{I1,I2,I3\}$，它的2项子集有 $\{I1,I2\}$、$\{I1,I3\}$、$\{I2,I3\}$，看这3个2项子集有没有都在2项频繁项集中出现，若有一个2项子集是非频繁的，则 A 是非频繁的。

图4-6给出了Apriori算法和它的相关过程的伪代码。Apriori算法的第1步找出频繁1-项集的集合 L_1。在步骤2）~10），对于 $k \geqslant 2$，L_{k-1} 用于产生候选 C_k，以便找出 L_k。apriori_gen过程产生候选，然后使用先验性质删除那些具有非频繁子集的候选（步骤3）），该过程在下面介绍。一旦产生了所有的候选，就扫描数据库（步骤4））。对于每个事务，使用subset函数找出该事务中是候选的所有子集（步骤5）），并对每个这样的候选累加计数（步骤6）和步骤7））。最后，所有满足最小支持度的候选（步骤9））形成频繁项集的集合 L（步骤11））。调用一个过程，由频繁项集产生关联规则。该过程在4.3节介绍。

算法4.1　Apriori。使用逐层迭代方法基于候选产生找出频繁项集。

输入：①D：事务数据库。②min_sup：最小支持度阈值。

输出：L，D中的频繁项集。

方法：

```
1)   L1 = find_frequent_1_itensets (D);
2)   for (k = 2; Lk-1 ≠ Ø; k ++)    {
3)     Ck = aproiri_gen (Lk-1);
4)     for each 事务 t ∈ D  {           //扫描 D 用于计数
5)       Ct = subset (Ck, t);            //得到 t 的子集，它们是候选
6)       for each 候选 c ∈ Ct,
7)       c. count ++;
8)       }
9)     Lk =  {c ∈ Ck | c. count ≥ min_sup}
10)  }
11)  return L = ∪ Lk;    //返回所有的频繁项集
Procedure apriori_gen (Lk-1: frequent (k-1) itemset)
1)   for each 项集 l1 ∈ Lk-1
2)     for each 项集 l2 ∈ Lk-1
```

图4-6　挖掘布尔关联规则发现频繁项集的Apriori算法

```
3)      if(l1[1] = l2[1]) ∧ … ∧ (l1[k-2] = l2[k-2]) ∧ (l1[k-1] < l2[k-1]) then{
4)        c = l1 ⋈ l2;        //连接步：产生候选
5)        if has_infrequent_subset (c, Lk-1) then
6)          delete c;      //剪枝步：删除非频繁的候选
7)        else add c to Ck;
8)      }
9) return Ck;
procedure has_infrequent_subset (c: candidate k-itemset; Lk-1: frequent (k-1) -itemsets)
//使用先验知识
1)    for each (k-1) subset s of c
2)      if s ∉ Lk-1 then
3)        return TRUE;
4)    return FALSE;
```

图 4-6　挖掘布尔关联规则发现频繁项集的 Apriori 算法（续）

如上所述，Apriori_gen 做两个动作：连接和剪枝。在连接部分，L_{k-1}与L_{k-1}连接产生可能的候选（步骤1）~4））。剪枝部分（步骤5）~7））使用先验性质删除具有非频繁子集的候选。非频繁子集的测试显示在过程 has_infrequent_subset 中。

【例 4-3】 Apriori 算法。考虑表 4-3 的 AAA 公司的事务数据库 D，该数据库有 4 个事务，最小支持度计数阈值 =2。使用图 4-7 解释 Apriori 算法发现 D 中的频繁项集。

表 4-3　AAA 公司 S 分店的事务数据

TID	Items
100	Cola、Egg、Ham
200	Cola、Diaper、Beer
300	Cola、Diaper、Beer、Ham
400	Diaper、Beer

算法过程如下：

1）在算法的第一次迭代时，每个项都是候选 1-项集的集合 C_1 的成员。算法简单地扫描所有的事务，对每个项的出现次数计数。

2）最小支持度计数为 2，即 min_sup =2（这里谈论的是绝对支持度，因为使用的是支持度计数。对应的相对支持度为 2/4 =50%）。可以确定频繁 1 项集的集合 L_1。它由满足最小支持度的候选 1-项集组成。在我们的例子中，C_1 中除 Egg 外的所有候选都满足最小支持度，L_1 为频繁 1 项集。

3）为了发现频繁 2-项集的集合 L_2，算法使用连接 $L_1 \bowtie L_1$ 产生候选 2-项集的集合 C_2。C_2 由$C^2_{|L_1|}$ 个 2 项集组成。注意，在剪枝步，没有候选从 C_2 中删除，因为这些候选的每个子集也是频繁的。

4）扫描 D 中事务，累计 C_2 中每个候选项集的支持计数，如图 4-7 的第二行的第二个表所示。

5）然后，确定频繁 2-项集的集合 L_2，它由 C_2 中满足最小支持度的候选 2-项集组成。

6）候选 3-项集的集合 C_3 的产生详细地列在图 4-7 中。在连接步，首先令 $C_3 = L_2 \bowtie L_2 =$

{{Cola,Diaper,Ham},{Cola,Diaper,Beer}}（注：因为 L_2 中的 {Diaper Beer} 与其他项集的第一个项不相同，所以不能合并）。根据先验性质，频繁项集的所有子集必须是频繁的，因为 {Cola,Diaper,Ham} 的子集 {Cola Diaper}、{Cola Ham}、{Diaper Ham}，其中 {Diaper Ham} 不是频繁的，所以可以确定 {Cola,Diaper,Ham} 这个候选不可能是频繁的。因此，把它从 C_3 中删除，这样，在此后扫描 D 确定 L_3 时就不必再求它的计数值。注意，由于 Apriori 算法使用逐层搜索技术，因此给定一个候选 k-项集，只需要检查它们的（$k-1$）项子集是否频繁即可。C_3 剪枝后的结果在图 4-7 第三行的第二个表中给出。

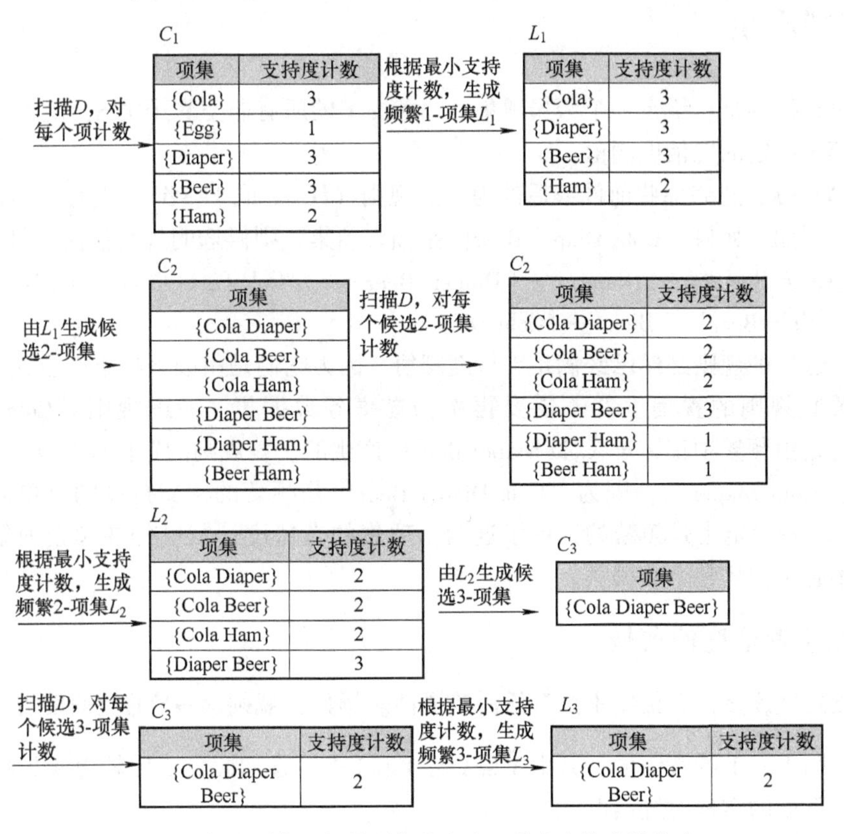

图 4-7　候选项集和频繁项集的产生，最小支持度计数为 2

7）扫描 D 中事务以确定 L_3，它由 C_3 中满足最小支持度的候选 3-项集组成（见图 4-7）。至此算法终止，找出了所有的频繁项集。

Apriori 算法的计算复杂度受以下因素影响：

1）**支持度阈值**。降低支持度阈值通常将导致更多的频繁项集。这给算法的计算复杂度带来不利影响，因为必须产生更多候选项集并对其计数。随着支持度阈值的降低，频繁项集的最大长度将增加。而随着频繁项集最大长度的增加，算法需要扫描数据集的次数也将增多。

2）**项数**（维度）。随着项数的增加，需要更多的空间来存储项的支持度计数。如果频繁项集的数目也随着数据维度增加而增长，则由于算法产生的候选项集更多，因此计算量和 I/O 开销将增加。

3）**事务数**。由于Apriori算法反复扫描数据集，因此它的运行时间随着事务数增加而增加。

4）**事务的平均宽度**。对于密集数据集，事务的平均宽度可能很大，这将在两个方面影响Apriori算法的复杂度。首先，频繁项集的最大长度随事务平均宽度增加而增加，因此在候选项产生和支持度计数时必须考察更多候选项集；其次，随着事务宽度的增加，事务中将包含更多的项集，这将增加支持度计数时Hash树的遍历次数。

4.3 规则产生

这一过程指的是：给定一个频繁项集 X，寻找 X 的所有非空真子集 S，使 $X-S \to S$ 的置信度大于等于给定的置信度阈值。

如果$|X|=k$，忽略那些前件或后件为空的规则（$\emptyset \to Y$ 或 $Y \to \emptyset$），则有 2^k-2 个候选的关联规则。例如，如果 {Cola Diaper Beer} 是频繁项集，则候选的规则包括{Cola Diaper}→{Beer}，{Cola Beer}→{Diaper}，{Diaper Beer}→{Cola}，{Cola}→{Diaper Beer}，{Diaper}→{Cola Beer}，{Beer}→{Cola Diaper}。

注意，这样的规则必然已经满足支持度阈值，因为它们是由频繁项集产生的。

计算关联规则的置信度并不需要再次扫描事务数据集。考虑规则 {Cola Diaper}→{Beer}，它是由频繁项集 $X=$ {Cola Diaper Beer} 产生的。该规则的置信度为σ({Cola Diaper Beer})/σ({Cola Diaper})。因为 {Cola Diaper Beer} 是频繁的，支持度的反单调性确保项集 {Cola Diaper} 定也是频繁的。由于这两个项集的支持度计数已经在频繁项集产生时得到，因此不必再扫描整个数据集。

4.3.1 基于置信度的剪枝

不像支持度度量，置信度不具有任何单调性。例如，规则 $X \to Y$ 的置信度可能大于、小于或等于规则 $\tilde{X} \to \tilde{Y}$ 的置信度，其中 $\tilde{X} \subseteq X$ 且 $\tilde{Y} \subseteq Y$。尽管如此，当比较由频繁项集 Y 产生的规则时，下面的定理对置信度度量成立。

定理 4.2 如果规则 $X \to Y-X$ 不满足置信度阈值，则形如 $X' \to Y-X'$ 的规则一定也不满足置信度阈值，其中 X' 是 X 的子集。

定理证明：考虑以下两个规则：$X' \to Y-X'$ 和 $X \to Y-X$，其中 $X' \subset X$。这两个规则的置信度分别为 $\sigma(Y)/\sigma(X')$ 和 $\sigma(Y)/\sigma(X)$。由于 X' 是 X 的子集，因此 $\sigma(X') \geqslant \sigma(X)$。因此，前一个规则的置信度不可能大于后一个规则。

4.3.2 Apriori 算法中规则的产生

Apriori算法使用一种逐层方法来产生关联规则，其中每层对应于规则后件中的项数。初始，提取规则后件只含一个项的所有高置信度规则，然后使用这些规则来产生新的候选规则。例如，如果$\{acd\} \to \{b\}$和$\{abd\} \to \{c\}$是两个高置信度的规则，则通过合并这两个规则的后件产生候选规则 $\{ad\} \to \{bc\}$。图4-8显示了由频繁项集 $\{a,b,c,d\}$ 产生关联规则的格结构。如果格中的任意结点具有低置信度，则根据定理，可以立即剪掉该结点生成的整个子图。假设规则 $\{bcd\}\rightarrow\{a\}$ 具有低置信度，则可以丢弃后件包含 a 的所有规则，包括 $\{cd\}\rightarrow\{ab\}$，$\{bd\}\rightarrow\{ac\}$，$\{bc\}\rightarrow\{ad\}$ 和 $\{d\}\rightarrow\{abc\}$，如图 4-8 所示。

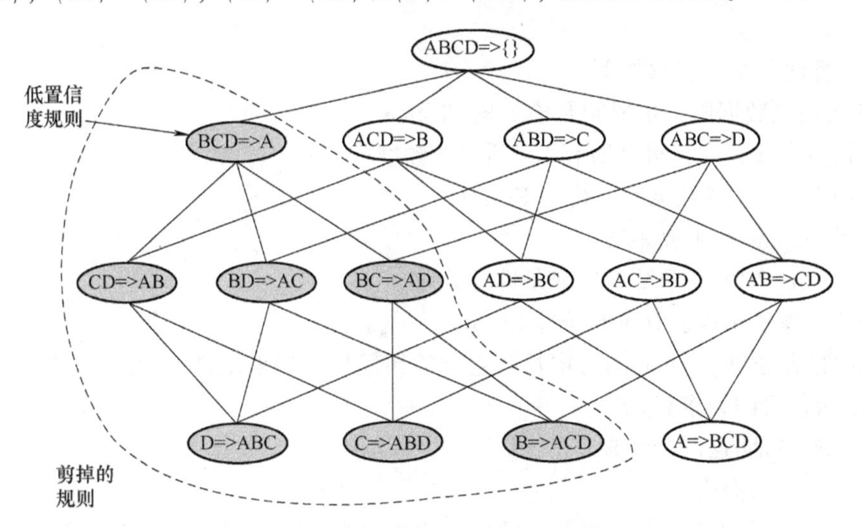

图 4-8　使用置信度度量对关联规则进行剪枝

产生规则的 Apriori 算法流程描述如下：

1）候选产生。候选规则通过合并两个具有相同规则后件前缀的规则产生。例如，如图 4-9 所示，合并（CD => AB，BD => AC）得到候选规则 D => ABC。

2）候选前剪枝。如果规则 D => ABC 的某个子集，如 AD => BC 不满足置信度阈值，则删除该规则。

3）置信度计算。

4）候选后剪枝。

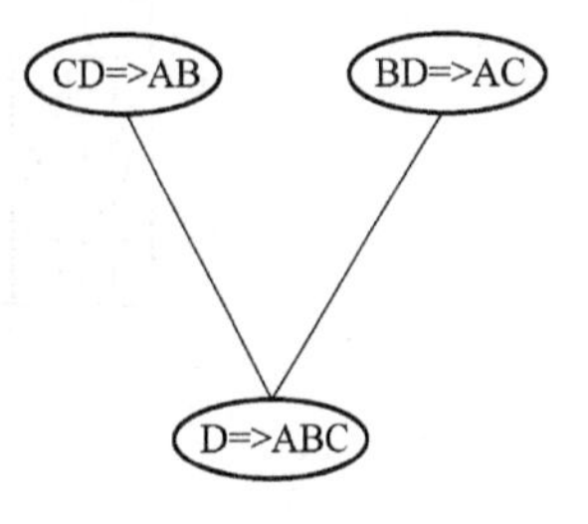

图 4-9　候选规则的产生

4.4　FP-growth 算法

在许多情况下，Apriori 算法的候选产生——检查方法显著压缩了候选项集的规模，并产生很好的性能。它可能受以下两种非平凡开销的影响：

① 它可能仍然需要产生大量候选项集。例如，如果有 10^4 个频繁 1-项集，则 Apriori 算法需要产生多达 10^7 个候选 2-项集。

② 它可能需要重复地扫描整个数据库，通过模式匹配检查一个很大的候选集合。检查数据库中每个事务来确定候选项集支持度的开销很大。

“可以设计一种方法，挖掘全部频繁项集而无须这种代价昂贵的候选产生过程吗?”一种试图这样做的有趣的方法称为频繁模式增长（Frequent-pattern Growth，FP-growth）。

FP 算法使用一种称为 FP 树（FP-tree）的紧凑数据结构组织数据，并直接从该结构中提取频繁项集。FP 树是一种输入数据的压缩表示，它通过逐个读入事务，并把每个事务映射到 FP 树中的一条路径来构造。

FP-tree 算法的基本原理如下：

进行 2 次数据库扫描：一次对所有 1 – 项目的频度排序；一次将数据库信息转变成紧缩内存结构。不使用候选集，直接将数据库压缩成一个频繁模式树，通过频繁模式树可以直接得到频集。

FP-tree 算法的基本步骤如下。

1）两次扫描数据库，生成频繁模式树 FP-tree。

- 扫描数据库一次，得到所有 1 – 项目的频度排序表 L。
- 依照 L，再扫描数据库，得到 FP-tree。

2）使用 FP-tree，生成频集：

- 为 FP-tree 中的每个结点生成条件模式库。
- 用条件模式库构造对应的条件 FP-tree。
- 递归挖掘条件 FP-tree 同时增长其包含的频繁集。如果条件 FP-tree 只包含一个路径，则直接生成所包含的频繁集。

以一个例子说明这两个步骤：

（1）FP-tree 的构建

采用例 4-3 中表 4-3 的事务数据，最小支持度计数为 2。所构建的 FP 树如图 4-10 所示。

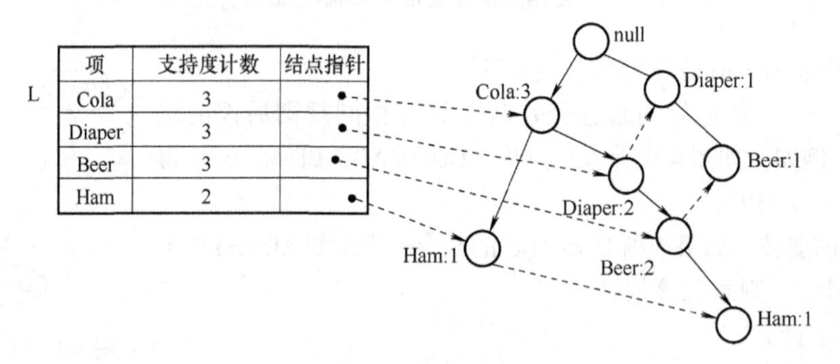

图 4-10　FP 树的构建

数据库的第一次扫描与 Apriori 算法相同，它导出频繁项（1 项集）的集合，并得到它们的支持度计数（频度）。频繁项的集合按支持度计数的递减序排序。结果集或表记为 *L*。

FP 树构造如下：首先，创建树的根结点，用“null”标记。第二次扫描数据库 *D*。每个事务中的项都按 *L* 中的次序处理（即按递减支持度计数排序），并对每个事务创建分枝。每重复经过某个结点一次，结点的计数增加 1。

为了方便树的遍历，创建一个项头表，使每项通过一个结点链指向它在树中的位置。这样，数据库频繁模式的挖掘问题就转换成挖掘 FP 树的问题。

（2）FP-tree 的挖掘过程

FP 树的挖掘过程如下：由长度为 1 的频繁模式（初始后缀模式）开始，构造它的条件模式基（一个“子数据库”，由 FP 树中与该后缀模式一起出现的前缀路径集组成），然后构造它的（条件）FP 树，并递归地在该树上进行挖掘。模式增长通过后缀模式与条件 FP 树产生的频繁模式连接实现。

首先考虑“Ham”，它是 *L* 中的最后一项，而不是第一项。“Ham”出现在 FP 树的两个分枝中“Ham”的出现容易沿它的结点链找到）。这些分枝形成的路径是 <Cola, Ham:1> 和

<Cola,Diaper,Beer,Ham:1>。因此，考虑以“Ham”为后缀，它的两个对应前缀路径是 <Cola:1>和<Cola,Diaper,Beer:1>，它们形成“Ham”的条件模式基。使用这些条件模式基作为事务数据库，构造“Ham”的条件 FP 树，它只包含单个路径 <Cola:2>；不包含 Diaper、Beer，因为 Diaper、Beer 的支持度计数为 1，小于最小支持度计数。该单个路径产生频繁模式的所有组合：{Cola,Ham:2}。

Beer 的条件模式基：{（Cola Diaper:2），（Diaper:1）}，生成的“Beer”的条件 FP 树如下：

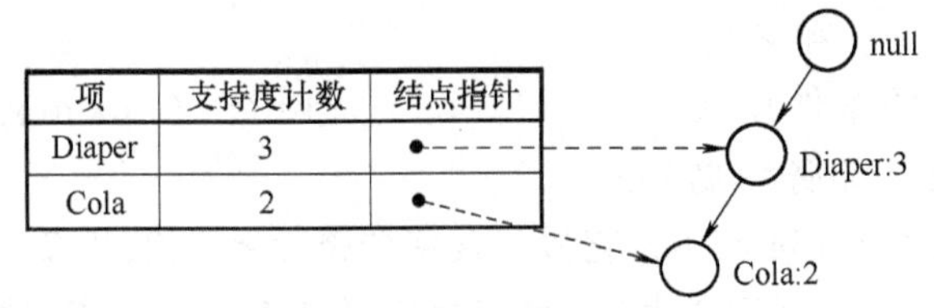

图 4-11　Beer 的条件 FP 树

迭代挖掘条件 FP 树，产生模式集 {{Diaper Beer:3}，{Cola Diaper Beer:2}，{Cola Beer:2}}。

Diaper 的条件模式基：{(Cola Diaper：2)}，生成的“Diaper”的条件 FP-树只有 1 个分支 <Cola：2>，得到频繁项集 {Cola Diaper：2}。

【例 4-4】　FP-growth 算法。数据集见表 4-4，利用 FP-growth 算法找出频繁项集。最小支持度计数 =2。

表 4-4　AAA 公司 C 分店的事务数据

TID	商品 ID 的列表	TID	商品 ID 的列表
T100	I1，I2，I5	T600	I2，I3
T200	I2，I4	T700	I1，I3
T300	I2，I3	T800	I1，I2，I3，I5
T400	I1，I2，I4	T900	I1，I2，I3
T500	I1，I3		

生成 FP-tree：

数据库的第一次扫描与 Apriori 算法相同，它导出频繁项（1 项集）的集合，并得到它们的支持度计数（频度）。最小支持度计数为 2。频繁项的集合按支持度计数的递减序排序。结果集或表记为 *L*。这样，有 *L* = {{*I2*:7}，{*I1*:6}，{*I3*:6}，{*I4*:2}，{*I5*:2}}。

FP 树构造如下：首先，创建树的根结点，用“null”标记。第二次扫描数据 *D*。每个事务中的项都按 *L* 中的次序处理（即按递减支持度计数排序），并对每个事务创建一个分枝。例如，第一个事务“T100：*I1*，*I2*，*I5*”包含 3 个项（按 *L* 中的次序 *I2*、*I1*、*I5*），导致构造树包含 3 个结点的第一个分枝 <*I2*:1>、<*I1*:1>、<*I5*:1>，其中 *I2* 作为根的子女链接到根，*I1* 链接到 *I2*，*I5* 链接到 *I1*。第二个事务 T200 按 *L* 的次序包含项 *I2* 和 *I4*，它导致一个分枝，其中 *I2* 链接到根，*I4* 链接到 *I2*。该分枝应当与 T100 已存在的路径共享前缀 *I2*。因此，将结点 *I2* 的计数增加 1，并创建一个新结点 <*I4*：1>，它作为子女链接到 <*I2*：2>。一般地，当为一个事务考虑增加分枝时，沿共同前缀上的每个结点的计数增加 1，为前缀之后的项创建结点和链接。所构建的 FP 树如图 4-12 所示。

FP 树的挖掘：

该 FP 树的挖掘过程总结见表 4-5。

首先考虑 I5，它是 L 中的最后一项，而不是第一项。I5 出现在 FP 树的两个分枝中。这些分枝形成的路径是 <I2,I1,I5:1> 和 <I2,I1,I3,I5:1>。因此，考虑以 I5 为后缀，它的两个对应前缀路径是 <I2,I1:1> 和 <I2,I1,I3:1>，它们形成 I5 的条件模式基。使用这些条件模式基作为事务数据库，构造 I5 的条件 FP 树如图 4-13a 所示，它只包含单个路径 <I2:2,I1:2>，不包含 I3，因为 I3 的支持度计数为 1，小于最小支持度计数。该单个路径产生频繁模式的所有组合：{I2,I5:2}、{I1,I5:2}、{I2,I1,I5:2}。

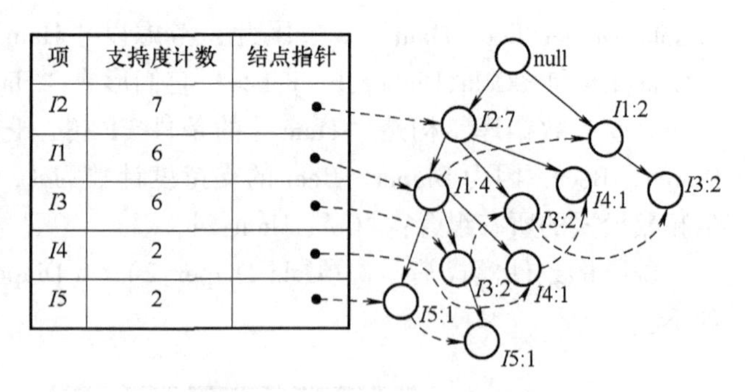

图 4-12 例 4-4 中 FP 树的构建

对于 I4，它的两个前缀形成条件模式基{{I2,I1:1}，{I2:1}}，产生一个单结点的条件 FP 树 <I2:2>，如图 4-13b 所示，并导出一个频繁模式{I2,I4:2}。

类似，I3 的条件模式基是{{I2,I1:2}，{I2:2}，{I1:2}}。它的条件 FP 树有两个分枝 <I2:4,I1:2> 和 <I1:2>，如图 4-13c 所示。它产生模式集：{{I2,I3:4}，{I1,I3:4}，{I2,I1,I3:2}}。

最后，I1 的条件模式基是{{I2,4}}，它的 FP 树只包含一个结点 <I2:4>，如图 4-13d 所示，只产生一个频繁模式{I2,I1:4}。

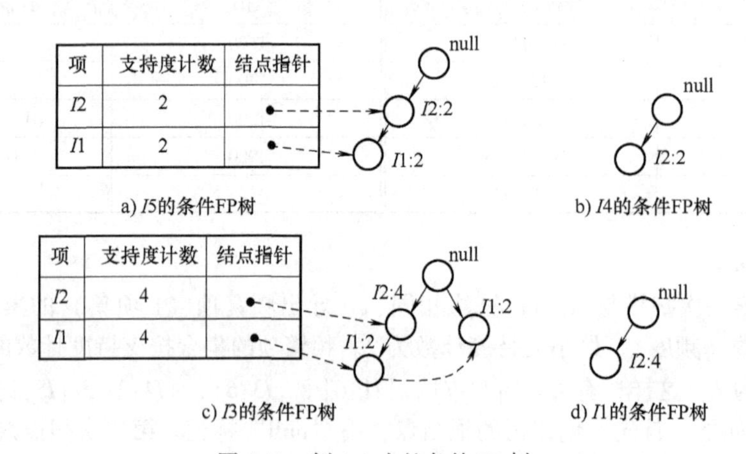

图 4-13 例 4-4 中的条件 FP 树

表 4-5 通过创建条件模式基挖掘 FP 树

项	条件模式基	条件 FP 树	产生的频繁模式
I5	{{I2,I1:1}，{I2,I1,I3:1}}	<I2:2, I1:2>	{I2,I5:2}、{I1,I5:2}、{I2,I1,I5:2}
I4	{{I2,I1:1}，{I2:1}}	<I2:2>	{I2,I4:2}
I3	{{I2,I1:2}，{I2:2}，{I1:2}}	<I2:4,I1:2>，<I1:2>	{I2,I3:4}、{I1,I3:4}、{I2,I1,I3:2}
I1	{{I2:4}}	<I2:4>	{I2,I1:4}

FP-growth方法将长频繁模式的问题转换成在较小的条件数据库中递归地搜索一些较短模式，然后连接后缀。它使用最不频繁的项作后缀，提供了较好的选择性。该方法显著地降低了搜索开销。

FP-growth算法过程总结在图4-14中。

算法4.2：FP-growth。使用FP树，通过模式增长挖掘频繁模式。

输入：①D：事务数据库。②min_ sup：最小支持度阈值。

输出：频繁模式的完全集。

方法：

1）按以下步骤构造FP树

① 扫描事务数据库 D 一次。收集频繁项的集合 F 和它们的支持度计数。对 F 按支持度计数降序排序，结果为频繁项列表 L。

② 创建FP树的根结点，以“null”标记它。对于 D 中每个事务Trans，执行：

选择Trans中的频繁项，并按 L 中的次序排序。设Trans排序后的频繁项列表为 $[p|P]$，其中，p 是第一个元素，而 P 是剩余元素的列表。调用insert_tree（[p|P]，T）。该过程执行情况如下：如果 T 有子女 N 使得N. item-name = P. item-name，则 N 的计数增加1；否则，创建一个新结点 N，将其计数设置为1，链接到它的父结点 T，并且通过结点链结构将其链接到具有相同item-name的结点。如果 P 非空，则递归地调用insert_tree（P，N）。

2）FP树的挖掘通过调用FP_growth（FP_tree，null）实现。该过程实现如下。

Procedure　FP_growth（Tree，α）

1）if Tree包含单个路径P then。

2）for路径 P 中结点的每个组合（记作 β）。

3）产生模式 $\beta \cup \alpha$，其支持度计数support_count等于 β 中结点的最小支持度计数；

4）else for Tree的头表中的每个 a_i {

5）产生一个模式 $\beta = a_i \cup \alpha$，其支持度计数support_count = a_i. support_count；

6）构造 β 的条件模式基，然后构造 β 的条件FP树 $Tree_\beta$；

7）if $Tree_\beta \neq \emptyset$ then

8）调用FP_growth（$Tree_\beta$，β）；}

图4-14　发现频繁项集而不产生候选的FP-growth算法

当数据库很大时，构造基于内存的FP树有时是不现实的。一种有趣的选择是首先将数据库划分成投影数据库的集合，然后在每个投影数据库上构造FP树并在每个投影数据库中挖掘它。如果投影数据库的FP树还不能放进内存，则该过程可以递归地用于投影数据库。

对FP-growth方法的性能研究表明：对于挖掘长的频繁模式和短的频繁模式，它都是有效的和可伸缩的，并且大约比Apriori算法快一个数量级。

4.5　多层关联规则和多维关联规则

4.5.1　多层关联规则

对于许多应用而言，在较高的抽象层发现的强关联规则，尽管具有很高的支持度，但可能是常识性知识。一方面，我们可能希望在更细节的层次发现新颖的模式。另一方面，在较低或原始抽象层，可能有太多的零散模式，其中一些只不过是较高层模式的特化。因此，人们关注如何开发在多个抽象层，以足够的灵活性挖掘模式，并易于在不同的抽象空间转换的有效方法。

【例 4-5】 **挖掘多层关联规则。** 假设给定表 4-6 中事务数据的任务相关数据集，它是 AAA 商店的销售数据，对每个事务显示了购买的商品。商品的概念分层显示在图 4-15 中。概念分层定义了由低层概念集到高层、更一般的概念集的映射序列。可以通过把数据中的低层概念用概念分层中对应的高层概念（或祖先）替换，对数据进行泛化。

表 4-6 任务相关的数据

TID	购买的商品
T100	苹果 7in 平板计算机，惠普数码打印机 P2410
T200	微软办公软件 Office 2016，微软无线光学鼠标 2200
T300	罗技无线鼠标 L300，EXCO 水晶护腕垫
T400	戴尔 XPS16in 笔记本式计算机，佳能数码照相机 S1200
T500	联想 ThinkPad X201i 笔记本式计算机，诺顿杀毒软件 2017
…	…

图 4-15 所示的概念分层有 5 层，分别称为第 0 ~ 4 层，根结点 all 为第 0 层（最一般的抽象层）。这里，第 1 层包括计算机、软件、打印机和照相机、计算机附件；第 2 层包括便携式计算机、台式计算机、办公软件、杀毒软件等；第 3 层包括 IBM 便携式计算机、戴尔台式计算机……微软办公软件等。第 4 层是该分层结构最具体的抽象层，由原始数据值组成。

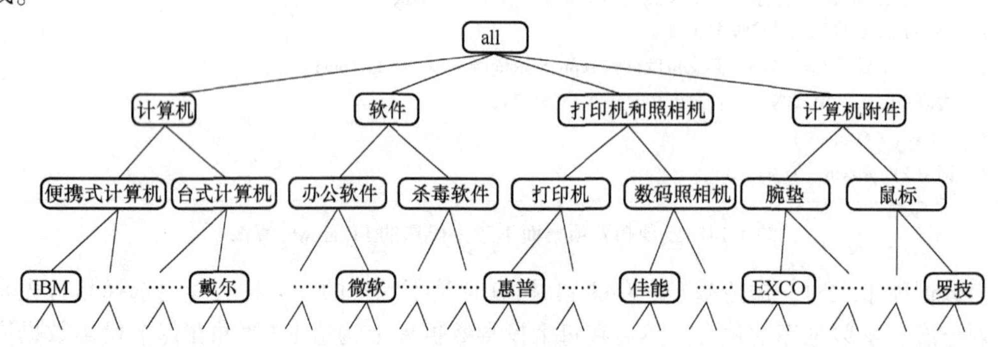

图 4-15 AAA 公司计算机商品的概念分层

标称属性的概念分层通常蕴涵在数据库模式中，图 4-15 的概念分层由产品说明数据产生。数值属性的概念分层可以使用离散化技术产生。另外，概念分层也可以由熟悉数据的用户指定。对于我们的例子，可以由商店经理指定。

表 4-6 中的商品在图 4-15 的概念分层的最底层。在这种原始层数据中很难发现有趣的购买模式。例如，如果"戴尔 XPS16 in 笔记本式计算机"和"罗技无线鼠标 L300"每个都在很少一部分事务中出现，则可能很难找到涉及这些特定商品的强关联规则。少数人可能同时购买它们，使得该商品集不太可能满足最小支持度。然而，我们预料，在这些商品的泛化抽象之间，如在"戴尔笔记本式计算机"和"无线鼠标"之间，可望更容易发现强关联。

在多个抽象层的数据上挖掘产生的关联规则称为多层关联规则。在支持度—置信度框架下，使用概念分层可以有效地挖掘多层关联规则。一般而言，可以采用自顶向下策略，由概念层 1 开始，向下到较低的、更特定的概念层，在每个概念层累积计数，计算频繁项集，直到不能再找到频繁项集。对于每一层，可以使用发现频繁项集的任何算法，如 Apriori 或它的变形。

这种方法的许多变形将在下面介绍，其中每种变形都涉及以稍微不同的方式使用支持度阈值。这些变形用图 4-16 和图 4-17 解释，其中结点指出项或项集已被考察过，而粗边框的矩形指出已考察过的项或项集是频繁的。

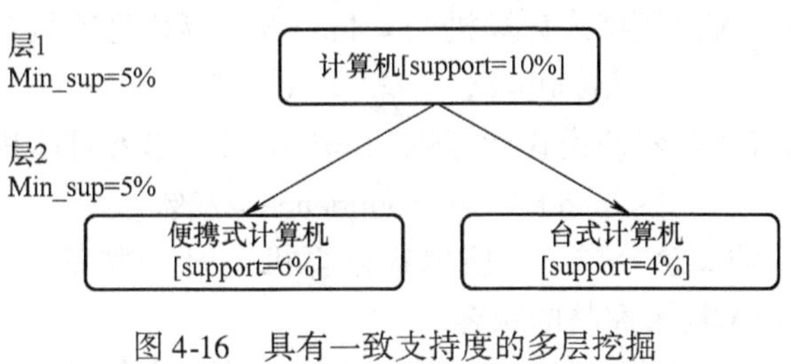

图 4-16　具有一致支持度的多层挖掘

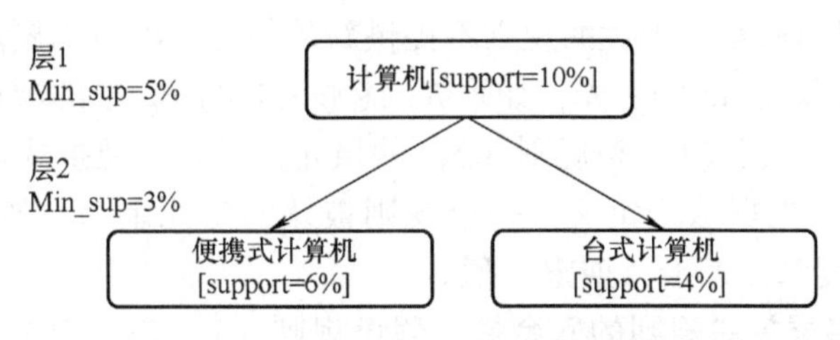

图 4-17　具有递减支持度的多层挖掘

1）**对于所有层使用一致的最小支持度（称为一致支持度）**：在每个抽象层上挖掘时，使用相同的最小支持度阈值。例如，在图 4-16 中，都使用最小支持度阈值 5%（如，对于由“计算机”到“便携式计算机”）。发现“计算机”和“便携式计算机”都是频繁的，但“台式计算机”不是。

使用一致的最小支持度阈值时，搜索过程被简化。该方法也很简单，因为用户只需要指定一个最小支持度阈值。根据祖先是其后代超集的知识，可以采用类似于 Apriori 的优化策略：搜索时避免考察这样的项集，它包含其祖先不满足最小支持度的项。

一致支持度方法有一些缺点。较低抽象层的项不大可能像较高抽象层的项那样频繁出现。如果最小支持度阈值设置太高，则可能错失在较低抽象层中出现的有意义的关联。如果阈值设置太低，则可能会产生出现在较高抽象层的无趣的关联。

2）**在较低层使用递减的最小支持度**（称为**递减支持度**）：每个抽象层有它自己的最小支持度阈值。抽象层越低，对应的阈值越小。例如，在图 4-17 中，层 1 和层 2 的最小支持度阈值分别为 5% 和 3%。这样，“计算机”“便携式计算机”和“台式计算机”都被看作频繁的。

3）**使用基于项或基于分组的最小支持度**（称为**基于分组的支持度**）：由于用户或专家通常清楚哪些组比其他组更重要，在挖掘多层规则时，有时更希望建立用户指定的基于项或基于分组的最小支持度阈值。例如，用户可以根据产品价格或者根据感兴趣的商品设置最小支持度阈值。例如，对“价格超过 1000 美元的照相机”或“平板计算机”设置特别低的支持度阈值，以便特别关注包含这类商品的关联模式。

为了从具有不同支持度阈值的组中挖掘混合项模式，通常在挖掘中取所有组的最低支持度阈值。这将避免过滤掉有价值的模式，该模式包含来自具有最低支持度阈值组的项。同时，每组的最小支持度阈值应该保持，以避免从每个组产生无趣的项集。在项集挖掘后，可以使用其他兴趣度度量，提取真正有趣的规则。

挖掘多层关联规则的一个严重的副作用是，由于项之间的"祖先"关系，可能产生一些多个抽象层上的冗余规则。例如，考虑下面的规则：

buy(X,"便携式计算机")⇒buy(X,"惠普打印机")
[support = 8% ,confidence = 70%] 规则（1）

buy(X,"戴尔便携式计算机")⇒buy(X,"惠普打印机")
[support = 2% ,confidence = 72%] 规则（2）

其中，根据图4-15的概念分层，"便携式计算机"是"戴尔便携式计算机"的祖先，而X是变量，代表在AAA购买商品的顾客。

"如果挖掘出规则（1）和规则（2），那么后一个规则是有用的吗？它真的提供新的信息吗？"如果后一个具有较小一般性的规则不提供新的信息，则应当删除它。让我们看看如何来确定。规则$R1$是规则$R2$的祖先，如果$R1$能够通过将$R2$中的项用它在概念分层中的祖先替换得到。例如，规则（1）是规则（2）的祖先，因为"便携式计算机"是"戴尔便携式计算机"的祖先。根据这个定义，一个规则被认为是冗余的，如果根据规则的祖先，则它的支持度和置信度都接近于"期望"值。

【例4-6】 检查多层关联规则的冗余性。假设规则（1）具有70%的置信度和8%的支持度，并且大约四分之一的"便携式计算机"销售是"戴尔便携式计算机"。我们可以期望规则（2）具有大约70%的置信度（由于所有的"戴尔便携式计算机"也都是"便携式计算机"样本）和2%（即，$8\% \times \frac{1}{4}$）的支持度。如果确实是这种情况，则规则（2）不是有趣的，因为它不提供任何附加的信息，并且它的一般性不如规则（1）。

4.5.2 多维关联规则

在此之前所研究的是含单个谓词（即谓词buy）的关联规则。例如，在挖掘AAA公司数据库时，可能发现布尔关联规则：

buy(X，"数码相机")⇒buy(X，"惠普打印机") 规则（3）

沿用多维数据库使用的术语，把规则中每个不同的谓词称为维。因此，称规则（3）为单维（Single-dimensional）或维内关联规则（Intradimension Association Rule），因为包含单个谓词（如buy）的多次出现（即谓词在规则中出现的次数超过1次）。这种规则通常从事务数据中挖掘。

通常，销售和相关数据也都存放在关系数据库或数据仓库中，而不是只有事务数据。实际上，这种数据存储是多维的。例如，除了在销售事务中记录购买的商品之外：关系数据库还可能记录与商品和销售有关的其他属性，如商品的描述或销售分店的位置。还可能存储有关购物的顾客的附加信息（如顾客的年龄、职业、信誉度、收入和地址等）。把每个数据库属性或数据仓库的维看作一个谓词，则可以挖掘包含多个谓词的关联规则，如

age（X，"20 - 29"）∧occupation（X，"学生"）⇒buy（X，"便携式计算机"）
规则（4）

涉及两个或多个维或谓词的关联规则称为多维关联规则（Multidimensional Association Rule）。规则（4）包含3个谓词（age、occupation和buy），每个谓词在规则中仅出现一次。因此，称它具有**不重复谓词**。具有不重复谓词的关联规则称为**维间关联规则**（Interdimension Association Rule）。也可以挖掘具有重复谓词的关联规则，它包含某些谓词的多次出现。这种规则称为**混合维关联规则**（Hybrid-dimension Association Rule）。这种规则的一个例子如下，其中谓词buy是重复的。

age（X，"20 –29"）∧buy（X，"便携式计算机"）⇒buy（X，"惠普打印机"）

规则（5）

由于同一个维"购买"在规则中重复出现，因此为挖掘带来难度。但是，这类规则更具有普遍性，具有更好的应用价值，因此近年来得到普遍关注。

数据库属性可能是标称的或量化的。标称（或分类）属性的值是"事物的名称"。标称属性具有有限多个可能值，值之间无序（如occupation、brand、color）。量化属性（Quantitative Attribute）是数值的，并在值之间具有一个隐序（如age、income、price）。根据量化属性的处理，挖掘多维关联规则的技术可以分为以下两种基本方法。

第一种方法，使用预先定义的概念分层对量化属性离散化。这种离散化在挖掘之前进行。例如，可以使用income的概念分层，用区间值（如"0…20K""21…30K""30…40K"等）替换属性原来的数值。这里，离散化是静态的和预先确定的。第2章介绍了一些离散化数值属性技术。离散化的数值属性具有区间标号，可以像标称属性一样处理（其中，每个区间看作一个类别）。我们称这种方法为使用量化属性的静态离散化挖掘多维关联规则。

第二种方法，根据数据分布将量化属性离散化或聚类到"箱"。这些箱可能在挖掘过程中进一步组合。离散化的过程是动态的，以满足某种挖掘标准，如最大化所挖掘规则的置信度。由于该策略将数值属性的值处理成数量，而不是预先定义的区间或类别，所以由这种方法挖掘的关联规则称为（动态）量化关联规则。

4.6 非二元属性的关联规则

关联规则挖掘假定输入数据由称为项的二元属性组成。二元属性（Binary Attribute）是一种标称属性，只有两个类别或状态：0或1，其中，0通常表示该属性不出现，而1表示出现。二元属性又称布尔属性，两种状态对应于true和false。

非二元属性可以利用数据预处理的方法将它们转换为二元属性，方法如下：

1）将分类属性和对称二元属性转换成"项"，可以通过为每个不同的属性值对创建一个新的项来实现。例如，标称属性文化程度可以用3个二元项取代：文化程度=大学，文化程度=研究生，文化程度=高中。

2）离散化是处理连续属性最常用的方法。这种方法将连续属性的邻近值分组，形成有限个区间。例如，年龄属性可以划分成如下区间：年龄∈[0,20]，年龄∈[21,40]，年龄∈[41,60]，…。

非二元属性转换为二元属性的示例如图4-18所示。

TID	年龄	文化程度	购买笔记本式计算机
100	49	研究生	否
200	29	研究生	是
300	35	研究生	是
400	26	本科	否
500	31	研究生	是

TID	年龄 0~20	年龄 21~40	年龄 40以上	文化程度 高中	文化程度 本科	文化程度 研究生	购买笔记本式计算机
100	否	否	是	否	否	是	否
200	否	是	否	否	否	是	是
300	否	是	否	否	否	是	是
400	否	是	否	否	是	否	否
500	否	是	否	否	否	是	是

图 4-18　非二元属性转换为二元属性的示例

4.7　关联规则的评估

关联规则算法倾向于产生大量的规则，很多产生的规则是不感兴趣的或冗余的。在原来的关联规则定义中，支持度和置信度是唯一使用的度量。尽管最小支持度和置信度阈值有助于排除大量无趣规则的探查，但仍然会产生一些用户不感兴趣的规则。不幸的是，当使用低支持度阈值挖掘或挖掘长模式时，这种情况特别严重。这是关联规则挖掘成功应用的主要瓶颈之一。支持度和置信度的局限性如下。

支持度的缺点：若支持度阈值过高，则许多潜在有意义的模式被删掉；若支持度阈值过低，则计算代价很高而且产生大量的关联模式。

置信度的缺点：置信度忽略了规则前件和后件的统计独立性。

1. 强规则不一定是有趣的

规则是否有趣可以主观或客观地评估。最终，只有用户能够评判一个给定的规则是否是有趣的，并且这种判断是主观的，可能因用户而异。根据数据“背后”的统计量，客观兴趣度度量可以用来清除无趣的规则，而不向用户提供。

“我们如何识别哪些强关联规则是真正有趣的？”让我们考查下面的例子。

【例 4-7】　一个误导的“强”关联规则。假设我们对分析涉及购买计算机游戏和录像的事务感兴趣。设 game 表示包含计算机游戏的事务，而 video 表示包含录像的事务。在所分析的 10 000 个事务中，数据显示 6 000 个顾客事务包含计算机游戏，7 500 个事务包含录像，而 4 000 个事务同时包含计算机游戏和录像。假设发现关联规则的数据挖掘程序在该数据上运行，使用最小支持度 30%，最小置信度 60%。将发现下面的关联规则：

$$\text{buy}(X, \text{“computer games”}) \Rightarrow \text{buy}(X, \text{“videos”})$$
$$[\text{support} = 40\%, \text{confidence} = 66\%] \qquad \text{规则 (6)}$$

规则（6）是强关联规则，因为它的支持度为 $\frac{4000}{10000} = 40\%$，置信度为 $\frac{4000}{6000} = 66\%$，分

别满足最小支持度和最小置信度阈值。然而，规则（6）是误导，因为购买录像的概率是75%，比66%还高。事实上，计算机游戏和录像是负相关的，因为买一种实际上降低了买另一种的可能性。不完全理解这种现象，容易根据规则（6）做出不明智的商务决定。

例4-7也表明规则A⇒B的置信度有一定的欺骗性。它并不度量A和B之间相关和蕴涵的实际强度（或缺乏强度）。因此，寻求支持度—置信度框架的替代，对挖掘有趣的数据联系可能是有用的。

2. 从关联分析到相关分析

支持度和置信度度量不足以过滤掉无趣的关联规则。为了处理这个问题，可以使用相关性度量来扩充关联规则的支持度—置信度框架。这导致如下形式的相关规则（Correlation Rule）：

$$A \Rightarrow B[\text{support}, \text{confidence}, \text{correlation}] \quad \text{规则（7）}$$

也就是说，相关规则不仅用支持度和置信度度量，而且还用项集A和B之间的相关性度量。有许多不同的相关性度量可供选择。本节研究各种相关性度量，确定哪些度量适合挖掘大型数据集。

提升度（Lift）是一种简单的相关性度量，定义如下：项集A的出现独立于项集B的出现，如果$P(A \cup B)=P(A)P(B)$；否则，作为事件，项集A和B是依赖的（Dependent）和相关的（Correlated）。这个定义容易推广到两个以上的项集。A和B出现之间的提升度可以通过计算下式得到

$$\text{Lift}(A,B)=\frac{P(A \cup B)}{P(A)P(B)} \quad (4\text{-}4)$$

如果式（4-4）的值小于1，则A的出现与B的出现是负相关的，意味一个出现可能导致另一个不出现。如果结果值大于1，则A和B是正相关的，意味每一个的出现都蕴涵另一个的出现。如果结果值等于1，则A和B是独立的，它们之间没有相关性。

式（4-4）等价于$P(B|A)/P(B)$或$\text{conf}(A \Rightarrow B)/\sup(B)$，也称关联（或相关）规则$A \Rightarrow B$的提升度。换言之，它评估一个的出现“提升”另一个出现的程度。例如，如果A对应于计算机游戏的销售，B对应于录像的销售，则给定当前行情，游戏的销售把录像销售的可能性增加或“提升”了一个式（4-4）返回值的因子。

【例4-8】 使用提升度的相关分析。为了帮助过滤掉从【例4-7】的数据得到的形如$A \Rightarrow B$的误导“强”关联，需要研究两个项集A和B是如何相关的。设$\overline{\text{game}}$表示例4-7中不包含计算机游戏的事务，$\overline{\text{video}}$表示不包含录像的事务。这些事务可以汇总在一个相依表（Contingency Table）中，见表4-7。

表4-7 关于购买计算机游戏和录像事务的2×2相依表1

	game	$\overline{\text{game}}$	$\sum_{row}$
video	4000	3500	7500
$\overline{\text{video}}$	2000	500	2500
$\sum_{col}$	6000	4000	10000

由表4-7可以看出，购买计算机游戏的概率$P(\{\text{garne}\})=0.60$，购买录像的概率

$P(\{video\})=0.75$，而购买两者的概率 $P(\{game, video\})=0.40$。根据式（4-4），规则（6）的提升度为 $P(\{game, video\})/(P(\{game\})\times P(\{video\}))=0.40/(0.75\times0.60)=0.890=0.89$。由于该值小于1，因此{game}和{video}的出现之间存在负相关。分子是顾客购买两者的可能性，而分母是顾客单独购买两者的可能性。这种负相关不能被支持度—置信度框架识别。

研究的第二种相关性度量是χ^2度量。为了计算χ^2值，取相依表的位置（A 和 B 对）的观测和期望值的二次方差除以期望值，并对相依表的所有位置求和。对例 4-8 进行χ^2分析如下：

【例 4-9】 使用χ^2进行相关分析。为了使用χ^2分析计算相关性，需要相依表每个位置上的观测值和期望值（显示在括号内），见表4-8。计算χ^2值如下：

$$\chi^2=\sum\frac{(\text{观测值}-\text{期望值})^2}{\text{期望值}}=\frac{(4000-4500)^2}{4500}+\frac{(3500-3000)^2}{3000}+\frac{(2000-1500)^2}{1500}+\frac{(500-1000)^2}{1000}=555.6$$

表 4-8 关于购买计算机游戏和录像事务的 2×2 相依表 2

	game	$\overline{\text{game}}$	$\sum_{row}$
video	4000（4500）	3500（3000）	7500
$\overline{\text{video}}$	2000（1500）	500（1000）	2500
$\sum_{col}$	6000	4000	10000

由于χ^2的值大于1，并且位置（game，video）上的观测值等于4000，小于期望值4500，因此购买游戏与购买录像是负相关的。这与例 4-8 使用提升度度量分析得到的结果一致。

上面的讨论表明，不使用简单的支持度—置信度框架来评估模式，使用其他度量，如提升度和χ^2，常常可以揭示更多的模式内在联系。

4.8 序列模式挖掘算法

前面讨论的关联规则刻画了交易数据库在同一事务中，各个项目（Item）之间存在着横向联系，但没有考虑事务中的项目在时间维度上存在的纵向联系，在很多实际应用中，这样的联系却是十分重要的。众所周知，交易数据库中的事务记录通常包含事务发生的时间，即购物时间。利用交易数据库的这一时间信息，将每个顾客在一段时间内的购买记录按照时间先后顺序组成一个时间事务序列（Temporal Transaction Sequence），再对这种时间事务序列进行深度的分析挖掘，可以发现事务中的项目在时间顺序上的某种联系，称为序列模式（Sequence Pattern）。此外，序列模式还可以应用到诸如天气预报、用户的 Web 访问模式分析、网络入侵检测、生物学分析等其他更广泛的领域。

4.8.1 序列模式的概念

设 $I=\{i_1, i_2, \cdots, i_m\}$ 是所有项的集合，在购物篮例子中，每种商品就是一个项。项集是由项组成的一个非空集合。

定义 4.5　事件（Events）事件是一个项集，在购物篮例子中，一个事件表示一个客户在特定商店的一次购物，一次购物可以购买多种商品，所以事件表示为（$x_1, x_2, \cdots, x_q$）。其中 x_k（$1 \leq k \leq q$）是 I 中的一个项，一个事件中的所有项均不相同，每个事件可以有一个事件时间标识 TID，也可以表示事件的顺序。

定义 4.6　序列（Sequence）序列是事件的有序列表，序列 s 记作 $<e_1, e_2, \cdots, e_l>$，其中 e_j（$1 \leq j \leq l$）表示事件，也称为 s 的元素。

通常一个序列中的事件有时间先后关系，也就是说，e_j（$1 \leq j \leq l$）出现在 e_{j+1} 之前。序列中的事件个数称为序列的长度，长度为 k 的序列称为 k - 序列。在有些算法中，将含有 k 个项的序列称为 k-序列。

定义 4.7　序列数据库（Sequence Databases）T_S 是元组 $<SID, s>$ 的集合，其中 SID 是序列编号，s 是一个序列，每个序列由若干事件构成。

在序列数据库中，每个序列的事件在时间或空间上是有序排列的。

定义 4.8　子序列　对于序列 t 和 s，如果 t 中每个有序元素都是 s 中一个有序元素的子集，则称 t 是 s 的子序列。

形式化表述为，序列 $t = <t_1, t_2, \cdots, t_m>$ 是序列 $s = <e_1, e_2, \cdots, e_n>$ 的子序列，如果存在整数 $1 \leq j_1 < j_2 < \cdots < j_m \leq n$，使得 $t_1 \subseteq e_{j1}, t_2 \subseteq e_{j2}, \cdots, t_m \subseteq e_{jm}$。如果 t 是 s 的子序列，则称 t 包含在 s 中。

【例 4-10】　子序列。对于序列 $s = <\{7\}, \{3,8\}, \{9\}, \{4,5,6\}, \{8\}>$，则 $t = <\{3\}, \{4,5\}, \{8\}>$ 是 s 的一个子序列，因为 t 的元素 $\{3\} \subseteq \{3,8\}$、$\{4,5\} \subseteq \{4,5,6\}$、$\{8\} \subseteq \{8\}$。根据定义 4.8 可知，$t$ 是 s 的一个子序列。

对于顾客购买商品的序列：

s = <{笔记本式计算机，鼠标}，{移动硬盘，数码照相机}，{刻录机，刻录光盘}，{激光打印机，打印纸}>

则 t = <{笔记本式计算机}，{移动硬盘}，{激光打印机}>就是 s 的一个子序列。

表 4-9 解释了子序列的概念。

表 4-9　子序列

序列 s	序列 t	t 是 s 的子序列吗
$<\{2, 4\}, \{3, 5, 6\}, \{8\}>$	$<\{2\}, \{3, 6\}, \{8\}>$	是
$<\{2, 4\}, \{3, 5, 6\}, \{8\}>$	$<\{2\}, \{8\}>$	是
$<\{1, 2\}, \{3, 4\}>$	$<\{1\}, \{2\}>$	否
$<\{2, 4\}, \{2, 4\}, \{2, 5\}>$	$<\{2\}, \{4\}>$	是

定义 4.9　最大序列　如果一个序列 s 不包含在序列数据库 S 中的任何其他序列中，则称序列 s 为最大序列。

【例 4-11】　顾客的购物序列。对于表 4-10 所示的交易数据库，其中商品用长度为 2 的数字编码表示。

表 4-10　原始交易数据库 T

交易日期	顾客 ID	购买的商品	交易日期	顾客 ID	购买的商品
2017-6-10	C2	10，20	2017-6-25	C1	30
2017-6-12	C5	80	2017-6-30	C1	80
2017-6-15	C2	30	2017-6-30	C4	40，70
2017-6-20	C2	40，60，70	2017-7-1	C4	80
2017-6-25	C4	30	2017-7-2	C2	80
2017-6-25	C3	30，50，70			

对于包含时间信息的交易数据库，可以按照顾客 ID 和交易日期升序排序，并把每位顾客每一次购买的商品集合作为该顾客购物序列中的一个元素，最后按照交易日期先后顺序将其组成一个购物序列，生成表 4-11 所示的序列数据库 T_s。

表 4-11　由原始交易数据库生成的序列数据库 T_s

顾客 ID	购买的商品	顾客 ID	购买的商品
C1	$<\{30\},\{80\}>$	C4	$<\{30\},\{40,70\},\{80\}>$
C2	$<\{10,20\},\{30\},\{40,60,70\},\{80\}>$	C5	$<\{80\}>$
C3	$<\{30,50,70\}>$		

定义 4.10　序列的支持度计数　一个序列 α 的支持度计数是指在整个序列数据库 T_s 中包含 α 的序列个数。即

$$\sigma(\alpha) = |\{(\mathrm{SID},s) | (\mathrm{SID},s) \in T_s \wedge \alpha \text{ 是 } s \text{ 的子序列}\}|$$

其中，$|\cdot|$ 表示集合中 · 出现的次数。若序列 α 的支持度计数不小于最小支持度阈值 min_sup，则称之为频繁序列，频繁序列也称为序列模式。

长度为 k 的频繁序列称为频繁 k-序列。

【例 4-12】　频繁序列模式。对于表 4-11 所示的序列数据库 T_s，给定最小支持度阈值 min_sup = 25%，找出其中的两个频繁序列模式。序列数据库 T_s 有 5 条记录，所以最小支持数等于 1.25，因此，任何频繁序列至少应包含在两个元组之中。容易判断序列 $<\{30\},\{80\}>$ 和 $<\{30\},\{40,70\}>$ 都是频繁的，因为元组 $C1$、$C2$ 和 $C4$ 包含序列 $<\{30\},\{80\}>$，而元组 $C2$ 和 $C4$ 包含序列 $<\{30\},\{40,70\}>$。故 $<\{30\},\{80\}>$ 和 $<\{30\},\{40,70\}>$ 都是频繁序列。

序列模式挖掘的问题定义：给定一个客户交易数据库 D 以及最小支持度阈值 min_sup，从中找出所有支持度计数不小于 min_sup 的序列，这些频繁序列也称为序列模式。

有的算法还可以找出最大序列，即这些最大序列构成序列模式。

经典序列模式挖掘算法是针对传统事务数据库的，主要有以两种基本挖掘框架：

① 候选码生成—测试框架：基于 Apriori 理论，即序列模式的任一子序列也是序列模式，这类算法统称为 Apriori 类算法，主要包括 AprioriAll、AprioriSome、DynamicSome、GSP 和 SPADE 算法等。

这类算法通过多次扫描数据库，根据较短的序列模式生成较长的候选序列模式，然后计算候选序列模式的支持度，从而获得所有序列模式。

② 模式增长框架：在挖掘过程中不产生候选序列，通过分而治之的思想，迭代地将原始数据库进行划分，同时在划分的过程中动态地挖掘序列模式，并将新发现的序列模式作为新的划分元，进行下一次的挖掘过程，从而获得长度不断增长的序列模式。该框架主要有 FreeSpan 和 PrefixSpan 算法。

本书主要介绍 Apriori 类算法——AprioriAll 算法

4.8.2 Apriori 类算法——AprioriAll 算法

对于含有 n 个事件的序列数据库 T_s，其中 k-序列总数为C_n^k，因此具有 9 个事件的序列包含$C_9^1+C_9^2+\cdots+C_9^9=2^9-1=511$ 个不同的序列。

序列模式挖掘可以采用蛮力法枚举所有可能的序列，并统计它们的支持度计数。例如，对于序列 $<a,b,c,d>$（这里 a、b、c、d 表示的是事件或项集）。它可能的候选序列有

候选 1-序列：$<a>$，$<b>$，$<c>$，$<d>$

候选 2-序列：$<a,b>$，$<a,c>$，$<a,d>$，$<b,c>$，$<b,d>$，$<c,d>$

候选 3-序列：$<a,b,c>$，$<a,b,d>$，$<a,c,d>$，$<b,c,d>$

候选 4-序列：$<a,b,c,d>$

可见，采用蛮力法计算量非常大。

定理 4.3　序列模式性质　序列模式的每个非空子序列都是序列模式。

例如，若$<\{a,b\},\{c,d\}>$是序列模式，则序列$<\{a\},\{c,d\}>$、$<\{b\},\{c,d\}>$、$<\{a,b\},\{c\}>$、$<\{a,b\},\{d\}>$也都是序列模式。可以利用这一性质减小序列模式的搜索空间。

AprioriAll 本质上是 Apriori 思想的扩张，只是在产生候选序列和频繁序列方面考虑序列元素有序的特点，将项集的处理改为序列的处理。

基于水平格式的 Apriori 类算法将序列模式挖掘过程分为以下 5 个阶段：事务数据库排序阶段、频繁项集生成阶段、序列转换映射阶段、频繁序列挖掘阶段以及最大化阶段。下面通过例子予以详细说明。

（1）事务数据库排序

对原始的交易数据库 T（见表 4-10），以顾客 ID 为主键、交易时间为次键进行排序，并将其转换成以顾客 ID 和购物序列 S 组成的序列数据库 T_s（见表 4-11）。

（2）频繁项集生成

这个阶段根据 min_sup 找出所有的频繁项集，也同步得到所有频繁 1-序列组成的集合 L_1，因为这个集合正好是$\{<l>|l\in$所有频繁项集集合$\}$。这个过程是从所有项集合 I 开始进行的。

【例 4-13】　找频繁项集。对表 4-11 的序列数据库，假设 min_sup = 2。找频繁项集的过程如下：

从 I 中建立所有 1-项集，采用类似 Apriori 算法的思路求所有频繁项集，只是求项集的支持度计数稍有不同。例如，对于 {30} 项集，求其支持度计数时需扫描序列数据库中每个序列中的所有事件，若一个客户序列的某个事件中包含 30 这个项，则 {30} 项集的计数增 1，即使一个客户序列的全部事件中多次出现 30，{30} 项集的支持度计数也仅增 1；又如 {40, 70} 项集，求其支持度计数时需扫描序列数据库中每个序列中所有事件，若一个客户序列的某个事件包含 {40, 70} 这两项，则 {40, 70} 项集的计数增 1。由于客户序列中每个事件是用项集表示的，因此求一个项集的支持度计数时需要进行项集之间的包含关系运算。整个求解过程如图 4-19 所示。最后求得频繁 1-序列 L_1 = {{30},{40},{70}),{40,70},{80}}。

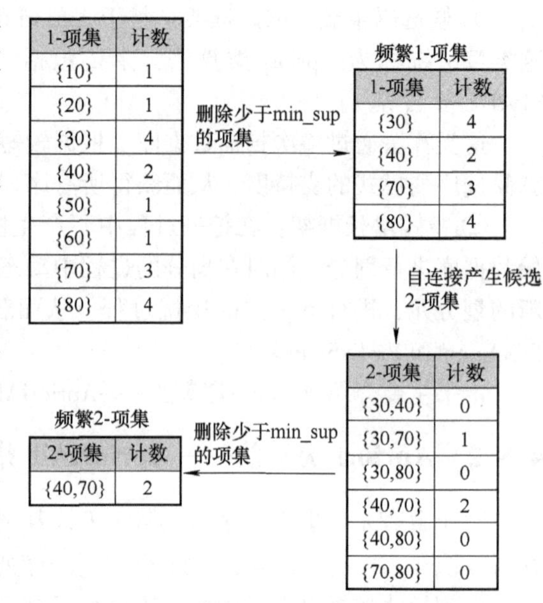

图 4-19　求得所有频繁项集的过程

然后将频繁 1-项集映射成连续的整数。例如，将上面得到的 L_1 映射成表 4-12 所示的对应的一个连续正整数的集合。这是由于比较频繁项集花费一定时间，这样做后可以减少检查一个序列是否被包含于一个客户序列中的时间，从而使处理过程方便且高效。

表 4-12　频繁项集的映射表 L

频繁项集	映射结果	频繁项集	映射结果
{30}	1	{40,70}	4
{40}	2	{80}	5
{70}	3		

(3) 序列转换映射

在寻找序列模式的过程中，要不断地进行检测一个给定的大序列集合是否包含于一个客户序列中。为此做这样的转换：

① 每个事件被包含于该事件中所有频繁项集替换。

② 如果一个事件不包含任何频繁项集，则将其删除。

③ 如果一个客户序列不包含任何频繁项集，则将该序列删除。

这样转换后，一个客户序列由一个频繁项集组成的集合所取代。每个频繁项集的集合表示为 $\{e_1, e_2, \cdots, e_k\}$，其中 e_i $(1 \leqslant i \leqslant k)$ 表示一个频繁项集。

【例 4-14】　转换映射。给出表 4-11 所示序列数据库经过转换后的结果。其结果序列数据库 T_N 见表 4-13。

将序列数据库 T_s 中每个顾客购物序列的每一个元素用它所包含的频繁项集的集合来表示，再将购物序列中的每个商品编号用表 4-12 的正整数代替。值得注意的是，事件 {10, 20} 被剔除了，因为它没有包含任何频繁项集；事件 {40,60,70} 所包含的频繁项集为 {40},{70} 和 {40,70}，因此它就被转换为一个频繁项集的集合 {{40},{70},{40,70}}。

表 4-13　序列数据库 T_s 转换映射为 T_N

顾客 ID	购物序列	转换后的序列	映射后的序列数据库 T_N
C1	<{30},{80}>	<{30},{80}>	<{1},{5}>
C2	<{10,20},{30},{40,60,70},{80}>	<{30},{{40},{70},{40,70}},{80}>	<{1},{2,3,4},{5}>
C3	<{30,50,70}>	<{30,70}>	<{1,3}>
C4	<{30},{40,70},{80}>	<{30},{{40},{70},{40,70}},{80}>	<{1},{2,3,4},{5}>
C5	<{80}>	<{80}>	<{5}>

（4）频繁序列挖掘

在映射后的序列数据库 T_N 中挖掘出所有序列模式：首先得到候选 1-序列模式集 C_1，扫描序列数据库 T_N，从 C_1 中删除支持度低于最小支持 min_sup 的序列，得到频繁 1-序列模式集 L_1。然后循环由频繁 k-序列集 L_k，生成候选频繁（$k+1$）-序列集 C_{k+1}，再利用定理 4.3 对 C_{k+1} 进行剪枝，并从 C_{k+1} 中删除支持度低于最小支持度 min_sup 的序列，得到频繁（$k+1$）-序列集 L_{k+1}，直到 $L_{k+1}=\phi$ 为止。

AprioriAll 算法如图 4-20 所示。

算法 4.3：AprioriAll 算法。

输入： 转换后的序列数据库 T_N，所有项集合 I，最小支持度阈值 min_sup。

输出： 序列模式集合 L。

方法： 其过程描述如下。

```
L1 = {i|i∈I and {i}.sup_count≥min_sup};    //找出所有频繁 1 - 序列
for (k=2; Lk-1≠ϕ; k++)
{         利用频繁序列 Lk-1 生成候选 k - 序列 Ck;
          for (对于序列数据库 TN 中每个序列 s)
          {if (Ck 的每个候选序列 c 包含在 s 中)
                  c.sup_count++;    //c 的支持度计数增 1
          }
          Lk = {c|c∈Ck and c.sup_count≥min_sup};
          //由 Ck 中计数大于 min_sup 的候选序列组成频繁 k-序列集合 Lk
}
L = ∪Lk;
```

其中，利用频繁序列 L_{k-1} 生成候选 k-序列 C_k 的过程说明如下：

①连接。对于 L_{k-1} 中任意两个序列 s_1 和 s_2，如果 s_1 与 s_2 的前 $k-2$ 项相同，即 $s_1=<e_1, e_2, \cdots, e_{k-2}, f_1>$，$s_2=<e_1, e_2, \cdots, e_{k-2}, f_2>$，则合并序列 s_1 和 s_2，得到候选 k − 序列 $<e_1, e_2, \cdots, e_{k-2}, f_1, f_2>$ 和 $<e_1, e_2, \cdots, e_{k-2}, f_2, f_1>$。

②剪枝。剪枝的原则：一个候选 k-序列，如果它的（$k-1$）−序列有一个是非频繁的，则删除它。由 C_k 剪枝产生 L_k 的过程如下：

```
for (所有 c∈Ck 的序列)
    for (所有 c 的 (k-1) - 序列 s)
    if (s 不属于 Lk-1)
        从 Ck 中删除 c;
Ck⇒Lk; //由 Ck 剪枝后得到 Lk
```

图 4-20　AprioriAll 算法过程

【例 4-15】　频繁序列挖掘。 设最小支持度计数为 2，对于表 4-13 转换映射后的序列数据

库 T_N 挖掘出所有的序列模式。AprioriAll 算法的执行过程如下：

1）先求出 L_1，由其产生 L_2 的过程如图 4-21 所示，这个过程不需要剪枝，因为 C_2 中每个 2-序列的所有子序列一定属于 L_1。

L_1

1-序列	计数
<{1}>	4
<{2}>	2
<{3}>	3
<{4}>	2
<{5}>	4

连接并剪枝 →

C_2

2-序列	计数	2-序列	计数
<{1},{2}>	2	<{2},{1}>	0
<{1},{3}>	2	<{3},{1}>	0
<{1},{4}>	2	<{4},{1}>	0
<{1},{5}>	3	<{5},{1}>	0
<{2},{3}>	0	<{3},{2}>	0
<{2},{4}>	0	<{4},{2}>	0
<{2},{5}>	2	<{5},{2}>	0
<{3},{4}>	0	<{4},{3}>	0
<{3},{5}>	2	<{5},{3}>	0
<{4},{5}>	2	<{5},{4}>	0

计数检查 →

L_2

2-序列	计数
<{1},{2}>	2
<{1},{3}>	2
<{1},{4}>	2
<{1},{5}>	3
<{2},{5}>	2
<{3},{5}>	2
<{4},{5}>	2

图 4-21　产生 L_2 的过程

2）由 L_2 连接并剪枝产生 C_3，扫描序列数据库 T_N，删除小于 min_sup 的序列得到 L_3，其过程如图 4-22 所示。

连接 →

C_3（阴影部分除外）

合并的2-序列	3-序列	剪枝否	计数
<{1},{2}><{1},{3}>	<{1},{2},{3}>	是（<{2},{3}>不属于L_2）	
<{1},{2}><{1},{4}>	<{1},{2},{4}>	是（<{2},{4}>不属于L_2）	
<{1},{2}><{1},{5}>	<{1},{2},{5}>	否	2
<{1},{3}><{1},{4}>	<{1},{3},{4}>	是（<{3},{4}>不属于L_2）	
<{1},{3}><{1},{5}>	<{1},{3},{5}>	否	2
<{1},{4}><{1},{5}>	<{1},{4},{5}>	否	2

计数检查 →

L_3

3-序列	计数
<{1},{2},{5}>	2
<{1},{3},{5}>	2
<{1},{4},{5}>	2

图 4-22　产生 L_3 的过程

3）由于 L_3 不能再产生候选频繁 4-序列，故算法结束。

（5）最大化阶段

在频繁序列模式集合中找出最大频繁序列模式集合。

由于在产生频繁模式阶段发现了所有频繁模式集合 L，下面的过程可用来发现最大序列。设最长序列的长度为 n，则

```
for(k = n;k > 1;k - -)
    for（每个 k - 序列 s_k）
从 L 中删除 s_k 的所有子序列;
```

【例 4-16】　发现最大序列。 对表 4-13 转换映射后的序列数据库 T_N，从前面的过程看到，产生的所有频繁序列集合：

L = { <{1}>, <{2}>, <{3}>, <{4}>, <{5}>, <{1},{2}>, <{1},{3}>, <{1},{4}>, <{1},{5}>, <{2},{5}>, <{3},{5}>, <{4},{5}>, <{1},{2},{5}>, <{1},{3},{5}>, <{1},{4},{5}> }

删除子序列得到最大序列的过程如下：

由于最长的序列是3，因此所有3-序列都是最大序列，这里有<{1},{2},{5}>,<{1},{3},{5}>,<{1},{4},{5}>是最大序列。

对于3-序列<{1},{2},{5}>，从L中删除它的2-子序列<{1},{2}>、<{1},{5}>、<{2},{5}>，1-子序列<{1}>、<{2}>、<{5}>；对于3-序列<{1},{3},{5}>，从L中删除它的2-子序列<{1},{3}>、<{3},{5}>（<{1},{5}>已删除），1-子序列<{3}>（<{1}>、<{5}>已删除）；对于3-序列<{1},{4},{5}>，从L中删除它的2-子序列<{1},{4}>、<{4},{5}>（<{1},{5}>已删除），1-子序列<{4}>（<{1}>、<{5}>已删除）。至此，L中已没有可以再删除的子序列了，得到的序列模式见表4-14。

表4-14　删除子序列得到的序列模式

序列模式	计　数
<{1},{2},{5}>	2
<{1},{3},{5}>	2
<{1},{4},{5}>	2

当求出所有序列模式集合L后，可以采用类似Apriori算法生成所有的强关联规则。生成所有的强关联规则RuleGen（L，min_conf）算法如图4-23所示。

```
算法4.4　产生规则的算法。
输入：所有序列模式集合L，最小置信度阈值min_conf。
输出：强关联规则集合R。
方法：其过程描述如下。
R = Φ;
for（对于L中每个频繁序列β）
    for（对于β的每个子序列α）
     {        conf = β. sup_count/α. sup_count;
    if（con    f >= min_conf)
                R = R ∪ {α→β}; //产生一条新规则α→β
     }
return R;
```

图4-23　产生规则的算法

例如，假设有一个频繁3-序列<{D},{B,F}，{A}>，其支持度计数为2，它的一个子序列<{D},{B,F}>的支持度计数也为2。

若置信度阈值min_conf = 75%，则

<{D}，{B,F}>→<{A}>

是一条强关联规则，因为它的置信度 = 2/2 = 100%。

4.9　小结

1）大量数据中的频繁模式、关联和相关关系的发现在选择性销售、决策分析和商务管理方面是有用的。一个流行的应用领域是购物篮分析，通过搜索经常一起（或依次）购买的商品的集合，研究顾客的购买习惯。

2）关联规则挖掘首先找出频繁项集（项的集合，如A和B，满足最小支持度阈值或任

务相关元组的百分比)，然后由它们产生形如 $A \Rightarrow B$ 的强关联规则。这些规则还满足最小置信度阈值（预定义的、在满足 A 的条件下满足 B 的概率)。可以进一步分析关联，发现项集 A 和 B 之间具有统计相关性的相关规则。

3）对于频繁项集挖掘，已经开发了许多有效的、可伸缩的算法，由它们可以导出关联和相关规则。这些算法可以分成：①类 Apriori 算法；②基于频繁模式增长的算法，如 FP-growth。

4）Apriori 算法是为布尔关联规则挖掘频繁项集的原创性算法。它逐层进行挖掘，利用先验性质：频繁项集的所有非空子集也都是频繁的。在第 k 次迭代（$k \geqslant 2$)，它根据频繁（$k-1$）项集形成 k 项集候选，并扫描数据库一次，找出完整的频繁 k 项集的集合 L_k。

5）频繁模式增长（FP-growth）是一种不产生候选的挖掘频繁项集方法。它构造一个高度压缩的数据结构（FP 树)，压缩原来的事务数据库。与类 Apriori 方法使用产生一测试策略不同，它聚焦于频繁模式（段）增长，避免了高代价的候选产生，可获得更好的效率。

6）并非所有的强关联规则都是有趣的。因此，应当用模式评估度量来扩展支持度一置信度框架，促进更有趣的规则的挖掘，以产生更有意义的相关规则。在许多模式评估度量中，考察了提升度和 χ^2。

7）除了挖掘基本的频繁项集和关联外，还可以挖掘高级的模式形式，如多层关联和多维关联等。

8）多层关联涉及多个抽象层中的数据（如“买计算机”和“买便携式计算机”)。这些可以使用多个最小支持度阈值挖掘。多维关联包含多个维。挖掘这种关联的技术因如何处理重复谓词而异。

9）序列模式挖掘近年来已经成为数据挖掘的一个重要方面，其范围也不局限于交易数据库，在 DNA 分析等尖端科学研究领域、Web 访问等新型应用数据源的众多方面得到了有针对性的研究。其挖掘算法一是基于候选码生成一测试框架（Apriori 理论)，二是基于模式增长框架。本书主要介绍 AprioriAll 这一经典算法。

10）AprioriAll 本质上是 Apriori 思想的扩张，只是在产生候选序列和频繁序列方面考虑序列元素有序的特点，将项集的处理改为序列的处理。

4.10 习题

4-1 考虑表 4-15 中所示的数据集，回答下列问题：

表 4-15 购物篮事务的例子

Customer ID	Transaction ID	Items Bought
1	0001	$\{a,d,e\}$
1	0024	$\{a,b,c,e\}$
2	0012	$\{a,b,d,e\}$
2	0031	$\{a,c,d,e\}$
3	0015	$\{b,c,e\}$
3	0022	$\{b,d,e\}$

（续）

Customer ID	Transaction ID	Items Bought
4	0029	{c,d}
4	0040	{a,b,c}
5	0033	{a,d,e}
5	0038	{a,b,e}

（1）把每一个事务作为一个购物篮，计算项集 {e}、{b,d} 和 {b,d,e} 的支持度。

（2）利用（1）中结果计算关联规则 {b,d}→{e} 和 {e}→{b,d} 的置信度。置信度是一个对称的度量吗？

（3）把一个用户购买的所有商品作为一个购物篮，计算项集 {e}、{b,d} 和 {b,d,e} 的支持度。

（4）利用（3）中结果计算关联规则 {b,d}→{e} 和 {e}→{b,d} 的置信度。置信度是一个对称的度量吗？

4-2　设4-项集 X＝{a,b,c,d}，试求出由 X 导出的所有关联规则。

4-3　假定有一个购物篮数据集，包含100个事务和20个项。假设项 a 的支持度为25%，项 b 的支持度为90%，且项集 {a,b} 的支持度为20%。令最小支持度阈值和最小置信度阈值分别为10%和60%。

（1）计算关联规则 {a}→{b} 的置信度。根据置信度度量，这条规则是有趣的吗？

（2）计算关联模式 {a,b} 的兴趣度度量。根据兴趣度度量，描述项 a 和项 b 之间联系的特点。

（3）由（1）和（2）的结果，能得出什么结论？

4-4　数据库有5个事务，见表4-16。设 min_sup＝60%，min_conf＝80。

表4-16　购买商品的事务

TID	购买的商品
T100	{M,O,N,K,E,Y}
T200	{D,O,N,K,E,Y}
T300	{M,A,K,E}
T400	{M,U,C,K,Y}
T500	{C,O,O,K,I,E}

（1）分别使用 Apriori 和 FP 增长算法找出所有的频繁项集。比较两种挖掘过程的效率。

（2）列举所有与下面的元规则匹配的强关联规则（给出支持度 s 和置信度 c），其中，X 是代表顾客的变量，item 是表示项的变量（如 A、B 等）：

$\forall x \in$ transaction, buy(X,item1) ∧ buy(X,item2)⇒buy(X, item3) [s,c]

4-5　数据库有4个事务，见表4-17。设 minsup＝60%，minconf＝80%。

表4-17　数据库中的事务1

TID	ITEMS_BOUGHT
T100	{A, C, S, L}
T200	{D, A, C, E, B}
T300	{A, B, C}
T400	{C, A, B, E}

（1）分别使用 Apriori 算法和 FP_growth 算法找出频繁项集。同时比较两种挖掘过程的有效性。

（2）列出所有强关联规则，并与下面的元规则匹配：

buy（X，$item_1$）∧buy（X，$item_2$）⇒buy（X，$item_3$），其中，X 代表顾客，$item_i$表示项的变量。

4-6　数据库有 4 个事务，见表 4-18。设 minsup = 60%，minconf = 80%。

表 4-18　数据库中的事务 2

Cust_ID	TID	ITEMS_BOUGHT
01	T100	{King's-Carb，Sunset-Milk，Dairyland-Cheese，Best-Bread}
02	T200	{Best-Cheese，Dairyland-Milk，Goldenfarm-Apple，Tasty-Pie，Wonder-Bread}
01	T300	{Westcoast-Apple，Dairyland-Milk，Wonder-Bread，Tasty-Pie}
03	T400	{Wonder-Bread，Sunset-Milk，Dairyland-Cheese}

（1）在 item-category 粒度（如 $item_i$ 可以是 "Milk"），对于下面的规则模板：

$\forall x \in \text{transaction}, buys(X, item_1) \wedge buys(X, item_2) \Rightarrow buys(X, item_3)\ [s, c]$

对最大的 k，列出频繁 k 项集和包含最大的 k 的频繁 k 项集的所有强关联规则（包括它们的支持度 s 和置信度 c）。

（2）在 brand-item_category 粒度（如 $item_i$可以是 "Sunset-Milk"），对于下面的规则模板：

$\forall x \in \text{customer}, buy(X, item_1) \wedge buy(X, item_2) \Rightarrow buy(X, item_3)$

对最大的 k，列出频繁 k 项集（但不输出任何规则）。

4-7　下面的相依表（见表 4-19）汇总了超级市场的事务数据。其中，hot dog 表示包含热狗的事务，$\overline{\text{hot dog}}$表示不包含热狗的事务，hamburgers 表示包含汉堡包的事务，$\overline{\text{hamburgers}}$表示不包含汉堡包的事务。

表 4-19　超级市场的事务数据

	hot dog	$\overline{\text{hot dog}}$	$\sum_{row}$
humburgers	2 000	500	2500
$\overline{\text{humburgers}}$	1 000	1 500	2 500
$\sum_{col}$	3 000	2 000	5 000

（1）假定发现关联规则 "hot dog→hamburgers"。给定最小支持度阈值 25%，最小置信度阈值 50%，该关联规则是强的吗？

（2）根据给定的数据，买 hot dog 独立于买 hamburgers 吗？如果不是，二者之间存在何种相关联系？

4-8　不考虑时间约束，给出一个 4-序列 <{1,3},{2},{2,3},{4}> 的所有 3-子序列。

4-9　对于表 4-20 所示的交易数据库，假设 min_sup = 50%，采用 AprioriAll 算法求出所有的频繁子序列，并给出完整的执行过程。

表 4-20　交易数据库

SID	TID	事件	SID	TID	事件	SID	TID	事件
S1	1	A，B	S3	1	B	S5	1	B
	2	C		2	A		2	A
	3	D，E		3	B		3	B，C
	4	C		4	D，E		4	A，D
S2	1	A，B	S4	1	C			
	2	C，D		2	D，E			
	3	E		3	C			
				4	E			

4-10　对于表 4-21 所示的序列数据库，假设 min_sup = 2，采用 AprioriAll 算法求出所有的最大序列模式。

表 4-21　序列数据库

SID	序　列
1	< {1,5}, {2}, {3}, {4} >
2	< {1}, {3}, {4}, {3,5} >
3	< {1}, {2}, {3}, {4} >
4	< {1}, {3}, {5} >
5	< {4}, {5} >

第5章 聚类分析方法

在商务智能应用中，聚类可以用来进行客户分组，其中组内的客户具有非常类似的特征。这有利于开发加强客户关系管理的商务策略。此外，考虑具有大量项目的咨询公司。为了改善项目管理，可以基于相似性把项目划分成类别，使得项目审计和诊断（改善项目提交和结果）可以更有效地实施。

在生物研究方面，推导植物和动物的分类，根据相似功能对基因进行分类，获得对种群中固有结构的认识。

再想象你是AAA公司的客户关系主管，有5个经理为你工作。你想把公司的所有客户组织成5个组，以便可以为每组分配一个不同的经理。从策略上讲，你想使每组内部的客户尽可能相似。此外，两个商业模式很不相同的客户不应该放在同一组。你的这种商务策略的意图是根据每组客户的共同特点，开发一些特别针对每组客户的客户联系活动。在这一任务中，你需要发现这些分组，考虑到大量客户和描述客户的众多属性，靠人研究数据，并且人工地找出将客户划分成有意义的组群的方法可能代价很大，甚至是不可行的，你需要借助于聚类工具。

聚类是一个把数据对象集划分成多个组或簇的过程，使得簇内的对象具有很高的相似性，但与其他簇中的对象很不相似。相异性和相似性根据描述对象的属性值评估，并且通常涉及距离度量。

5.1 聚类分析概述

本节为研究聚类分析建立基础。

5.1.1 聚类的定义

聚类（Clustering）是将数据集划分为若干相似对象组成的多个组（Group）或簇（Cluster）的过程，使得同一组中对象间的相似度最大化，不同组中对象间的相似度最小化，如图5-1所示。其目标是，组内的对象相互之间是相似的（相关的），而不同组中的对象是不同的（不相关的）。组内的相似性（同质性）越大，组间差别越大，聚类就越好。一个簇（Cluster）就是由彼此相似的一组对象所构成的集合，不同簇中的对象通常不相似或相似度很低。注意，通常相似度根据描述对象的属性值评估，通常使用距离度量。

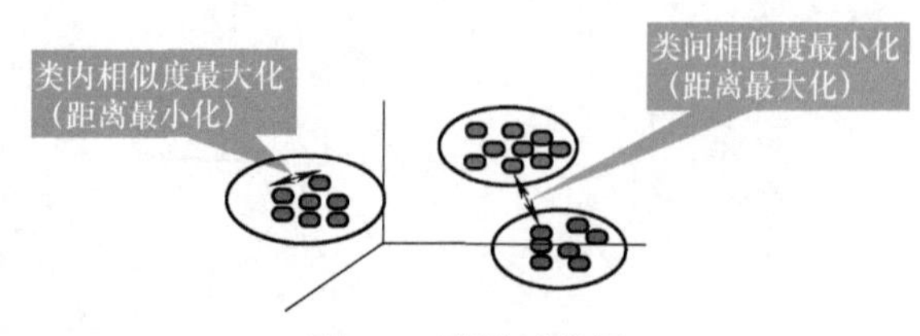

图5-1 聚类示意图

在许多应用中，簇的概念都没有很好地加以定义。图5-2显示了20个点和将它们划分成簇的3种不同方法，标记形状指示簇的隶属关系。图5-2b和图5-2d分别将数据划分成两个簇和6个簇。将两个较大的簇都划分成3个子簇可能是人的视觉系统造成的假象。此外，说这些点形成4个簇（见图5-2c）可能也不无道理。图5-2表明簇的定义是不精确的，而最好的定义依赖于数据的特性和期望的结果。

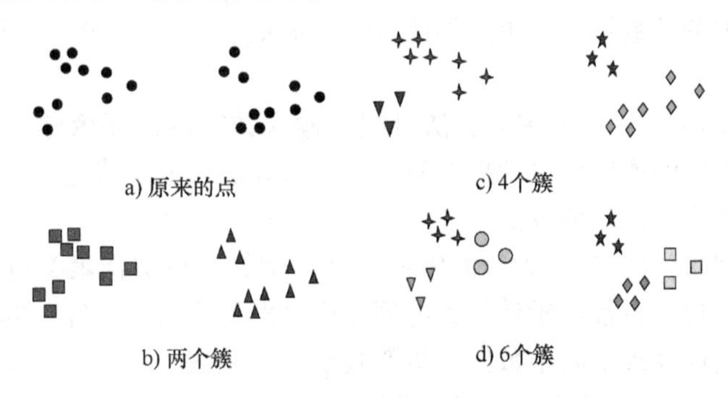

图5-2　相同点集的不同聚类方法

聚类是一种无监督的机器学习方法：事先对数据集的分布没有任何的了解；它是将物理或抽象对象的集合组成为由类似的对象组成的多个类的过程。聚类分析中“簇”的特征：聚类所说的簇不是事先给定的，而是根据数据的相似性和距离来划分；聚的数目和结构都没有事先假定。在这种意义下，聚类有时又称自动分类。再次强调，至关重要的区别是，聚类可以自动地发现这些分组，这是聚类分析的突出优点。

作为一种数据挖掘功能，聚类分析也可以作为一种独立的工具，用来洞察数据的分布，观察每个簇的特征，将进一步分析集中在特定的簇集合上。另外，聚类分析可以作为其他算法（如特征化、属性子集选择和分类）的预处理步骤，之后这些算法将在检测到的簇和选择的属性或特征上进行操作。

在数据挖掘领域，研究工作一直集中在为大型数据库的有效聚类分析寻找合适的方法上。活跃的研究主题包括聚类方法的可伸缩性，对复杂形状（如非凸形）和各种数据类型（如文本、图形和图像）聚类的有效性，高维聚类技术（如对具有数千特征的对象聚类），以及针对大型数据库中数值和标称混合数据的聚类方法。

5.1.2　聚类算法的要求

聚类是一个富有挑战性的研究领域，数据挖掘对聚类的典型要求如下：

1）可伸缩性：许多聚类算法在小于几百个数据对象的小数据集合上运行良好，大型数据库可能包含数百万甚至数十亿个对象，在大型数据集的样本上进行聚类可能会导致有偏的结果。因此，需要具有高度可伸缩性的聚类算法。

2）处理不同属性类型的能力：许多算法是为聚类数值（基于区间）的数据设计的。应用可能要求聚类其他类型的数据，如二元的、标称的（分类的）、序数的，或者这些数据类型的混合。

3）发现任意形状的簇：许多聚类算法基于欧几里得或曼哈顿距离度量来确定簇。基于这些距离度量的算法趋向于发现具有相近尺寸和密度的球状簇。一个簇可能是任意形状的。

例如，传感器，通常为了环境检测而部署它们。传感器读数上的聚类分析可能揭示有趣的现象。我们可能想用聚类发现森林大火蔓延的边缘，这常常是非球形的。重要的是要开发能够发现任意形状的簇的算法。

4）用于决定输入参数的领域知识最小化：许多聚类算法都要求用户以输入参数（如希望产生的簇数）。聚类结果可能对这些参数十分敏感。通常，参数很难确定，对于高维数据集和用户尚未深入理解的数据来说更是如此。不仅加重了用户的负担，而且也使得聚类的质量难以控制。

5）对输入次序不敏感：一些聚类算法可能对输入数据的次序敏感。也就是说，给定数据对象集合，当以不同的次序提供数据对象时，这些算法可能生成差别很大的聚类结果。需要开发对数据输入次序不敏感的算法。

6）高维性：数据集可能包含大量的维或属性。例如，在文档聚类时，每个关键词都可以看作一个维，并且常常有数以千计的关键词。许多聚类算法擅长处理低维数据，如只涉及两三个维的数据。发现高维空间中数据对象的簇是一个挑战。

7）处理噪声和异常数据的能力：现实世界中的大部分数据集都包含离群点或缺失数据、未知或错误的数据。例如，传感器读数通常是有噪声的——有些读数可能因传感机制问题而不正确，而有些读数可能因周围对象的瞬时干扰而出错。一些聚类算法可能对这样的噪声敏感，从而产生低质量的聚类结果。

8）基于约束的聚类：现实世界的应用可能需要在各种约束条件下进行聚类。假设你的工作是在一个城市中为给定数目的自动提款机（ATM）选择安放位置。为了做出决定，你可以对住宅进行聚类，同时考虑如城市的河流和公路网、每个簇的客户的类型和数量等情况。

9）可解释性：用户希望聚类结果是可解释的、可理解的和可用的。也就是说，聚类可能需要与特定的语义解释和应用相联系。

5.1.3 聚类算法的分类

很难对聚类方法提出一个简洁的分类，因为这些类别可能重叠，从而使得一种方法具有几种类别的特征。尽管如此，对各种不同的聚类方法提供一个相对有组织的描述仍然是十分有用的。一般而言，主要的基本聚类算法可以划分为以下几类。

1）**划分方法**（Partitioning Method）：给定一个 n 个对象的集合，划分方法构建数据的 k 个分区，其中每个分区表示一个簇，并且 $k \leqslant n$。也就是说，它把数据划分为 k 个组，使得每个组至少包含一个对象。换言之，划分方法在数据集上进行一层划分。典型地，基本划分方法采取互斥的簇划分，即每个对象必须恰好属于一个组。

大部分划分方法是基于距离的。给定要构建的分区数 k，划分方法首先创建一个初始划分，然后采用一种**迭代的重定位技术**，通过把对象从一个组移动到另一个组来改进划分。一个好的划分的一般准则是：同一个簇中的对象尽可能相互“接近”或相关，而不同簇中的对象尽可能“远离”或不同。还有许多评判划分质量的其他准则。传统的划分方法可以扩展到子空间聚类，而不是搜索整个数据空间。当存在很多属性并且数据稀疏时，这是有用的。

为了达到全局最优，基于划分的聚类可能需要穷举所有可能的划分，计算量极大。实际上，大多数应用都采用了流行的启发式方法，如 k-均值和 k-中心点算法，渐近地提高聚类质量，逼近局部最优解。这些启发式聚类方法很适合发现中小规模的数据库中的球状簇。为了发现具有复杂形状的簇和对超大型数据集进行聚类，需要进一步扩展基于划分的方法。5.2节将深入研究基于划分的聚类方法。

2）**层次方法**（Hierarchical Method）：层次方法创建给定数据对象集的层次分解。根据层次分解如何形成，层次方法可以分为凝聚的方法和分裂的方法。凝聚的方法也称自底向上的方法，开始将每个对象作为单独的一个组，然后逐次合并相近的对象或组，直到所有的组合并为一个组（层次的最顶层），或者满足某个终止条件。分裂的方法也称为自顶向下的方法，开始将所有的对象置于一个簇中。在每次相继迭代中，一个簇被划分成更小的簇，直到最终每个对象在单独的一个簇中，或者满足某个终止条件。

层次聚类方法可以是基于距离的或基于密度和连通性的。层次聚类方法的一些扩展也考虑了子空间聚类。

层次方法的缺陷在于，一旦一个步骤（合并或分裂）完成，它就不能被撤销。这个严格规定是有用的，因为不用担心不同选择的组合数目，它将产生较小的计算开销。这种技术不能更正错误的决定。层次聚类方法将在5.3节进行介绍。

3）**基于密度的方法**（Density-based Method）：大部分划分方法基于对象之间的距离进行聚类。这样的方法只能发现球状簇，而在发现任意形状的簇时遇到了困难。已经开发了基于密度概念的聚类方法，其主要思想是：只要“邻域”中的密度（对象或数据点的数目）超过某个阈值，就继续增长给定的簇。也就是说，对给定簇中的每个数据点，在给定半径的邻域中必须至少包含最少数目的点。这样的方法可以用来过滤噪声或离群点，发现任意形状的簇。

基于密度的方法可以把一个对象集划分成多个互斥的簇或簇的分层结构。通常，基于密度的方法只考虑互斥的簇，而不考虑模糊簇。此外，可以把基于密度的方法从整个空间聚类扩展到子空间聚类。基于密度的聚类方法将在5.4节进行介绍。

4）**基于网格的方法**（Grid-based Method）：基于网格的方法把对象空间量化为有限个单元，形成一个网格结构。所有的聚类操作都在这个网格结构（即量化的空间）上进行。这种方法的主要优点是处理速度很快，其处理时间通常独立于数据对象的个数，而仅依赖于量化空间中每一维的单元数。

对于许多空间数据挖掘问题（包括聚类），使用网格通常都是一种有效的方法。因此，基于网格的方法可以与其他聚类方法（如基于密度的方法和层次方法）集成。基于网格的方法本书暂不予介绍。

下面将详细介绍以上各种聚类方法。一般地，这些章节中用到的符号如下：D表示由n个被聚类的对象组成的数据集。对象用d个变量描述，其中每个变量又称属性或维，因此对象也可能被看作d维对象空间中的点。对象用粗斜体字母表示（如$\boldsymbol{p}$）。

5.1.4 相似性的测度

对象之间的相似性是聚类分析的核心。两个数据对象之间的相似度（Similarity）是两个对象相似性程度的一个度量值，取值区间通常为$[0,1]$，0表示两者不相似，1表示两者相同。因此，两个数据对象越相似，它们的相似度就越大，反之则越小。

下面将根据数据集属性的不同类型，分别介绍相似度的计算。

1. 数值属性的距离

如果数据集所有属性都是数值型的，一般地可以用距离作为数据对象之间的相似性度量。通常，对象之间的距离越近表示它们越相似。

常用的距离函数有如下几种：

(1) 欧几里得距离

最流行的距离度量是欧几里得距离（即直线或“乌鸦飞行”距离）。一维、二维、三维或高维空间中两个点 x 和 y 之间的欧几里得距离（Euclidean Distance）d 由如下公式定义：

$$d(x,y)=\sqrt{\sum_{k=1}^{n}(x_k-y_k)^2} \tag{5-1}$$

式中，n 是维数，而 x_k 和 y_k 分别是 x 和 y 的第 k 个属性值（分量）。用图 5-3、表 5-1 和表 5-2 解释该公式，它们展示了这个点集、这些点的 x 和 y 坐标以及包含这些点之间距离的距离矩阵（Distance Matrix）。

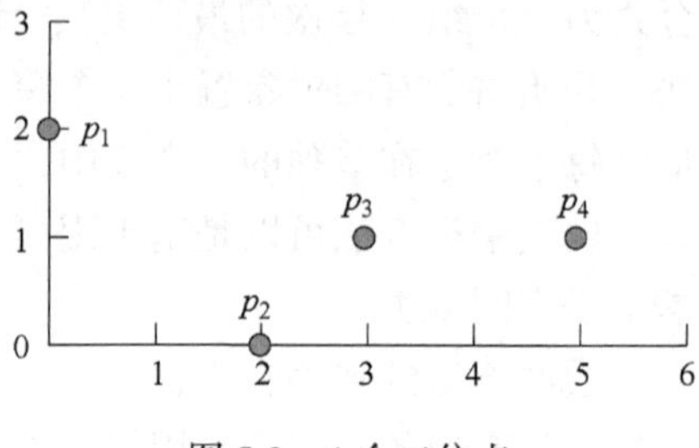

图 5-3　4 个二位点

表 5-1　4 个点的 x 和 y 坐标

点	x 坐标	y 坐标
p_1	0	2
p_2	2	0
p_3	3	1
p_4	5	1

表 5-2　表 5-1 的欧几里得距离矩阵

点	p_1	p_2	p_3	p_4
p_1	0.0	2.8	3.2	5.1
p_2	2.8	0.0	1.4	3.2
p_3	3.2	1.4	0.0	2.0
p_4	5.1	3.2	2.0	0.0

(2) 曼哈顿距离

另一个著名的度量方法是曼哈顿（或城市块）距离。之所以如此命名，是因为它是城市两点之间的街区距离（如向南 2 个街区，横过 3 个街区，共计 5 个街区）。

$$d(x,y)=\sum_{k=1}^{n}|x_k-y_k| \tag{5-2}$$

式中，n 是维数，而 x_k 和 y_k 分别是 x 和 y 的第 k 个属性值（分量）。

(3) 明可夫斯基距离（Minkowski Distance）

假定 x 和 y 是相应的特征，n 是特征的维数。x 和 y 的明可夫斯基距离度量的形式如下：

$$d(x,y)=\left[\sum_{i=1}^{n}|x_i-y_i|^p\right]^{1/p} \tag{5-3}$$

当取不同的值时，上述距离度量公式演化为一些特殊的距离测度：

当 $p=1$ 时，明可夫斯基距离演变为绝对值距离：

$$d(x,y)=\sum_{i=1}^{n}|x_i-y_i|$$

当 $p=2$ 时，明可夫斯基距离演变为欧氏距离：

$$d(x,y)=\left[\sum_{i=1}^{n}|x_i-y_i|^2\right]^{1/2}$$

【例 5-1】　数值属性的距离。给定两个对象，分别表示为 $i(22,1,42,10)$，$j(20,0,36,8)$，分别计算这两个对象之间的欧几里得距离、曼哈顿距离、明可夫斯基距离（$p=3$）。计算过程如下：

1）欧几里得距离：

$$d(i,j)=\sqrt{(x_{i1}-x_{j1})^2+(x_{i2}-x_{j2})^2+\cdots+(x_{in}-x_{jn})^2}=\sqrt{(22-20)^2+(1-0)^2+(42-36)^2+(10-8)^2}=6.71$$

2）曼哈顿距离：

$$d(i,j)=|x_{i1}-x_{j1}|+|x_{i2}-x_{j2}|+\cdots+|x_{in}-x_{jn}|=|22-20|+|1-0|+|42-36|+|10-8|=11$$

3）明可夫斯基距离：

$$d(i,j)=(|x_{i1}-x_{j1}|^p+|x_{i2}-x_{j2}|^p+\cdots+|x_{in}-x_{jn}|^p)^{\frac{1}{p}}=(|22-20|^3+|1-0|^3+|42-36|^3+|10-8|^3)^{\frac{1}{3}}=6.15$$

2. 二元属性的相似度

二元属性只有0和1两种取值，其中1表示该属性的特征出现，0表示特征不出现。如果数据集S都是二元属性，则$x_{ik}\in\{0,1\}(i=1,2,\cdots,n;k=1,2,\cdots,d)$。表5-3所示的数据集$S$共有11个属性，且都是二元属性。

表5-3　有11个二元属性的数据集S

id	$Attr_1$	$Attr_2$	$Attr_3$	$Attr_4$	$Attr_5$	$Attr_6$	$Attr_7$	$Attr_8$	$Attr_9$	$Attr_{10}$	$Attr_{11}$
X_1	1	0	1	0	1	0	1	0	1	1	1
X_2	1	0	0	1	0	1	0	0	1	0	1
X_3	0	0	1	1	1	0	1	0	0	0	1
…	…	…	…	…	…	…	…	…	…	…	…

这里的1、0并不是具体的数值，其中1表示“出现”“是”等，0表示“未出现”“否”等。设X_i和$X_j\in S$，采用以下方法来计算它们的相似度。

可以对X_i和X_j的分量x_{ik}与$x_{jk}(k=1,2,\cdots,n)$的取值情况进行比较，获得分量的4种不同取值对比的统计参数：

- f_{11}是X_i和X_j中分量满足$x_{ik}=1$且$x_{jk}=1$的属性个数（1-1相同）。
- f_{10}是X_i和X_j中分量满足$x_{ik}=1$且$x_{jk}=0$的属性个数（1-0相异）。
- f_{01}是X_i和X_j中分量满足$x_{ik}=0$且$x_{jk}=1$的属性个数（0-1相异）。
- f_{00}是X_i和X_j中分量满足$x_{ik}=0$且$x_{jk}=0$的属性个数（0-0相同）。

显然$f_{11}+f_{10}+f_{01}+f_{00}=d$，因此$X_i$和$X_j$之间的相似度可以有下几种定义：

（1）简单匹配系数（Simple Match Coefficient，SMC）相似度：

$$\mathrm{Smc}(X_i,X_j)=\frac{f_{11}+f_{00}}{f_{11}+f_{10}+f_{01}+f_{00}}=\frac{f_{11}+f_{00}}{d} \tag{5-4}$$

即以X_i和X_j对应分量取相同值的个数与向量的维数d之比作为相似性度量。这种相似度适合对称的二元属性的数据集，即二元属性的两种状态是同等重要的。因此，$\mathrm{Smc}(X_i,X_j)$也称为对称的二元相似度。

（2）Jaccard系数相似度：

$$\mathrm{Sjc}(X_i,X_j)=\frac{f_{11}}{f_{11}+f_{10}+f_{01}}=\frac{f_{11}}{d-f_{00}} \tag{5-5}$$

即以X_i和X_j对应分量取1值的个数与（$d-f_{00}$）之比作为相似性度量。这种相似度适合非对称的二元属性的数据集，即二元属性的两种状态中，1是最重要的情形。因此，$\mathrm{Sjc}(X_i,X_j)$

也称为非对称的二元相似度。

（3）Rao 系数相似度：

$$\mathrm{Src}(X_i,X_j)=\frac{f_{11}}{f_{11}+f_{10}+f_{01}+f_{00}}=\frac{f_{11}}{d} \tag{5-6}$$

即以 X_i 和 X_j 对应分量取 1 值的个数与向量的维数 d 之比作为相似性度量，也是另一种非对称的二元相似度。

如果一个数据集的所有分量都是二元属性，则可以根据实际应用需要，选择以上 3 个公式之一作为其相似度的计算公式。

【例 5-2】 二元属性的相似度。 对表 5-3 所示的数据集 S，计算 $\mathrm{Smc}(X_1,X_2)$、$\mathrm{Sjc}(X_1,X_2)$ 和 $\mathrm{Src}(X_i,X_j)$。计算过程如下：

因为 $X_1=(1,0,1,0,1,0,1,0,1,1,1)$，$X_2=(1,0,0,1,0,1,0,0,1,0,1)$，所以首先比较 X_1 和 X_2 每一个属性的取值情况，可得：

$f_{11}=3$，$f_{10}=4$，$f_{01}=2$，$f_{00}=2$，并且 $f_{11}+f_{10}+f_{01}+f_{00}=11$。

因此，$\mathrm{Smc}(X_1,X_2)=5/11$； $\mathrm{Sjc}(X_1,X_2)=3/9$； $\mathrm{Src}(X_1,X_2)=3/11$

3. 分类属性的相似度

分类属性的取值是一些符号或事物的名称，可以取两个或多个状态，且状态值之间不存在大小或顺序关系，如婚姻状况这个属性就有未婚、已婚、离异和丧偶 4 个状态值。

如果 S 的属性都是分类属性，则 X_i 和 X_j 的相似度可定义为

$$S(X_i,X_j)=p/d \tag{5-7}$$

其中，p 是 X_i 和 X_j 的对应属性值 $x_{ik}=x_{jk}$（相等值）的个数，d 是向量的维数。

【例 5-3】 分类属性的相似度。 设某网站希望依据用户照片的背景颜色、婚姻状况、性别、血型以及所从事的职业等 5 个分类属性来描述已经注册的用户，其用户数据集见表 5-4，计算 $S(X_1,X_2)$ 和 $S(X_1,X_3)$ 的过程如下：

表 5-4 有 5 个分类属性的数据集

对象 ID	背景颜色	婚姻状况	性别	血型	职业
X_1	红	已婚	男	A	教师
X_2	蓝	已婚	女	A	医生
X_3	红	未婚	男	B	律师
X_4	白	离异	男	AB	律师
X_5	蓝	未婚	男	O	教师
…	…	…	…	…	…

显然，数据对象维数 $d=5$，由于 X_1 和 X_2 在婚姻状况和血型两个分量上取相同的值，因此由式（5-7）得 $S(X_1,X_2)=2/5$。

同理，$S(X_1,X_3)=2/5$，因为 X_1 和 X_3 在背景颜色、性别两个分量上取相同的值。

4. 序数属性的相似度

序数属性的值之间具有实际意义的顺序或排位，但相继值之间的差值是未知的。如果数据集 S 的属性都是序数属性，设其第 k 个属性的取值有 m_k 个状态且有大小顺序。

下面以一个简单的例子来介绍序数属性的相似度计算方法。

【例 5-4】 序数属性的相似度。 假设某校用考试成绩、奖学金和月消费 3 个属性来描述学生在校的信息，见表 5-5。其中第 1 个属性考试成绩取 $m_1=5$ 个状态，其顺序排位为优

秀 > 良好 > 中等 > 及格 > 不及格；第 2 个属性奖学金取 $m_2 = 3$ 个状态，其顺序排位为甲等 > 乙等 > 丙等；第 3 个属性月消费取 $m_3 = 3$ 个状态，其顺序排位为高 > 中 > 低。

表 5-5　有 3 个序数属性的数据集

对象 ID	考试成绩	奖学金	月消费
X_1	优秀	甲等	中
X_2	良好	乙等	高
X_3	中等	丙等	高
…	…	…	…

序数属性的数据对象之间相异度计算的基本思想是将其转换为数值型属性，并用距离函数来计算，主要分为以下 3 个步骤：

1）将第 k 个属性的域映射为一个整数的排位集合，如考试成绩的域为 {优秀，良好，中等，及格，不及格}，其整数排位集合为 {5，4，3，2，1}，其最大排位数 $m_1 = 5$；然后将每个数据对象 X_i 对应分量的取值 x_{ik} 用其对应排位数代替，并仍记为 x_{ik}，如表 5-5 中 X_2 的考试成绩属性值 x_{21} 为"良好"，则用 4 代替，这样得到整数表示的数据对象仍记为 X_i。奖学金的域为 {甲等，乙等，丙等} ⇒ {3，2，1}，其最大排位数 $m_2 = 3$；月消费的域为 {高，中，低} ⇒ {3，2，1}，其最大排位数 $m_3 = 3$。

结果见表 5-6。

表 5-6　用其排位的整数代替的序数属性数据集

对象 ID	考试成绩	奖学金	月消费
X_1	5	3	2
X_2	4	2	3
X_3	3	1	3
…	…	…	…

2）将整数表示的数据对象 X_i 的每个分量映射到 [0,1] 实数区间之上，其映射方法为

$$z_{ik} = (x_{ik} - 1)/(m_k - 1) \tag{5-8}$$

其中，m_k 是第 k 个属性排位整数的最大值，再以 z_{ik} 代替 X_i 中的 x_{ik}，就得到数值型的数据对象，并仍然记作 X_i。

例如，X_2 的考试成绩排位整数是 4，映射为 $z_{21} = (4-1)/(5-1) = 0.75$；$X_2$ 的奖学金排位整数是 2，映射为 $z_{13} = (2-1)/(3-1) = 0.50$；$X_2$ 的月消费排位整数是 3，映射为 $z_{13} = (3-1)/(3-1) = 1$。类似地，可以计算 X_1、X_3 的各个属性的实数值。映射后的结果见表 5-7。

表 5-7　用其实数代替排位数的数据集

对象 ID	考试成绩	奖学金	月消费
X_1	1.00	1.00	0.50
X_2	0.75	0.50	1.00
X_3	0.50	0	1.00
…	…	…	…

3）根据实际情况选择一种距离公式，计算任意两个数值型数据对象 X_i 和 X_j 的相异度。

这里选用欧几里得距离函数计算任意两点之间的相异度：

$$d(X_1, X_2) = \sqrt{(1-0.75)^2 + (1-0.5)^2 + (0.5-1)^2} = \sqrt{0.0625^2 + 0.25^2 + 0.25^2} = 0.75$$

同理可得：$d(X_1,X_3)=1.22$，$d(X_2,X_3)=0.56$

从计算结果可知，$d(X_2,X_3)$的值是最小的，而且从表5-5也可以看出，3个数据对象之间的确是X_2与X_3的差异度最小、最相似。

5.2 基于划分的聚类算法

聚类分析最简单、最基本的版本是划分，它把对象组织成多个互斥的组或簇。为了使得问题说明简洁，假定簇个数作为背景知识给定。这个参数是划分方法的起点。

形式地，给定n个数据对象的数据集D，以及要生成的簇数k，划分算法把数据对象组织成k（$k \leqslant n$）个分区，其中每个分区代表一个簇。这些簇的形成旨在优化一个客观划分准则，如基于距离的相异性函数，使得根据数据集的属性，在同一个簇中的对象是“相似的”，而不同簇中的对象是“相异的”。

下面将介绍基于质心的（Centroid-based）划分方法（K-means 算法）和基于中心的（Medoid-based）划分方法（PAM 算法）。

5.2.1 基于质心的（Centroid-based）划分方法——基本 K-means 聚类算法

K-means 算法（也称为*K*-均值算法）是很典型的基于距离的聚类算法，以欧式距离作为相似度测度。以k为输入参数，把n个对象的集合分为k个簇，使得结果簇内的相似度高，而簇间的相似度低。簇的相似度是关于簇中对象的均值度量，可以看作簇的质心（Centroid）或重心（Center of Gravity）。

“K-均值算法是怎样工作的？”K-均值算法的处理流程如下。首先，随机地选择k个对象，每个对象代表一个簇的初始中心。对剩余的每个对象，根据其与各个簇中心的欧氏距离，将它指派到最相似的簇。然后计算每个簇的新均值，使用更新后的均值作为新的簇中心，重新分配所有对象。这个过程不断重复，直到簇不再发生变化，或等价地，直到质心不发生变化。

1. K-means 聚类算法的过程

K-means 算法的过程概括在图5-4中。

```
算法5.1：K-means。用于划分的K-means算法，其中每个簇的中心都用簇中所有对象的均值来表示。
输入：①k：簇的数目；②D：包含n个对象的数据集。
输出：k个簇的集合。
方法：
1）从数据集D中任意选择k个对象作为初始簇中心
2）repeat
3）     for 数据集D中每个对象P do
4）        计算对象P到k个簇中心的距离
5）        将对象P指派到与其最近（距离最短）的簇
6）     end for
7）     计算每个簇中对象的均值，做为新的簇的中心
8）until  k个簇的簇中心不再发生变化
```

图5-4 K-means 划分算法

【例 5-5】 **使用 K-means 划分的聚类。**考虑二维空间的对象集合，如图 5-5a 所示。令 $k=3$，即用户要求将这些对象划分成 3 个簇。

根据图 5-4 中的算法，任意选择 3 个对象作为 3 个初始的簇中心，其中簇中心用“+”标记。根据与簇中心的距离，每个对象被分配到最近的一个簇。这种分配形成了如图 5-5a 中虚线所描绘的轮廓。

下一步，更新簇中心。也就是说，根据簇中的当前对象，重新计算每个簇的均值。使用这些新的簇中心，把对象重新分布到离簇中心最近的簇中。这样的重新分布形成了图 5-5b 中虚线所描绘的轮廓。

重复这一过程，形成图 5-5c 所示的结果。

这种迭代地将对象重新分配到各个簇，以改进划分的过程被称为迭代的重定位（Iterative Relocation）。最终，对象的重新分配不再发生，处理过程结束，聚类过程返回结果簇。

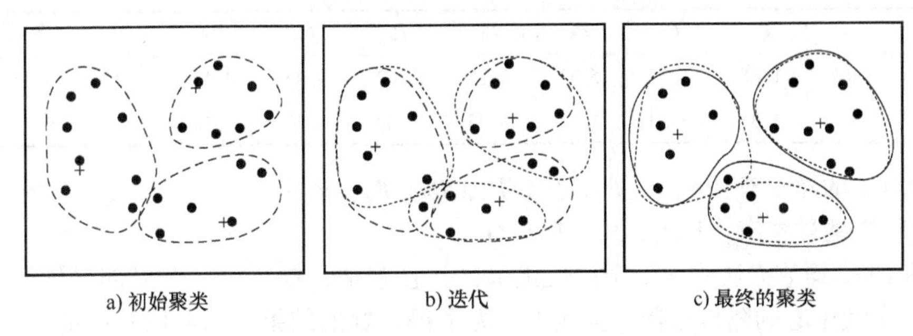

图 5-5 使用 K-means 方法聚类对象集

【例 5-6】 **使用 K-means 算法对二维数据进行聚类。**使用 K-means 算法将表 5-8 中的二维数据划分为两个簇，假设初始簇中心选为 $P_7(4,5)$，$P_{10}(5,5)$。

表 5-8 K-means 聚类过程示例数据集

	P_1	P_2	P_3	P_4	P_5	P_6	P_7	P_8	P_9	P_{10}
x	3	3	7	4	3	8	4	4	7	5
y	4	6	3	7	8	5	5	1	4	5

对于给定的数据集 K-means 聚类算法的执行过程如下：

1）根据题目，假设划分的两个簇分别为 C_1 和 C_2，中心分别为（4,5）和（5,5），计算 10 个样本到这两个簇中心的距离（欧几里得距离），并将 10 个样本指派到与其最近的簇：

2）第一轮迭代结果如下。

属于簇 $C1$ 的样本有：$\{P_7,P_1,P_2,P_4,P_5,P_8\}$

属于簇 $C2$ 的样本有：$\{P_{10},P_3,P_6,P_9\}$

重新计算新的簇的中心，有 $C1$ 的中心为（3.5,5.167），$C2$ 的中心为（6.75,4.25）

注：重新计算新的簇的中心：$x=(x_1+x_2+\cdots+x_n)/n$，$y=(y_1+y_2+\cdots+y_n)/n$，n 为该簇中样本的个数。

3）继续计算 10 个样本到新的簇的中心的距离，重新分配到新的簇中，第二轮迭代结果如下：

表 5-9 第二轮迭代中 10 个样本到新的簇中心的距离

	x	y	P_1	P_2	P_3	P_4	P_5	P_6	P_7	P_8	P_9	P_{10}
$C1$	3.5	5.17	1.67	1.33	5.67	2.33	3.33	4.67	0.67	4.67	4.67	1.67
$C2$	6.75	4.25	4	5.5	1.5	5.5	7.5	2	3.5	6	0.5	2.5

属于簇 $C1$ 的样本有$\{P_1,P_2,P_4,P_5,P_7,P_8,P_{10}\}$

属于簇 $C2$ 的样本有$\{P_3,P_6,P_9\}$

重新计算新的簇的中心，有 $C1$ 的中心为（3.71,5.14），$C2$ 的中心为（7.33,4）

4）继续计算 10 个样本到新的簇的中心的距离，重新分配到新的簇中，发现簇中心不再发生变化，算法终止。

表 5-10 第三轮迭代中 10 个样本到新的簇中心的距离

	x	y	P_1	P_2	P_3	P_4	P_5	P_6	P_7	P_8	P_9	P_{10}
$C1$	3.71	5.14	1.85	1.57	5.43	2.15	3.57	4.43	0.43	4.43	4.43	1.43
$C2$	7.33	4	4.33	6.33	1.33	6.33	8.33	1.67	4.33	6.33	0.33	3.33

属于簇 $C1$ 的样本有：$\{P_1, P_2, P_4, P_5, P_7, P_8, P_{10}\}$

属于簇 $C2$ 的样本有：$\{P_3, P_6, P_9\}$ 0

不能保证 K-均值方法收敛于全局最优解，并且它常常终止于一个局部最优解。结果可能依赖于初始簇中心的随机选择。实践中，为了得到好的结果，通常以不同的初始簇中心，多次运行 K-means 算法。

2. K-means 算法的特点

（1）优点

① K-means 算法是解决聚类问题的一种经典算法，算法描述容易、实现简单、快速。

② 对于处理大数据集，该算法是相对可伸缩和高效的，计算的复杂度大约是 $O(nkt)$，其中，n 是所有对象的数目，k 是簇的数目，t 是迭代的次数。一般来说，$k \ll n$，$t \ll n$。

③ 算法尝试找出 k 个划分，当簇是密集的、球状或团状的，且簇与簇之间区别明显时，它的聚类效果较好。

（2）缺点

① 簇的个数难以确定。要求用户必须事先给出要生成的簇数 k。针对这一缺点已经有一些研究，如提供 k 值的近似范围，然后使用分析技术，通过比较由不同 k 得到的聚类结果，确定最佳的 k 值。

② 聚类结果对初始值的选择较敏感。算法首先需要确定一个初始划分，然后对初始划分进行优化，这个初始聚类中心的选择对聚类结果有较大的影响，一旦初始值选择得不好，就无法得到有效的聚类结果。

③ 这类算法采用爬山式（Hill—Climbing）技术寻找最优解，其每次调整都为了寻求更好的聚类结果，因此很容易陷入局部最优解，无法得到全局最优解。

④ 对噪声和异常数据敏感。因为少量的这类数据能够对均值产生极大的影响。

⑤ 不能用于发现非凸形状的簇，或具有各种不同大小的簇，如图 5-6 所示。

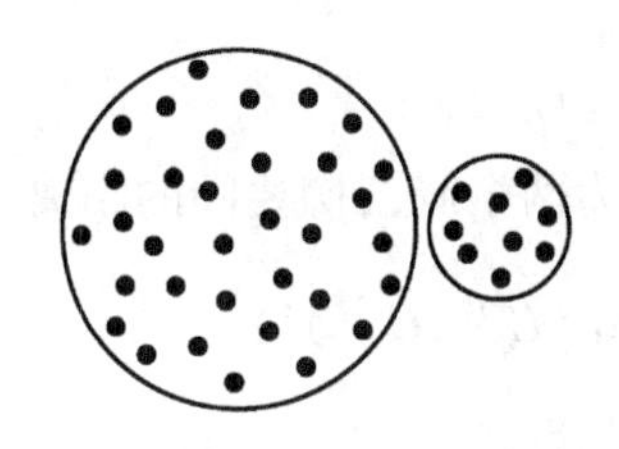

a) 大小不同的簇

b) 形状不同的簇

图 5-6　基于质心的划分方法不能识别的数据

5.2.2　K-means 聚类算法的拓展

对于聚类分析而言，聚类表示和数据对象之间相似度的定义是最基础的问题，直接影响数据聚类的效果。这里介绍一种简单的聚类表示方法，并对 Minkowski 距离进行推广，以使聚类算法可以有效处理含分类属性的数据。

假设数据集 D 有 m 个属性，其中有 m_C 个分类属性和 m_N 个数值属性，$m=m_C+m_N$，用 D_i 表示第 i 个属性取值的集合。

定义 5.1　频度　给定簇 C，$a\in D_i$，a 在 C 中关于 D_i 的频度定义为 C 在 D_i 上的投影中包含 a 的次数：

$$\mathrm{Freq}_{C|D_i}(a)=|\{\mathrm{object}|\mathrm{object}\in C,\mathrm{object}.D_i=a\}| \tag{5-9}$$

定义 5.2　差异程度　给定 D 的簇 C、C_1 和 C_2，对象 $p=[p_1,p_2,\cdots,p_m]$ 与 $q=[q_1,q_2,\cdots,q_m]$。

1）对象 p、q 在属性 i 上的差异程度（或距离）定义为

对于分类属性或二值属性：

$$\mathrm{dif}(p_i,q_i)=\begin{cases}1 & (p_i\neq q_i)\\ 0 & (p_i=q_i)\end{cases}=1-\begin{cases}0 & (p_i\neq q_i)\\ 1 & (p_i=q_i)\end{cases} \tag{5-10}$$

对于连续数值属性或顺序属性：

$$\mathrm{dif}(p_i,q_i)=|p_i-q_i| \tag{5-11}$$

2）两个对象 p、q 间的差异程度（或距离）$d(p,q)$ 定义为

$$d(p,q)=\left(\sum_{i=1}^{m}\mathrm{dif}\,(p_i,q_i)^x\right)^{1/x} \tag{5-12}$$

3）对象 p 与簇 C 间的距离 $d(p,C)$ 定义为 p 与簇 C 的摘要之间的距离：

$$d(p,C)=\left(\sum_{i=1}^{m}\mathrm{dif}\,(p_i,C_i)^x\right)^{1/x} \tag{5-13}$$

这里 $\mathrm{dif}(p_i,C_i)$ 为 p 与 C 在属性 D_i 上的距离。

对于分类属性 D_i，其值定义为 p 与 C 中每个对象在属性 D_i 上的距离的算术平均值，即

$$\mathrm{dif}(p_i,C_i)=1-\mathrm{Freq}_{C|D_i}(p_i) \tag{5-14}$$

对于数值属性 D_i，其值定义为

$$\text{dif}(p_i, C_i) = |p_i - c_i| \tag{5-15}$$

4）簇 C_1 与 C_2 间的距离的 $d(C_1, C_2)$ 定义为两个簇的摘要间的距离：

$$d(C_1, C_2) = \left(\sum_{i=1}^{m} \text{dif}\,(C_i^{(1)}, C_i^{(2)})^x\right)^{1/x} \tag{5-16}$$

这里 $\text{dif}(C_i^{(1)}, C_i^{(2)})$ 为 C_1 与 C_2 在属性 D_i 上的距离。

对于分类属性 D_i，其值定义为 C_1 中每个对象与 C_2 中每个对象的差异的平均值：

$$\text{dif}(C_i^{(1)}, C_i^{(2)}) = 1 - \sum_{p_i \in C_1} \text{Freq}_{C_1|D_i}(p_i) \cdot \text{Freq}_{C_2|D_i}(p_i) = 1 - \sum_{q_i \in C_2} \text{Freq}_{C_1|D_i}(q_i) \cdot \text{Freq}_{C_2|D_i}(q_i) \tag{5-17}$$

对于数值属性 D_i，其值定义为

$$\text{dif}(C_i^{(1)}, C_i^{(2)}) = |c_i^{(1)} - c_i^{(2)}| \tag{5-18}$$

在定义 5.2 的 2）中，当 $x=1$ 时，相当于曼哈顿（Manhattan）距离；当 $x=2$ 时，相当于欧式（Euclidean）距离。

【例 5-7】 假设描述学生的信息包含属性：性别，籍贯，年龄。有两条记录 p、q 及两个簇 C_1，C_2 的信息如下，分别求出记录和簇彼此之间的距离：

$p=\{$男,广州,18$\}$，$q=\{$女,深圳,20$\}$

$C1=\{$男:25,女:5;广州:20,深圳:6,韶关:4;19$\}$

$C2=\{$男:3,女:12;汕头:12,深圳:1,湛江:2;24$\}$

按定义 5.2，取 $x=1$ 得到的各距离如下：

$d(p,q)=1+1+(20-18)=4$

$d(p,C1)=(1-25/30)+(1-20/30)+(19-18)=1.5$

$d(p,C2)=(1-3/15)+(1-0/15)+(24-18)=7.8$

$d(q,C1)=(1-5/30)+(1-6/30)+(20-19)=79/30$

$d(q,C2)=(1-12/15)+(1-1/15)+(24-20)=77/15$

$d(C1,C2)=1-(25\times3+5\times12)/(30\times15)+1-6\times1/(30\times15)+(24-19)=1003/150\approx6.69$

5.2.3 基于中心的（Medoid-based）划分方法——PAM 算法

围绕中心点的划分（Partitioning Around Medoids，PAM）作为最早提出的 K-中心点算法之一，它选用簇中位置最中心的对象作为代表对象，试图对 n 个对象给出 k 个划分。代表对象也被称为是中心点，其他对象则被称为非代表对象。

1. PAM 算法基本思想

最初随机选择 k 个对象作为中心点，该算法反复地用非代表对象来代替代表对象，试图找出更好的中心点，以改进聚类的质量。在每次迭代中，所有可能的对象对被分析，每个对中的一个对象是中心点，而另一个是非代表对象。对可能的各种组合，估算聚类结果的质量。一个对象 O_i 可以被使最大二次方-误差值减少的对象代替。在一次迭代中产生的最佳对象集合成为下次迭代的中心点，继续用其他对象替换代表对象的迭代过程，直到结果聚类的质量不可能被任何替换提高。

为了判定一个非代表对象 O_h 是否是当前一个代表对象 O_i 的好的替代，对于每一个非中心点对象 O_j，考虑下面四种情况，如图 5-7 所示。

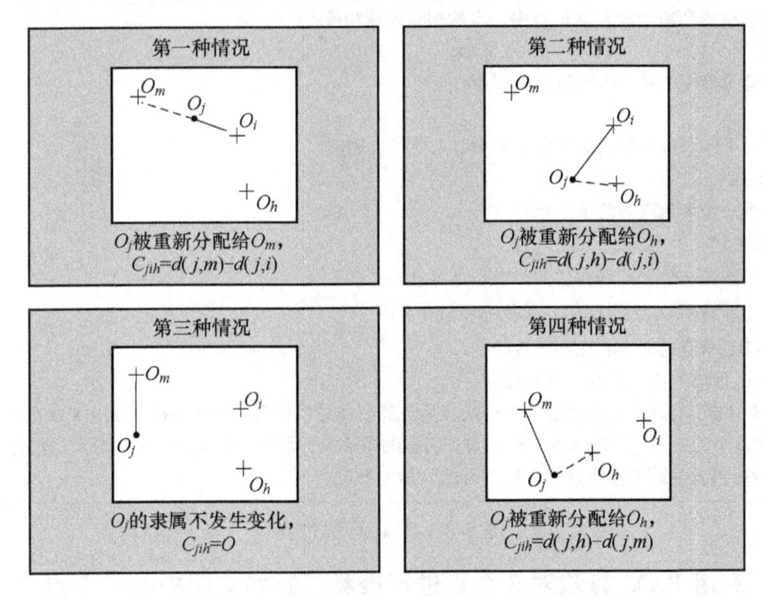

图 5-7　K-中心点聚类代价函数的四种情况

1）第一种情况：O_j 当前隶属于中心点对象 O_i，$i \neq m$。如果 O_i 被 O_h 所代替作为中心点，且 O_j 离一个 O_m 最近，那么 O_j 被重新分配给 O_m。

2）第二种情况：O_j 当前隶属于中心点对象 O_i。如果 O_i 被 O_h 代替作为一个中心点，且 O_j 离 O_h 最近，那么 O_j 被重新分配给 O_h。

3）第三种情况：O_j 当前隶属于中心点 O_m，$m \neq i$。如果 O_i 被 O_h 代替作为一个中心点，且 O_j 离 O_m 最近，那么对象的隶属不发生变化。

4）第四种情况：O_j 当前隶属于中心点 O_m，$m \neq i$。如果 O_i 被 O_h 代替作为一个中心点，且 O_j 离 O_h 最近，那么 O_i 被重新分配给 O_h。

其实，不管哪种情况，都是把非中心点分配到最近的中心点。

每当重新分配发生时，二次方-误差 E 所产生的差别对代价函数有影响。因此，如果一个当前的中心点对象被非中心点对象所代替，则代价函数计算二次方-误差值所产生的差别。替换的总代价是所有非中心点对象所产生的代价之和。

总代价定义如下：

$$TC_{ih} = \sum_{j=1}^{n} C_{jih} \tag{5-19}$$

其中，C_{jih} 表示 O_j 在 O_i 被 O_h 代替后产生的代价。4 种情况中代价函数的计算公式中所引用的符号有 O_i 和 O_m 是两个原中心点，O_h 将替换 O_i 作为新的中心点。

- 如果总代价是负的，那么实际的二次方-误差将会减小，O_i 可以被 O_h 替代。
- 如果总代价是正的，则当前的中心点 O_i 被认为是可接受的，在本次迭代中没有变化。

2. PAM 算法的过程

PAM 算法的过程如图 5-8 所示。

算法 5.2 PAM（K-中心点算法）。

输入：①k：簇的数目 k；②D：包含 n 个对象的数据库。

输出：k 个簇，使得所有对象与其最近中心点的相异度总和最小。

方法：

1）从 D 中任意选择 k 个对象作为初始的簇中心点

2）REPEAT

3）　　指派每个剩余的对象给离它最近的中心点所代表的簇

4）　　REPEAT

5）　　　选择一个未被选择的中心点 O_i

6）　　　REPEAT

7）　　　　选择一个未被选择过的非中心点对象 O_h

8）　　　　计算用 O_h 代替 O_i 的总代价并记录在 S 中

9）　　　UNTIL 所有的非中心点都被选择过

10）　　UNTIL 所有的中心点都被选择过

11）　IF 在 S 中的所有非中心点代替所有中心点后计算出的总代价有小于 0 的存在 THEN 找出 S 中的用非中心点替代中心点后代价最小的一个，并用该非中心点替代对应的中心点，形成一个新的 k 个中心点的集合

12）UNTIL 没有再发生簇的重新分配，即所有的 S 都大于 0

图 5-8　PAM 算法过程

【例 5-8】　利用 PAM 算法对 5 个点进行聚类。假如空间中的 5 个点 {A、B、C、D、E} 如图 5-9a 所示，各点之间的距离关系见表 5-11，根据所给的数据对其运行 PAM 算法实现划分聚类（设 $k=2$）。

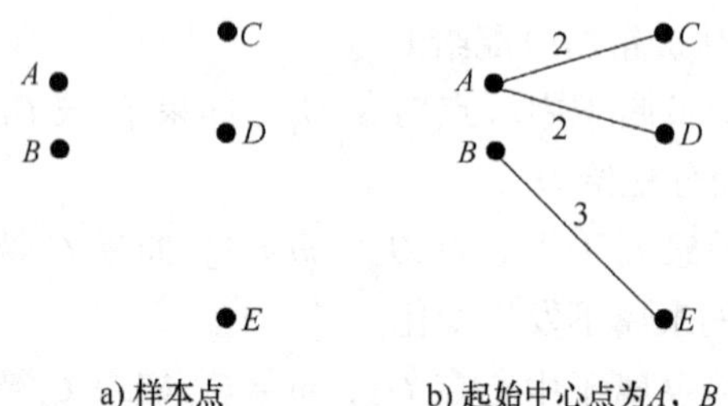

图 5-9　空间中的 5 个点

表 5-11　5 个样本点间的距离关系

样 本 点	A	B	C	D	E
A	0	1	2	2	3
B	1	0	2	4	3
C	2	2	0	1	5
D	2	4	1	0	3
E	3	3	5	3	0

1）建立阶段：假如从 5 个对象中随机抽取的 2 个中心点为 {A，B}，则样本被划分为 {A、C、D} 和 {B、E}，如图 5-9b 所示。

2）交换阶段：假定中心点 A、B 分别被非中心点 {C、D、E} 替换，根据 PAM 算法需要计算下列代价 TC_{AC}、TC_{AD}、TC_{AE}、TC_{BC}、TC_{BD}、TC_{BE}。

以 TC_{AC} 为例说明计算过程：

① 当 A 被 C 替换以后，A 不再是一个中心点，因为 A 离 B 比 A 离 C 近，A 被分配到 B 中心点代表的簇，$C_{AAC}=d(A,B)-d(A,A)=1$。

② B 是一个中心点，当 A 被 C 替换以后，B 不受影响，$C_{BAC}=0$。

③ C 原先属于 A 中心点所在的簇，当 A 被 C 替换以后，C 是新中心点，符合 PAM 算法代价函数的第二种情况 $C_{CAC}=d(C,C)-d(C,A)=0-2=-2$。

④ D 原先属于 A 中心点所在的簇，当 A 被 C 替换以后，离 D 最近的中心点是 C，根据 PAM 算法代价函数的第二种情况 $C_{DAC}=d(D,C)-d(D,A)=1-2=-1$。

⑤ E 原先属于 B 中心点所在的簇，当 A 被 C 替换以后，离 E 最近的中心仍然是 B，根据 PAM 算法代价函数的第三种情况 $C_{EAC}=0$。

因此，$TC_{AC}=C_{AAC}+C_{BAC}+C_{CAC}+C_{DAC}+CE_{EAC}=1+0-2-1+0=-2$。

在上述代价计算完毕后，要选取一个最小的代价，显然有多种替换可以选择，选择第一个最小代价的替换（也就是 C 替换 A），根据图 5-10a 所示，样本点被划分为 {B、A、E} 和 {C、D} 两个簇。图 5-10b 和图 5-10c 分别表示了 D 替换 A、E 替换 A 的情况和相应的代价。

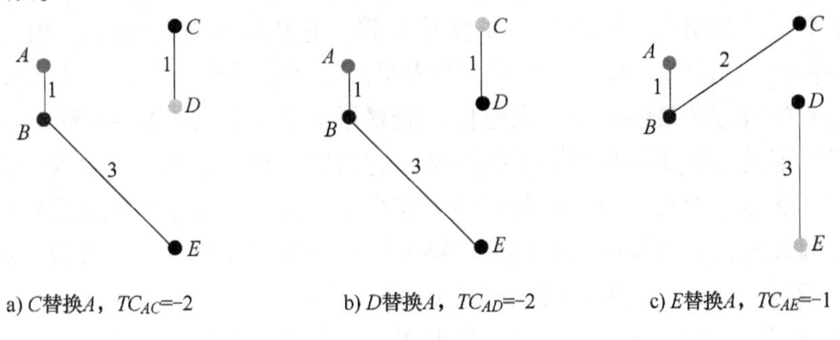

图 5-10 替换中心点 A

图 5-11 用 C、D、E 替换 B 的情况和相应的代价

通过上述计算，已经完成了 PAM 算法的第一次迭代。在下一迭代中，将用其他的非中心点 {A、D、E} 替换中心点 {B、C}，找出具有最小代价的替换。一直重复上述过程，直到代价不再减小为止。

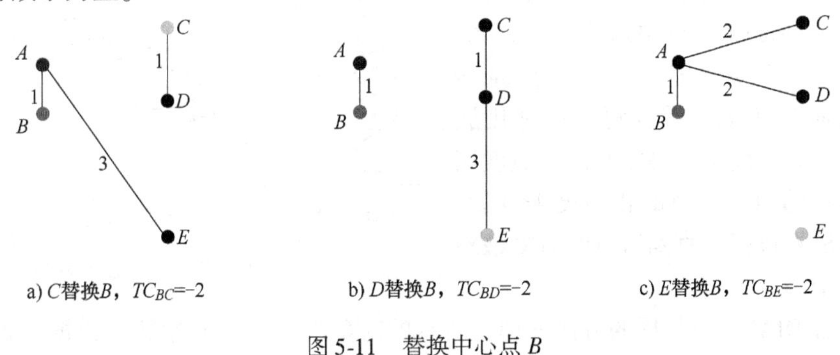

图 5-11 替换中心点 B

3. PAM 算法的优缺点

1）消除了 K-均值算法对于孤立点的敏感性。当存在"噪声"和孤立点数据时，K-中心点方法比 K-均值算法更健壮，这是因为中心点算法不像平均值那么容易被极端数据影响。

2）K-中心点方法比 K-均值算法的代价要高。PAM 需要测试所有的替换，对小的数据集非常有效，对大数据集效率不高。特别是 n 和 k 都很大时。因为在替换中心点时，每个点的替换代价都可能计算，计算代价相当高。K-中心点算法的每次迭代的复杂度是 $O(k(n-k)^2)$。

3）算法必须指定聚类的数目 k，k 的取值对聚类质量有重大影响。

5.3 层次聚类算法

尽管划分方法满足把对象集划分成一些互斥的组群的基本聚类要求，但是在某些情况下，我们想把数据划分成不同层上的组群，如层次。层次聚类方法（Hierarchical Clustering Method）将数据对象组成层次结构或簇的“树”。

层次聚类方法对给定的数据集进行层次的分解，直到某种条件满足为止，可以是凝聚的或分裂的，取决于层次分解是以自底向上（合并）还是自顶向下（分裂）方式形成。

凝聚的层次聚类方法使用自底向上的策略。典型地，它从令每个对象形成自己的簇开始，并且迭代地把簇合并成越来越大的簇，直到所有的对象都在一个簇中，或者满足某个终止条件。该单个簇成为层次结构的根。在合并步骤，它找出两个最接近的簇（根据某种相似性度量），并且合并它们，形成一个簇。因为每次迭代合并两个簇，其中每个簇至少包含一个对象，因此凝聚方法最多需要 n 次迭代。凝聚层次聚类的代表是 AGNES 算法。

分裂的层次聚类方法使用自顶向下的策略。它从把所有对象置于一个簇中开始，该簇是层次结构的根，然后它把根上的簇划分成多个较小的子簇，并且递归地把这些簇划分成更小的簇。划分过程继续，直到最底层的簇都足够凝聚——或者仅包含一个对象，或者簇内的对象彼此都充分相似。分裂层次聚类的代表是 DIANA 算法。

在凝聚或分裂聚类中，用户都可以指定期望的簇个数作为终止条件。

图 5-12 中显示了一种凝聚的层次聚类算法 AGNES 和一种分裂的层次聚类算法 DIANA 在一个包含 5 个对象的数据集 $\{a,b,c,d,e\}$ 上的处理过程。初始，凝聚方法 AGNES 将每个对象自成一簇，然后这些簇根据某种准则逐步合并。例如，如果簇 $C1$ 中的一个对象和簇 $C2$ 中的一个对象之间的距离是所有属于不同簇的对象间欧氏距离中最小的，则 $C1$ 和 $C2$ 可能被合并。这是一种单链接（Single-linkoge）方法，因为每个簇都用簇中所有对象代表，而两个簇之间的相似度用不同簇中最近的数据点对的相似度来度量。簇合并过程反复进行，直到所有的对象最终合并形成一个簇。

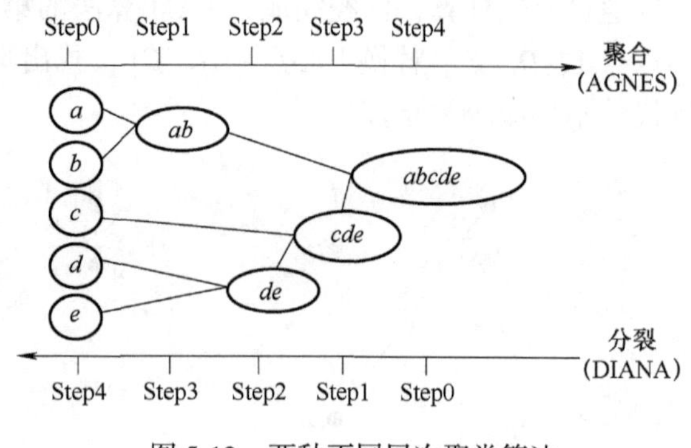

图 5-12　两种不同层次聚类算法

分裂方法 DIANA 以相反的方法处理。所有的对象形成一个初始簇，根据某种原则（如簇中最近的相邻对象的最大欧氏距离），将该簇分裂。簇的分裂过程反复进行，直到最终每个新的簇只包含一个对象。

通常，使用一种称为树状图（dendrogram）的树形结构来表示层次聚类的过程。它展示对象是如何一步一步被分组聚集（在凝聚方法中）或划分的（在分裂方法中）。图 5-13 显示了图 5-12 中的 5 个对象的树状图。其中，$I=0$ 显示在第 0 层 5 个对象都作为单元素簇。

在 $I=1$，对象 a 和 b 被聚在一起形成第一个簇，并且它们在后续各层一直在一起。还可以用一个垂直的数轴来显示簇间的相似尺度。例如，当两组对象 $\{a,b\}$ 和 $\{c,d,e\}$ 的相似度大约为0.16时，它们被合并形成一个簇。

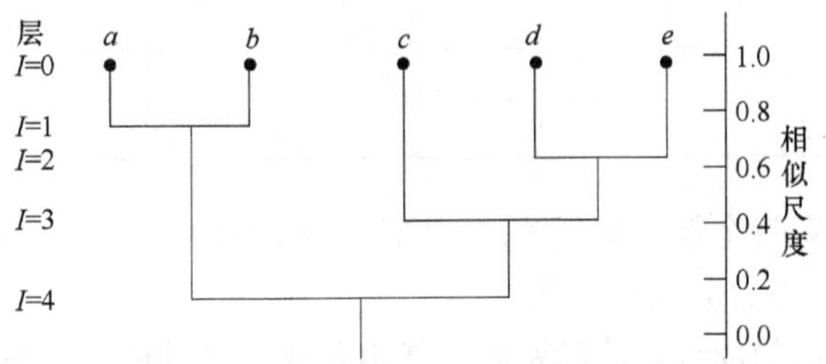

图5-13　数据对象 $\{a,b,c,d,e\}$ 的层次聚类的树状图表示

分裂方法的一个挑战是如何把一个大簇划分成几个较小的簇。例如，把 n 个对象的集合划分成两个互斥的子集有 $2^{n-1}-1$ 种可能的方法，其中 n 是对象数。当 n 很大时，考察所有的可能性的计算量是令人望而却步的。因此，分裂方法通常使用启发式方法进行划分，但可能导致不精确的结果。为了效率，分裂方法通常不对已经做出的划分决策回溯。一旦一个簇被划分，该簇的任何可供选择其他划分都不再考虑。由于分裂方法的这一特点，凝聚方法远比分裂方法多。

5.3.1　AGNES 算法

AGNES（AGglomerative NESting）算法最初将每个对象作为一个簇，然后这些簇根据某些准则被一步步地合并。两个簇间的相似度由这两个不同簇中距离最近的数据点对的相似度来确定。聚类的合并过程反复进行直到所有的对象最终满足簇数目。AGNES 算法过程如图5-14所示。

算法5.3　AGNES（自底向上凝聚算法）。
输入：①D：包含 n 个对象的数据库；②k：终止条件簇的数目 k。
输出：k 个簇，达到终止条件规定簇数目。
方法：
1）将每个对象当成一个初始簇
2）　REPEAT
3）　　　根据两个簇中最近的数据点找到最近的两个簇
4）　　　合并两个簇，生成新的簇的集合
5）　UNTIL 达到定义的簇的数目

图5-14　AGNES 算法过程

注意，簇的最小距离由式（5-20）计算。

$$\mathrm{dist}_{\min}(C_i,C_j)=\min_{p\in C_i,p'\in C_j}\{|p-p'|\} \tag{5-20}$$

其中，$|p-p'|$ 是两个对象或点 p 和 p' 之间的欧式距离。

如果簇 $C1$ 中的一个对象和簇 $C2$ 中的一个对象之间的距离是所有属于不同簇的对象间欧式距离中最小的，则 $C1$ 和 $C2$ 可能被合并。

【例5-9】　AGNES 聚类。在表5-12中给定的样本上运行 AGNES 算法，假定算法的终止条件为两个簇。

表 5-12 层次聚类算法样本数据集

序 号	属性 1	属性 2	序 号	属性 1	属性 2
1	1	1	5	3	4
2	1	2	6	3	5
3	2	1	7	4	4
4	2	2	8	4	5

1）根据初始簇计算每个簇之间的距离，随机找出距离最小的两个簇，进行合并，最小距离为 1，合并后 1，2 点合并为一个簇。

2）对上一次合并后的簇计算簇间距离，找出距离最近的两个簇进行合并，合并后 3，4 点成为一簇。

3）重复步骤 2）的工作，5，6 点成为一簇。

4）重复步骤 2）的工作，7，8 点成为一簇。

5）合并 {1,2}，{3,4} 成为一个包含 4 个点的簇。

6）合并 {5,6}，{7,8}，由于合并后的簇的数目已经达到了用户输入的终止条件，因此程序结束。

上述步骤对应的执行过程及结果见表 5-13。

表 5-13 ANGES 算法的执行过程及结果

步骤	最近的簇距离	最近的两个簇	合并后的新簇
1	1	{1}，{2}	{1, 2}，{3}，{4}，{5}，{6}，{7}，{8}
2	1	{3}，{4}	{1, 2}，{3, 4}，{5}，{6}，{7}，{8}
3	1	{5}，{6}	{1, 2}，{3, 4}，{5, 6}，{7}，{8}
4	1	{7}，{8}	{1, 2}，{3, 4}，{5, 6}，{7, 8}
5	1	{1, 2}，{3, 4}	{1, 2, 3, 4}，{5, 6}，{7, 8}
6	1	{5, 6}，{7, 8}	{1, 2, 3, 4}，{5, 6, 7, 8} 结束

AGNES 算法比较简单，但经常会遇到合并点选择的困难。假如一旦一组对象被合并，下一步的处理就在新生成的簇上进行。已做处理不能撤销，聚类之间也不能交换对象。如果在某一步没有很好地选择合并的决定，则可能会导致低质量的聚类结果。

这种聚类方法不具有很好的可伸缩性，因为合并的决定需要检查和估算大量的对象或簇。

假定在开始时有 n 个簇，在结束时有 1 个簇，因此在主循环中有 n 次迭代，在第 i 次迭代中，必须在 $n-i+1$ 个簇中找到最靠近的两个聚类。另外，算法必须计算所有对象两两之间的距离，因此这个算法的复杂度为 $O(n^2)$，该算法对于 n 很大的情况是不适用的。

5.3.2 DIANA 算法

DIANA 算法（DIvisive ANAlysis）是典型的分裂聚类方法。对于分裂聚类方法：首先将所有的对象初始化到一个簇中，然后根据一些原则（如最邻近的最大欧式距离），将该簇分类。直到到达用户指定的簇数目或者两个簇之间的距离超过了某个阈值。

在聚类中，用户需要定义希望得到的簇数目作为一个结束条件。同时，它使用下面两种测度方法。

1）簇的直径：在一个簇中的任意两个数据点的距离中的最大值。

2）平均相异度（平均距离）：$d_{avg}(C_i,C_j) = \frac{1}{|C_i||C_j|}\sum_{p\in C_i}\sum_{q\in C_j}\text{dist}(p,q)$

采用自顶向下分裂的DIANA算法如图5-15所示。

算法5.4　DIANA（自顶向下分裂算法）。
输入：①D：包含n个对象的数据库；②k：终止条件簇的数目k。
输出：k个簇，达到终止条件规定簇数目。
方法：
1）将D中所有对象整个当成一个初始簇；
2）FOR（i=1；i≠k；i++）DO BEGIN
3）　　在所有簇中挑出具有最大直径的簇C
4）　　找出C中与其他点平均相异度最大的一个点p，并把p放入splinter group，剩余的放在old party中
5）　　REPEAT
6）　　　在old party里找出到最近的splinter group中的点的距离不大于到old party中最近点的距离的点，并将该点加入splinter group
7）　　UNTIL没有新的old party的点被分配给splinter group
8）　splinter group和old party为被选中的簇分裂成的两个簇，与其他簇一起组成新的簇集合
9）END

图5-15　DIANA算法过程

【例5-10】　DIANA聚类。在表5-12中给定的样本上运行DIANA算法，假定算法的终止条件为两个簇。

1）找到具有最大直径的簇，对簇中的每个点计算平均相异度（假定dist采用的是欧式距离）。

1的平均距离：(1+1+1.414+3.6+4.47+4.24+5)/7=2.96

注意，1的平均距离（就是1距离其他各个点的距离长度之和除以7。

类似地，2的平均距离为2.526；3的平均距离为2.68；4的平均距离为2.18；5的平均距离为2.18；6的平均距离为2.68；7的平均距离为2.526；8的平均距离为2.96。

挑出平均相异度最大的点1放到splinter group中，剩余点在old party中。

2）在old party里找出到最近的splinter group中的点的距离不大于到old party中最近的点的距离的点，将该点放入splinter group中，该点是2。

3）重复步骤2）的工作，splinter group中放入点3。

4）重复步骤2）的工作，splinter group中放入点4。

5）没有在old party中的点放入了splinter group中且达到终止条件（k=2），程序终止。如果没有到终止条件，则从分裂好的簇中选一个直径最大的簇继续分裂。

上述步骤对应的执行过程及结果见表5-14。

表5-14　DIANA算法的执行过程及结果

步骤	具有最大直径的簇	splinter group	old party
1	{1，2，3，4，5，6，7，8}	{1}	{2，3，4，5，6，7，8}
2	{1，2，3，4，5，6，7，8}	{1，2}	{3，4，5，6，7，8}
3	{1，2，3，4，5，6，7，8}	{1，2，3}	{4，5，6，7，8}
4	{1，2，3，4，5，6，7，8}	{1，2，3，4}	{5，6，7，8}
5	{1，2，3，4，5，6，7，8}	{1，2，3，4}	{5，6，7，8} 结束

DIANA 算法比较简单，但其缺点是已做的分裂操作不能撤销，类之间不能交换对象。如果在某步没有选择好分裂点，则可能会导致低质量的聚类结果。时间复杂度为 $O(n^2)$，大数据集不太适用。

5.3.3 改进算法——BIRCH 算法

利用层次结构的平衡迭代归约和聚类（Balanced Iterative Reducing and Clustering using Hierarchies，BIRCH）是为大量数值数据聚类设计的，它将层次聚类（在初始微聚类阶段）与诸如迭代地划分这样的其他聚类算法（在其后的宏聚类阶段）集成在一起。它克服了凝聚聚类方法所面临的两个困难：①可伸缩性；②不能撤销先前步骤所做的工作。

1. 聚类特征

BIRCH 使用聚类特征来概括一个簇，使用聚类特征树（CF 树）来表示聚类的层次结构。这些结构帮助聚类方法在大型数据库甚至在流数据库中取得好的速度和伸缩性，还使得 BIRCH 方法对新对象增量或动态聚类也非常有效。

聚类特征 CF 是一个三维向量，汇总了对象簇的信息。给定簇中 n 个 m 维对象或点，则该簇的 CF 定义如下：

$$CF = <n, LS, SS>$$

式中，n 是簇中数据点的数目，LS 是 n 个数据点的线性和（即 $\sum_{i=1}^{n} x_i$），SS 是数据点的二次方和（即 $\sum_{i=1}^{n} x_i^2$）。

聚类特征本质上是给定簇的统计汇总。使用聚类特征，可以很容易地推导出簇的许多有用的统计量。例如，簇的形心 x_0、半径 R 和直径 D 分别是：

$$x_0 = \frac{\sum_{i=1}^{n} x_i}{n} = \frac{LS}{n} \tag{5-21}$$

$$R = \sqrt{\frac{\sum_{i=1}^{n} (x_i - x_0)^2}{n}} = \sqrt{\frac{nSS - 2LS^2 + nLS}{n^2}} \tag{5-22}$$

$$D = \sqrt{\frac{\sum_{i=1}^{n}\sum_{j=1}^{n} (x_i - x_j)^2}{n(n-1)}} = \sqrt{\frac{2nSS - 2LS^2}{n(n-1)}} \tag{5-23}$$

式中，R 是成员对象到形心的平均距离，D 是簇中逐对对象的平均距离，R 和 D 都反映了形心周围簇的紧凑程度。

使用聚类特征概括簇可以避免存储个体对象或点的详细信息，只需要固定大小的空间来存放聚类特征，这是空间中 BIRCH 有效性的关键。此外，聚类特征是可加的。也就是说，两个不相交的簇 C_1和 C_2，其聚类特征分别为 $CF_1 = <n_1, LS_1, SS_1>$ 和 $CF_2 = <n_2, LS_2, SS_2>$，合并 C_1和 C_2后的簇的聚类特征是：

$$CF_1 + CF_2 = <n_1 + n_2,\ LS_1 + LS_2,\ SS_1 + SS_2> \tag{5-24}$$

【例 5-11】 聚类特征。假定在簇 C_1中有 3 个点（2,5），（3,2）和（4,3）。C_1的聚类特

征是：

$$CF_1 = <3,(2+3+4,5+2+3),(2^2+3^2+4^2,5^2+2^2+3^2)>$$
$$= <3,(9,10),(29,38)>$$

假定 C_2 是与 C_1 不相交的簇，$CF_2 = <3,(35,36),(417,440)>$。$C_1$ 和 C_2 合并形成一个新的簇 C_3，其聚类特征便是 $CF_1 + CF_2$，即

$$CF_3 = <3+3,(9+35,10+36),(29+417,38+440)>$$
$$= <6,(44,46),(446,478)>$$

2. CF 树

使用聚类特征树（CF 树）来表示聚类的层次结构。一个 CF 树是一个高度平衡的树，它具有以下两个参数：分支因子 B、阈值 T 和叶结点平衡因子 L。

每个非叶结点最多包含 B 个条目 $L_i(i=1,2,\cdots,B)$，L_i 形如［CF_i，$child_i$］，$child_i$ 是指向第 i 个孩子的指针，CF_i 是由这个孩子所代表的子簇的聚类特征，如图 5-16a 所示。一个非叶结点代表了一个簇，这个簇由该结点的条目所代表的所有子簇构成。

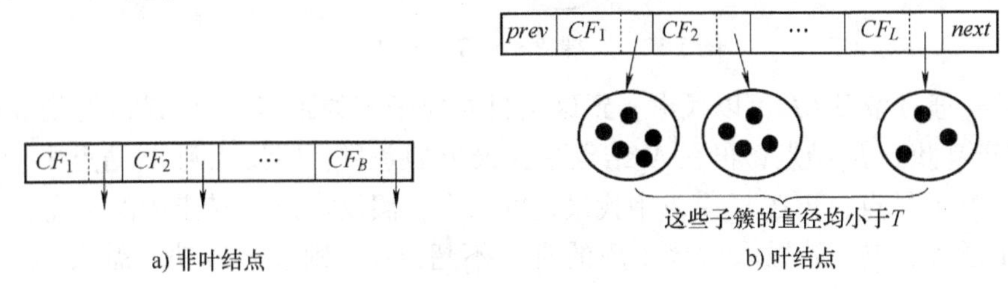

图 5-16　非叶结点和叶结点

一个叶结点最多包含 L 个形如［CF_i］$(i=1,2,\cdots,L)$ 的条目。每个叶结点也代表了一个簇，这个簇由该叶结点的条目所代表的所有子簇构成，这些子簇的直径必须小于阈值 T，如图 5-16b 所示。所有叶结点通过 prev 和 next 指针连起来构成一个双链表，便于前面查找。

通过调整 B 和阈值参数 T，可以控制树的高度。T 控制聚类的粒度，即原数据集中的数据被压缩的程度。

归纳起来，CF 树概括了聚类的有用信息，并且其占用空间较元数据集合小得多，可以存放在内存中，从而可以提高算法在大型数据集合上的聚类速度和可伸缩性。

3. CF 树的构造

CF 树的构造过程实际是数据点不断插入的过程。在 CF 树中插入数据点 a 的过程如下。

1）识别合适的叶结点：从根结点开始逐层下降，计算当前条目与要插入数据点之间的距离，寻找距离最小的那个路径，直到找到与该数据点最接近的叶结点中的条目。

2）修改叶结点：假设叶结点中与数据点 a 最近的条目是 L_i，检测 L_i 与数据点 a 合并的簇直径是否小于阈值 T，若小于，则更新 L_i 的 CF；否则为数据点 a 创建一个新条目。如果叶结点有空间存放这个新条目，则存储，否则分裂该叶结点。分裂时，选择相距最远的条目作为种子，其余条目按最近距离分配到两个新的叶结点中。

3）修改到叶结点的路径：将数据点 a 插入一个叶结点后，更新每一个非叶结点的 CF 信息。如果不存在分裂，则只需要进行加法运算；如果发生分裂，则要在其父结点上插入一个非叶结点来描述新创造的叶结点。修改过程重复进行，直至根结点。

4）在每次分裂之后跟随一个合并步。如果一个叶结点发生分裂，并且分裂过程持续到

非叶结点 N_j，则扫描 N_j，找出两个最近的条目。如果不对应于刚分裂产生的条目，则试图合并这些条目及其对应的孩子结点。如果两个孩子结点中的条目多于一页所能容纳的条目，则将合并结果再次分裂。

如图 5-17 所示是一棵 B 为6、L 为5 的 CF 树，树高为3，每个叶结点的指针指向一个子簇，该子簇的直径小于或等于 T。当插入一个点 p 时，从根结点 root 开始比较，找其中最近

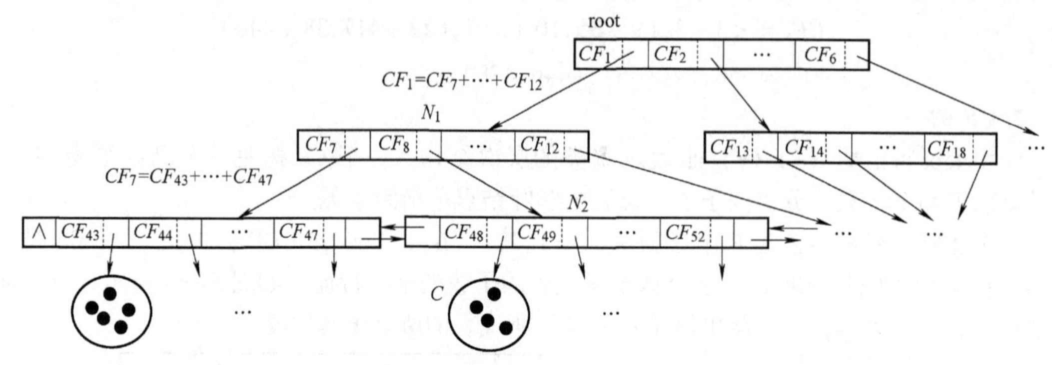

图 5-17　一棵 $B=6$、$L=5$ 的 CF 树

的某个条目（通过条目 CF_i 可以找出 p 到该条目对应子簇的距离）。假设最近是 root 结点的 CF_1，沿其指针找到 N_1 结点；再在 N_1 结点中找最近的条目，假设找到 N_1 结点中的 CF_8，沿其指针找到 N_2 叶结点；再在 N_2 结点中找最近的条目，假设找到 N_2 结点中的 CF_{48}；在 CF_{48} 所指子簇 C 中插入 p 点，若插入后该子簇的直径不超过 T，则插入成功，需依 $CF_{48} \to CF_8 \to CF_2$ 次序修改 CF 值；否则需将子簇 C 分裂成两个子簇，在 N_2 中增加一个条目，这样导致 N_2 结点分裂成两个结点，同样 N_1 结点也分裂成两个结点，直到 root 根结点分裂成两个结点，整个树高增加一层，并计算相应更新后的 CF 值。

4. BIRCH 算法

BIRCH 算法采用了一种多阶段聚类技术，数据集合的单遍扫描产生一个基本的好聚类，一或多遍历的额外扫描可以用来进一步（优化）改进聚类质量。它主要包括以下两个阶段：

阶段一：BIRCH 扫描数据库，将一个个对象插入到最近的叶结点中，最后构造一棵能够存放于内存中的初始 CF 树，它可以看作数据的多层压缩，试图保留数据的内在的聚类结构。

阶段二：BIRCH 选用某个聚类算法对 CF 树的叶结点进行聚类，把稀疏的簇当作离群点删除，把稠密的簇合并为更大的簇。

BIRCH 算法最大的优点是试图利用可用的内存资源来生成好的聚类结果。通过一次扫描就可以进行较好的聚类，算法的时间复杂度为 $O(n)$，所以该算法具有较好的伸缩性。

【例 5-12】 **BIRCH 算法**。表 5-15 所示是一份申请出国留学的 TOEFT 和 GMAT 成绩表，对其进行聚类分析。表中成绩对应的二维空间位置如图 5-18 所示。若采用欧几里得距离作为衡量学生聚类分析的相似度度量，则有 $\text{dist}_{2,10} = \sqrt{(530-540)^2 + (550-570)^2} = 22.36$，显然距离越小，相似度越高。

表 5-15　申请出国留学的 TOEFT 和 GMAT 成绩表

学生编号	1	2	3	4	5	6	7	8	9	10	11	12	13	14	15
TOEFT	580	530	570	600	630	590	570	580	570	540	570	550	550	580	550
GMAT	550	550	570	580	600	620	540	540	560	570	570	520	530	640	540

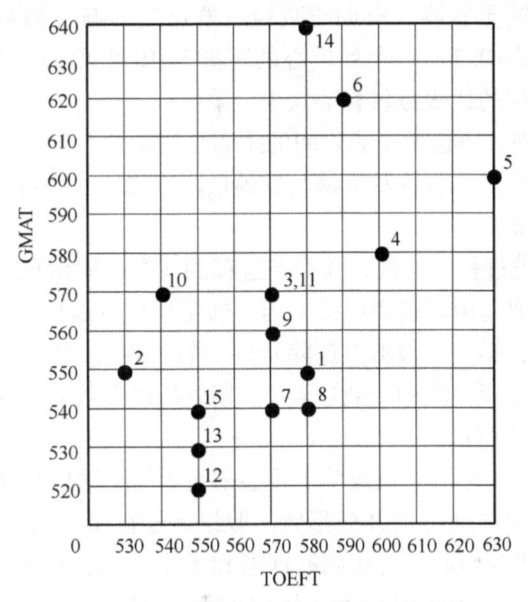

图 5-18　成绩表对应的二维空间分布

采用 BIRCH 算法得到层次聚类 CF 树如图 5-19 所示。其中可以将 5、6、14 看作离群点，在这里他们属于最优秀的学生。

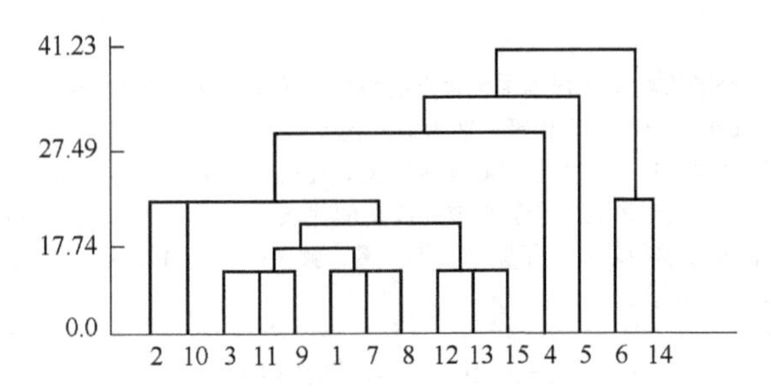

图 5-19　使用 TOEFT 和 GMAT 对申请人层次聚类结果

5.3.4　改进算法——CURE 算法

尽管层次聚类方法比较简单，但经常会遇到合并或分裂点的选择的困难。改进层次方法的聚类质量的一个有希望的方向：将层次聚类和其他聚类技术进行集成，形成多阶段聚类。

很多聚类算法只擅长处理球形或相似大小的聚类，另外有些聚类算法对孤立点比较敏感。CURE（Clustering Using Representatives）算法解决了上述两方面的问题，选择基于质心和基于代表对象方法之间的中间策略，即选择空间中固定数目的具有代表性的多个点来表示一个聚类，这些点称为代表点，而不是用单个中心或对象来代表一个簇。

一般地，第一个代表点选择离簇质心最远的点，其余代表点选择离所有已经选取的点最远的点，这样代表点相对分散，从而捕获了簇的几何形状。选取的代表点个数是一个参数，研究表明，代表点个数大于或等于 10 时效果好。

CURE 算法一旦选定代表点，就以一个特定的收缩因子 α 将它们向簇中心“收缩”。假设 C 是一个簇，用 C_m 表示其质心，p 是它的一个代表点，其收缩操作是 $p+\alpha\times(C_m-p)$。

通过收缩操作使得到的簇更紧凑，有助于减轻离群点的影响（离群点一般远离中心，因此收缩更多）。例如，若 $\alpha=0.7$，一个到质心的距离为 10 个单位的代表点将移动 3 个单位，而到质心距离为 1 个单位的代表点仅移动 0.3 个单位。

CURE 在凝聚过程中，所选两个簇之间的距离是任意两个代表点之间的最短距离，每次选择两个最近的子簇合并。尽管这种方法与其他层次聚类方法不完全一样，但 CURE 的目标是发现用户指定个数的簇。

CURE 利用层次聚类过程的特性，在聚类过程的两个不同阶段删除离群点。如果一个簇增长缓慢，则意味它主要是由离群点组成，因为通常离群点远离其他点，并且不会经常与其他点合并。在 CURE 中，第一个离群点删除阶段一般出现在簇的个数是原来点数的 1/3 时。第二个离群点删除阶段出现在簇的个数达到 k（期望的簇个数）的量级点，小簇又被删除。

CURE 算法如图 5-20 所示。

CURE 算法由于回避了用所有点或单个质心来表示一个簇的传统方法，将一个簇用多个代表点来表示，使之适应非球形的几何形状。收缩因子降低了噪声对聚类的影响，从而使 CURE 对孤立点的处理更加健壮，能识别非球形和大小变化比较大的簇。CURE 的复杂度是 $O(n)$，n 是对象的数目，所以该算法适合大型数据的聚类。

算法 5.5　CURE 算法。

输入： ①簇的数目 k；②数据集 D；③划分的个数 p；④期望压缩 q；⑤代表点个数 c；⑥收缩因子 α。

输出： k 个簇。

方法：

1）从数据集 D 中抽取一个随机样本。样本中包含点的数目 s 可以由经验公式得到。

2）把样本划分成 p 份，每个划分的大小相等，即为 s/p 个点。

3）对每个划分进行局部聚类，将每个划分中的点聚类成 $s/(pq)$ 个子簇，共得到 s/p 个子簇。

4）对局部簇进一步合并聚类，对落在每个新形成的簇中的代表点（个数为 c）根据收缩因子 α 收缩或向簇中心移动，直到只剩下 k 个簇。在此过程中若一个子簇增长得太慢，就去掉它，另外在聚类结束时，删除非常小的子簇。

5）用相应的簇标签来标记数据点。

图 5-20　CURE 算法过程

【例 5-13】　CURE 算法。 有一个数据集，根据经验公式随机抽取 $s=12$ 个样本，如图 5-21 所示。设 k、p 均为 2，$q=1$，$c=1$，$\alpha=0.5$，CURE 算法的过程如下：

1）$s=12$，这些点被划分为 p 个划分，每个划分包含 $s/p=6$ 个点，假设划分如图 5-21 中的虚线。

2）对每个划分进行局部聚类，共产生 $s/(pq)=6$ 个子簇，并计算这些子簇的 c 个代表点。如图 5-22 所示，每个子簇用虚线圆圈标出，实心圆点表示该簇的代表点。

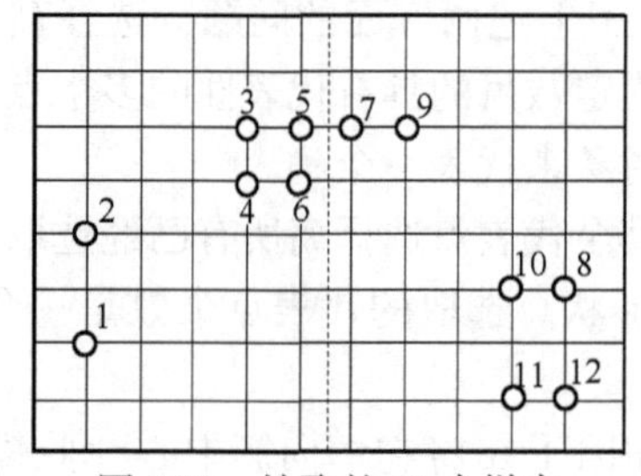

图 5-21　抽取的 12 个样本

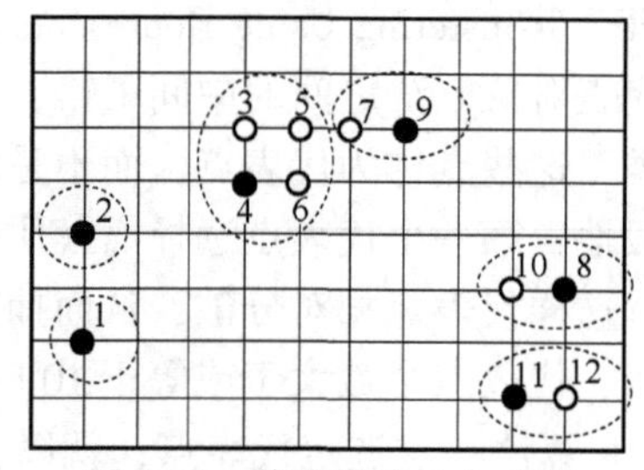

图 5-22　共聚类为 6 个子簇

3）合并聚类，先由子簇的代表点计算出两个子簇的最小距离，将最近的两个子簇合并，计算新的质心，将原来的代表点根据 α 向新的质心收缩。其结果如图 5-23 所示。注意，图中进行两个子簇合并时，将原来两个子簇的代表点进行了收缩，这只是为表述更清楚。实际上，每个子簇对应一个代表点集合，当两个子簇合并时，重新计算新的质心和代表点（保证合并新产生的子簇有固定个数的代表点），然后将这些代表点收缩。也就是说，不是对子簇中实际点进行收缩，而是对子簇代表点集合中的代表点进行收缩。

4）删除增长最慢的子簇，这里删除最左边的一个子簇，仅剩下两个子簇，即为所求。最后产生的聚类结果如图 5-24 所示。

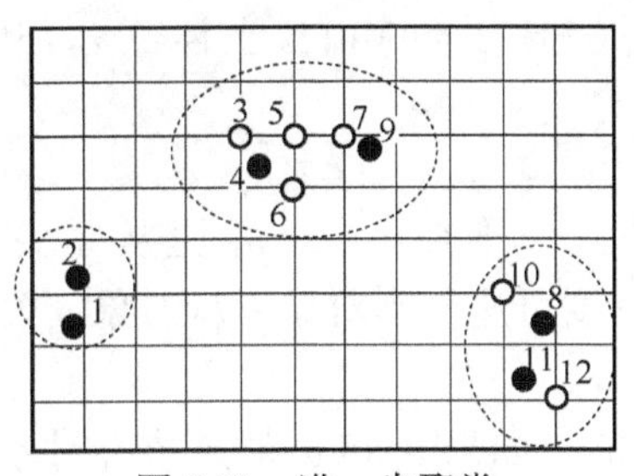

图 5-23　进一步聚类

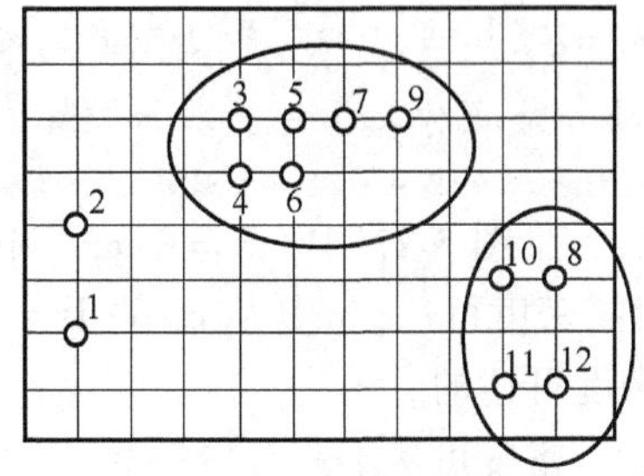

图 5-24　最终聚类结果

5.4　基于密度的聚类算法

通常将簇看作数据空间中被低密度区域（代表噪声）分割开的稠密对象区域。基于密度的聚类方法的指导思想是：只要一个区域中的点的密度大于某个域值，就把它加到与之相近的聚类中去。这类算法能克服基于距离的算法只能发现“类圆形”聚类的缺点，可发现任意形状的聚类，如图 5-25 所示。

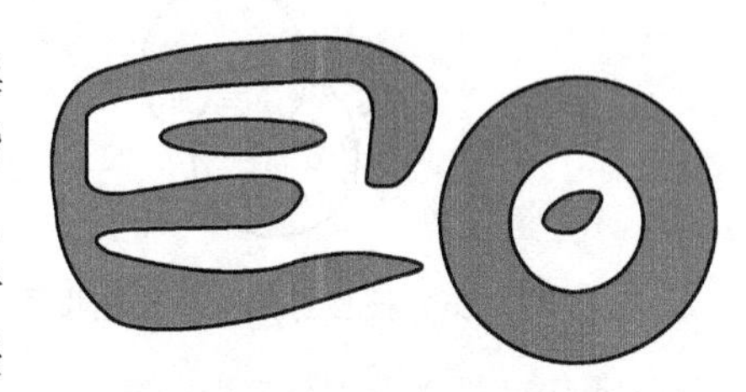
图 5-25　任意形状的聚类

基于密度的方法典型的包括 DBSCAN（Density-Based Spatial Clustering of Applications with Noise，具有噪声的基于密度的聚类应用）和 OPTICS（Ordering Points to Identify the Clustering Structure，通过点排序识别聚类结构）。

本书主要介绍 DBSCAN 聚类算法。

1. 基本概念

DBSCAN 是一个比较有代表性的基于密度的聚类算法。它将簇定义成密度相连的点的最大集合，能够把具有足够高密度的区域划分为簇，并可在有“噪声”的数据库中发现任意形状的聚类。

定义 5.3　对象的 ε-邻域　以数据集 D 中一个点为圆心，以 ε 为半径的圆形区域内的数据点的集合称为 P 的 ε-邻域。

定义 5.4　核心对象　如果一个对象的 ε-邻域至少包含最小数目 MinPts 个对象，则称该对象为核心对象。

例如，在图5-26中，$\varepsilon=1\text{cm}$，MinPts =5，q是一个核心对象。

定义5.5　直接密度可达　给定一个对象集合D，如果p是在q的ε-邻域内，而q是一个核心对象，则对象p从对象q出发是直接密度可达的。

例如，在图5-26中，$\varepsilon=1\text{cm}$，MinPts =5，q是一个核心对象，对象p从对象q出发是直接密度可达的。

定义5.6　密度可达的　给定一个对象集合D，如果存在一个对象链p_1，p_2，…，p_n，$p_1=q$，$p_n=p$，对$p_i\in D$（$1\leqslant i\leqslant n$），p_{i+1}是从p_i关于ε和MitPts直接密度可达的，则对象p是从对象q关于ε和MinPts密度可达的。

例如，在图5-27中，$\varepsilon=1\text{cm}$，MinPts = 5，q是一个核心对象，p_1是从q关于ε和MitPts直接密度可达，p是从p_1关于ε和MitPts直接密度可达，则对象p从对象q关于ε和MinPts密度可达的。

注意，密度可达不是等价关系，因为它不是对称的。如果o_1和o_2都是核心对象，并且o_1是从o_2密度可达的，则o_2是从o_1密度可达的。如果o_2是核心对象而o_1不是，则o_1可能是从o_2密度可达的，但反过来就不可以。

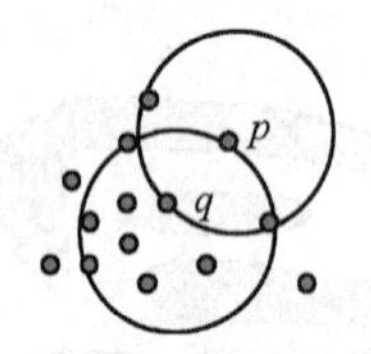

图5-26　核心对象及直接密度可达

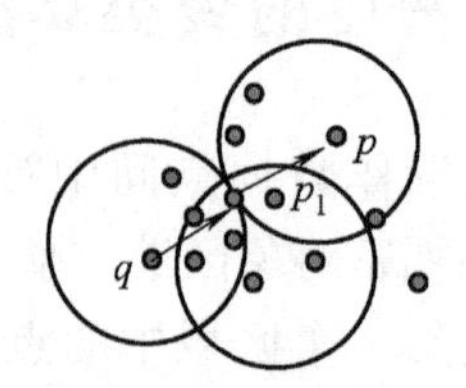

图5-27　密度可达

定义5.7　密度相连　如果对象集合D中存在一个对象o，使得对象p和q是从o关于ε和MinPts密度可达的，那么对象p和q是关于ε和MinPts密度相连的，如图5-28所示。密度相连是一个对称的关系。

定义5.8　噪声　一个基于密度的簇是基于密度可达性的最大的密度相连对象的集合。不包含在任何簇中的对象被认为是“噪声”，如图5-29所示。

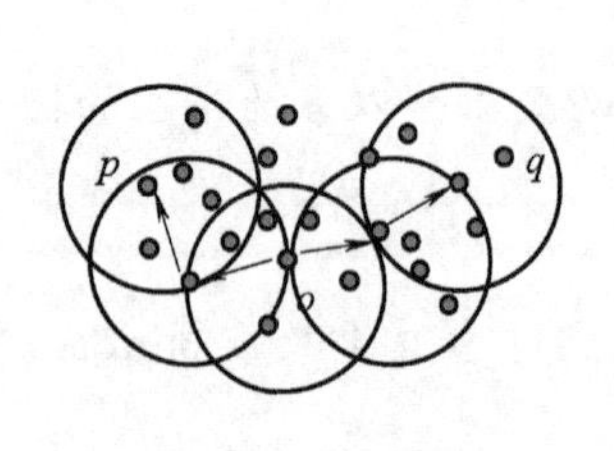

图5-28　密度相连

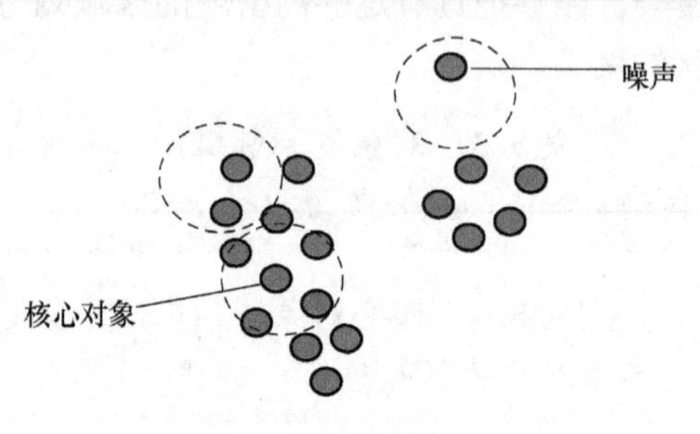

图5-29　噪声

2. DBSCAN 算法的过程

DBSCAN 如何发现簇？初始，给定数据集 D 中的所有对象都被标记为"unvisited"。DBSCAN 随机地选择一个未访问的对象 p，标记 p 为"visited"，并检查 p 的 ε-邻域是否至少包含 MinPts 个对象。如果不是，则 p 被标记为噪声点；否则为 p 创建一个新的簇 C，并且把 p 的 ε-邻域中的所有对象都放到候选集合 N 中。DBSCAN 迭代地把 N 中不属于其他簇的对象添加到 C 中。在此过程中，对于 N 中标记为"unvisited"的对象 p'，DBSCAN 把它标记为"visited"，并且检查它的 ε-邻域。如果 p'的 ε-邻域至少有 MinPts 个对象，则 p'的 ε-邻域中的对象都被添加到 N 中。DBSCAN 继续添加对象到 C，直到 C 不能再扩展，即直到 N 为空。此时，簇 C 完全生成，于是被输出。

为了找出下一个簇，DBSCAN 从剩下的对象中随机地选择一个未访问的对象。聚类过程继续，直到所有对象都被访问。DBSCAN 算法的伪代码如图 5-30 所示。

在最坏情况下，时间复杂度为 $O(n^2)$。如果使用空间索引，则 DBSCAN 的计算复杂度可以降到 $O(n\log n)$。即使对于高维数据，DBSCAN 的空间复杂度也是 $O(n)$，因为对每个点，它只需要维持少量数据，即簇标号和每个点是核心点、边界点还是噪声点的标识。如果用户定义的参数 ε 和 MinPts 设置恰当，则该算法可以有效地发现任意形状的簇。

算法 5.6　DBSCAN 算法。

输入：①D：一个包含 n 个对象的数据集；②ε：半径参数；③MinPts：邻域密度阈值。

输出：基于密度的簇的集合。

方法：

```
1) 标记所有对象为 unvisited
2) do
3)     随机选择一个 unvisited 对象 p
4)     标记 p 为 visited
5)     if p 的 ε-邻域至少有 MinPis 个对象
6)       创建一个新簇 C，并把 p 添加到 C
7)       令 N 为 p 的 ε-邻域中的对象的集合
8)         for N 中每个点 p'
9)         if p' 是 unvisited
10)              标记 p' 为 visited
11)              if p' 的 ε-邻域至少有 MinPts 个点，把这些点添加到 N
12)            if p' 还不是任何簇的成员，把 p' 添加到 C
13)        end for
14)        输出 C
15)    else 标记 p 为噪声
16) until 没有标记为 unvisited 的对象
```

图 5-30　DBSCAN 算法

【例 5-14】　DBSCAN 算法 1。下面给出一个样本事务数据库（见表 5-16），对它实施 DBSCAN 算法。设 $n=12$，用户输入 $\varepsilon=1$，MinPts $=4$。

表 5-16　样本事务数据库

序　号	属性 1	属性 2	序　号	属性 1	属性 2
1	1	0	7	4	1
2	4	0	8	5	1

（续）

序　　号	属性 1	属性 2	序　　号	属性 1	属性 2
3	0	1	9	0	2
4	1	1	10	1	2
5	2	1	11	4	2
6	3	1	12	1	3

DBSCAN 算法执行过程见表 5-17。

表 5-17　DBSCAN 算法执行过程

步骤	选 择 的 点	在 ε 中点的个数	通过计算可达点而找到的新簇
1	1	2	无
2	2	2	无
3	3	3	无
4	4	5	簇 C_1：{1,3,4,5,10}
5	5	3	已在一个簇 C_1 中
6	10	4	簇 C_1：{1,3,4,5,10,9,12}
7	9	3	已在一个簇 C_1 中
8	12	2	已在一个簇 C_1 中，簇 C_1 完毕
9	6	3	无
10	7	5	簇 C_2：{2,6,7,8,11}
11	8	2	已在一个簇 C_2 中
12	11	2	已在一个簇 C_2 中

第 1 步，在数据库中选择一点 1，由于在以它为圆心的、以 1 为半径的圆内包含两个点（1，4；小于 4），因此它不是核心点，选择下一点。2、3 点类似，也即第 2 步、第 3 步与第 1 步类似。

第 4 步，在数据库中选择一点 4，由于在以它为圆心的，以 1 为半径的圆内包含 5 个点（下划线的 5 个点），因此它是核心点，创建簇 C_1，4 的 ε-邻域中的 4 个点：1，3，5，10，添加到簇 C_1，聚出的新簇 C_1{1,3,4,5,10}。

第 5 步，选择簇 C_1 一点 5，在以它为圆心的，以 1 为半径的圆内包含 2 个点，不是核心对象，选择簇 C_1 下一个点。

第 6 步，选择簇 C_1 一点 10，在以它为圆心的，以 1 为半径的圆内包含 4 个点 4{4,10,9,12}，是核心对象，把 10 的 ε-邻域中的 9、12 添加到簇 C_1 中。选择簇 C_1 下一个点。

第 7 步，选择选择簇 C_1 一点 9，在以它为圆心的，以 1 为半径的圆内包含 3 个点，不是核心对象，选择簇 C_1 下一个点。

第 8 步，选择选择簇 C_1 一点 12，在以它为圆心的，以 1 为半径的圆内包含 2 个点，不是核心对象。簇 C_1 所有点检查完毕，输出簇 C_1：{1,3,4,5,10,9,12}。

第 9 步，在数据库中选择一点 6，由于在以它为圆心的，以 1 为半径的圆内包含 3 个点（5，7；小于 4），因此它不是核心点，选择下一点。

第 10 步，在数据库中选择一点 7，由于在以它为圆心的，以 1 为半径的圆内包含 5 个点，因此它是核心点，创建簇 C_2，7 的 ε-邻域中的 4 个点：2、6、8、11，添加到簇 C_2，聚出的新簇 C_2：{2,6,7,8,11}，选择簇 C2 下一个点。

第11~12步，选择簇C_2点8和11，均不是核心对象，簇C_2检查完毕，输出簇C_2：{2,6,7,8,11}。

最终聚出的类为{1,3,4,5,9,11,12}，{2,6,7,8,10}。

【例5-15】 DBSCAN算法2。对于表5-18所示二维平面上的数据集，取Eps=3、MinPts=3来演示DBSCAN算法的聚类过程。

表5-18 二维平面上的数据集

*P*1	*P*2	*P*3	*P*4	*P*5	*P*6	*P*7	*P*8	*P*9	*P*10	*P*11	*P*12	*P*13
1	2	2	4	5	6	6	7	9	1	3	5	3
2	1	4	3	8	7	9	9	5	12	12	12	3

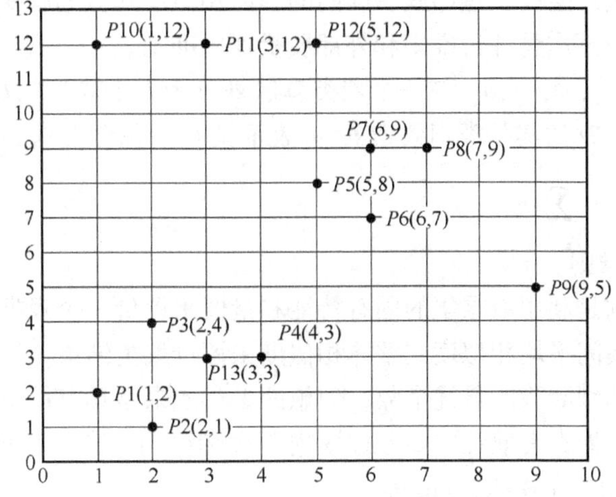

图5-31 二维平面上的数据示意图

第1步，随机选择一个点，如*P*1(1,2)，其Eps邻域中包含{*P*1,*P*2,*P*3,*P*13}，*P*1是核心点，其邻域中的点构成簇1的一部分，依次检查*P*2、*P*3、*P*13的Eps邻域，进行扩展，将点*P*4并入，*P*4为边界点。

第2步，检查点*P*5，其Eps邻域中包含{*P*5,*P*6,*P*7,*P*8}，*P*5是核心点，其邻域中的点构成簇2的一部分，依次检查*P*6、*P*7、*P*8的Eps邻域，进行扩展，每个点都是核心点，不能扩展。

第3步，检查点*P*9，其Eps邻域中包含 {*P*9}，*P*9为噪声点或边界点。

第4步，检查点*P*10，其Eps邻域中包含{*P*10,*P*11}，*P*10为噪声点或边界点；检查*P*11，其Eps邻域中包含{*P*10,*P*11,*P*12}，*P*11为核心点，其邻域中的点构成簇3的一部分；进一步检查，*P*10、*P*12为边界点。

所有点标记完毕，*P*9没有落在任何核心点的邻域内，所以*P*9为噪声点。

最终识别出3个簇，*P*9为噪声点。簇1包含{*P*1,*P*2,*P*3,*P*4,*P*13}，*P*4为边界点，其他点为核心点；簇2包含{*P*5,*P*6,*P*7,*P*8}，其全部点均为核心点；簇3包含{*P*10,*P*11,*P*12}，*P*10、*P*12为边界点，*P*11为核心点。

注意，如果MinPts=4，则簇3中的点均被识别成噪声点。

3. DBSCAN算法的优缺点

1）优点：能克服基于距离的算法只能发现“类圆形”的聚类的缺点，可发现任意形状的聚类，有效地处理数据集中的噪声数据，数据输入顺序不敏感。

2）缺点：输入参数敏感，确定参数 ε、MinPts 困难，若选取不当，则将造成聚类质量下降；由于在 DBSCAN 算法中，变量 ε、MinPts 是全局唯一的，当空间聚类的密度不均匀、聚类间距离相差很大时，聚类质量较差；计算密度单元的计算复杂度大，需要建立空间索引来降低计算量，且对数据维数的伸缩性较差。这类方法需要扫描整个数据库，每个数据对象都可能引起一次查询，因此当数据量大时会造成频繁的 I/O 操作。

5.5 聚类算法评价

一个好的聚类算法产生高质量的簇，即高的簇内相似度和低的簇间相似度。通常评估聚类结果质量的准则有内部质量评价准则和外部质量评价准则。

假设数据集 $D=\{o_1,o_2,\cdots,o_n\}$ 被一个聚类算法划分为 k 个簇 $\{C_1,C_2,\cdots,C_k\}$，n_i 表示簇 C_i 中的对象数，数据集 D 的实际类别数为 s，n_{ij} 表示簇 C_i 中包含类别 j 的对象数，则有 $n_i=\sum_{j=1}^{s} n_{ij}$，总的样本数 $n=\sum_{i=1}^{k} n_i$。

1. 内部质量评价准则

内部质量评价准则是利用数据集的固有特征和量值来评价一个聚类算法的结果。通过计算簇内平均相似度、簇间平均相似度或整体相似度来评价聚类结果。聚类有效指标主要用来评价聚类效果的优劣和判断簇的最优个数，理想的聚类效果是具有最小的簇内距离和最大的簇间距离，因此已有的聚类有效性主要通过簇内距离和簇间距离的某种形式的比值来度量，这类指标常用的包括 CH、DB 和 Dunn 等。

例如，CH 指标的定义如下：

$$\mathrm{CH}(k)=\frac{\mathrm{trace}B/(k-1)}{\mathrm{trace}W/(n-k)} \tag{5-25}$$

式中，$\mathrm{trace}B=\sum_{i=1}^{k} n_i\times \mathrm{dist}\,(z_i-z)^2$，$\mathrm{trace}W=\sum_{i=1}^{k}\sum_{o\in C_i}\mathrm{dist}\,(o-z_i)^2$，$z=\frac{1}{n}\sum_{i=1}^{n} o_i$ 为整个数据集的均值，$z_i=\frac{1}{n_i}\sum_{o\in C_i}^{n} o$ 为簇 C_i 的均值。trace$B$ 表示簇间距离，trace$W$ 表示簇内距离，CH 值越大，意味着聚类中的每个簇自身越紧密，且簇与簇之间更分散，则聚类效果越好。

【例 5-16】 CH 指标。如图 5-32a 所示的数据集有图 5-32b、c、d 三种聚类结果，这里 $n=16$，距离函数采用欧几里得距离。采用 CH 指标判断聚类结果的好坏。

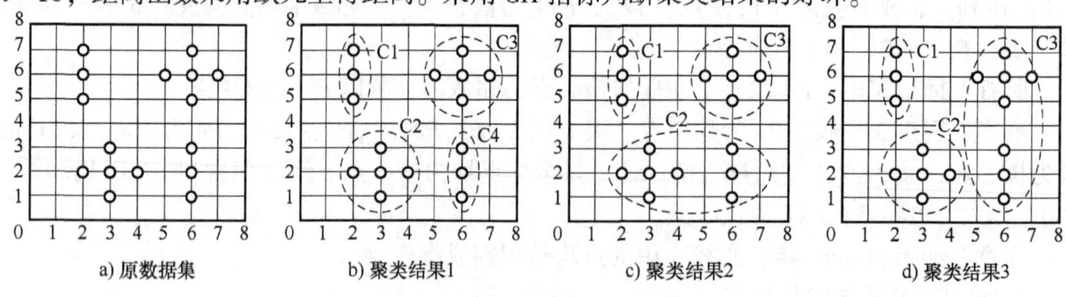

图 5-32 数据集的三种聚类结果

对于聚类结果 1，$k=4$，可以求得 $z_1=(2,6)$,$z_2=(3,2)$，$z_3=(6,6)$，$z_4=(6,2)$，$z=(4.3125,4)$，$\text{trace}B=111.44$，$\text{trace}W=12$，CH = 37.15。对于聚类结果 2，$k=3$，可以求得 $z_1=(2,6)$，$z_2=(4.125,2)$，$z_3=(6,6)$，$z=(4.3125,4)$，$\text{trace}B=80.59$，$\text{trace}W=28.87$，CH = 18.14。对于聚类结果 3，$k=3$，可以求得 $z_1=(2,6)$，$z_2=(3,2)$，$z_3=(6,4.5)$，$z=(4.3125,4)$，$\text{trace}B=81.44$，$\text{trace}W=42$，CH = 12.6。

通过 CH 值比较可以看出聚类结果 1 最好。聚类结果 1 相较于聚类结果 2，簇内距离和簇间距离都得到了改善，即：聚类结果 1 的簇间距离大于聚类结果 2 的簇间距离，聚类结果 1 的簇内距离小于聚类结果 1 的簇内距离。聚类结果 2 相较于聚类结果 3，聚类结果 2 的簇间距离略小于聚类结果 3 的簇间距离，但其簇内距离明显小于聚类结果 3 的簇内距离，所以聚类结果 2 较聚类结果 3 好些。

2. 外部质量评价准则

外部质量评价准则是基于一个已经存在的人工分类数据集（已知每个对象的类别）进行评价的，这样可以将聚类输出结果直接与之进行比较，求出 n_{ij}。外部质量评价准则与聚类算法无关，理想的聚类结果是相同类别的对象被划分到相同的簇中，不同类别的对象被划分到不同的簇中。常用的外部质量评价指标有聚类熵等。

对于簇 C_i，其聚类熵定义为

$$E(C_i) = -\sum_{j=1}^{s} \frac{n_{ij}}{n_i}\log_2\left(\frac{n_{ij}}{n_i}\right) \tag{5-26}$$

整体聚类熵定义为所有聚类熵的加权平均值：

$$E = \frac{1}{n}\sum_{i=1}^{k} n_i \times E(C_i) \tag{5-27}$$

显然，E 越小，聚类效果也越好，反之亦然。

【例 5-17】 **聚类熵**。如图 5-33a 所示的数据集是人工分类好的，有两种聚类算法生成图 5-33b 和图 5-33c 两种聚类结果，这里 $n=16$。采用聚类熵指标判断聚类结果的好坏。

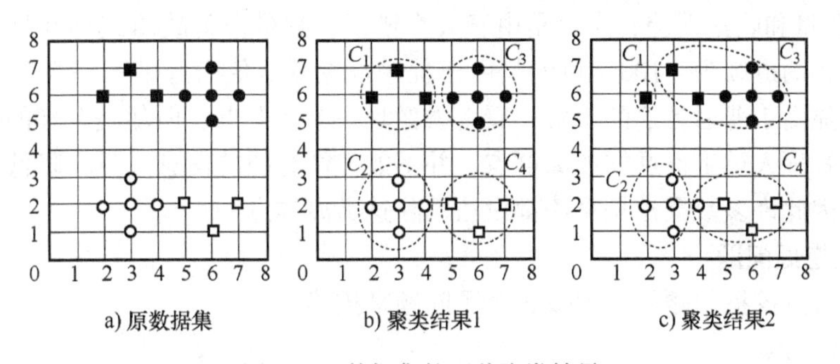

图 5-33　数据集的两种聚类结果

对于聚类结果 1，是完全正确的分类，$n_{ii}=n_i=1\ (1\leqslant i\leqslant k)$，$n_{ij}=0\ (i\neq j)$，显然 $E(C_i)=0$，求出 $E=0$。

对于聚类结果 2，存在分类错误，$n_1=1$，$n_{11}=1$；$n_2=4$，$n_{22}=4$；$n_3=7$，$n_{31}=2$，$n_{33}=5$；$n_4=4$，$n_{42}=1$，$n_{44}=3$。

$E(C_1)=0$

$E(C_2)=0$

$$E(C_3) = -\left[\frac{2}{7}\times\log_2\left(\frac{2}{7}\right)+\frac{5}{7}\times\log_2\left(\frac{5}{7}\right)\right]=0.86$$

$$E(C_4) = -\left[\frac{1}{4}\times\log_2\left(\frac{1}{4}\right)+\frac{3}{4}\times\log_2\left(\frac{3}{4}\right)\right]=0.81$$

$$E=(7\times0.86+4\times0.84)/16=0.58$$

聚类结果 1 的聚类熵小于聚类结果 2 的聚类熵，所以聚类结果 1 更优。

5.6 离群点挖掘

离群点（Outiler）是指那些与数据的一般行为或模型不一致的数据对象，它们与数据的其他部分非常不同或不一致。在不同的应用场合有许多别名，如孤立点、异常点、新颖点、偏离点、例外点、噪声、异常数据等。

离群点挖掘可以描述为，给定 n 个数据点或对象的集合及预期的离群点的数目 k，发现与剩余的数据相比显著相异的、异常的或不一致的头 k 个对象。离群点挖掘在中文文献中又有异常数据挖掘、异常数据检测、离群数据挖掘、例外数据挖掘和稀有事件挖掘等类似术语。

5.6.1 相关问题概述

1. 离群点的产生

一般来说，离群点产生的主要原因有以下 3 个方面：

1）数据来源于欺诈、入侵、疾病爆发、不寻常的实验结果等引起的异常。例如，某人的话费平均为 200 元左右，某月突然增加到数千元；某人的信用卡通常每月消费 5000 元左右，而某个月消费超过 3 万等。

2）数据变量固有变化引起，反映了数据分布的自然特征，如气候变化、顾客新的购买模式、基因突变等。

3）数据测量和收集误差，主要是由于人为错误、测量设备故障或存在噪声。例如，一个学生某门课程的成绩为 -100，可能是由于程序设置默认值引起的；一个公司的高层管理人员的工资明显高于普通员工的工资，看上去像是一个离群点，但却是合理的数据。

类似高层管理人员工资这样的离群点，并不能提供有趣的信息，只会降低数据及其数据挖掘的质量，因此许多数据挖掘算法都设法消除这类离群点。

2. 离群点挖掘问题

通常，离群点挖掘问题可分解成 3 个子问题来描述。

1）定义离群点

由于离群点与实际问题密切相关，明确定义什么样的数据是离群点或异常数据是离群点挖掘的前提和首要任务，一般需要结合领域专家的经验知识，才能对离群点给出恰当的描述或定义。

2）挖掘离群点

离群点被明确定义之后，用什么算法有效地识别或挖掘出所定义的离群点则是离群点挖掘的关键任务。离群点挖掘算法通常从数据能够体现的规律角度为用户提供可疑的离群点数据，以便引起用户的注意。

3）理解离群点

对挖掘结果的合理解释、理解并指导实际应用是离群点挖掘的目标。由于离群点产生的机制是不确定的，因此离群点挖掘算法检测出来的“离群点”是否真正对应实际的异常行为，不可能由离群点挖掘算法来说明和解释，而只能由行业或领域专家来理解和解释说明。

3. 离群点的相对性

离群点是数据集中明显偏离大部分数据的特殊数据，但“明显”以及“大部分”都是相对的，即离群点虽与众不同，但却具有相对性。因此，在定义和挖掘离群点时需要考虑以下几个问题。

（1）全局或局部的离群点

一个数据对象相对于它的局部近邻对象可能是离群的，但相对于整个数据集却不是离群的。例如，身高1.9m的同学在我校数学专业1班就是一个离群点，但在包括姚明等职业球员在内的全国人民中就不是了。

（2）离群点的数量

离群点的数量虽是未知的，但正常点的数量应该远远超过离群点的数量，即离群点的数量在大数据集中所占的比例应该是较低的，一般认为离群点数应该低于5%甚至低于1%。

（3）点的离群因子

不能用“是”与“否”来报告对象是否为离群点，而应以对象的偏离程度，即离群因子（Outlier Factor）或离群值得分（Outlier Score）来刻画一个数据偏离群体的程度，然后将离群因子高于某个阈值的对象过滤出来，提供给决策者或领域专家理解和解释，并在实际工作中应用。

5.6.2　基于距离的方法

基于距离的离群点检测方法认为，一个对象如果远离其余大部分对象，则它就是一个离群点。这种方法不仅原理简单，而且使用方便。基于距离的离群点检测方法有多重改进方法，本书介绍的是一种基于k-最近邻（k-Nearest Neighbour，kNN）距离的离群点挖掘方法。

1. 基本概念

定义5.9　k-最近邻距离。设有正整数k，对象X的k-最近邻距离是满足以下条件的正整数$d_k(X)$：

1）除X以外，至少有k个对象Y满足$d(X,Y) \leqslant d_k(X)$。

2）除X以外，至多有$k-1$个对象Y满足$d(X,Y) < d_k(X)$。

其中，$d(X,Y)$是对象X与Y之间的某种距离函数。

一个对象的k-最近邻的距离越大，越可能远离大部分数据对象，因此可以将对象X的k-最近邻距离$d_k(X)$当作它的离群因子。

定义5.10　k-最近邻域。令$D(X,k)=\{Y \mid d(X,Y) \leqslant d_k(X) \wedge Y \neq X\}$，则称$D(X,k)$是$X$的k-最近邻域（Domain）。

其中，$D(X,k)$是以 X 为中心，距离 X 不超过 $d_k(X)$的对象 Y 所构成的集合。值得特别注意的是，X 不属于它的 k－最近邻域，即 $X \notin D(X,k)$。

特别地，X 的 k-最近邻域 $D(X,k)$包含的对象个数可能远远超过 k，即$|D(X,k)| \geqslant k$。

定义 5.11　k-最近邻离群因子。设有正整数 k，对象 X 的 k-最近邻离群因子定义为

$$\mathrm{OF}_1(X,k) = \frac{\sum_{Y \in D(X,k)} d(X,Y)}{|D(X,k)|} \tag{5-28}$$

2. 算法描述

对于给定的数据集和最近邻距离的个数 k，可利用式（5-28）计算每个数据对象的 k-最近邻离群因子，并将其从大到小排序输出，其中离群因子较大的若干对象最有可能是离群点，一般要由决策者或行业领域专家进行分析判断，它们中的哪些点真的是离群点。因此，基于距离的离群点检测算法步骤如图 5-34 所示。

算法 5.7　基于距离的离群点检测算法。

输入：①S：数据集；②k：最近邻距离的个数。

输出：疑似离群点及对应的离群因子降序排列表。

方法：

1）Repeat

2）　取 S 中一个未被处理的对象 X

3）　确定 X 的 k-最近邻域 $D(X,k)$

4）　计算 X 的 k-最近邻离群因子 $\mathrm{OF}_1(X,k)$

5）Until S 中每个点都已经处理

6）对 $\mathrm{OF}_1(X,k)$降序排列，并输出（X，$\mathrm{OF}_1(X,k)$）

图 5-34　基于距离的离群点检测算法

3. 计算实例

【例 5-18】　基于距离的离群点检测。设有 11 个点的二维数据集 S 由表 5-19 给出，令 $k=2$，试计算 X_7，X_{10}，X_{11}到其他所有点的离群因子（采用欧几里得距离）。计算过程如下：

表 5-19　有 11 个点的二维数据集 S

Id	Attr_1	Attr_2	Id	Attr_1	Attr_2
X_1	1	2	X_7	6	8
X_2	1	3	X_8	2	4
X_3	1	1	X_9	3	2
X_4	2	1	X_{10}	5	7
X_5	2	2	X_{11}	5	2
X_6	2	3			

为了直观地理解算法原理，将 S 中的数据对象展示在如图 5-35 所示的平面上。

下面分别计算指定的点和其他点的离群因子。

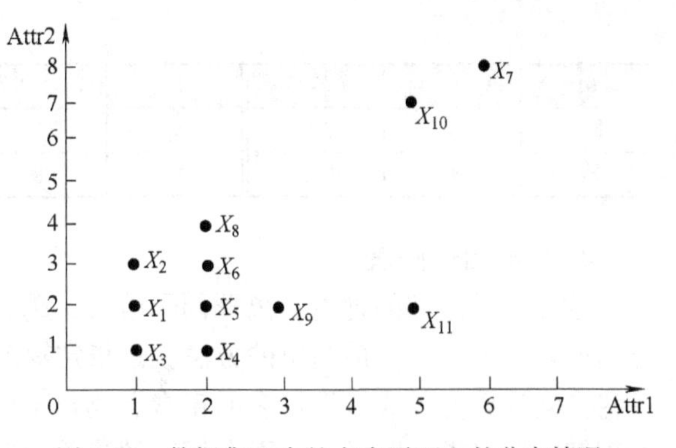

图 5-35　数据集 S 中的点在平面上的分布情况

（1）计算对象 X_7 的离群因子

从图 5-35 可以看出，距离 $X_7=(6,8)$ 最近的一个点为 $X_{10}=(5,7)$，且 $d(X_7,X_{10})=1.41$，其他最近的点可能是 $X_{11}=(5,2)$，$X_9=(3,2)$，$X_8=(2,4)$；经计算得 $d(X_7,X_{11})=6.08$，$d(X_7,X_9)=6.71$，$d(X_7,X_8)=5.66$。

因为 $k=2$，所以 $d_2(X_7)=5.66$，故根据定义 5-9 得 $D(X_7,2)=\{X_{10},X_8\}$。

按照式（5-28），X_7 的离群因子：

$$\mathrm{OF}_1(X_7,2)=\frac{\sum_{Y\in D(X_7,2)}d(X_7,Y)}{|D(X_7,2)|}=\frac{d(X_7,X_{10})+d(X_7,X_8)}{2}=\frac{1.41+5.66}{2}=3.54$$

（2）计算对象 X_{10} 的离群因子

从图 5-35 可以看出，距离 $X_{10}=(5,7)$ 最近的一个点为 $X_7=(6,8)$，且 $d(X_{10},X_7)=1.41$，其他最近的点可能是 $X_{11}=(5,2)$，$X_9=(3,2)$，$X_8=(2,4)$；经计算得 $d(X_{10},X_{11})=5$，$d(X_{10},X_9)=5.39$，$d(X_{10},X_8)=4.24$。

因为 $k=2$，所以 $d_2(X_{10})=4.24$，故得 $D(X_{10},2)=\{X_7,X_8\}$。X_{10} 的离群因子：

$$\mathrm{OF}_1(X_{10},2)=\frac{\sum_{Y\in D(X_{10},2)}d(X_{10},Y)}{|D(X_{10},2)|}=\frac{d(X_{10},X_7)+d(X_{10},X_8)}{2}=\frac{1.41+4.24}{2}=2.83$$

（3）计算对象 X_{11} 的离群因子

从图 5-35 可以看出，距离 $X_{11}=(5,2)$ 最近的一个点为 $X_9=(3,2)$，且 $d(X_{11},X_9)=2$，其他最近的点可能是 $X_4=(2,1)$，$X_5=(2,2)$，$X_6=(2,3)$；经计算得 $d(X_{11},X_4)=3.16$，$d(X_{11},X_5)=3$，$d(X_{11},X_6)=3.16$。

因为 $k=2$，所以 $d_2(X_{11})=3$，故得 $D(X_{11},2)=\{X_9,X_5\}$。X_{11} 的离群因子：

$$\mathrm{OF}_1(X_{11},2)=\frac{\sum_{Y\in D(X_{11},2)}d(X_{11},Y)}{|D(X_{11},2)|}=\frac{d(X_{11},X_9)+d(X_{11},X_5)}{2}=\frac{2+3}{2}=2.5$$

（4）计算对象 X_5 的离群因子

从图 5-35 可以看出，距离 $X_5=(2,2)$ 最近的一个点有 $X_1=(1,2)$，$X_4=(2,1)$，$X_6=(2,3)$，$X_9=(3,2)$，且 $d(X_5,X_i)=1(i=1,4,6,9)$。因为 $k=2$，所以 $d_2(X_5)=1$，故得 $D(X_5,2)=\{X_1,X_4,X_6,X_9\}$。$X_5$ 的离群因子：

$$\mathrm{OF}_1(X_5,2)=\frac{\sum_{Y\in D(X_5,2)}d(X_5,Y)}{|D(X_5,2)|}=\frac{d(X_5,X_1)+d(X_5,X_4)+d(X_5,X_6)+d(X_5,X_9)}{4}=\frac{4}{4}=1$$

类似地，可以计算得到其余对象的离群因子，见表 5-20。

表 5-20　11 个二维数据点的离群因子排序表

Id	序　号	OF_1 值	Id	序　号	OF_1 值	Id	序　号	OF_1 值
X_7	1	3.54	X_8	5	1.21	X_3	9	1
X_{10}	2	2.83	X_5	6	1	X_2	10	1

（续）

Id	序　　号	OF_1值	Id	序　　号	OF_1值	Id	序　　号	OF_1值
X_{11}	3	2.5	X_6	7	1	X_1	11	1
X_9	4	1.27	X_4	8	1			

4. 离群因子阈值

按照k-最近邻的理论，离群因子越大，越有可能是离群点，因此必须指定一个阈值来区分离群点和正常点。最简单的方法就是指定离群点个数，但这种方法过于简单，有时会漏掉一些真实的离群点或者把过多的正常点也归于可能的离群点，给领域专家或决策者对离群点的理解和解释带来困难。下面介绍一种简单的离群因子分割阈值法：

1）首先将离群因子降序排列，同时把数据对象按照离群因子重新编升序号。

2）以离群因子$OF_l(\mathrm{X},\mathrm{k})$为纵坐标、离群因子顺序号为横坐标，即以（序号，$OF_1$值）为点在平面上标出，连接形成一条非增的折线，并从中找到折线急剧下降与平缓下降交叉的点对应离群因子作为阈值，离群因子小于等于这个阈值的对象为正常对象，其他就是可能的离群点。

【例5-19】 离群因子阈值。对例5-18的数据集S，其离群因子按降序排列与序号汇总在表5-18中。根据离群因子分割阈值法找到离群点的阈值方法如下。

首先以表5-18的（序号，OF_1值）作为平面上的点，在平面上标出并用折线连接。

观察图5-36可以发现，第4个点（4，1.27）左边的折线下降非常陡，而右端的折线则下降非常平缓，因此，选择离群因子1.27作为阈值。由于X_7、X_{10}和X_{11}的离群因子分别是3.54、2.83和2.5，它们都大于1.27，因此这3个点最有可能是离群点，而其余点就是普通点。

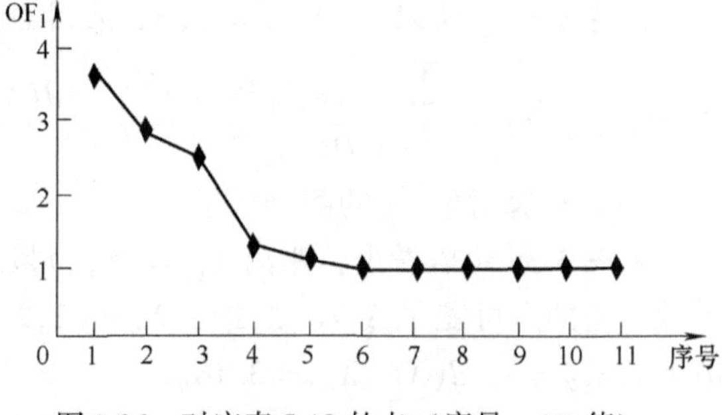

图5-36　对应表5-18的点（序号，OF_1值）在平面上的折线图

再观察图5-35可以发现，X_7、X_{10}和X_{11}的确远离左边密集的多数对象，因此将它们当作数据集S的离群点是合理的。

5. 算法评价

基于距离的离群点检测方法最大的优点是原理简单且使用方便，其不足点主要体现在以下几个方面。

1）参数k的选择缺乏简单有效的方法来确定，检测结果对参数k敏感性程度也没有大家一致接受的分析结果。

2）时间复杂性为$O(|S|^2)$，对于大规模数据集缺乏伸缩性。

3）由于使用全局离群因子阈值，在具有不同密度区域的数据集中挖掘离群点困难。

5.6.3 基于相对密度的方法

基于距离的方法是一种全局离群点检查方法，但不能处理不同密度区域的数据集，即无法检测出局部密度区域内的离群点，而实际应用中数据并非都是单一密度分布的。当数据集含有多种密度分布或由不同密度子集混合而成时，类似距离这种全局离群点检测方法通常效果不佳，因为一个对象是否为离群点不仅取决于它与周围数据的距离大小，而且与邻域内的密度状况有关。

1. 相对密度的概念

从密度邻域的角度看，离群点是在低密度区域中的对象，因此需要引进对象的局部邻域密度及相对密度的概念。

定义 5.12　k-最近邻局部密度。 一个对象 X 的 k-最近邻局部密度（Density）定义为

$$den(X,k) = \frac{|D(X,k)|}{\sum_{Y\in D(X,k)} d(X,Y)} \tag{5-29}$$

定义 5.13　k-最近邻局部相对密度。 一个对象 X 的 k-最近邻局部相对密度（Relative density）定义为

$$\text{rden}(X,k) = \frac{\sum_{Y\in D(X,k)} den(Y,k)/|D(X,k)|}{den(X,k)} \tag{5-30}$$

式中，$D(X,k)$ 就是对象 X 的 k-最近邻域（定义 5.10 给出），$|D(X,k)|$ 是该集合的对象个数。

2. 算法描述

基于相对密度的离群点检测方法通过比较对象的密度与它的邻域中对象的平均密度来检测离群点，以 $\text{rden}(X,k)$ 作为离群因子 $\text{OF}_2(X,k)$，其计算步骤如下：

1）根据近邻个数 k，计算每个对象 X 的 k-最近邻局部密度 $\text{den}(X,k)$。

2）计算 X 的近邻平均密度以及 k-最近邻局部相对密度 $\text{rden}(X,k)$。

一个数据集由多个自然簇构成，在簇内靠近核心点的对象的相对密度接近于 1，而处于簇的边缘或是簇的外面的对象的相对密度相对较大。因此，相对密度值越大就越可能是离群点。

基于相对密度的离群点检测算法过程如图 5-37 所示。

算法 5.8　基于相对密度的离群点检测算法。
输入：①S：数据集；②k：最近邻距离的个数。
输出：疑似离群点及对应的离群因子降序排列表。
方法：

```
1) Repeat
2)      取 S 中一个未被处理的对象 X
3)      确定 X 的 k-最近邻域 D(X,k)
4)      利用 D(X,k)计算 X 的密度 den(X,k)
5) Until S 中所有对象都已经处理
6) Repeat
7)      取 S 中第一个对象 X
8)      确定 X 的相对密度 rden(X,k)，并赋值给 OF2(X,k)
9)    Until S 中所有对象都已经处理
10) 对 OF2(X,k)降序排列，并输出(X, OF2(X,k))
```

图 5-37　基于相对密度的离群点检测算法

【例 5-20】 基于相对密度的离群点检测。对于例 5-18 给出的二维数据集 S（见表 5-17），令 $k=2$，试计算 X_7、X_{10}、X_{11} 等对象基于相对密度的离群因子（采用欧几里得距离）。计算过程如下：

因为 $k=2$，所以根据算法 5.36，需要求出所有对象的 2-最近邻局部密度。

1）找出表 5-17 中每个数据对象的 2-最近邻域 $D(X_i,2)$。

按照例 5-18 的计算方法可得：

$$D(X_1,2)=\{X_2,X_3,X_5\},D(X_2,2)=\{X_1,X_6\},\quad D(X_3,2)=\{X_1,X_4\},$$
$$D(X_4,2)=\{X_3,X_5\},\quad D(X_5,2)=\{X_1,X_4,X_6,X_9\},D(X_6,2)=\{X_2,X_5,X_8\}$$
$$D(X_7,2)=\{X_{10},X_8\},\quad D(X_8,2)=\{X_2,X_6\},\quad D(X_9,2)=\{X_5,X_4,X_6\}$$
$$D(X_{10},2)=\{X_7,X_8\},\quad D(X_{11},2)=\{X_9,X_5\};$$

2）计算每个数据对象的密度 $\mathrm{den}(X_i,2)$：

① 计算 X_1 的密度。

由于 $D(X_1,2)=\{X_2,X_3,X_5\}$，因此经计算有 $d(X_1,X_2)=1$，$d(X_1,X_3)=1$，$d(X_1,X_5)=1$，根据式（5-29）得：

$$\mathrm{den}(X_1,2)=\frac{|D(X_1,2)|}{\sum_{Y\in D(X_1,2)}d(X_1,Y)}=\frac{|D(X_1,2)|}{d(X_1,X_2)+d(X_1,X_3)+d(X_1,X_5)}=\frac{3}{1+1+1}=1$$

② 计算 X_2 的密度。

由于 $D(X_2,2)=\{X_1,X_6\}$，因此经计算有 $d(X_2,X_1)=1$，$d(X_2,X_6)=1$，根据式（5-29）得：

$$\mathrm{den}(X_2,2)=\frac{|D(X_2,2)|}{\sum_{Y\in D(X_2,2)}d(X_2,Y)}=\frac{2}{1+1}=1$$

③ 按照上面的方法进行计算可得，X_3、X_4、X_5、X_6 的密度都是 1。

④ 计算 X7 的密度。

由于 $D(X_7,2)=\{X_{10},X_8\}$，因此经计算有 $d(X_7,X_{10})=1.41$，$d(X_7,X_8)=5.66$，根据式（5-29）得：

$$\mathrm{den}(X_7,2)=\frac{|D(X_7,2)|}{\sum_{Y\in D(X_7,2)}d(X_7,Y)}=\frac{2}{5.66+1.41}=0.28$$

⑤ 按照上面的方法进行计算可得 X_8、X_9、X_{10}、X_{11} 的密度，并全部汇总于表 5-21。

表 5-21 11 个对象的二维数据集的密度表

Id	$\|D(X_i,k)\|$	den 值	Id	$\|D(X_i,k)\|$	den 值	Id	$\|D(X_i,k)\|$	den 值
X_1	3	1	X_5	4	1	X_9	3	0.78
X_2	2	1	X_6	3	1	X_{10}	2	0.35
X_3	2	1	X_7	2	0.28	X_{11}	2	0.4
X_4	2	1	X_8	2	0.83			

3）计算每个对象 X_i 的相对密度 $\mathrm{rden}(X_i, 2)$，根据算法 5.8，当获得每个对象的密度值后，就需要计算每个对象的 X_i 的相对密度 $\mathrm{rden}(X_i, 2)$，并将其作为离群因子 $\mathrm{OF}_2(X_i, 2)$。

① 计算 X_1 的相对密度。

利用表5-19中每个对象的密度值，根据式（5-30）有

$$\text{rden}(X_1,2)=\frac{\sum_{Y\in D(X_1,2)}\text{den}(Y,2)/|D(X_1,2)|}{\text{den}(X_1,2)}=\frac{(1+1+1)/3}{1}=1=\text{OF}_2(X_1,2)$$

② 按照上面的方法进行计算可得，X_2、X_3、X_4的密度都是1。

③ 计算X_5的相对密度。

利用表5-19中每个对象的密度值，根据式（5-30）有

$$\text{rden}(X_5,2)=\frac{\sum_{Y\in D(X_5,2)}\text{den}(Y,2)/|D(X_5,2)|}{\text{den}(X_5,2)}=\frac{(1+1+1+0.78)/4}{1}=0.95=\text{OF}_2(X_5,2)$$

④ 按照上面的方法进行计算可得，X_6、X_7、X_8、X_9、X_{10}、X_{11}的密度，其结果汇总于表5-22。

表5-22　11个对象的二维数据集的相对密度表

Id	rden值	Id	rden值	Id	rden值
X_1	1	X_5	0.95	X_9	1.28
X_2	1	X_6	0.94	X_{10}	1.57
X_3	1	X_7	2.09	X_{11}	2.23
X_4	1	X_8	1.21		

【例5-21】　两种离群点挖掘算法。设有表5-23所示的数据集，请采用欧式距离对$k=2$、3、5，计算每个点的k-最近邻局部密度，k-最近邻局部相对密度（离群因子OF_2）以及基于k-最近邻距离的离群因子OF_1。过程如下：

表5-23　有16个对象的二维数据集S

Id	Attr_1	Attr_2	Id	Attr_1	Attr_2	Id	Attr_1	Attr_2
X_1	35	90	X_7	145	165	X_{13}	160	160
X_2	40	75	X_8	145	175	X_{14}	160	170
X_3	45	95	X_9	150	170	X_{15}	50	240
X_4	50	80	X_{10}	150	170	X_{16}	110	185
X_5	60	96	X_{11}	155	165			
X_6	70	80	X_{12}	155	175			

1）为了便于理解，可将S的点的相对位置在二维平面标出，如图5-38所示。

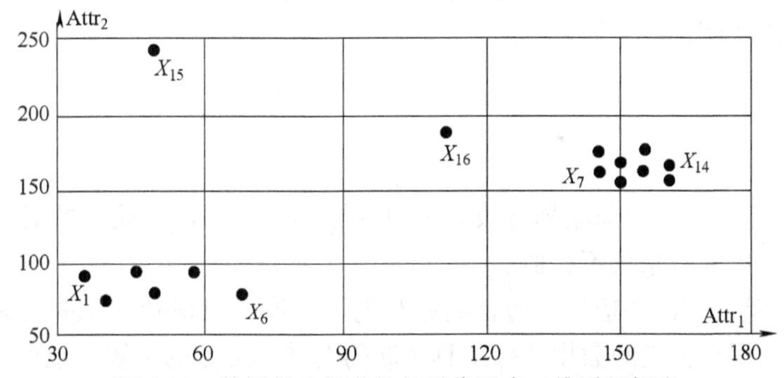

图5-38　数据集S的点的相对位置在二维平面标出

2）利用基于距离和相对密度的算法5.7和5.8，分别计算每个对象的k-最近邻局部密度den、k-最近邻局部相对密度（离群因子OF_2）以及基于k-最近邻距离的离群因子OF_1，

其结果汇总于表5-24。

表5-24 当$k=2$、3、5时的den、OF_1和OF_2的比较

Id	$k=2$			$k=3$			$k=5$		
	den	OF_2	OF_1	den	OF_2	OF_1	den	OF_2	OF_1
X_1	0.07	1.01	13.50	0.07	1.01	15.01	0.05	1.05	21.43
X_2	0.07	1.00	13.50	0.06	1.08	15.87	0.05	1.05	21.40
X_3	0.08	0.86	13.11	0.07	0.89	14.01	0.05	0.87	18.36
X_4	0.07	1.01	13.50	0.07	1.01	15.01	0.06	0.78	16.78
X_5	0.06	1.18	17.59	0.06	1.07	17.59	0.05	1.05	21.50
X_6	0.05	1.27	19.43	0.04	1.47	22.67	0.04	1.37	26.97
X_7	0.14	1.25	7.07	0.12	1.31	8.54	0.10	1.36	9.66
X_8	0.14	1.25	7.07	0.12	1.31	8.54	0.10	1.36	9.66
X_9	0.18	0.84	5.66	0.18	0.79	5.66	0.18	0.71	5.66
X_{10}	0.18	0.84	5.66	0.18	0.79	5.66	0.18	0.71	5.66
X_{11}	0.14	1.08	7.07	0.14	0.98	7.07	0.12	1.03	8.05
X_{12}	0.14	1.17	7.07	0.14	1.10	7.07	0.12	1.15	8.24
X_{13}	0.12	1.21	8.54	0.09	1.72	11.34	0.08	1.74	12.83
X_{14}	0.14	1.00	7.07	0.11	1.28	8.83	0.11	1.20	8.83
X_{15}	0.01	8.23	98.25	0.01	9.14	105.85	0.01	13.14	112.33
X_{16}	0.03	5.42	38.96	0.02	5.96	40.54	0.02	5.68	41.65

3）简单分析

① 从图5-38可以看出，X_{15}和X_{16}是S中两个明显的离群点，基于距离和相对密度的方法都能较好地将其挖掘出来。

② 从这个例子来看，两种算法对k没有预想的那么敏感，也许是离群点X_{15}和X_{16}与其他对象分离十分明显的缘故。

③ 从表5-22可以看出，不管k取2、3或5，X_1所在区域的den值都明显低于X_7所在区域的den值，这与图5-38显示的区域密度一致。但两个区域的相对密度值OF_2却几乎没有明显的差别了。这是相对密度的性质决定的，即对于均匀分布的数据点，其核心点相对密度都是1，而不管点之间的距离是多少。

5.7 小结

1）聚类是一个把数据对象集划分成多个组或簇的过程，使得簇内的对象具有很高的相似性，但与其他簇中的对象很不相似。

2）聚类分析具有广泛的应用，包括商务智能、图像模式识别、Web搜索、生物学和安全。聚类分析可以用作独立的数据挖掘工具来获得对数据分布的了解，也可以作为其他对发现的簇运行的数据挖掘算法的预处理步骤。

3）聚类分析是数据挖掘研究的一个活跃领域，与机器学习的无监督学习有关。

4）聚类是一个充满挑战的领域，其典型的要求包括可伸缩性、处理不同类型的数据和

属性的能力、发现任意形状的簇、确定输入参数的最小领域知识需求、处理噪声和异常数据的能力、对输入次序不敏感性，聚类高维数据的能力、基于约束的聚类，以及聚类的可解释性和可用性。

5）已经开发了许多聚类算法。这些算法可以分为划分方法、层次方法、基于密度的方法、基于网格的方法等。有些算法可能属于多个范畴。

6）划分方法首先创建 k 个划分的初始集合（参数 k 是要构建的划分数目）然后采用迭代重定位技术，设法通过将对象从一个簇移到另一个来改进划分的质量。典型的划分方法包括 K-均值、K-中心点算法。

7）层次方法创建给定数据对象集的层次分解。根据层次分解的形成方式，该方法可以分为凝聚的（自底向上）或分裂的（自顶向下）。凝聚层次聚类的代表是 AGNES 算法；分裂层次聚类的代表是 DIANA 算法。通过 BIRCH 和 CURE 算法弥补了基本代表算法合并或分裂的僵硬性。

8）基于密度的概念聚类对象。DBSCAN 算法根据邻域对象的密度生成簇。

9）一个好的聚类算法产生高质量的簇，即高的簇内相似度和低的簇间相似度。通常评估聚类结果质量的准则有内部质量评价准则和外部质量评价准则。

10）离群点检测和分析对于欺诈检测、定制市场、医疗分析和许多其他任务都是非常有用的。离群点分析方法通常包括基于距离的方法、基于相对密度的方法等。

5.8 习题

5-1　对象 $o_1=(1,8,5,10)$，$o_2=(3,18,15,30)$，计算两个对象的曼哈顿距离、欧几里得距离和明可夫斯基距离（$q=4$）。

5-2　简述一个好的聚类算法应具有哪些特征。

5-3　假设数据挖掘的任务是将表 5-25 所示的 8 个点（用（z,y）代表位置）聚类为 3 个簇。距离函数是欧氏距离。假设初始选择 A_1、B_1 和 C_1 分别为每个簇的中心，用 K-均值算法给出：

（1）在第一轮执行后的 3 个簇中心。

（2）最后的 3 个簇。

表 5-25　8 个数据点的数据集 S

序　号	属性 1	属性 2	序　号	属性 1	属性 2
1	2	10	5	7	5
2	2	5	6	6	4
3	8	4	7	1	2
4	5	8	8	4	9

5-4　设有数据集 $S=\{(1,1),(2,1),(1,2),(2,2),(4,3),(5,3),(4,4),(5,4)\}$，令 $k=3$，假设初始簇中心选取为

①$(1,1),(1,2),(2,2)$；　②$(4,3),(5,3),(5,4)$；　③$(1,1),(2,2),(5,3)$

试分别用 k-均值算法将 S 划分为 k 个簇，并对 3 次聚类结果进行比较分析。

5-5　已知数据集 S 为平面上 14 个数据点（见表 5-26），令 $k=2$ 和 $k=3$，请用 AGNES 算法分别将 S 聚类为 2 个簇和 3 个簇。

表 5-26　14 个数据点的数据集 S

ID	属性 1	属性 2	ID	属性 1	属性 2
X_1	1	0	X_8	5	1
X_2	4	0	X_9	0	2
X_3	0	1	X_{10}	1	2
X_4	1	1	X_{11}	4	2
X_5	2	1	X_{12}	1	3
X_6	3	1	X_{13}	4	5
X_7	4	1	X_{14}	5	6

5-6　在表 5-25 中给定的样本上运行 AGNES 算法，假定算法的终止条件为 3 个簇，初始簇 {1}，{2}，{3}，{4}，{5}，{6}，{7}，{8}。

5-7　在表 5-25 中给定的样本上运行 DIANA 算法，假定算法的终止条件为 3 个簇，初始簇 {1,2,3,4,5,6,7,8}。

5-8　对表 5-26 所示的数据点集 S，令 $k=2$ 和 $k=3$，请用 DIANA 算法分别将 S 聚类为 2 个簇和 3 个簇。

5-9　对表 5-26 所示的数据点集 S，给定密度（$\varepsilon=1$，MinPts $=4$），试用 DBSCAN 算法对其聚类。

5-10　对表 5-26 所示的数据点集 S，令 $k=4$，试用欧几里得距离计算 X_{12}、X_{13}、X_{14} 到其他所有点的离群因子。

5-11　对表 5-26 所示的数据点集 S，试求出所有的离群因子并按降序排列，再根据离群因子分割阈值法找到离群点的阈值和所有可能的离群点。

5-12　对表 5-26 所示的数据点集 S，令 $k=4$，试用欧几里得距离计算 X_{12}、X_{13}、X_{14} 等对象基于相对密度的离群因子，并根据离群因子分割阈值法找到离群点的阈值和所有可能的离群点。

5-13　假设距离函数采用欧式距离，对表 5-26 的数据点集 S，用 $k=2$、3、5 分别计算每个点的 k-最近邻局部密度、k-最近邻局部相对密度（离群因子 OF_2）以及基于 k-最近邻距离的离群因子 OF_1。

第 6 章 分类规则挖掘

通过分析已知类别的数据对象组成的训练数据集，建立描述并区分数据对象类别的分类函数或分类模型是分类的任务。分类模型也常被称为分类器。分类的目的就是利用分类模型预测未知类别数据对象的所属类别，分类挖掘是数据挖掘中一项非常重要的任务。分类在数据挖掘的领域应用十分广泛，如在医疗诊断、信用分级、市场调查等方面。

分类和聚类是两个容易混淆的概念，但事实上它们有着显著的区别：在分类中，为了建立分类模型而分析的数据对象的类别是已知的，在聚类时处理的所有数据对象的类别都是未知的。因此，分类是有指导的，而聚类是无指导的。

数据分类与数值预测都是预测问题，都是首先通过分析训练数据集建立模型，然后利用模型预测数据对象。在数据挖掘中，如果预测目标是数据对象在类别属性（离散属性）上的取值（类别），则称为分类；如果预测目标是数据对象在预测属性（连续属性）上的取值或取值区间，则称为预测。例如，对 100 名男女进行体检，测量了身高和体重，但是事后发现，a 和 b 两人忘了填写性别，c 和 d 两人漏了记录体重。现在根据其他人的情况，推断 a 和 b 两人的性别是分类，而估计 c 和 d 两人的体重则是预测。

6.1 分类问题概述

分类首先通过分析由已知类别数据对象组成的训练数据集，建立描述并区分数据对象类别的分类模型（即分类模型学习），然后利用分类模型预测未知类别数据对象的所属类别（即数据对象分类）。

因此，分类过程分为以下两个阶段：学习阶段与分类阶段，如图 6-1 所示。

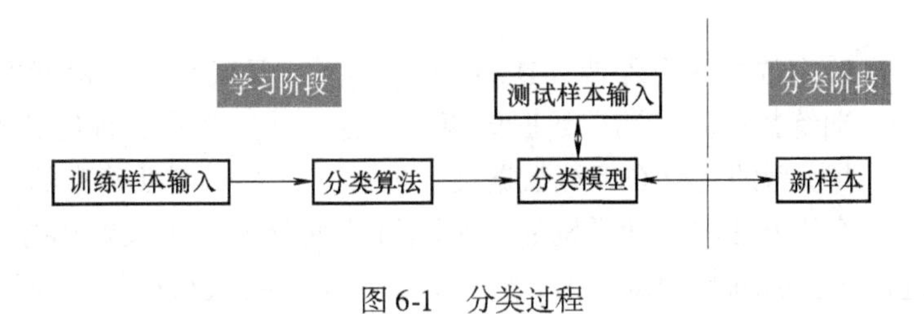

图 6-1 分类过程

1. 学习阶段

学习阶段得到的分类模型不仅要很好地描述或拟合训练样本，还要正确地预测或分类新样本，因此需要利用测试样本评估分类模型的准确率，只有分类模型的准确率满足要求，才能利用该分类模型分类新样本。

(1) 建立分类模型

通过分类算法分析训练数据集建立分类模型。训练数据集 S 中的元组或记录称为训练样本，每个训练样本由 $m+1$ 个属性描述，其中有且仅有一个属性称为类别属性，表示训练样本所属的类别。属性集合可用矢量 $X=(A_1,\cdots,A_m, C)$ 表示，其中 $A_i(1\leqslant i\leqslant m)$ 对应描述属性，可以具有不同的值域。当一个属性的值域为连续域时，该属性称为连续属性（Numerical Attribute），否则称为离散属性（Discrete Attribute）；C 表示类别属性，$C=(c_1, c_2,\cdots,c_k)$，即训练数据集有 k 个不同的类别。那么，S 就隐含地确定了一个从描述属性矢量（$X-\{C\}$）到类别属性 C 的映射函数 $H:(X-\{C\})\rightarrow C$。建立分类模型就是通过分类算法将隐含函数 H 表示出来。

分类算法有决策树分类算法、神经网络分类算法、贝叶斯分类算法、k-最近邻分类算法、遗传分类算法、粗糙集分类算法、模糊集分类算法等。

分类算法可以根据下列标准进行比较和评估。

① 准确率。涉及分类模型正确地预测新样本所属类别的能力。

② 速度。涉及建立和使用分类模型的计算开销。

③ 强壮性。涉及给定噪声数据或具有空缺值的数据，分类模型正确地预测的能力。

④ 可伸缩性。涉及给定大量数据有效地建立分类模型的能力。

⑤ 可解释性。涉及分类模型提供的理解和洞察的层次。

分类模型有分类规则、判定树等多种形式。例如，分类规则以 IF-THEN 的形式表示，类似条件语句，规则前件（IF 部分）表示某些特征判断，规则后件（THEN 部分）表示当规则前件为真时样本所属的类别。例如，“IF 收入 = ‘高’ THEN 信誉 = ‘优’”表示当顾客的收入高时，他的信誉为优。

(2) 评估分类模型的准确率

利用测试数据集评估分类模型的准确率。测试数据集中的元组或记录称为测试样本，与训练样本相似，每个测试样本的类别是已知的，但是在建立分类模型时，分类算法不分析测试样本。在评估分类模型的准确率时，首先利用分类模型对测试数据集中的每个测试样本的类别进行预测，并将已知的类别与分类模型预测的类别进行比较，然后计算分类模型的准确率。分类模型正确分类的测试样本数占总测试样本数的百分比称为该分类模型的准确率。如果分类模型的准确率可以接受，就可以利用该分类模型对新样本进行分类，否则需要重新建立分类模型。

评估分类模型准确率的方法有保持（Holdout）、k-折交叉确认等。保持方法将已知类别的样本随机地划分为训练数据集与测试数据集两个集合，一般而言，训练数据集占 2/3，测试数据集占 1/3。分类模型的建立在训练数据集上进行，分类模型准确率的评估在测试数据集上进行。k-折交叉确认方法将已知类别的样本随机地划分为大小大致相等的 k 个子集 S_1，S_2，…，S_k，并进行 k 次训练与测试。第 i 次，子集 S_i 作为测试数据集，分类模型准确率的评估在其上进行，其余子集的并集作为训练数据集，分类模型的建立在其上进行。进行 k 次训练得到 k 个分类模型，当利用分类模型对测试样本或者新样本进行分类时，可以综合考虑 k 个分类模型的分类结果，将出现次数最多的分类结果作为最终的分类结果。

2. 分类阶段

分类阶段就是利用分类模型对未知类别的新样本进行分类。

数值预测过程与数据分类过程相似。首先通过分析由预测属性取值已知的数据对象组成的训练数据集，建立描述数据对象特征与预测属性之间的相关关系的预测模型，然后利用预测模型对预测属性取值未知的数据对象进行预测。目前，数值预测技术主要采用回归统计技术，如一元线性回归、多元线性回归、非线性回归等。多元线性回归是一元线性回归的推广。在实际中，许多问题可以用线性回归解决，许多非线性问题也可以通过变换后用线性回归解决。

例如，通过已有的数据集信息，结合分类模型和客户信息，判别客户是否会是流失客户。判别数据分类过程主要包含以下两个步骤：第一步，如图 6-2 所示，建立一个描述已知数据集类别或概念的模型。该模型是通过对数据库中各数据行内容的分析而获得的。

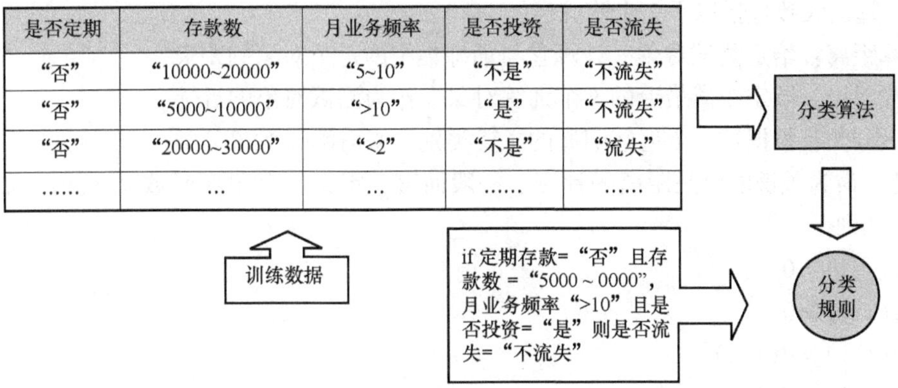

是否定期	存款数	月业务频率	是否投资	是否流失
“否”	“10000~20000”	“5~10”	“不是”	“不流失”
“否”	“5000~10000”	“>10”	“是”	“不流失”
“否”	“20000~30000”	“<2”	“不是”	“流失”
……	…	…	……	……

训练数据

分类算法

if 定期存款=“否”且存款数 =“5000 ~ 0000”，月业务频率“>10”且是否投资=“是”则是否流失=“不流失”

分类规则

图 6-2　数据分类过程中的第一步：学习建模

第二步，如图 6-3 所示，用所获得的模型进行分类操作，首先对模型分类准确率进行估计，若模型的准确率可以接受，则可以采用模型对新数据进行预测。

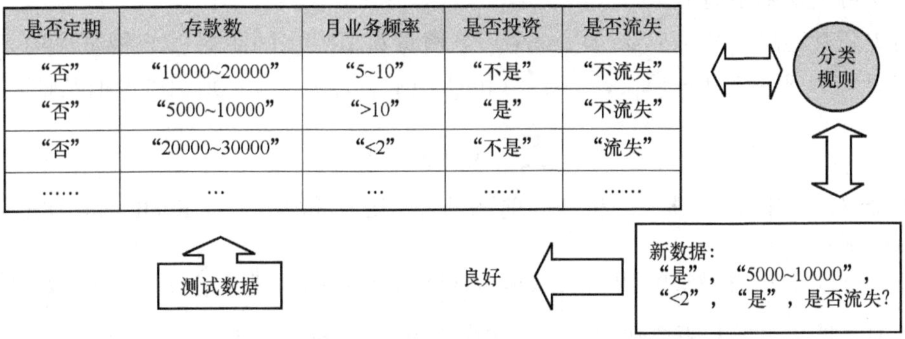

是否定期	存款数	月业务频率	是否投资	是否流失
“否”	“10000~20000”	“5~10”	“不是”	“不流失”
“否”	“5000~10000”	“>10”	“是”	“不流失”
“否”	“20000~30000”	“<2”	“不是”	“流失”
……	…	…	……	……

分类规则

测试数据

良好

新数据：“是”，“5000~10000”，“<2”，“是”，是否流失?

图 6-3　数据分类过程中的第二步：分类测试

6.2　最近邻分类法

6.2.1　KNN 算法原理

K 最近邻（K-Nearest Neighbor，KNN）分类算法是一个理论上比较成熟的方法，也是最简单的机器学习算法之一。该算法最初由 Cover 和 Hart 于 1968 年提出，它根据距离函数计算待分类样本 X 和每个训练样本间的距离（作为相似度），选择与待分类样本距离最小的 K 个样本作为 X 的 K 个最近邻，最后以 X 的 K 个最近邻中的大多数样本所属的类别作为 X 的类别。

KNN 算法中，所选择的邻居都是已经正确分类的对象。该方法在定类决策上只依据最邻近的一个或者几个样本的类别来决定待分样本所属的类别。KNN 方法虽然从原理上也依赖于极限定理，但在类别决策时，只与极少量的相邻样本有关。由于 KNN 方法主要靠周围有限的邻近的样本，而不是靠判别类域的方法确定所属类别的，因此对于类域的交叉或重叠较多的待分样本集来说，KNN 方法较其他方法更为适合。

KNN 算法大致包括以下 3 个步骤。

① 算距离：给定测试对象，计算它与训练集中的每个对象的距离。

② 找邻居：圈定距离最近的 k 个训练对象，作为测试对象的近邻。

③ 做分类：根据这 k 个近邻归属的主要类别，来对测试对象分类。

因此，最为关键的就是距离的计算。一般而言，定义一个距离函数 $d(x,y)$，需要满足以下几个准则。

- $d(x,x)=0$
- $d(x,y)\geqslant 0$
- $d(x,y)=d(y,x)$
- $d(x,k)+d(k,y)\geqslant d(x,y)$

距离的计算有很多方法，大致分为离散型特征值计算方法和连续型特征值计算方法两大类。

1. 连续型数据的相似度度量方法

（1）明可夫斯基距离

明可夫斯基距离（Minkowski Distance）是衡量数值点之间距离的一种常见的方法，假设数值点 P 和 Q 坐标为 $P=(x_1,x_2,\cdots,x_n)$ 和 $Q=(y_1,y_2,\cdots,y_n)$，则明可夫斯基距离定义为

$$\left(\sum_{i=1}^{n}|x_i-y_i|^p\right)^{\frac{1}{p}} \tag{6-1}$$

该距离最常用的 p 是 2 和 1，前者是欧几里得距离（Euclidean Distance）即 $\sqrt{\sum_{i=1}^{n}|x_i-y_i|^2}$。后者是曼哈顿距离（Manhattan distance），即 $\left(\sum_{i=1}^{n}|x_i-y_i|\right)$，当 p 趋近于无穷大时，明可夫斯基距离转化为切比雪夫距离（Chebyshev distance），即

$$\left(\sum_{i=1}^{n}|x_i-y_i|^p\right)^{\frac{1}{p}}=\max_i|x_i-y_i| \tag{6-2}$$

（2）余弦相似度

为了解释余弦相似度，先介绍一下向量内积的概念。向量内积定义如下。

$$\text{Inner}(x,y)=\langle x,y\rangle=\sum_i x_i y_i \tag{6-3}$$

向量内积的结果是没有界限的，一种解决方法是除以长度之后再求内积，这就是应用广泛的余弦相似度（Cosine Similarity）。

$$\mathrm{CosSim}(x,y) = \frac{\sum_i x_i y_i}{\sqrt{\sum_i x_i^2}\sqrt{\sum_i y_i^2}} = \frac{<x,y>}{||x|| \, ||y||} \tag{6-4}$$

余弦相似度与向量的幅值无关，只与向量的方向相关。需要说明的是，余弦相似度受到向量的平移影响，上式如果将 x 平移到 $x+1$，则余弦值就会改变。怎样才能实现这种平移不变性？这就是下面提到的皮尔逊相关系数（Pearson Correlation），或简称为相关系数。

（3）皮尔逊相似系数

$$\mathrm{Corr}(x,y) = \frac{\sum_i (x_i - \bar{x})(y_i - \bar{y})}{\sqrt{\sum_i (x_i - \bar{x})^2}\sqrt{\sum_i (y_i - \bar{y})^2}} = \frac{<x-\bar{x}, y-\bar{y}>}{||x-\bar{x}|| \, ||y-\bar{y}||} = \mathrm{CosSim}(x-\bar{x}, y-\bar{y}) \tag{6-5}$$

皮尔逊相似系数具有平移不变性和尺度不变性，它计算出了两个向量的相关性，$\bar{x}$、$\bar{y}$表示 x、y 的平均值。

2. 离散型数据的相似性度量方法

（1）汉明距离

两个等长字符串 s1 和 s2 之间的汉明距离（Hamming Distance）定义为将其中一个变为另外一个所需要做的最小替换次数。例如，1011101 与 1001001 之间的汉明距离是 2，2143896 与 2233796 之间的汉明距离是 3，toned 与 roses 之间的汉明距离是 3。

在一些情况下，某些特定的值相等并不能代表什么。例如，用 1 表示用户看过该电影，用 0 表示用户没有看过，那么用户看电影的信息就可用 0、1 表示成一个序列。考虑到电影基数非常庞大，用户看过的电影只占其中非常小的一部分，如果两个用户都没有看过某一部电影（两个都是 0），并不能说明两者相似。反之，如果两个用户都看过某一部电影（序列中都是 1），则说明用户有很大的相似度。在这个例子中，序列中等于 1 所占的权重应该远远大于 0 的权重，这就引出下面要说的杰卡德相似系数（Jaccard Similarity）。

（2）杰卡德相似系数

在上面的例子中，用 $M11$ 表示两个用户都看过的电影数目，$M10$ 表示用户 A 看过而用户 B 没有看过的电影数目，$M01$ 表示用户 A 没看过而用户 B 看过的电影数目，$M00$ 表示两个用户都没有看过的电影数目。Jaccard 相似性系数可以表示如下。

$$\mathrm{J} = \frac{M11}{M01 + M10 + M11} \tag{6-6}$$

3. 实现 KNN 算法的步骤

1）初始化距离为最大值。

2）计算测试样本和每个训练样本的距离 dirt。

3）得到目前 k 个最近邻样本中的最大距离 maxdist。

4）如果 dirt 小于 maxdist，则将该训练样本作为 k 最近邻样本。

5）重复步骤 2）~4），直到测试样本和所有训练样本的距离都计算完毕。

6）统计 k 个最近邻样本中每个类别出现的次数。

7）选择出现频率最大的类别作为测试样本的类别。

【例 6-1】 KNN 算法。以表 6-1 所示的人员信息表作为样本数据，假设 $k=5$，并只用

“身高”属性作为距离计算属性。采用 k-最邻近分类算法对 <Pat，女，1.6> 进行分类。

表 6-1　人员信息表

姓　名	性别	身高/m	类　别	姓　名	性别	身高/m	类　别
Kristina	女	1.6	矮	Worth	男	2.2	高
Jim	男	2	高	Steven	男	2.1	高
Maggie	女	1.9	中等	Debbie	女	1.8	中等
Martha	女	1.83	中等	Todd	男	1.95	中等
Stephanie	女	1.7	矮	Kim	女	1.9	中等
Bob	男	1.85	中等	Amy	女	1.8	中等
Kathy	女	1.6	矮	Wynette	女	1.75	中等
Dave	男	1.7	矮				

这里 t = <Pat，女，1.6>，以“身高”属性作为距离计算属性，求出 t 与样本数据集中所有样本 t_i（$1 \leqslant i \leqslant 15$）的距离，即距离 $\text{dist} = |t_i.\text{身高} - t.\text{身高}|$，按距离递增排序，取前 5 个样本构成样本集合 N，见表 6-2，其中 4 个属于矮个、一个属于中等。最终认为 Pat 为矮个。

表 6-2　前 5 个样本集合

姓　名	性　别	身高/m	类　别
Kristina	女	1.6	矮
Dave	男	1.7	矮
Kathy	女	1.6	矮
Wynette	女	1.75	中等
Stephanie	女	1.7	矮

6.2.2　KNN 算法的特点及改进

1. KNN 算法的特点

KNN 算法的优点如下：

1）算法思路较为简单，易于实现。

2）当有新样本要加入训练集中时，无须重新训练（即重新训练的代价低）。

3）计算时间和空间线性于训练集的规模，对某些问题而言是可行的。

KNN 算法的缺点如下：

1）分类速度慢。KNN 算法的时间复杂度和空间复杂度会随着训练集规模和特征维数的增大而快速增加，因此每次新的待分类样本都必须与所有训练集一同计算比较相似度，以便取出靠前的 k 个已分类样本，KNN 算法的时间复杂度为 $O(\text{kmn})$，这里 m 是特征个数，n 是训练集样本的个数。

2）各属性的权重相同，影响准确率。当样本不均衡时，如一个类的样本容量很大，而其他类的样本容量很小时，有可能导致当输入一个新样本时，该样本的 K 个邻居中大容量类的样本占多数。该算法只计算“最近的”邻居样本，如果某一类的样本数量很大，那么有可能目标样本并不接近这类样本，却会将目标样本分到该类下，从而影响分类准确率。

3）样本库容量依赖性较强。

4）K值不好确定。K值选择过小，导致近邻数目过少，会降低分类精度，同时也会放大噪声数据的干扰；K值选择过大，如果待分类样本属于训练集中包含数据较少的类，那么在选择K个近邻时，实际上并不相似的数据也被包含进来，从而造成噪声增加而导致分类效果的降低。

2. KNN算法的改进策略

（1）从降低计算复杂度的角度

当样本容量较大以及特征属性较多时，KNN算法分类的效率就将大大地降低。可以采用的改进方法如下。

①进行特征选择。使用KNN算法之前对特征属性进行约简，删除那些对分类结果影响较小（或不重要）的特征，可以加快KNN算法的分类速度。

② 缩小训练样本集的大小。在原有训练集中删除与分类相关性不大的样本。

③ 通过聚类，将聚类所产生的中心点作为新的训练样本。

（2）从优化相似性度量方法的角度

很多KNN算法基于欧几里得距离来计算样本的相似度，但这种方法对噪声特征非常敏感。为了改变传统KNN算法中特征作用相同的缺点，可以在度量相似度距离公式中给特征赋予不同权重，特征的权重一般根据各个特征在分类中的作用而设定，计算权重的方法有很多，如信息增益的方法。另外，还可以针对不同的特征类型，采用不同的相似度度量公式，更好地反映样本间的相似性。

（3）从优化判决策略的角度

传统的KNN算法的决策规则存在的缺点是，当样本分布不均匀（训练样本各类别之间数目不均衡，或者即使基本数目接近，但其所占区域大小不同）时，只按照前k个近邻顺序而不考虑它们的距离会造成分类不准确，采取的方法很多，如可以采用均匀化样本分布密度的方法加以改进。

（4）从选取恰当K值的角度

由于KNN算法中的大部分计算都发生在分类阶段，而且分类效果很大程度上依赖于K值的选取，到目前为止，没有成熟的方法和理论指导K值的选择，大多数情况下需要通过反复试验来调整K值的选择。

6.2.3 基于应用平台的KNN算法应用实例

KNN算法属于分类算法，其总体目的是通过训练有标签数据，给无标签数据赋标签。它通过计算预测数据与训练数据的距离，选出距离最近的K条记录，在这K条记录中，某一个或某几个标签个数最多的为那个数据的预测标签，可以自行建立一个带标签的训练表和一个不带标签的预测表来做KNN分类算法。数据图如图6-4和图6-5所示。

操作流程图如图6-6所示。

f0▲	f1▲	f2▲	f3▲	label▲
1	2	2	2	good
1	3	3	3	good
1	4	5	3	bad
0	3	6	2	bad
0	4	4	2	bad
0	2	4	2	good
1	3	2	3	bad
1	4	3	2	good
0	2	5	2	bad
1	4	6	3	bad

图6-4 训练集数据表

f0▲	f1▲	f2▲	f3▲
0	3	4	3
1	2	6	3
0	3	5	2
1	4	2	2

图 6-5　预测集数据表

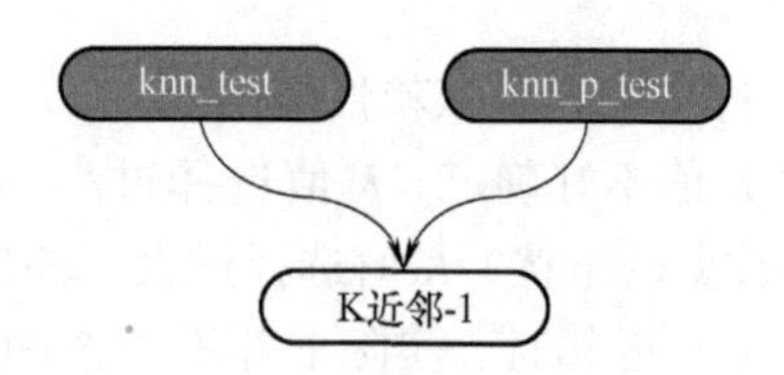

图 6-6　操作流程图

K 近邻的字段设置与参数设置如图 6-7 所示。其中，字段设置如下：选择训练表特征列必选，选择训练表中所需的特征列即可，这里选择的是" f0" " fl" " f2" " f3"；选择训练表的标签列必选，选择训练表中的标签列即可，这里选择的是 label 列；选择预测表特征列可选，当预测表的特征列与训练表的特征列重名时，这里可不选。产出表附加 ID 列可选，它是用来标识该列的身份，进而知道某列对应的预测值，默认预测表特征列都作为附加 ID 列，这里选择的是默认值。参数设置的近邻个数可自行设置，这里选择的是 5。

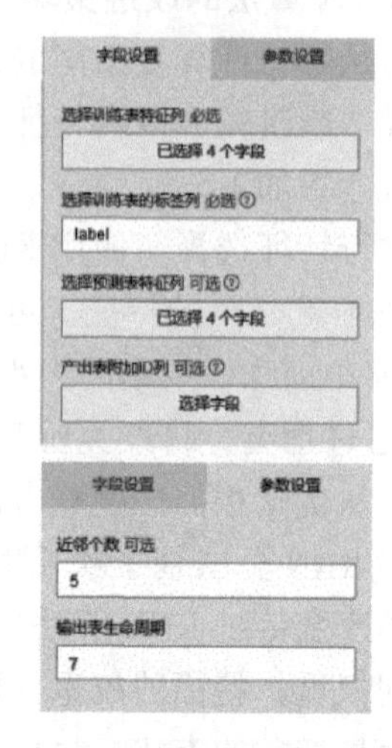

图 6-7　K 近邻的字段设置与参数设置图

实验结果如图 6-8 所示，得到的是对预测表的标签预测。

f0▲	f1▲	f2▲	f3▲	prediction_result▲	prediction_score▲	prediction_detail
0	3	4	3	bad	0.6	{“bad”.0.6,“good”:0.4}
1	2	6	3	bad	0.8	{“bad”.0.8,“good”:0.2}
0	3	5	2	bad	0.8	{“bad”.0.8,“good”:0.2}
1	4	2	2	good	0.6	{“bad”.0.4,“good”:0.6}

图 6-8　K 近邻的实验结果

6.3　决策树分类方法

6.3.1　决策树概述

1. 决策树的基本概念

决策树（Decision Tree）是一种树形结构，包括决策结点（内部结点）、分支和叶结点 3 个部分。

决策结点代表某个测试，通常对应于待分类对象的某个属性，在该属性上的不同测试结果对应一个分支。

叶结点存放某个类标号值，表示一种可能的分类结果。分支表示某个决策结点的不同取值。

如图 6-9 所示，在根结点处，使用体温这个属性把冷血脊椎动物和恒温脊椎动物区别开来。因为所有的冷血脊椎动物都是非哺乳动物，所以用一个类称号为非哺乳动物的叶结点作为根结点的右子女。如果脊椎动物的体温是恒温的，则接下来用胎生这个属性来区分哺乳动物与其他恒温动物（主要是鸟类）。

决策树可以用来对未知样本进行分类，分类过程如下：从决策树的根结点开始，从上往下沿着某个分支往下搜索，直到叶结点，以叶结点的类标号值作为该未知样本所属类标号。

图 6-10 显示了应用决策树预测火烈鸟的类标号所经过的路径，路径终止于类称号为非哺乳动物的叶结点。虚线表示在未标记的脊椎动物上使用各种属性测试条件的结果。该脊椎动物最终被指派到非哺乳动物类。

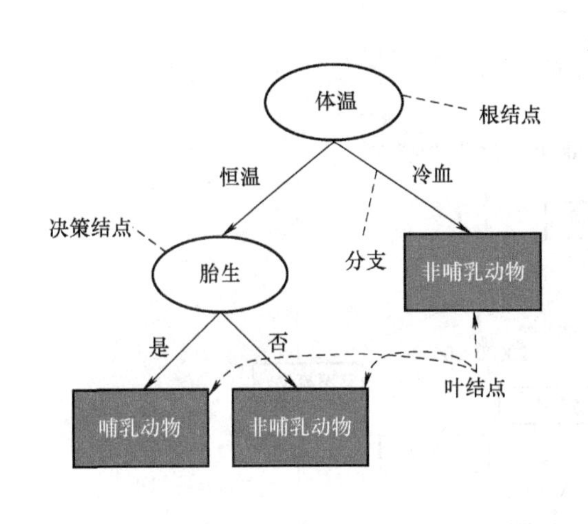

图 6-9　树形结构

未标记的数据	名字	体温	胎生	……	类标号
	火烈鸟	恒温	否	……	?

图 6-10　决策树进行预测示例

决策树分类例题演示：

【例 6-2】　决策树分类。某银行训练数据见表 6-3，请利用决策树分类方法预测类标号未知的新样本｛“是”“5000～10000”“<2”“是”?｝，其类标号属性为流失或不流失。

表 6-3　某银行训练数据

是否定期	存款数	月业务频率	是否投资	是否流失
“否”	“10000～2000”	“5～10”	“不是”	“不流失”
“否”	“5000～10000”	“>10”	“是”	“不流失”
“否”	“20000～30000”	“<2”	“不是”	“流失”
……	…	…	……	……

首先，根据训练数据建立决策树，如图 6-11 所示。

然后，使用决策树对未知新样本进行分类，按照未知样本各属性值与决策树相对应，对未知样本预测属性的属性值进行分类。未知样本分类属性预测如图 6-12 所示。

通过决策树对未知新样本的分类预测，能够得到样本的预测属性值为流失。

2. 决策树的构建

使用决策树方法对未知属性进行分类预测的关键在于决策树的构造，决策树在构建过程中需重点解决以下两个问题：

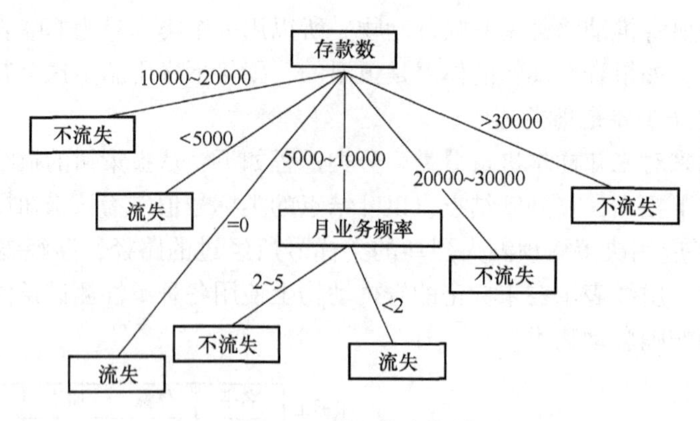

图 6-11　建立的决策树

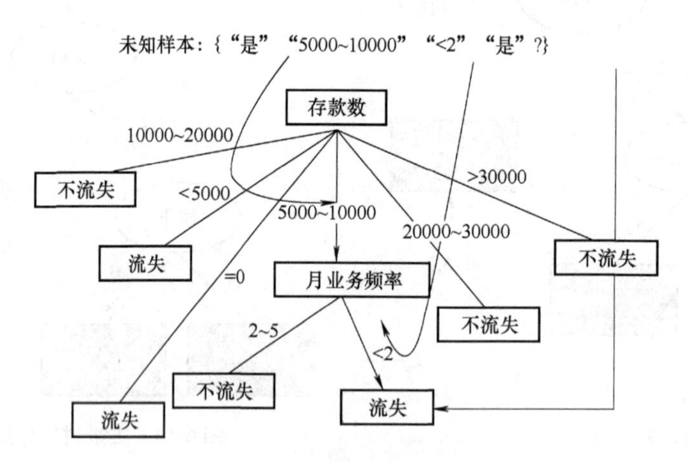

图 6-12　未知样本分类属性预测

① 如何选择合适的属性作为决策树的结点去划分训练样本。

② 如何在适当位置停止划分过程，从而得到大小合适的决策树。

决策树的工作原理流程如图 6-13 所示。

决策树学习的目的是希望生成能够揭示数据集结构并且预测能力强的一棵树，在树完全生长的时候有可能预测能力反而降低，为此通常需要获得大小合适的树。

一般来说有以下两种获取方法：

一种为定义树的停止生长条件，常见条件包括最小划分实例数、划分阈值和最大树深度等。

另一种方法是对完全生长决策树进行剪枝，对决策树的子树进行评估，若去掉该子树后整个决策树表现更好，则该子树将被剪枝。

决策树构建的经典算法——Hunt 算法：通常都采用贪心策略，在选择划分数据的属性时，采取一系列局部最优决策来构造决策树。Hunt 算法是许多决策树算法的基础，包括 ID3、C4.5 和 CART。

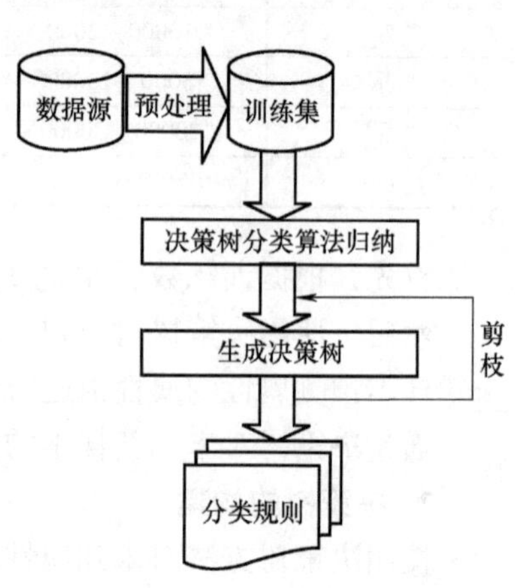

图 6-13　决策树的工作原理流程图

Hunt 算法对决策树的建立过程描述如下，假定 D_t是与结点 t 相关联的训练记录集，$C=\{C_1,C_2,\cdots,C_m\}$是类标号，Hunt 算法的递归定义如下：

1）如果 D_t中所有记录都属于同一个类 C_i（$1\leqslant i\leqslant m$），那么 t 是叶结点，用类标号 C_i进行标记。

2）如果 D_t包含属于多个类的记录，则选择一个属性测试条件，将记录划分为更小的子集。对于测试条件的每个输出，创建一个子结点，并根据测试结果将 D_t中的记录分布到子结点中，然后对每个子结点递归调用该算法。

图 6-14 是使用 Hunt 算法构建决策树的过程。图 6-14a 所示为每条记录都包含贷款者的个人信息，以及贷款者是否拖欠贷款的类标号。通过已有的信息数据对未知样本中的拖欠贷款进行分类预测，预测贷款申请者是会按时归还贷款，还是会拖欠贷款。

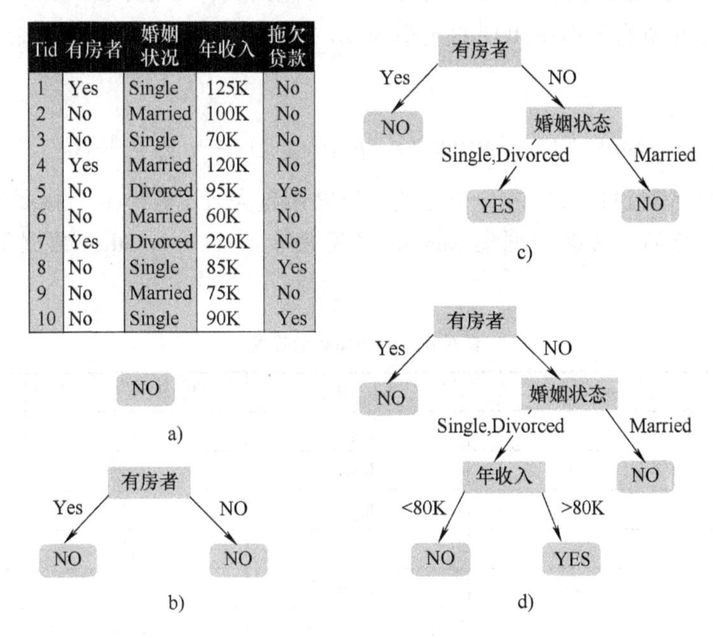

Tid	有房者	婚姻状况	年收入	拖欠贷款
1	Yes	Single	125K	No
2	No	Married	100K	No
3	No	Single	70K	No
4	Yes	Married	120K	No
5	No	Divorced	95K	Yes
6	No	Married	60K	No
7	Yes	Divorced	220K	No
8	No	Single	85K	Yes
9	No	Married	75K	No
10	No	Single	90K	Yes

图 6-14　Hunt 算法构建决策树

该分类问题的初始决策树只有一个结点，类标号为“NO”（见图 6-14a），意味大多数贷款者都按时归还贷款。然而，该树需要进一步的细化，因为根结点包含两个类的记录。根据“有房者”测试条件，这些记录被划分为较小的子集，如图 6-14b 所示。选取属性测试条件的理由稍后讨论，假定此处这样选是划分数据的最优标准。接下来，对根结点的每个子女递归地调用 Hunt 算法。从给出的训练数据集可以看出，有房的贷款者都按时偿还了贷款，因此根结点的左子女为叶结点，标记为“NO”（见图 6-14b）。对于右子女，需要继续递归调用 Hunt 算法，直到所有的记录都属于同一个类为止。每次递归调用所形成的决策树显示在图 6-14c 和图 6-14d 中。

如果属性值的每种组合都在训练数据中出现，并且每种组合都具有唯一的类标号，则 Hunt 算法是有效的。但是对于大多数实际情况，这些假设太苛刻了。

虽然可以采用任何一个属性对数据集进行划分，但选择不同的属性最后形成的决策树差异很大。属性选择是决策树算法中重要的步骤。常见的属性选择标准包括信息增益（Information

Gain）和 Gini 系数。

1）信息增益是决策树常用的分枝准则，在树的每个结点上选择具有最高信息增益的属性作为当前结点的划分属性。

2）Gini 系数是一种不纯度函数，用来度量数据集的数据关于类的纯度。

信息增益和 Gini 系数是信息论中的概念，下面介绍信息论中的相关概念。

6.3.2 信息论

1. 信息熵

熵（Entropy，也称信息熵）用来度量一个属性的信息量。

假定 S 为训练集，S 的目标属性 C 具有 m 个可能的类标号值，$C=\{C_1,C_2,\cdots,C_m\}$，假定训练集 S 中，C_i在所有样本中出现的频率为 $p_i(i=1,2,3,\cdots,m)$，则该训练集 S 所包含的信息熵定义为

$$\text{Entropy}(S) = \text{Entropy}(p_1,p_2,\cdots,p_m) = -\sum_{i=1}^{m} p_i \log_2 p_i \tag{6-7}$$

熵越小表示样本对目标属性的分布越纯，反之熵越大表示样本对目标属性分布越混乱。

【例 6-3】 信息熵。考虑数据集 weather（见表 6-4）。求 weather 数据集关于目标属性 play ball 的熵。

表 6-4 weather 数据集

outlook	temperature	humidity	wind	play ball
sunny	hot	high	weak	no
sunny	hot	high	strong	no
overcast	hot	high	weak	yes
rain	mild	high	weak	yes
rain	cool	normal	weak	yes
rain	cool	normal	strong	no
overcast	cool	normal	strong	yes
sunny	mild	high	weak	no
sunny	cool	normal	weak	yes
rain	mild	normal	weak	yes
sunny	mild	normal	strong	yes
overcast	mild	high	strong	yes
overcast	hot	normal	weak	yes
rain	mild	high	strong	no

令 weather 数据集为 S，其中有 14 个样本。目标属性 play ball 有两个值 $\{C_1=\text{yes},\ C_2=\text{no}\}$。14 个样本的分布如下：

9 个样本的类标号取值为 yes，5 个样本的类标号取值为 No。$C_1=\text{yes}$ 在所有样本 S 中出现的概率为 9/14，$C_2=\text{no}$ 在所有样本 S 中出现的概率为 5/14。

因此数据集 S 的熵为

$$\text{Entropy}(S)=\text{Entropy}\left(\frac{9}{14},\frac{5}{14}\right)=-\frac{9}{14}\log_2\frac{9}{14}-\frac{5}{14}\log_2\frac{5}{14}=0.94$$

2. 信息增益

信息增益是划分前样本数据集的不纯程度（熵）和划分后样本数据集的不纯程度（熵）的差值。

假设划分前样本数据集为 S，并用属性 A 来划分样本集 S，则按属性 A 划分 S 的信息增益 $\text{Gain}(S,A)$ 为样本集 S 的熵减去按属性 A 划分 S 后的样本子集的熵：

$$\text{Gain}(S,A)=\text{Entropy}(S)-\text{Entropy}_A(S) \tag{6-8}$$

按属性 A 划分 S 后的样本子集的熵定义如下：假定属性 A 有 k 个不同的取值，从而将 S 划分为 k 个样本子集 $\{S_1,S_2,\cdots,S_k\}$，则按属性 A 划分 S 后的样本子集的信息熵为

$$\text{Entropy}_A(S)=\sum_{i=1}^{k}\frac{|S_i|}{|S|}\text{Entropy}(S_i) \tag{6-9}$$

式中，$|S_i|(i,=1,2,\cdots,k)$ 为样本子集 S_i 中包含的样本数，$|S|$ 为样本集 S 中包含的样本数。信息增益越大，说明使用属性 A 划分后的样本子集越纯，越有利于分类。

【例6-4】 信息增益。同样以数据集 weather 为例，设该数据集为 S，假定用属性 wind 来划分 S，求 S 对属性 wind 的信息增益。

1）首先由前例计算得到数据集 S 的熵值为 0.94。

2）属性 wind 有两个可能的取值 {weak，strong}，它将 S 划分为 2 个子集：$\{S_1,S_2\}$，S_1 为 wind 属性取值为 weak 的样本子集，共有 8 个样本；S_2 为 wind 属性取值为 strong 的样本子集，共有 6 个样本；下面分别计算样本子集 S_1 和 S_2 的熵。

对样本子集 S_1，play ball = yes 的有 6 个样本，play ball = no 的有 2 个样本，则：

$$\text{Entropy}(S_1)=-\frac{6}{8}\log_2\frac{6}{8}-\frac{2}{8}\log_2\frac{2}{8}=0.811$$

对样本子集 S_2，play ball = yes 的有 3 个样本，play ball = no 的有 3 个样本，则：

$$\text{Entropy}(S_2)=-\frac{3}{6}\log_2\frac{3}{6}-\frac{3}{6}\log_2\frac{3}{6}=1$$

利用属性 wind 划分 S 后的熵为

$$\begin{aligned}\text{Entropy}_{\text{Wind}}(S)&=\sum_{i=1}^{k}\frac{|S_i|}{|S|}\text{Entropy}(S_i)=\frac{|S_1|}{|S|}\text{Entropy}(S_1)+\frac{|S_2|}{|S|}\text{Entropy}(S_2)\\&=\frac{8}{14}\text{Entropy}(S_1)+\frac{6}{14}\text{Entropy}(S_2)=0.571\times0.811+0.428\times1=0.891\end{aligned}$$

按属性 wind 划分数据集 S 所得的信息增益值为

$$\text{Gain}(S,\text{wind})=\text{Entropy}(S)-\text{Entropy}_{\text{wind}}(S)=0.94-0.891=0.049$$

6.3.3 ID3 算法

1. ID3 算法代码

ID3 算法伪代码如图 6-15 所示。

下面以例 6-5 为例讲解 ID3 算法的建立过程。

【例6-5】 ID3 算法 1。同样以 weather 数据集为例（见表 6-4），使用 ID3 算法实现决策树的构建。

算法 6.1　ID3 算法。
函数：DT(S,F)
输入：训练集数据 S，训练集数据属性集合 F。
输出：ID3 决策树。
方法：

```
1) if 样本 S 全部属于同一个类别 C then
2)      创建一个叶结点，并标记类标号为 C
3) return
4) else
5)      计算属性集 F 中每一个属性的信息增益，假定增益值最大的属性为 A
6)      创建结点，取属性 A 为该结点的决策属性
7)      for 结点属性 A 的每个可能的取值 V  do
8)          为该结点添加一个新的分支，假设 S_V 为属性 A 取值为 V 的样本子集
9)          if 样本 S_V 全部属于同一个类别 C then
10)             为该分支添加一个叶结点，并标记类标号为 C
11)          else
12)             递归调用 DT(S_V, F－{A})，为该分支创建子树
13)          end if
14)      end for
15) end if
```

图 6-15　ID3 算法过程

分析：数据集具有属性：outlook，temperature，humidity，wind。

outlook = {sunny，overcast，rain}

temperature = {hot，mild，cool}

humidity = {high，normal}

wind = {weak，strong}

首先计算总数据集 S 对所有属性的信息增益，寻找根结点的最佳分裂属性：

Gain(S，outlook) = 0.246

Gain(S，temperature) = 0.029

Gain(S，humidity) = 0.152

Gain(S，wind) = 0.049

显然，这里 outlook 属性具有最高信息增益值，因此将它选为根结点。

以 outlook 作为根结点，根据 outlook 的可能取值建立分支，对每个分支递归建立子树。因为 outlook 有 3 个可能值，因此对根结点建立 3 个分支 {sunny，overcast，rain}。以 outlook 为根结点建立决策树如图 6-16 所示。

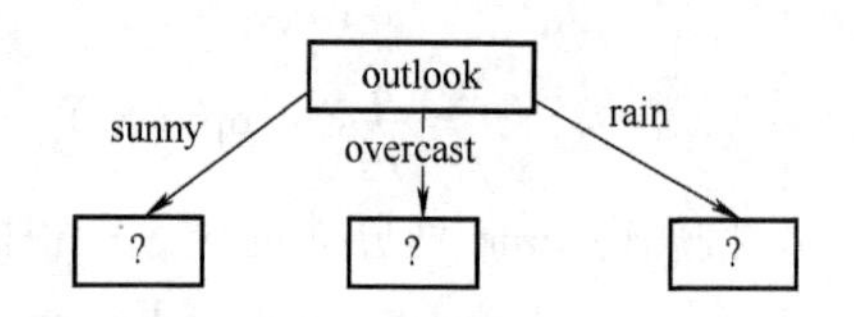

图 6-16　以 outlook 为根结点建立决策树

哪个属性用来最佳划分根结点的 sunny 分支、overcast 分支、rain 分支？

首先对 outlook 的 sunny 分支建立子树。

找出数据集中 outlook = sunny 的样本子集 $S_{outlook=sunny}$，然后依次计算剩下 3 个属性对该样本子集 S_{sunny} 划分后的信息增益：

Gain(S_{sunny}，humidity) = 0.971

$\text{Gain}(S_{sunny}, \text{temperature}) = 0.571$

$\text{Gain}(S_{sunny}, \text{wind}) = 0.371$

显然 humidity 具有最高信息增益值，因此它被选为 outlook 结点下 sunny 分支下的决策结点，如图 6-17 所示。

采用同样的方法，依次对 outlook 的 overcast 分支、rain 分支建立子树，最后得到一棵可以预测类标号未知的样本的决策树，如图 6-18 所示。

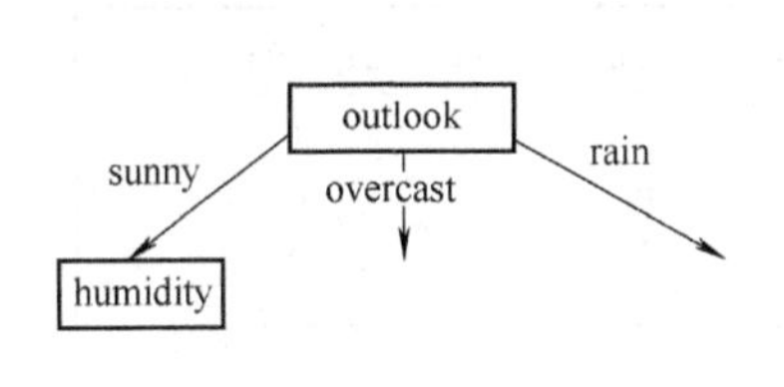

图 6-17　在 outlook 结点下 sunny 分支的情况

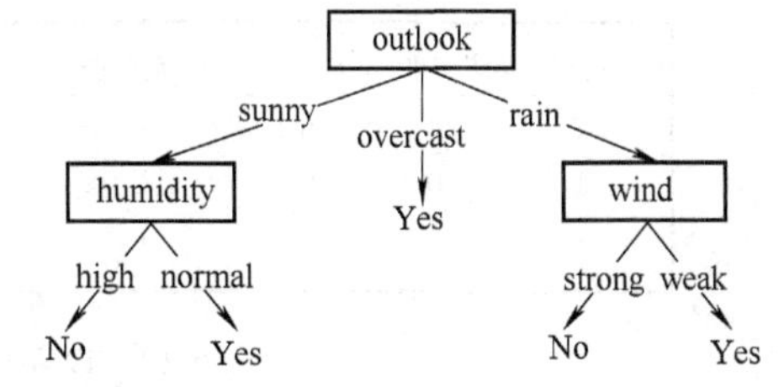

图 6-18　完整的决策树

完整的决策树建立后，可以对未知样本进行预测。下面利用决策树对类标号未知的样本 X 进行预测：X = {rain, hot, normal, weak, ?}

根据图 6-18 完整的决策树对未知样本进行预测，使用未知样本中各决策结点的值对树进行遍历，最后叶子结点值是 yes，因此“?”应为 yes。

【例 6-6】　ID3 算法 2。表 6-5 是关于动物的数据集，根据现有数据集判断样本是否会生蛋。以 ID3 算法构建决策树。

表 6-5　动物的数据集

样本数据	warm_blooded	feathers	fur	swims	lays_eggs
1	1	1	0	0	1
2	0	0	0	1	1
3	1	1	0	0	1
4	1	1	0	0	1
5	1	0	0	1	0
6	1	0	1	0	0

假设目标分类属性是 lays_eggs，计算 $E(\text{lays\_eggs})$：

$$E(\text{lays\_ eggs}) = E(4,2) = -\frac{4}{6}\log_2\frac{4}{6} - \frac{2}{6}\log_2\frac{2}{6} = 0.918$$

以 warm_ blooded 属性为例，S_1 为 warm_ blooded = 1 的样本子集，共有 5 个样本；S_2 为 warm_ blooded = 0 的样本子集，共有 1 个样本；分别计算样本子集 S_1 和 S_2 的熵。

$$E(S_1) = -\frac{2}{5}\log_2\frac{2}{5} - \frac{3}{5}\log_2\frac{3}{5} = 0.971, E(S_2) = 0$$

$$E_{\text{warm\_ blooded}}(\text{lays\_ eggs}) = \frac{5}{6}E(S_1) + \frac{1}{6}E(S_2) = 0.809$$

$\text{Gain}(\text{lays\_eggs}, \text{warm\_blooded}) = E(\text{lays\_eggs}) - E_{\text{warm\_blooded}}(\text{lays\_eggs}) = 0.162$

类似，Gain(lays_eggs, feathers) = 0.459；Gain(lays_eggs, fur) = 0.316；Gain(lays_eggs, swims) =0. 044。

由于 feathers 在属性中具有最高的信息增益，因此它首先被选作测试属性，并以此创建一个结点，数据集被划分成两个子集，如图 6-19 所示。

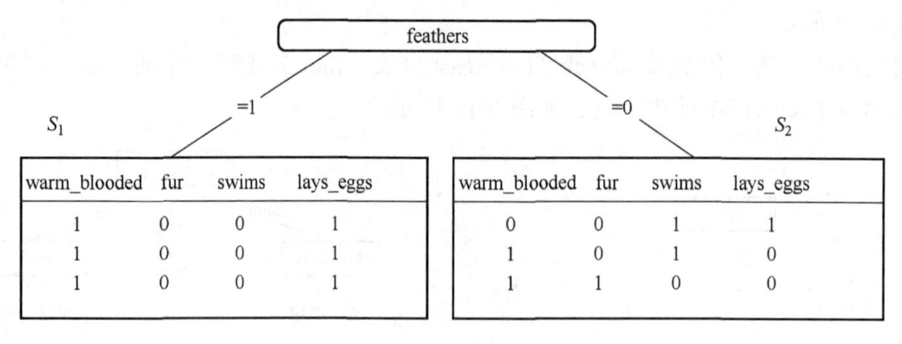

warm_blooded	fur	swims	lays_eggs
1	0	0	1
1	0	0	1
1	0	0	1

warm_blooded	fur	swims	lays_eggs
0	0	1	1
1	0	1	0
1	1	0	0

图 6-19　以 feathers 作为决策根结点

对于 feathers =1 的左子树中的所有元组，其类别标记均为 1，所以得到一个叶子结点，类别标记为 lays_eggs =1。

对于 feathers =0 的右子树中的所有元组，计算其他 3 个属性的信息增益：

Gain(feathers =0, warm_blooded) =0. 918

Gain(feathers =0, fur) =0. 318

Gain(feathers =0, swims) =0. 318

所以，对于右子树，可以把 warm_blooded 作为决策属性。对于 warm_blooded =0 的左子树中的所有元组，其类别标记均为 1，所以得到一个叶子结点，类别标记为 lays_eggs = 1。右子树同理，最后得到决策树如图 6-20 所示。

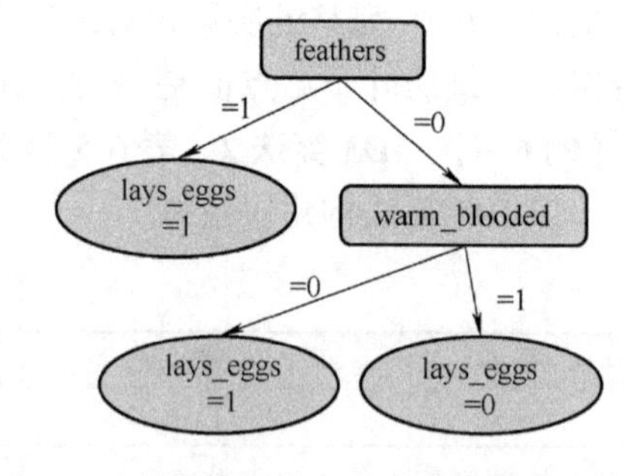

图 6-20　判断动物样本是否会生蛋的决策树

2. ID3 算法小结

ID3 算法是所有可能的决策树空间中一种自顶向下、贪婪的搜索方法。ID3 搜索的假设空间是可能的决策树的集合，搜索目的是构造与训练数据一致的一棵决策树，搜索策略是爬山法，在构造决策树时从简单到复杂，用信息增益作为爬山法的评价函数。

ID3 算法的核心是在决策树各级结点上选择属性，用信息增益作为属性选择的标准，使得在每个非叶结点进行测试时能获得关于被测数据最大的类别信息，使得该属性将数据集分成子集后，系统的熵值最小。

ID3 算法的优点是理论清晰，方法简单，学习能力较强。ID3 算法的缺点如下：

① 算法只能处理分类属性数据，无法处理连续型数据。

② 算法对测试属性的每个取值相应产生一个分支，且划分相应的数据样本集，这样的划分会导致产生许多小的子集。随着子集被划分得越来越小，划分过程将会由于子集规模过小所造成的统计特征不充分而停止。

③ 算法中使用信息增益作为决策树结点属性选择的标准，由于信息增益在类别值多的属性上计算结果大于类别值少的属性上计算结果，这将导致决策树算法偏向选择具有较多分枝的属性，因而可能导致过度拟合。在极端的情况下，如果某个属性对于训练集中的每个元

组都有唯一的一个值，则认为该属性是最好的，这是因为对于每个划分都只有一个元组(因此也是一类)。

以一个极端的情况为例，如果有一个属性为日期，那么将有大量取值，太多的属性值把训练样本分割成非常小的空间。单独的日期就可能完全预测训练数据的目标属性，因此这个属性可能会有非常高的信息增益，这个属性可能会被选作树的根结点的决策属性，并形成一颗深度为1级，但却非常宽的树。

当然，这个决策树对于测试数据的分类性能可能会相当差，因为它过分完美地分割了训练数据，不是一个好的分类器。

避免出现这种不足的方法是在选择决策树结点时不用信息增益来判别。一个可以选择的度量标准是增益率，增益率将在C4.5算法中进行介绍。

6.3.4 算法改进：C4.5算法

基于ID3算法中存在的不足，Quinlan于1993年对其做出改进，提出了改进的决策树分类算法C4.5，该算法继承了ID3算法的优点，并在以下几个方面对ID3算法进行了改进：

① 能够处理连续型属性数据和离散型属性数据。

② 能够处理具有缺失值的数据。

③ 使用信息增益率作为决策树的属性选择标准。

④ 对生成的树进行剪枝处理，以获取简略的决策树。

⑤ 从决策树到规则的自动产生。

1. C4.5算法的概念描述

假定S为训练集，目标属性C具有m个可能的取值，$C=\{C_1,C_2,\cdots,C_m\}$，即训练集S的目标属性具有m个类标号值C_1，C_2，$\cdots$，C_m。C4.5算法所涉及的概念描述如下。

1）假定训练集S中，C_i在所有样本中出现的频率为$P_i(i=1,2,3,\cdots,m)$，则该集合S所包含的信息熵为

$$\text{Entropy}(S) = -\sum_{i=1}^{m} p_i \log_2 p_i$$

2）设用属性A来划分S中的样本，计算属性A对集合S的划分熵值$\text{Entropy}_A(S)$定义如下：

若属性A为离散型数据，并具有k个不同的取值，则属性A依据这k个不同取值将S划分为k个子集$\{S_1,S_2,\cdots,S_k\}$，属性A划分S的信息熵为

$$\text{Entropy}_A(S) = \sum_{i=1}^{k} \frac{|S_i|}{|S|}\text{Entropy}(S_i)$$

其中，$|S_i|$和$|S|$分别是S_i和S中包含的样本个数。

如果属性A为连续型数据，则按属性A的取值递增排序，将每对相邻值的中点看作可能的分裂点，对每个可能的分裂点，计算：

$$\text{Entropy}_A(S) = \frac{|S_L|}{|S|}\text{Entropy}(S_L) + \frac{|S_R|}{|S|}\text{Entropy}(S_R)$$

其中，S_L和S_R分别对应于该分裂点划分的左右两部分子集，选择$\text{Entropy}_A(S)$值最小的分裂点作为属性A的最佳分裂点，并以该最佳分裂点按属性A对集合S的划分熵值作为属性

A 划分 S 的熵值。

【例 6-7】 **连续型数据的处理**。客户贷款资料信息见表 6-6，对连续型数据——年收入进行处理，如图 6-21 所示。

表 6-6 客户贷款资料信息

Tid	有房者	婚姻状况	年收入	拖欠贷款
1	Yes	Single	125K	No
2	No	Married	100K	No
3	No	Single	70K	No
4	Yes	Married	120K	No
5	No	Divorced	95K	Yes
6	No	Married	60K	No
7	Yes	Divorced	220K	No
8	No	Single	85K	Yes
9	No	Married	75K	No
10	No	Single	90K	Yes

类	No	No	No	Yes	Yes	Yes	No	No	No	No
排序后的值（年收入）	60	70	75	85	90	95	100	120	125	220

划分点	55		65		72		80		87		92		97		110		122		172		230	
	<=	>	<=	>	<=	>	<=	>	<=	>	<=	>	<=	>	<=	>	<=	>	<=	>	<=	>
Yes	0	3	0	3	0	3	0	3	1	2	2	1	3	0	3	0	3	0	3	0	3	0
No	0	7	1	6	2	5	3	4	3	4	3	4	3	4	4	3	5	2	6	1	7	0

图 6-21 对年收入这一连续属性的处理

对第一个候选 $v=55$，没有年收入小于 55K 的记录；另一方面，年收入大于或等于 55K 的样本记录数目分别为 3（类 Yes）和 7（类 No）。计算 55 作为分裂点的 $\mathrm{Entropy}_A(S)$ 值。后面分别计算以 65、72、…、230 作为分裂点的熵值。选择 $\mathrm{Entropy}_A(S)$ 值最小的分裂点作为属性年收入的最佳分裂点。

3）C4.5 以信息增益率作为选择标准，不仅考虑信息增益的大小程度，还兼顾为获得信息增益所付出的“代价”。

C4.5 通过引入属性的分裂信息来调节信息增益，分裂信息定义为

$$\mathrm{Split}E(A) = -\sum_{i=1}^{k} \frac{|S_i|}{|S|} \log_2 \frac{|S_i|}{|S|} \tag{6-10}$$

信息增益率定义为

$$\mathrm{GainRatio}(A) = \frac{\mathrm{Gain}(A)}{\mathrm{Split}E(A)} \tag{6-11}$$

如果某个属性有较多的分类取值，则它的信息熵会偏大，但信息增益率由于考虑了分裂信息而降低，进而消除了属性取值数目所带来的影响。

2. C4.5 算法决策树的建立

C4.5 决策树的建立过程可以分为以下两个过程：

- 使用训练集数据依据 C4.5 树生长算法构建一棵完全生长的决策树
- 对树进行剪枝，最后得到一棵最优决策树。

C4.5决策树的生长阶段算法伪代码如图6-22所示。

算法6.2　C4.5算法——决策树生长阶段
函数名：CDT（S，F）
输入：训练集数据S，训练集数据属性集合F。
输出：一棵未剪枝的C4.5决策树。
方法：

```
1) if 样本 S 全部属于同一个类别 C then
2)       创建一个叶结点，并标记类标号为 C
3) return
4) else
5)       计算属性集 F 中每一个属性的信息增益率，假定增益率值最大的属性为 A
6)       创建结点，取属性 A 为该结点的决策属性
7)       for 结点属性 A 的每个可能的取值 V  do
8)          为该结点添加一个新的分支，假设 S_V 为属性 A 取值为 V 的样本子集
9)          if 样本 S_V 全部属于同一个类别 C
10)           then
11)              为该分支添加一个叶结点，并标记为类标号为 C
12)           else
13)              则递归调用 CDT(S_V, F - {A})，为该分支创建子树
14)           end if
15)        end for
16) end if
```

图6-22　C4.5算法决策树生长阶段算法

C4.5决策树的剪枝处理阶段算法伪代码如图6-23所示。

算法6.3　C4.5算法——决策树剪枝处理阶段。
函数名：Prune（node）。
输入：待剪枝子树node。
输出：剪枝后的子树。
方法：

```
1) 计算待剪子树 node 中叶结点的加权估计误差 leafError
2) if 待剪子树 node 是一个叶结点 then
3)       return 叶结点误差
4) else
5)       计算 node 的子树误差 subtreeError
6)       计算 node 的分支误差 branchError 为该结点中频率最大一个分支误差
7)       if  leafError 小于 branchError 和 subtreeError
8)       then
9)             剪枝，设置该结点为叶结点
10)            error = leafError;
11)       else if branchError 小于 leafError 和 subtreeError
12)            then
13)            剪枝，以该结点中频率最大那个分支替换该结点
14)            error = branchError
15)       else
16)            不剪枝
17)            error = subtreeError
18)            return error
19)       end if
20) end if
```

图6-23　C4.5算法决策树剪枝处理阶段算法

【例 6-8】 C4.5 算法。以 weather 数据集为例（见表 6-4），演示 C4.5 算法对该数据集进行训练，建立一棵决策树的过程，对未知样本进行预测。

第一步：计算所有属性划分数据集 S 所得的信息增益分别为（与 ID3 例题一致）

$\text{Gain}(S, \text{outlook}) = 0.246$

$\text{Gain}(S, \text{temperature}) = 0.029$

$\text{Gain}(S, \text{humidity}) = 0.152$

$\text{Gain}(S, \text{wind}) = 0.049$

第二步：计算各个属性的分裂信息和信息增益率。

以 outlook 属性为例，取值为 overcast 的样本有 4 条，取值为 rain 的样本有 5 条，取值为 sunny 的样本有 5 条：

$$\text{SplitE}_{\text{outlook}} = -\frac{5}{14}\log_2\frac{5}{14} - \frac{4}{14}\log_2\frac{4}{14} - \frac{5}{14}\log_2\frac{5}{14} = 1.576$$

$$\text{GainRatio}_{\text{outlook}} = \frac{\text{Gain}_{\text{outlook}}}{\text{SplitE}_{\text{outlook}}} = 0.44$$

同理依次计算其他属性的信息增益率分别如下：

$$\text{GainRatio}_{\text{temperature}} = \frac{\text{Gain}_{\text{temperature}}}{\text{SplitE}_{\text{temperature}}} = \frac{0.029}{1.556} = 0.019$$

$$\text{GainRatio}_{\text{humidity}} = \frac{\text{Gain}_{\text{humidity}}}{\text{SplitE}_{\text{humidity}}} = \frac{0.152}{1} = 0.152$$

$$\text{GainRatio}_{\text{wind}} = \frac{\text{Gain}_{\text{wind}}}{\text{SplitE}_{\text{wind}}} = \frac{0.049}{0.985} = 0.0497$$

第三步：取值信息增益率最大的那个属性作为分裂结点，因此最初选择 outlook 属性作为决策树的根结点，产生 3 个分支，如图 6-24 所示。

第四步：对根结点的不同取值的分支，递归调用以上方法求子树，最后通过 C4.5 获得的决策树如图 6-25 所示。

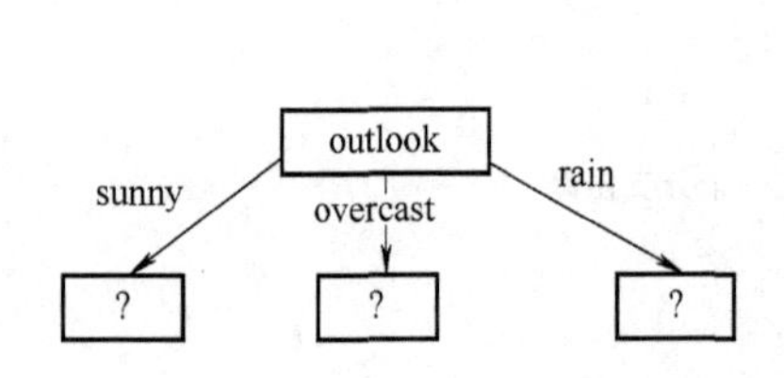

图 6-24 选取 outlook 作为根结点

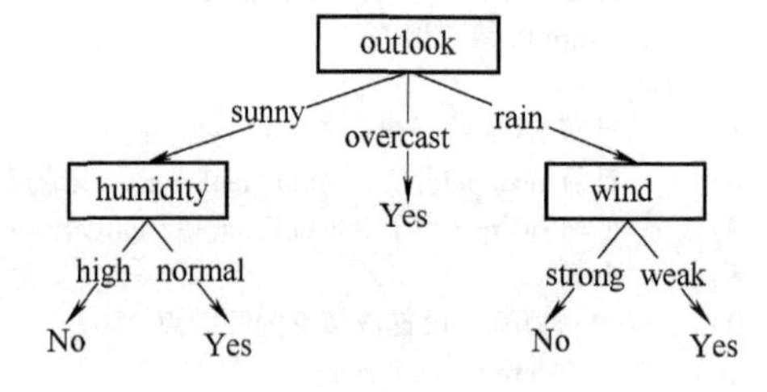

图 6-25 构建形成的决策树

决策树的剪枝处理：

在决策树创建时，由于数据中的噪声和离群点，许多分枝反映的是训练数据中的异常。剪枝方法是用来处理这种过分拟合数据的问题。通常剪枝方法都是使用统计度量，剪去最不可靠的分枝。

在先剪枝（Prepruning）方法中，通过提前停止树的构建（如通过决定在给定的结点不再分裂或划分训练元组的子集）而对树“剪枝”。一旦停止，结点就成为树叶。该树叶可以持有子集元组中最频繁的类，或这些元组的概率分布。

更常用的方法是后剪枝（Postpruning），它由“完全生长”的树剪去子树。后剪枝的两种不同的操作：子树置换（Subtree Replacement）、子树提升（Subtree Raising）。在每个结点，学习方案可以决定是应该进行子树置换、子树提升，还是保留子树不剪枝。

子树置换与子树提升分别如图 6-26a、b 所示。

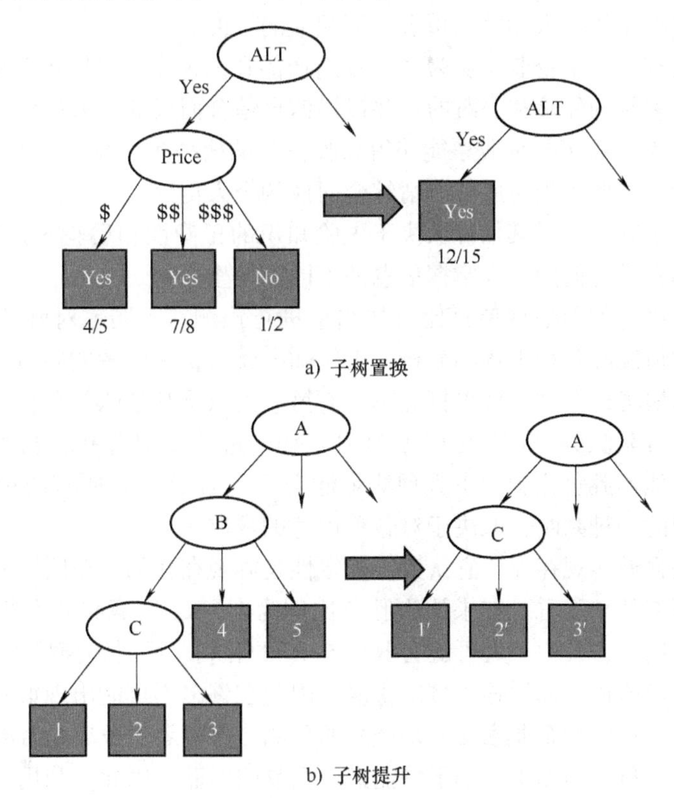

图 6-26　决策树的子树置换与子树提升

另外，还有一种方法——REP（Reduced-Error Pruning，错误率降低剪枝）。该剪枝方法考虑将树上的每个结点作为修剪的候选对象。决定是否修剪这个结点的步骤如下：

① 删除以此结点为根的子树。

② 使其成为叶子结点。

③ 赋予该结点关联的训练数据的最常见分类。

④ 当修剪后的树对于验证集合的性能不会比原来的树差时，才真正删除该结点。

与其他分类算法相比，C4.5 分类算法的优点是产生的分类规则易于理解，准确率较高；其缺点是在构造树的过程中，需要对数据集进行多次的顺序扫描和排序，因而导致算法的低效。

此外，C4.5 只适合于能够驻留于内存的数据集，当训练集大得无法在内存容纳时程序无法运行。为适应大规模数据集，在 C4.5 后出现了 SLIQ 和 SPRINT 等算法。

6.4　贝叶斯分类方法

贝叶斯方法是一种研究不确定性的推理方法。不确定性常用贝叶斯概率表示，它是一种主观概率。通常的经典概率代表事件的物理特性，是不随人的意识变化的客观存在。而贝叶斯概率则是人的认识，是个人主观的估计，随个人主观认识的变化而变化。例如，事件的贝叶斯概率只指个人对该事件的置信程度，因此是一种主观概率。

投掷硬币可能出现正反面两种情形，经典概率代表硬币正面朝上的概率，这是一个客观存在；而贝叶斯概率则指个人相信硬币会正面朝上的程度。

同样的例子还有，一个企业家认为“一项新产品在未来市场上销售”的概率是0.8，这里的0.8是根据他多年的经验和当时的一些市场信息综合而成的个人信念。

一个投资者认为“购买某种股票能获得高收益”的概率是0.6，这里的0.6是投资者根据自己多年股票生意经验和当时股票行情综合而成的个人信念。

贝叶斯概率是主观的，对其估计取决于先验知识的正确性和后验知识的丰富和准确度。因此，贝叶斯概率常常可能随个人掌握信息的不同而发生变化。

例如，对即将进行的羽毛球单打比赛的结果进行预测，不同人对胜负的主观预测都不同。如果对两人的情况和各种现场的分析一无所知，就会认为两者的胜负比例为1：1；如果知道其中一人为本届奥运会羽毛球单打冠军，而另一人只是某省队新队员，则可能给出的概率是奥运会冠军和省队队员的胜负比例为3：1；如果进一步知道奥运冠军刚好在前一场比赛中受过伤，则对他们胜负比例的主观预测可能会下调为2：1。所有的预测推断都是主观的，基于后验知识的一种判断，取决于对各种信息的掌握。

经典概率方法强调客观存在，它认为不确定性是客观存在的。在同样的羽毛球单打比赛预测中，从经典概率的角度看，如果认为胜负比例为1：1，则意味着在相同的条件下，如果两人进行100场比赛，其中一人可能会取得50场的胜利，同时输掉另外50场。

主观概率不像经典概率那样强调多次重复，因此在许多不可能出现重复事件的场合能得到很好的应用。上面提到的企业家对未来产品的预测，投资者对股票是否能取得高收益的预测以及羽毛球比赛胜负的预测中，都不可能进行重复的实验，因此，利用主观概率，按照个人对事件的相信程度而对事件做出推断是一种很合理且易于解释的方法。

6.4.1 贝叶斯定理

1. 基础知识

1）已知事件A发生的条件下，事件B发生的概率，叫作事件B在事件A发生下的条件概率，记为$P(B|A)$，其中$P(A)$叫作先验概率，$P(B|A)$叫作后验概率，计算条件概率的公式为

$$P(B|A)=\frac{P(A\cap B)}{P(A)} \tag{6-12}$$

条件概率公式通过变形得到乘法公式为

$$P(A\cap B)=P(B|A)P(A) \tag{6-13}$$

2）设A，B为两个随机事件，如果有$P(AB)=P(A)P(B)$成立，则称事件A和B相互独立。此时有$P(A|B)=P(A)$，$P(AB)=P(A)P(B)$成立。

设A_1，A_2，…，A_n为n个随机事件，如果对其中任意m（$2\leqslant m\leqslant n$）个事件A_{k_1}，A_{k_2}，…，A_{k_m}，都有

$$P(A_{k_1},A_{k_2},\cdots,A_{k_m})=P(A_{k_1})P(A_{k_2})\cdots P(A_{k_m}) \tag{6-14}$$

成立，则称事件A_1，A_2，…，A_n相互独立。

3）设 B_1，B_2，…，B_n为互不相容事件，$P(B_i)>0$，$i=1$，2，…，n，且$\bigcup_{i=1}^{n}B_i=\Omega$，对任意的事件$A\in\bigcup_{i=1}^{n}B_i$，计算事件 A 概率的公式为

$$P(A)=\sum_{i=1}^{n}P(B_i)P(A\mid B_i) \tag{6-15}$$

设 B_1，B_2，…，B_n为互不相容事件，$P(B_i)>0$，$i=1$，2，…，n，$P(A)>0$，则在事件 A 发生的条件下，事件 B_i发生的概率为

$$P(B_i\mid A)=\frac{P(B_iA)}{P(A)}=\frac{P(B_i)P(A\mid B_i)}{\sum_{i=1}^{n}P(B_i)P(A\mid B_i)} \tag{6-16}$$

则称该公式为贝叶斯公式。

2. 贝叶斯决策准则

假设$\Omega=\{C_1,C_2,\cdots,C_n\}$是有 m 个不同类别的集合，特征向量 X 是 d 维向量，$P(X|C_i)$是特征向量 X 在类别 C_i状态下的条件概率，$P(C_i)$为类别 C_i的先验概率。根据前面所述的贝叶斯公式，后验概率 $P(C_i|X)$的计算公式为

$$P(C_i|X)=\frac{P(X|C_i)P(C_i)}{P(X)} \tag{6-17}$$

其中，$P(X)=\sum_{j=1}^{m}P(X\mid C_j)P(C_j)$。

贝叶斯决策准则：如果对于任意 $i\neq j$，都有 $P(C_i|X)>P(C_j|X)$成立，则样本模式 X 被判定为类别 C_i。

3. 极大后验假设

根据贝叶斯公式可得到一种计算后验概率的方法：在一定假设的条件下，根据先验概率和统计样本数据得到的概率，可以得到后验概率。

令 $P(c)$是假设 c 的先验概率，它表示 c 是正确假设的概率，$P(X)$表示的是训练样本 X 的先验概率，$P(X|c)$表示在假设 c 正确的条件下样本 X 发生或出现的概率，根据贝叶斯公式可以得到后验概率的计算公式为

$$P(c|X)=\frac{P(X|c)P(c)}{P(X)} \tag{6-18}$$

设 C 为类别集合也就是待选假设集合，在给定未知类别标号样本 X 时，通过计算找到可能性最大的假设 $c\in C$，具有最大可能性的假设或类别被称为极大后验假设（Maximum a Posteriors），记作 c_{map}。

$$c_{\mathrm{map}}=\arg\max_{c\in C}P(X|c)P(c)=\arg\max_{c\in C}\frac{P(X|c)P(c)}{P(X)} \tag{6-19}$$

由于 $P(X)$与假设 c 无关，故上式可变为

$$c_{\mathrm{map}}=\arg\max_{c\in C}P(X|c)P(c) \tag{6-20}$$

在没有给定类别概率的情形下，可做一个简单的假定。假设 C 中每个假设都有相等的先验概率，也就是对于任意的 c_i、$c_j\in C(i\neq j)$，都有 $P(c_i)=P(c_j)$，再做进一步简化，只需计算 $P(X|c)$找到使之达到最大的假设。$P(X|c)$被称为极大似然假设（Maximum Likelihood），记

为 C_{ml}。

$$c_{map} = \arg\max_{c \in C} P(X|c) \tag{6-21}$$

6.4.2 朴素贝叶斯分类器

贝叶斯分类器诸多算法中朴素贝叶斯分类模型是最早的。它的算法逻辑简单，构造的朴素贝叶斯分类模型结构也比较简单，运算速度比同类算法快很多，分类所需的时间也比较短，并且大多数情况下分类精度也比较高，因而在实际中得到了广泛的应用。该分类器有一个朴素的假定：以属性的类条件独立性假设为前提，即在给定类别状态的条件下，属性之间是相互独立的。朴素贝叶斯分类器的结构示意图如图 6-27 所示。

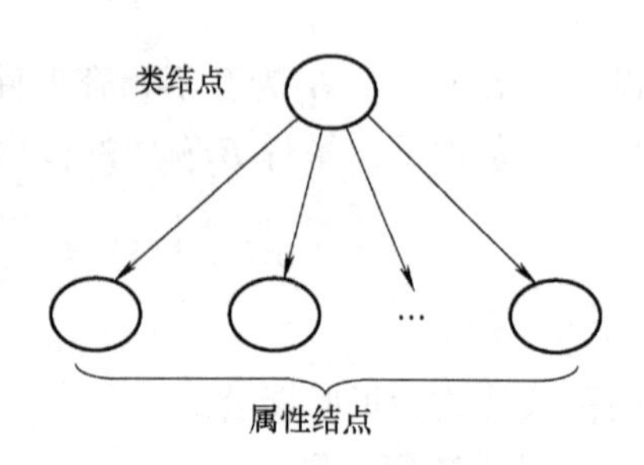

图 6-27 朴素贝叶斯分类器的结构示意图

假设样本空间有 m 个类别 $\{C_1, C_2, \cdots, C_n\}$，数据集有 n 个属性 A_1，A_2，…，A_n，给定一未知类别的样本 $X=(x_1, x_2, \cdots, x_n)$，其中 x_i 表示第 i 个属性的取值，即 $x_i \in A_i$ 则可用贝叶斯公式计算样本 $X=(x_1, x_2, \cdots, x_n)$ 属于类别 $C_k(1 \leqslant k \leqslant m)$ 的概率。由贝叶斯公式，有 $P(C_k|X)=\dfrac{P(C_k)P(X|C_k)}{P(X)} \propto P(C_k)P(X|C_k)$，即要得到 $P(C_k|X)$ 的值，关键是要计算 $P(X|C_k)$ 和 $P(C_k)$。

令 $C(X)$ 为 X 所属的类别标签，由贝叶斯分类准则，如果对于任意 $i \neq j$ 都有 $P(C_i|X) > P(C_j|X)$ 成立，则把未知类别的样本 X 指派给类别 C_i，贝叶斯分类器的计算模型为

$$V(X) = \mathrm{argmax} P(C_i) P(X|/C_i) \tag{6-22}$$

由朴素贝叶斯分类器的属性独立性，假设各属性 $x_i(i=1,2,\cdots,n)$ 间相互类条件独立，则

$$P(X| C_i) = \prod_{k=1}^{n} P(x_k | C_i) \tag{6-23}$$

于是式（6-22）被修改为

$$V(X) = \mathrm{argmax}_i P(C_i) \prod_{k=1}^{n} P(x_k|C_i) \tag{6-24}$$

$P(C_i)$ 为先验概率，可通过 $P(C_i)=d_i/d$ 计算得到，其中，d_i 是属于类别 C_i 的训练样本的个数；d 是训练样本的总数。若属性 A_k 是离散的，则概率可由 $P(x_k|C_i)=d_{ik}/d_i$ 计算得到，其中，d_{ik} 是训练样本集合中属于类 C_i 并且属性 A_k 取值为 x_k 的样本个数，d_i 是属于类 C_i 的训练样本个数。

【例 6-9】 朴素贝叶斯分类。训练样本见表 6-7，新样本为 $X=$（‘31-40’，‘中’，‘否’，‘优’），应用朴素贝叶斯分类对新样本进行分类。

表 6-7 顾客数据表

年龄	收入	学生	信誉	购买计算机
≤30	高	否	中	否
≤30	高	否	优	否

（续）

年　龄	收　入	学　生	信　誉	购买计算机
31～40	高	否	中	是
≥41	中	否	中	是
≥41	低	是	中	是
≥41	低	是	优	否
31～40	低	是	优	是
≤30	中	否	中	否
≤30	低	是	中	是
≥41	中	是	中	是
≤30	中	是	优	是
31～40	中	否	优	是
31～40	高	是	中	是
≥41	中	否	优	否

朴素贝叶斯分类的贝叶斯网结构如图6-28所示。

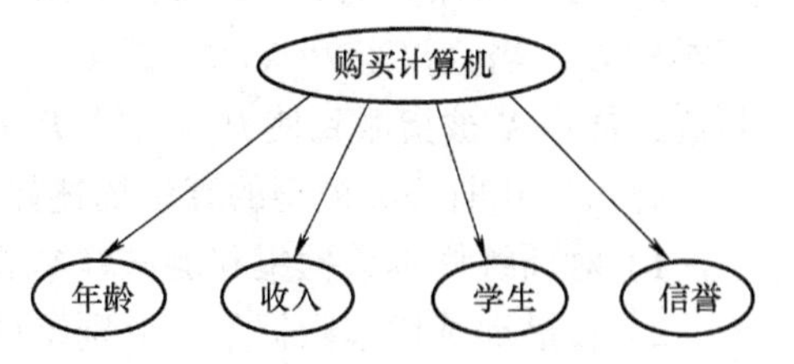

图6-28　例6-9的贝叶斯网络

因为P(购买计算机 =‘是’) =9/14；

P(年龄 =‘31 -40’|购买计算机 =‘是’) =4/9；

P(收入 =‘中’|购买计算机 =‘是’) =4/9；

P(学生 =‘否’|购买计算机 =‘是’) =3/9；

P(信誉 =‘优’|购买计算机 =‘是’) =3/9；

P(购买计算机 =‘是’|X) = P(购买计算机 =‘是’) ×P(年龄 =‘31 -40’|购买计算机 =‘是’) ×P(收入 =‘中’|购买计算机 =‘是’) ×P(学生 =‘否’|购买计算机 =‘是’) ×P(信誉 =‘优’|购买计算机 =‘是’)/$P(X)$ =9/14 ×4/9 ×4/9 ×3/9 ×3/9/$P(X)$ =8/567/$P(X)$

P(购买计算机 =‘否’) =5/14；

P(年龄 =‘31 -40’|购买计算机 =‘否’) =0；P(收入 =‘中’|购买计算机 =‘否’) =2/5；

P(学生 =‘否’|购买计算机 =‘否’) =4/5；P(信誉 =‘优’|购买计算机 =‘否’) =3/5；

P(购买计算机 =‘否’|X) = P(购买计算机 =‘否’) ×P(年龄 =‘31 -40’|购买计算机 =‘否’) ×P(收入 =‘中’|购买计算机 =‘否’) ×P(学生 =‘否’|购买计算机 =‘否’) ×P(信誉 =‘优’|购买计算机 =‘否’)/P(X) =5/14 ×0 ×2/5 ×4/5 ×3/5/$P(X)$ =0。

由于P(购买计算机 =‘是’|X) >P(购买计算机 =‘否’|X)，因此新样本的类别是“是”。

朴素贝叶斯分类的工作过程如下：

1）用一个n维特征向量$X=(x_1,x_2,\cdots,x_n)$来表示数据样本，描述样本X对n个属性A_1，A_2，…，A_n的量度。

2）假定样本空间有m个类别状态C_1，C_2，…，C_n，对于给定的一个未知类别标号的数据样本X，分类算法将X判定为具有最高后验概率的类别，也就是说，朴素贝叶斯分类算法将未知类别的样本X分配给类别C_i，当且仅当对于任意的j，始终有$P(C_i|X)>P(C_j|X)$成立，(其中：$1\leqslant i\leqslant m$，$1\leqslant j\leqslant m$，$j\neq i$)。使$P(C_i|X)$取得最大值的类别C_i被称为最大后验假定。

3）由于$P(X)$不依赖类别状态，对于所有类别都是常数，因此根据贝叶斯定理，最大化$P(C_i|X)$只需要最大化$P(X|C_i)P(C_i)$即可。如果类的先验概率未知，则通常假设这些类别的概率是相等的，即$P(C_1)=P(C_2)=\cdots=P(C_m)$，所以只需要最大化$P(X|C_i)$即可，否则就要最大化$P(X|C_i)P(C_i)$。其中，可用频率$S_i/S$对$P(C_i)$进行估计计算，$S_i$是给定类别$C_i$中训练样本的个数；$S$是训练样本（实例空间）的总数。

4）当实例空间中训练样本的属性较多时，计算$P(X|C_i)$可能会比较费时，开销较大，此时可以做类条件独立性的假定：在给定样本类别标号的条件下，假定属性值是相互条件独立的，属性之间不存在任何依赖关系，则下面等式成立：$P(X|C_i)=\prod_{k=1}^{n}P(x_k|C_i)$。其中概率$P(x_1|C_1)$，$P(x_2|C_2)$，$\cdots$，$P(x_n|C_i)$的计算可由样本空间中的训练样本进行估计。实际问题中根据样本属性A_k的离散连续性质，考虑下面两种情形：

① 如果属性A_k是连续的，则一般假定它服从正态分布，从而来计算类条件概率。

② 如果属性A_k是离散的，则$P(x_k|C_i)=S_{ik}/S_i$，其中，S_{ik}是在实例空间中类别为C_i的样本中属性A_k上取值为x_k的训练样本个数，而S_i是属于类别C_i的训练样本个数。

5）对于未知类别的样本X，对每个类别C_i分别计算$P(X|C_i)P(C_i)$。样本X被认为属于类别C_i，当且仅当$P(X|C_i)\ P(C_i)>P(X|C_j)\ P(C_j)$，（$1\leqslant i\leqslant m$，$1\leqslant j\leqslant m$，$j\neq i$），也就是说，样本$X$被指派到使$P(X|C_i)\ P(C_i)$取得最大值的类别$C_i$。

朴素贝叶斯分类模型的算法描述如下：

1）对训练样本数据集和测试样本数据集进行离散化处理和缺失值处理。

2）扫描训练样本数据集，分别统计训练集中类别C_i的个数d_i和属于类别C_i的样本中属性A_k取值为x_k的实例样本个数d_{ik}，构成统计表。

3）计算先验概率$P(C_i)=d_i/d$和条件概率$P(A_k=x_k|C_i)=d_{ik}/d_i$，构成概率表。

4）构建分类模型$V(X)=\mathrm{argmax}_i P(C_i)P(X|C_i)$。

5）扫描待分类的样本数据集，调用已得到的统计表、概率表以及构建好的分类准则，得出分类结果。

6.4.3 朴素贝叶斯分类方法的改进

朴素贝叶斯分类器的条件独立假设似乎太严格了，特别是对那些属性之间有一定相关性的分类问题。下面介绍一种更灵活的类条件概率$P(X|Y)$的建模方法。该方法不要求给定类的所有属性条件独立，而是允许指定哪些属性条件独立。

1. 模型表示

贝叶斯信念网络（Bayesian Belief Networks，BBN）简称贝叶斯网络，用图形表示一组随机变量之间的概率关系。贝叶斯网络有以下两个主要成分：

① 一个有向无环图（Directed Acyclic Graph，DAG），表示变量之间的依赖关系。

② 一个概率表，把各结点和它的直接父结点关联起来。

考虑3个随机变量A、B和C，其中A和B相互独立，并且都直接影响第三个变量C。3个变量之间的关系可以用图6-29a中的有向无环图概括。图中每个结点表示一个变量，每条弧表示变量之间的依赖关系。如果从X到Y有一条有向弧，则X是Y的父母，Y是X的子女。另外，如果网络中存在一条从X到Z的有向路径，则X是Z的祖先，而Z是X的后代。

例如，在图6-29b中，A是D的后代，D是B的祖先，而且B和D都不是A的后代结点。贝叶斯网络的重要性质是：贝叶斯网络中的一个结点，如果它的父母结点已知，则它条件独立于它所有的非后代结点。图6-29b中给定C，A条件独立于B和D，因为B和D都是A的非后代结点。朴素贝叶斯分类器中的条件独立假设也可以用贝叶斯网络来表示。如图6-29c所示，其中Y是目标类，$\{X_1, X_2, \cdots, X_5\}$是属性集。

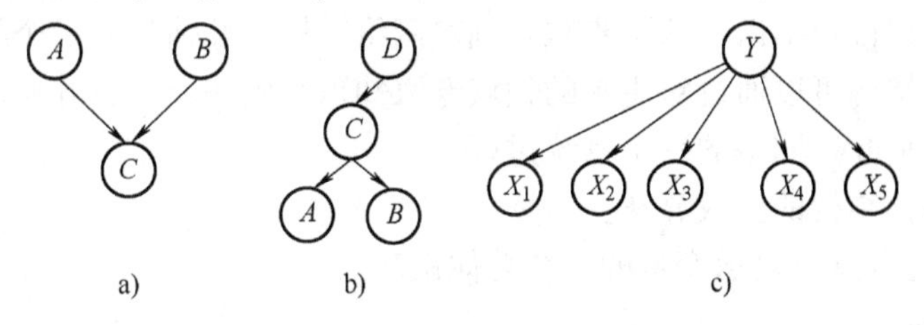

图6-29　贝叶斯信念网络

在贝叶斯信念网络中，除了网络拓扑结构要求的条件独立性外，每个结点还关联一个概率表。如果结点X没有父母结点，则表中只包含先验概率$P(X)$。如果结点X只有一个父母结点Y，则表中包含条件概率$P(X|Y)$。如果结点X有多个父母结点$\{Y_1, Y_2, \cdots, Y_k\}$，则表中包含条件概率$P(X| Y_1, Y_2, \cdots, Y_k\}$。

图6-30所示是使用贝叶斯网络对心脏病或心口痛患者建模的一个例子。假设图中每个变量都是二值的。心脏病结点（HD）的父母结点对应于影响该疾病的危险因素，如锻炼（E）和饮食（D）等。心脏病结点的子结点对应于该病的症状，如胸痛（CP）和高血压（BP）等。如图6-30所示，心口痛（HB）可能源于不健康的饮食，同时又可能导致胸痛。

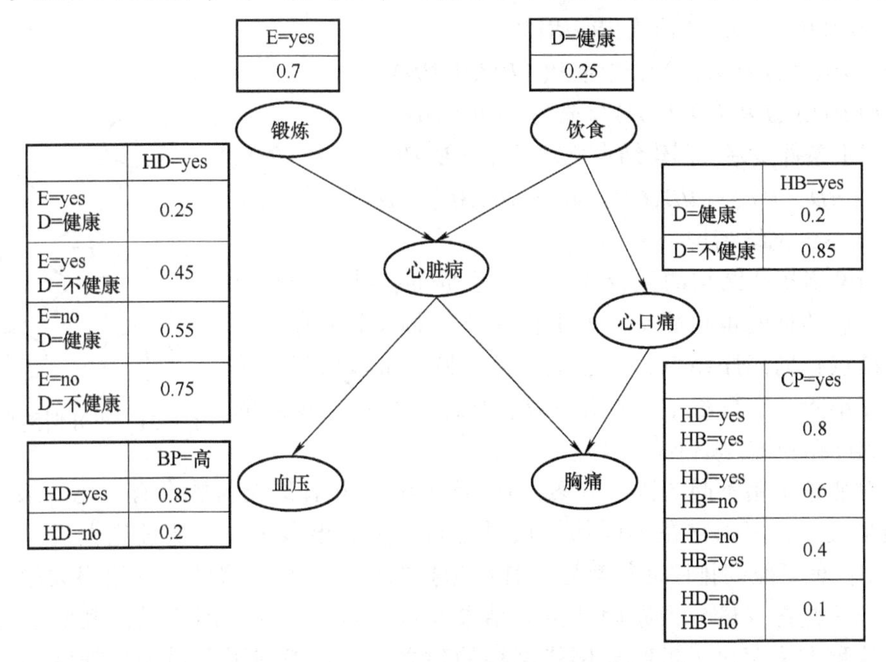

图6-30　发现心脏病和心口痛病人的贝叶斯网络

影响疾病的危险因素对应的结点只包含先验概率，而心脏病、心口痛以及它们的相应症状所对应的结点都包含条件概率。为了节省空间，图中省略了一些概率。注意，$P(X=\bar{x})=$

$1-P(X=x)$, $P(X=\bar{x}|Y)=1-P(X=x|Y)$，其中$\bar{x}$表示与 x 相反的结果。因此，省略的概率可以很容易求得。

例如，条件概率 P(心脏病 = no | 锻炼 = no, 饮食 = 健康) = 1 − P(心脏病 = yes | 锻炼 = no, 饮食 = 健康) = 1 − 0.55 = 0.45

2. 模型建立

贝叶斯网络的建模包括以下两个步骤：创建网络结构以及估计每一个结点的概率表中的概率值。网络拓扑结构可以通过对主观的领域专家知识编码获得，贝叶斯网络拓扑结构的生成算法归纳了构建贝叶斯网络的一个系统过程。

贝叶斯网络拓扑结构的生成算法：

设 $T=(X_1,X_2,\cdots,X_d)$ 表示变量的一个总体次序。

for j = 1 to d do

令 $X_T(j)$ 表示 T 中第 j 个次序最高的变量。

令 $\pi(X_T(j))=\{X_1,X_2,\cdots,X_T(j-1)\}$ 表示排在 $X_T(j)$ 前面的变量的集合。

从 $\pi(X_T(j)$ 中去掉对 X_j 没有影响的变量（使用先验知识）。

在 $X_T(j)$ 和 $\pi(X_T(j)$ 中剩余的变量之间画弧。

end for

以图 6-30 为例解释上述步骤，执行步骤 1）后，设变量次序为(E, D, HD, HB, CP, BP)，从变量 D 开始，经过步骤 2） ~7），得到以下条件概率：

- $P(D|E)$ 化简为 $P(D)$。
- $P(HD|E,D)$ 不能化简。
- $P(HB|HD,E,D)$ 化简为 $P(HB|D)$。
- $P(CP|HB,HD,E,D)$ 化简为 $P(CP|HB,HD)$。
- $P(BP|CP,HB,HD,E,D)$ 化简为 $P(BP|HD)$。

基于以上条件概率，创建结点之间的弧（E,HD）、（D,HD）、（D,HB）、（HD,CP）、（HB,CP）和（HD,BP）。这些弧构成了如图 6-31 所示的网络结构。

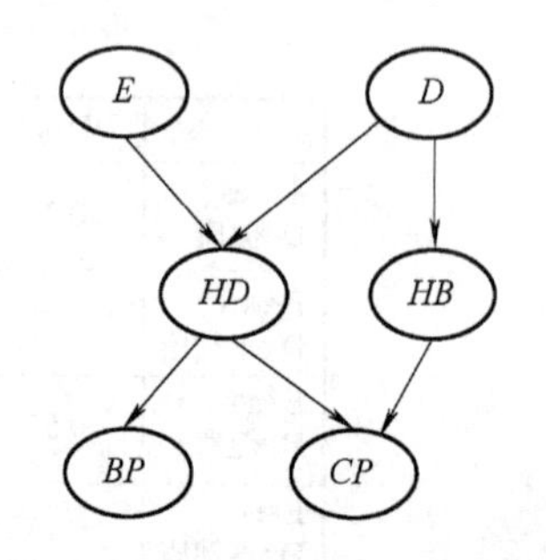

图 6-31　贝叶斯网络拓扑结构

贝叶斯网络拓扑结构的生成算法保证生成的拓扑结构不包括环。这一点的证明也很简单。如果存在环，那么至少有一条弧从低序结点指向高序结点，并且至少存在另一条弧从高序结点指向低序结点。在算法中，不允许从低序结点到高序结点的弧存在，因此拓扑结构中不存在环。

如果对变量采用不同的排序方案，则得到的网络拓扑结构可能会有变化。某些拓扑结构可能质量很差，因为它在不同的结点对之间产生了很多条弧。从理论上讲，可能需要检查所有 $d!$ 种可能的排序才能确定最佳的拓扑结构，这是一项计算开销很大的任务。一种替代的方法是把变量分为原因变量和结果变量，然后从各原因变量向其对应的结果变量画弧。这种方法简化了贝叶斯网络结构的建立。一旦找到了合适的拓扑结构，与各结点关联的概率表就确定了。对这些概率的估计比较容易，与朴素贝叶斯分类器中所用的方法类似。

6.5 神经网络算法

神经网络可以模仿人脑，通过学习训练数据集和应用所学知识，生成分类和预测模型。在数据没有任何明显模式的情况下，这种方法很有效。神经网络由许多单元（也常常称为神经元或结点）构成，这些单元模仿了人脑的神经元。将多个单元以适当的方式连接起来，就构成了神经网络。单元之间的连接相当于人脑中神经元的连接。单元之间的连接方式有多种，从而形成了多种神经网络。在分类中，应用较多的是前馈神经网络。本节主要介绍前馈神经网络和该网络所使用的误差后向传播算法。

6.5.1 前馈神经网络概述

前馈神经网络是分层网络模型，具有一个输入层和一个输出层。输入层和输出层之间有一个或多个隐藏层。每个层具有若干单元，前一层单元与后一层单元之间通过有向加权边相连。包含一个隐藏层的前馈神经网络（也常常称为两层前馈神经网络）结构如图6-32所示。

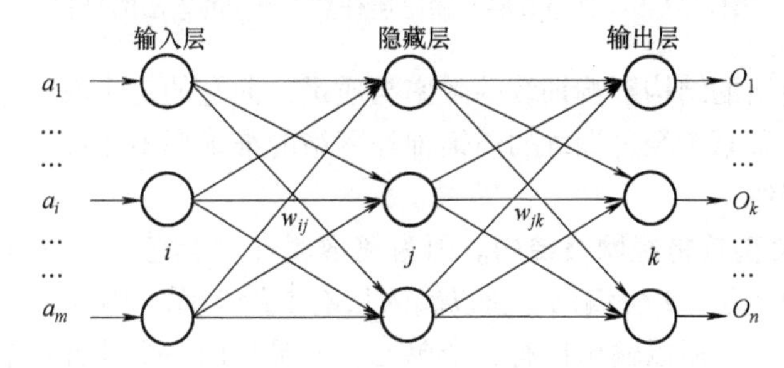

图6-32　两层前馈神经网络结构

在图6-32中，所有有向加权边都是从前一层单元到后一层单元，a_i是输入层第i个单元的输入，w_{ij}是隐藏层第j个单元与输入层第i个单元之间的连接权值，w_{jk}是输出层第k个单元与隐藏层第j个单元之间的连接权值，O_k是输出层第k个单元的输出。

输入层单元的数目与训练样本的描述属性数目对应。通常一个连续属性对应一个输入层单元，一个p值离散属性对应p个输入层单元；输出层单元的数目与训练样本的类别数目对应，当类别数目为2时，输出层可以只有一个单元；目前，隐藏层的层数及隐藏层的单元数尚无理论指导，一般通过实验选取。

在输入层，各单元的输出可以等于输入，也可以按一定比例调节，使其值落在-1和$+1$之间。在其他层，每个单元的输入都是前一层各单元输出的加权和，输出是输入的某种函数，称为激活函数。

隐藏层、输出层任意单元j的输入为

$$\mathrm{net}_j = \sum_i w_{ij} Q_i + \theta_j \tag{6-25}$$

式中，w_{ij}是单元j与前一层单元i之间的连接权值；Q_i是单元i的输出；θ_j为改变单元j活性的偏置，一般在区间$[-1,1]$上取值。

单元j的输出为

$$O_j = f(\mathrm{net}_j) \tag{6-26}$$

如果 f 采用 S 型激活函数，即

$$f(\alpha)=\frac{1}{1+e^{-\alpha}} \tag{6-27}$$

则

$$O_j=f(net_j)=\frac{1}{1+e^{-net_j}} \tag{6-28}$$

对于隐藏层、输出层任意单元 j，由它的输入计算它的输出的过程如图 6-33 所示。

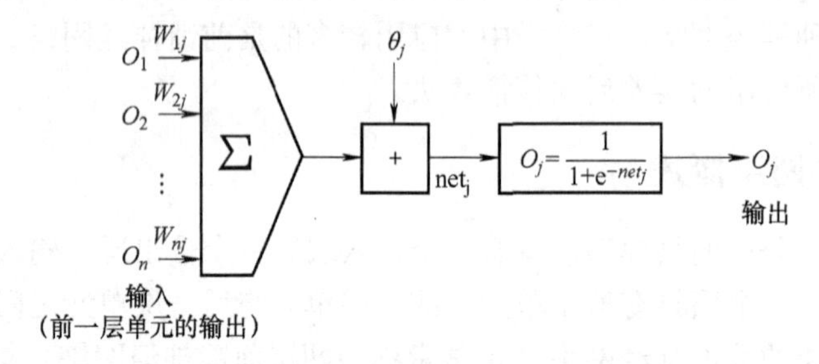

图 6-33　计算隐藏层、输出层任意单元 j 的输出的过程

由于前馈神经网络的结构影响训练的效率与质量，而它的定义没有标准，因此它的定义采用尝试的方法。如果某个经过训练的前馈神经网络的准确率不能接受，则重新定义前馈神经网络结构并重新训练。

【例 6.10】　定义前馈神经网络结构。因为离散属性“颜色”有 3 个取值、“形状”有两个取值，分别采用 3 位、2 位编码，所以输入层有 5 个单元。因为类别属性“蔬菜”有 3 个取值，采用 3 位编码，所以输出层有 3 个单元。如果只用一个具有 4 个单元的隐藏层并且采用全连接，则两层前馈神经网络结构如图 6-34 所示。

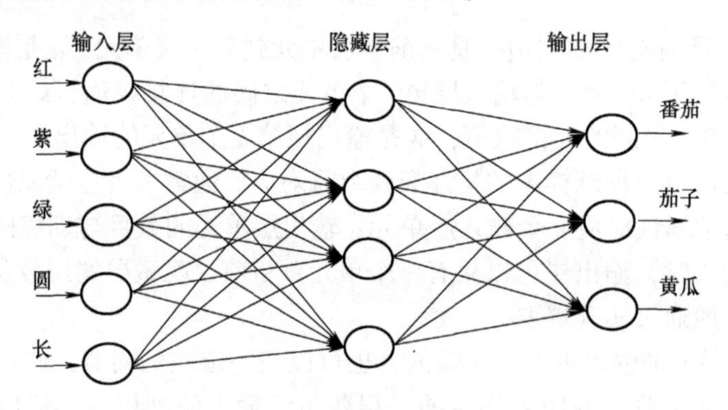

图 6-34　例 6.10 的两层前馈神经网络结构

6.5.2　学习前馈神经网络

确定了网络结构（网络层数，各层单元数）之后，应该确定各单元的偏置及单元之间的连接权值。学习过程就是调整这组权值和偏置，使每个训练样本在输出层单元上获得期望输出。学习目的就是找出一组权值和偏置，这组权值和偏置能使所有训练样本在输出层单元上获得期望输出。在一般情况下，输出层单元的实际输出与期望输出不会完全相同，只能使

它们之间的误差尽可能地小。

学习使用误差后向传播算法。该算法的基本思想是：首先赋予每条有向加权边初始权值、每个隐藏层与输出层单元初始偏置，然后迭代地处理每个训练样本，输入它的描述属性值，计算输出层单元的实际输出，比较实际输出与期望输出（类别属性值），将它们之间的误差从输出层经每个隐藏层到输入层“后向传播”，根据误差修改每条有向加权边的权值及每个隐藏层与输出层单元的偏置，使实际输出与期望输出之间的误差最小。

在输出层，由于可以从误差的定义中直接求出误差对各个单元输出的偏导数，从而求出误差对各个连接权值的偏导数，因此可以利用梯度下降法来修改各个连接权值。在隐藏层，由于要调整的连接权值与输出层单元不直接相连，因此要设法从输出层开始，一层一层地把误差对各个单元输出的偏导数求出，从而求出误差对各个连接权值的偏导数。

对于某个训练样本，实际输出与期望输出的误差 Error 定义为

$$\text{Error} = \frac{1}{2}\sum_{k=1}^{c}(T_k - O_k)^2 \tag{6-29}$$

式中，c 为输出层的单元数目；T_k为输出层单元 k 的期望输出；O_k为输出层单元 k 的实际输出。

首先考虑输出层单元 k 与前一层单元 j 之间的权值 w_{jk}的修改量 Δw_{jk}单元 k 的偏置 θ_k的修改量 $\Delta\theta_k$。

为使 Error 最小，采用使 Error 沿梯度方向下降的方式，即分别取 Error 关于 w_{jk}、θ_k的偏导数，并令它们正比于 Δw_{jk}、$\Delta\theta_k$：

$$\begin{cases}\Delta w_{jk} = -l\dfrac{\partial \text{Error}}{\partial w_{jk}} \\ \Delta \theta_k = -l\dfrac{\partial \text{Error}}{\partial \theta_k}\end{cases} \tag{6-30}$$

式中，l 为避免陷入局部最优解的学习率，一般在区间 $[0,1]$ 上取值。

求解上式可以得到权值、偏置的修改量为

$$\begin{cases}\text{Err}_k = O_k(1-O_k)(T_k-O_k) \\ \Delta w_{jk} = l \cdot \text{Err}_k O_j \\ \Delta \theta_k = l \cdot \text{Err}_k\end{cases} \tag{6-31}$$

式中，O_j为单元 j 的输出；Err_k是误差 Error 对单元 k 的输入 net_k的负偏导数，即

$$\text{Err}_k = -\frac{\partial \text{Error}}{\partial \text{net}_k}。$$

类似地，隐藏层单元 j 与前一层单元 i 之间的权值 W_{ij}的修改量 Δw_{jk}、单元 j 的偏置 θ_j的修改量 $\Delta\theta_j$为

$$\begin{cases}\text{Err}_k = O_j(1-O_j)\sum\limits_{k}\text{Err}_k w_{jk} \\ \Delta w_{ij} = l \cdot \text{Err}_j O_i \\ \Delta \theta_j = l \cdot \text{Err}_j\end{cases} \tag{6-32}$$

式中，l 为学习率；O_i为单元 i 的输出；O_j为单元 j 的输出；Err_k为与单元 j 相连的后一层单元 k 的误差；w_{jk}为单元 j 与单元 k 相连的有向加权边的权值。

权值、偏置的修改公式为

$$\begin{cases} w_{ij} = w_{ij} + \Delta w_{ij} \\ \theta_j = \theta_j + \Delta \theta_j \end{cases} \tag{6-33}$$

权值、偏置的更新有以下两种策略：

① 处理一个训练样本更新一次，称为实例更新，一般采用这种策略。

② 累积权值、偏置，当处理所有训练样本后再一次更新，称为周期更新。

6.5.3　BP 神经网络模型与学习算法

处理所有训练样本一次称为一个周期。一般，在训练前馈神经网络时，误差后向传播算法经过若干周期以后，可以使误差 Error 小于设定阈值 ε，此时认为网络收敛，结束迭代过程。此外，也可以定义如下结束条件：

① 前一周期所有的权值变化都很小，小于某个设定阈值。

② 前一周期预测的准确率很大，大于某个设定阈值。

③ 周期数大于某个设定阈值。

误差后向传播算法描述如图 6-35 所示。

算法 6.4：误差后向传播算法。
输入：训练数据集 S，前馈神经网络 NT，学习率 l。
输出：经过训练的前馈神经网络 NT。
方法：
1）在区间［-1，1］上随机初始化 NT 中每条有向加权边的权值、每个隐藏层与输出层单元的偏置。
2）while 结束条件不满足。
3）for　S 中每个训练样本 s
4）for 隐藏层与输出层中每个单元 j//从第一个隐藏层开始向前传播输入
5）　$\text{net}_j = \sum_i w_{ij} O_i + \theta_j$
6）　$O_j = \dfrac{1}{1 + \mathrm{e}^{-net_j}}$
7）for 输出层中每个单元 k
8）　$\text{Err}_k = O_k(1 - O_k)(T_k - O_k)$
9）for 隐藏层中每个单元 j　//从最后一个隐藏层开始向后传播误差
10）　$\text{Err}_k = O_j(1 - O_j)\sum_k \text{Err}_k w_{jk}$
11）for NT 中每条有向加权边的权值 w_{ij}
12）　$w_{ij} = w_{ij} + l \cdot \text{Err}_j O_i$
13）for 隐藏层与输出层中每个单元的偏置 θ_j
14）　$\theta_j = \theta_j + l \cdot \text{Err}_j$

图 6-35　误差后向传播算法描述

这个算法的学习过程由正向传播和反向传播组成。在正向传播过程，训练样本从输入层，经隐藏层，传向输出层，每一层单元的状态只影响下一层单元的状态。如果输出层不能得到期望输出，则转入反向传播过程，将误差沿原来的连接通路传回，通过修改权值和偏置，使误差最小。

误差后向传播算法要求输入层单元的输入是连续值，并对连续值进行规格化以便提高训练的效率与质量。如果训练样本的描述属性是离散属性，则需要对其编码，编码方法有以下两种：

1) p 值离散属性：可以采用 p 位编码。假设 p 值离散属性的可能取值为 a_1，a_2，…，a_p，当某训练样本的该属性值为 a_1 时，则编码为1，0，…，0；当某训练样本的该属性值为 a_2 时，则编码为0，1，…，0，依次类推。

2) 二值离散属性：除采用2位编码外，还可以采用1位编码。当编码为1时表示一个属性值；当编码为0时表示另一个属性值。

这样，在前馈神经网络中，一个连续属性对应输入层的一个单元，一个 p 值离散属性对应输入层的 p 个单元，即它的一位编码对应输入层的一个单元。

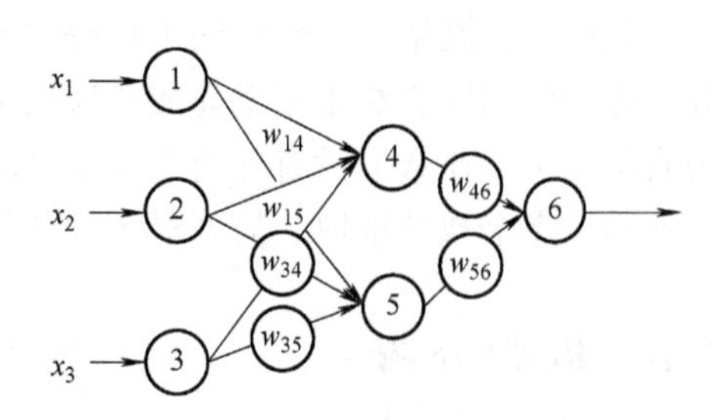

图6-36　一个多层前馈神经网络的示意图

【例6.11】　误差向后传播算法。图6-36所示是一个多层前馈神经网络，利用神经网络进行分类学习计算。网络的初始权值和偏差见表6-8。第一个训练样本，$x=\{1,0,1\}$。

表6-8　网络的初始权值和偏差

x_1	x_2	x_3	w_{14}	w_{15}	w_{24}	w_{25}	w_{34}	w_{35}	w_{46}	w_{56}	θ_4	θ_5	θ_6
1	0	1	0.2	−0.3	0.4	0.1	−0.5	0.2	0.3	−0.2	−0.4	0.2	0.1

方法计算过程：给定第一个样本 x，它被输入到网络中，然后计算每个单元的纯输入和输出，所有的计算值见表6-9，每个单元的误差也被计算并后传。误差值见表6-10。所有权值或偏差更新情况见表6-11。

表6-9　每个隐含层和输出层的纯输入和输出

单元 j	纯输入 I_j	输出 Q_j
4	$(0.2\times1)+(0.4\times0)+(-0.5\times1)+(-0.4)=-0.7$	$1/(1+e^{0.7})=0.33$
5	$(-0.3\times1)+(0.1\times0)+(0.2\times1)+0.2=0.1$	$1/(1+e^{-0.1})=0.52$
6	$(-0.3\times0.33)+(-0.2\times0.52)+0.1=-0.1$	$1/(1+e^{0.1})=0.47$

表6-10　每个单元的误差

单元 j	Err_j
6	$(1-0.47)\times0.47\times(1-0.47)=0.1320$
5	$0.1320\times(-0.3)\times0.33\times(1-0.33)=-0.0088$
4	$0.1320\times(-0.2)\times0.52\times(1-0.52)=-0.0066$

表6-11　权值或偏差的更新

权值或偏差	新　数　据
W_{14}	$0.2+0.9\times(-0.0088)\times1=0.1921$
W_{15}	$-0.3+0.9\times(-0.0066)\times1=-0.3059$
W_{24}	$0.4+0.9\times(-0.0088)\times0=0.4$
W_{25}	$0.1+0.9\times(-0.0066)\times0=0.1$

（续）

权值或偏差	新 数 据
W_{34}	$-0.5+0.9\times(-0.0088)\times1=-0.5079$
W_{35}	$0.2+0.9\times(-0.0066)\times1=0.1941$
θ_4	$-0.4+0.9\times(-0.0088)=-0.4079$
θ_5	$0.2+0.9\times(-0.0066)=0.1941$
θ_6	$0.1+0.9\times0.1320=0.2188$

利用神经网络和后传算法进行分类预测计算时，对确定网络结构、学习速率或误差函数等都有一些相应方法来帮助完成相应网络参数的选择工作。基于 BP 的前馈神经网络分类算法简单易学，在数据没有任何明显模式的情况下，方法很有效。但是在收敛速度、隐藏层的层数和结点个数的选取、局部极小问题等方面还是存在一些不足。

6.6 回归分析

在现实生活中，许多事物之间具有因果关系，如微生物的繁殖速度受温度、湿度、光照等因素的影响，作物产量受施肥的影响。事物之间的这种因果关系都涉及两个或两个以上的变量，只要其中一个变量变动了，另一个变量也会跟着变动。表示原因的变量称为自变量，用 X 表示，它是固定的（试验时预先确定的），没有随机误差。表示结果的变量称为因变量，用 Y 表示。Y 随 X 的变化而变化，有随机误差。例如，作物施肥量和产量之间的关系，前者是表示原因的变量，是自变量，为事先确定的；后者是表示结果的变量，是因变量，具有随机误差。

如果两个变量间的关系属于因果关系，一般用回归来研究。通过回归分析，可以找出因变量变化的规律性，且能由 X 的取值预测 Y 的取值范围。回归有一元回归与多元回归之分。变量 Y 在一个自变量 X 上的回归称为一元回归，因变量 Y 在多个自变量 X_l，X_2，…，X_n 上的回归称为多元回归。

1. 一元回归分析

建立一元线性回归方程，如果两个变量在散点图上呈线性关系，就可用一元线性回归方程来描述，其一般形式为

$$Y=a+bX \tag{6-34}$$

式中，X 是自变量；Y 是依变量；a、b 是一元线性回归方程的系数。

建立一元线性回归方程时，要根据训练样本画散点图，判断 Y 与 X 是否是线性关系，如果是线性关系，则用训练样本估计一元线性回归方程的系数 a、b。

a、b 的估计值应是使误差二次方和 $Q(a,b)$ 取最小值的$\hat{a}$、$\hat{b}$。

$$Q(a,b)=\sum_{i=1}^{n}(y_i-a-b\,x_i)^2 \tag{6-35}$$

式中，n 是训练样本数目，(x_1,y_1)，…，(x_m,y_m)是训练样本。

为了使 $Q(a,b)$ 取最小值，分别取 Q 关于 a、b 的偏导数，并令它们等于零，解方程得到唯一的一组解$\hat{a}$、$\hat{b}$：

$$\hat{b} = \frac{\sum_{t-1}^{n}(x_i - \bar{x})(y_i - \bar{y})}{\sum_{i=1}^{n}(x_i - \bar{x})^2} \tag{6-36}$$

$$\hat{a} = \bar{y} - \hat{b}\bar{x} \tag{6-37}$$

在利用训练样本得到$\hat{a}$、$\hat{b}$后，可以将 $Y = \hat{a} + \hat{b}X$ 作为 $Y = a + bX$ 的估计。称 $Y = \hat{a} + \hat{b}X$ 为 Y 关于 X 的一元线性回归方程。

由此可见，建立一元线性回归方程的主要步骤是：扫描训练样本，计算$\hat{a}$、$\hat{b}$的值，建立 Y 关于 X 的一元线性回归方程 $Y = \hat{a} + \hat{b}X$。

一元线性回归分析算法描述如图 6-37 所示。

算法 6.5：一元线性回归分析算法。
输入： 训练数据集 S。
输出： 一元线性回归方程的系数估计$\hat{a}$、$\hat{b}$。
方法：
1）初始化 S_x、S_y、S_{xy}、S_{xx}为零。
2）for　S 中的每个训练样本（x,y）
3）$S_x = S_x + x$　　//计算 $\sum_{i=1}^{n} x_i$
4）$S_y = S_y + y$　　//计算 $\sum_{i=1}^{n} y_i$
5）$S_{xy} = S_{xy} + xy$　　//计算 $\sum_{i=1}^{n} x_i y_i$
6）$S_{xx} = S_{xx} + x^2$　　//计算 $\sum_{i=1}^{n} x_i^2$
7）$\hat{b} = \frac{n S_{xy} - S_x S_y}{n S_{xx} - (S_x)^2}$
8）$\hat{a} = \frac{S_y - \hat{b}S_x}{n}$

图 6-37　一元线性回归分析算法

事实上，任何两个变量之间都可以建立一个一元线性回归方程，但是该方程是否具有实用价值，能否指导实践，需要进行假设检验，即检验两个变量之间的线性关系假设是否可以接受。

如果变量 X 与 Y 之间的线性关系假设符合实际，则一元线性回归方程的系数 b 不应为零。因此，检验假设

$$H_0:\ b = 0$$

$$H_1:\ b \neq 0$$

如果拒绝假设 H_0：$b = 0$，则认为变量 X 与 Y 之间的线性关系假设符合实际。t 检验是一种比较常用的假设检验方法。t 检验采用以下检验统计量：

$$t = \frac{\hat{b} - b}{S_{\hat{b}}} \sim t(n-2) \tag{6-38}$$

式中，$S_{\hat{b}}$为$\hat{b}$的标准差。

当H_0为真时，$b=0$，$t=\frac{|\hat{b}|}{S_b}\sim t_{\alpha/2}(n-2)$。所以，$H_0$的拒绝域为

$$|t|=\frac{|\hat{b}|}{S_b}\geqslant t_{\alpha/2}(n-2) \tag{6-39}$$

式中，α为显著水平。

根据式（6-28），给定显著性水平α，如果$|t|\geqslant t_{\alpha/2}(n-2)$，则拒绝假设$H_0$：$b=0$，认为回归效果显著，变量$X$与$Y$之间的线性关系假设符合实际。

经过假设检验，如果变量X与Y之间的线性关系假设符合实际，则可用一元线性回归方程进行预测。对于任意x，将其代入方程即可预测出与之对应的y。

【例6-12】 一元线性回归分析。假设年薪数据见表6-12，大学毕业以后的“工作年数Year”属性是描述属性，“年薪Salary”属性是预测属性，建立回归方程预测具有10年工作经验的大学毕业生的年薪。

表6-12 大学生年薪数据表

工作年数（Year）	3	8	9	13	3	6	11	21	1	16
年薪（Salary）/1000元	30	57	64	72	36	43	59	90	20	83

绘制年薪数据的散点图如图6-38所示。

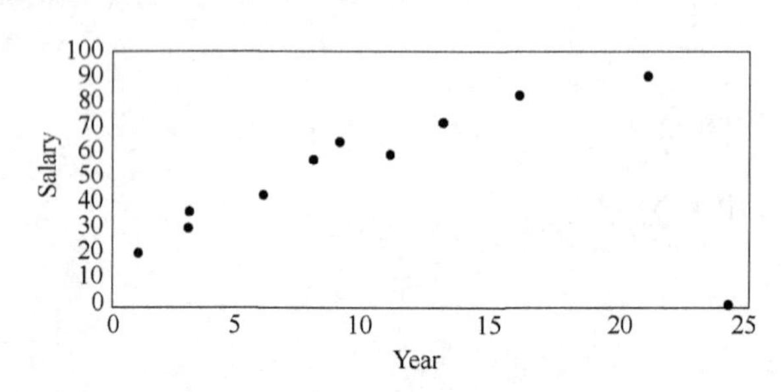

图6-38 年薪数据的散点图

从年薪数据的散点图可以推测，属性year与预测属性salary之间大致具有线性的关系，因此回归方程的形式为

$$Salary(Year)=a+b\times Year$$

由于 $\sum_{i=1}^{10} Year_i = 91$ $\sum_{i=1}^{10} Salary_i = 554$

$\sum_{i=1}^{10} Year_i\, Salary_i = 6311$ $\sum_{i=1}^{10} (Year_i)^2 = 1187$

所以经过计算可以得到：

$$\hat{a}=23.6 \qquad \hat{b}=3.5$$

那么Salary关于Year的一元线性回归方程为

$$Salary=23.6+3.5\times Year$$

采用t检验法得到：在给定的显著性水平$a=0.05$下，假设$H_0:b=0$的拒绝域为$\{-\infty$，

$-2.3060\}$与$[+2.3060, +\infty]$，而检验统计量 $t=10.6724>2.3060$，所以拒绝假设 $H_0: b=0$，认为回归效果显著，属性 Year 与预测属性 salary 之间的线性关系假设符合实际，可以利用 Salary = 23.6 + 3.5 × Year 预测。

因此，具有10年工作经验的大学毕业生的年薪为

$$Salary = 23.6 + 3.5 \times 10 = 58.6。$$

2. 多元回归分析

在许多实际问题中，影响因变量的因素常常不只一个。例如，影响害虫盛发期的生态因素有温度、湿度、雨量等。为了研究因变量 Y 与多个自变量 X 之间的关系，必须在一元回归的基础上做相应的补充，并进一步研究多元回归的问题。

多元回归是指因变量 Y 与多个自变量 X_1，…，X_p有关。多元线性回归方程是一元线性回归方程的推广，其一般形式为

$$Y = a + b_1 X_1 + \cdots + b_p X_p$$

式中，X_1，…，X_p 是自变量；Y 是因变量；a，b_1，…，b_p 是多元（p 元）线性回归方程的系数。

对于 Y 关于 X_1，…，X_p 的 p 元线性回归方程，可以采用最小二乘法估计系数 a，b_1，…，b_p。

a，b_1，…，b_p的估计值应使用误差二次方和 $Q(a,b_1,\cdots,b_p)$取最小值的$\hat{a}$，$\hat{b}_1$，…，$\hat{b}_p$：

$$Q(a,b_1,\cdots,b_p) = \sum_{i=1}^{n} (y_i - a - b_1 x_{i1} - b_2 x_{i2} - \cdots - b_p x_{ip})^2$$

式中，n 是训练样本数目，$(x_{i1},\cdots,x_{ip},y_i)(1 \leqslant i \leqslant n)$是训练样本。

为了使 $Q(a,b_1,\cdots,b_p)$取最小值，分别取 Q 关于 a，b_1，…，b_p的偏导，并令它们等于0，求解方程后得到$\hat{a}$，$\hat{b}_1$，…，$\hat{b}_p$的值。

当然，在现实世界中，许多问题可以直接用线性回归解决，也有许多问题不能直接用线性回归解决，需要将其变换后再用线性回归解决。

6.7 小结

分类挖掘利用分类模型预测未知类别数据对象的所属类别，是一种重要的数据挖掘方法。分类和预测是数据分析的两种形式，它们可从数据集中抽取出描述重要数据集或预测未来数据趋势的模型。

KNN 算法是简单的机器学习算法之一，通过计算待分类样本与训练样本的相似度实现对待分类样本的属性分类。

ID3 和 C4.5 均是基于决策树归纳的贪心算法，算法利用信息论原理来帮助选择（构造决策树时）非叶结点所对应的测试属性；修剪算法则通过修剪决策树中与噪声数据相对应的分支来改进决策树的预测准确率。

基本贝叶斯分类和贝叶斯信念网络均是基于贝叶斯有关事后概率的定理而提出的。与基本贝叶斯分类（其假设各类别之间相互独立）不同的是，贝叶斯信念网络则容许类别之间存在条件依赖并通过对（条件依赖）属性子集进行定义描述来加以实现。

神经网络也是一种分类学习方法。它利用后传算法及梯度下降策略来搜索神经网络中的一组权重，以使相应网络的输出与实际数据类别之间的均方差最小。可以从（受过训练的）神经网络中抽取相应规则知识以帮助改善（学习所获）网络的可理解性。

6.8 习题

6-1 简述分类与预测的异同。

6-2 简述数据分类过程。

6-3 简述判定树分类的主要步骤。

6-4 在判定树归纳中，为什么树剪枝是有用的？

6-5 给定 k 和描述每个样本的属性数 n，写一个 k-最临近分类算法。

6-6 给定判定树，有以下两种选择：

（1）将判定树转换成规则，然后对结果规则剪枝。

（2）对判定树剪枝，然后将剪枝后的树转换成规则。

相对于（1），（2）的优点是什么？

6-7 为什么朴素贝叶斯分类称为“朴素”的？简述朴素贝叶斯分类的主要思想。

6-8 以下是二元分类问题的数据集，见表 6-13。计算按属性 A 和 B 划分时的信息增益。决策树归纳算法将会选择哪个属性？

表 6-13 二元分类数据集

A	B	类标号
T	F	+
T	T	+
T	T	+
T	F	−
T	T	+
F	F	−
F	F	−
F	F	−
T	T	−
T	F	−

6-9 假设学生成绩见表 6-14，“期中成绩 X”属性是描述属性，“期末成绩 Y”属性是预测属性。

表 6-14 学生成绩表

期中成绩 X	72	50	81	74	94	86	59	83	65	33	88	81
期末成绩 Y	84	63	77	78	90	75	49	79	77	52	74	90

（1）写出建立回归方程的过程。

（2）预测期中成绩为 86 分的学生的期末成绩。

第 7 章

数据挖掘工具与产品

数据挖掘作为一个交叉型的学科，随着目前数据海量的增长和数据分析需求的增大而迅速发展，出现了大量成熟的数据挖掘产品和用于特殊用途的数据挖掘应用软件。更多的数据挖掘产品中新的功能、特性和可视化工具被不断地添加到已经相对成熟的原有系统之上。

7.1 评价数据挖掘产品的标准

一般来讲，数据挖掘产品根据其适用的范围分为以下两类：专用数据挖掘产品和通用数据挖掘产品。专用数据挖掘产品是针对某个特定领域的问题提供解决方案，在设计算法时充分考虑了数据、需求的特殊性，并完成优化；通用数据挖掘产品不区分具体数据的含义，采用通用的挖掘算法，处理常见的数据类型。一个产品只有将其能提供的技术和实施经验与企业的业务逻辑和需求紧密结合，并在实施的过程中不断磨合，才能取得成功。数据挖掘产品几乎都是应市场需求而产生的，它们相互之间差异较大，而且不存在一个统一的必须遵循的标准。因此，传统的软件产品评价指标对于数据挖掘产品而言并不完全适用。评价一个数据挖掘产品通常要全面考虑多方面的因素，目前主要包括以下几点：

1. 数据挖掘功能和算法

数据挖掘功能是数据挖掘系统的核心。大型的数据挖掘系统通常提供多种数据挖掘功能，而部分数据挖掘系统则只能提供几个甚至是单一的数据挖掘功能。提供数据挖掘功能的种类和数量决定了数据挖掘系统的适用范围，它是评价一个数据挖掘产品通用性的重要因素。同时，对于一个特定的数据挖掘功能，有些系统只能支持一种算法，有些则可能支持多种算法。而很多情况下，用户需要尝试不同的数据挖掘功能或将多个功能组合起来使用，不同类型的数据集使用不同的算法可能更容易得到显而易见的效果。因此，一个数据挖掘系统若能提供多个挖掘功能，并且提供多种数据挖掘算法供选择，则可利用不同算法在性能、适用范围上的不同特点，根据需要组合集成、扬长避短，更好地发挥挖掘系统的效能。

2. 可处理和接受的数据类型

通常，除了格式化的记录数据或关系数据库数据是数据挖掘系统都应该可以处理的数据类型之外，不同数据挖掘系统针对不同应用，所能处理的数据类型也是有所不同的，如文本数据、多媒体数据等。此外，一个数据挖掘工具应该能尽可能多地访问不同类型的数据源，如关系数据库、文本文件等。微软提供的数据访问技术使得数据挖掘系统可以使用 SQL 语句，直接从各种数据源中读取数据，包括 Microsoft SQL Server、DB2、Informix、Oracle 等支持 ODBC 和 OLE DB 规范的数据源系统，这保证了开放的数据库连接，也就是使数据挖掘系统具有访问关系数据和格式化文本数据的能力。

3. 数据预处理能力

数据预处理是数据挖掘过程中很重要的一个环节，同时也是工作量极大的一个环节。能否提供良好的数据预处理工具，自然地成为衡量一个数据挖掘系统的重要指标。从大数据集的数据中将冗余的、与目标完全无关的数据项排除掉，更有助于有价值模式的发现。所以，数据挖掘系统应该能够处理复杂的数据，提供相应工具选择正确的数据项和转换数据值。

4. 可视化工具

可视化工具能提供直观、简洁的图形图像，方便用户定位重要数据，评价模式的质量，从而减少建模的复杂性。可视化结构和模式有利于模式理解和数据交换。因此，数据挖掘系统所能提供的可视化工具种类、质量和交互性等也就成为评价一个数据挖掘系统的指标。可视化工具包括源数据的可视化、挖掘模型的可视化、挖掘过程的可视化、挖掘结果的可视化。可视化的程度、质量和交互的灵活性都将严重影响到数据挖掘系统的使用和解释能力，因此自然数据挖掘工具的可视化能力相当重要。

5. 与其他系统的接口

数据挖掘系统与数据库、数据仓库密不可分，后者能优化前者的数据操纵能力；传统查询工具和可视化工具能帮助用户获得有效的信息、理解数据和挖掘结果。将这些已有的系统和工具很好地结合成一个整体，需要考虑数据挖掘系统是否提供了与这些相关工具进行集成的接口。好的数据挖掘工具应该可以连接尽可能多的数据库管理系统和其他的数据资源，应尽可能地与其他工具进行集成，尽管数据挖掘并不要求一定要在数据库或数据仓库之上进行，但数据挖掘的数据采集、数据清洗、数据变换等将耗费巨大的时间和资源，因此数据挖掘工具必须要与数据库紧密结合，减少数据转换的时间，充分利用整个数据和数据仓库的处理能力，在数据仓库内直接进行数据挖掘。

6. 可扩展性

数据挖掘系统的可扩展性体现在这样一些方面：能否充分利用硬件资源、是否支持并行性能、当处理器增加时计算规模是否相应增长、是否支持数据并行存储等。为了更有效地提高处理大量数据的效率，数据挖掘系统的可扩展性显然十分重要。

7. 可伸缩性

若一个数据挖掘算法在数据量增加了 10 倍的情况下，所需运行的时间并没有超出原来所需时间的 10 倍，则该算法是可伸缩的。类似地，一个数据挖掘系统是否具有可伸缩性，也是系统性能的一个有用指标。也就是说，解决复杂问题的能力，一个好的数据挖掘工具应该可以处理尽可能大的数据量，可以处理尽可能多的数据类型，可以尽可能高地提高处理的效率，尽可能使处理的结果有效。如果在数据量和挖掘维数增加的情况下，挖掘的时间呈线性增长，那么可以认为该挖掘工具的伸缩性较好。

8. 操作与交互性

在这个指标中包含了图形界面和数据挖掘查询语言两方面的内容。图形界面友好可以方便用户与系统进行交互，直观地根据所见完成操作。数据查询语言则是不同数据挖掘产品之间能进行交互的基础。虽然大部分数据挖掘系统都为挖掘提供了友好的用户界面，但它们多数却不能共享数据查询语言。正是由于缺少标准的数据挖掘语言，使得数据挖掘产品的标准化很难进行，而且影响数据挖掘系统的可互操作性。随着人们对可视化界面与交互性能的要求日益提高，操作与交互性也成为评价数据挖掘系统的指标之一。

不管怎样，需求牵引与市场推动是永恒的。数据挖掘将首先满足信息时代用户从数据中有效地提取信息，从信息中及时地发现知识的各式各样的要求，对应产生大量基于数据挖掘的决策支持软件产品。只要能方便、及时地为人类的思维决策和战略发展服务，这种技术就是值得研究和进一步发展的。

7.2 数据挖掘工具简介

市场上有很多数据挖掘产品，它们在功能和方法上均各具特色。下面介绍一些当今数据挖掘产品市场上的主要成员，并给出数据挖掘产品的一般评价标准，作为选择合适的数据挖掘产品的参考。

国外已经出现了大量数据挖掘工具，如 Megaputer Intelligence 公司的 Poly Analyst（PA），IBM 的 Intelligent Miner。SGI 开发的 MineSet 系统和加拿大 SimonFraser 大学研制的 DBMiner 系统等。国内成功的数据挖掘工具也逐渐出现了一些，复旦大学的 ARMiner 就是其中的代表。

1. Poly Analyst

Poly Analyst（PA）是 Megaputer Intelligence 公司推出的一套数据挖掘软件，被广泛应用于金融、电信和销售等诸多行业中。Poly Analyst 提供的功能有数据访问、数据操纵和清洗、机器学习、可视化和报表。直接访问与 ODBC 兼容的各种数据源，数据和挖掘结果能够与 MS Excel 集成。提供构造数据子集和变量转换的功能。数据分析自学习引擎包括 PolyNet 预言器、GMDH（Group Method DataHandling）和神经网络混合的方法等。

PA 可以从多种数据源中导入数据。它的基本数据源是 . csv 文件（comma-separtedvalues files）。csv 文件可以输出到多数电子制表软件、数据库和 OLAP 工具；PA 支持通过 ODBC 连接的数据源、MS Excel 电子表格、SAS 数据文件、Oracle Express 以及 IBM 可视化数据仓库。

PA 提供了一整套数据挖掘算法，实现了多策略挖掘（Muti-strategy Mining），提高了预测模型的精度。PA 算法集涵盖了神经网络（Neural Network）、线性回归（Linear Regression）、聚类、决策树等常见的数据挖掘算法。另外，还提供了 Summary Statistics 算法来给出数据的统计特性，以方便进一步的数据分析。

基于 SQL 的协议——OLE DB for Data Mining，PA 能应用于外部数据集。用户还可以把挖掘模型导出为预测性建模标记语言 PMML 格式。

PA 支持符号规则语言 SRL（Symbolic Rule Language）。SRL 作为一种可读性强的通用知识表述语言，可以表述数学公式和函数，让用户更好地理解挖掘结果。此外，PA 还提供了多种图表，让用户直观判断规则和预测模型的准确度，部分图表还可以改变预测模型的有关参数，实现部分交互。

2. Intelligent Miner

Intelligent Miner 可用于财务、销售、客户管理等领域中的数据分析。它采用 BIS 架构，其 API 还提供了 C ++类和方法。Intelligent Miner 采用了多种统计方法和挖掘算法（如单变量曲线、双变量统计、线性回归、因子分析、主成分分析、分类、关联、预测等），能处理的数据类型有结构化数据（如数据库表和平面文件）、半结构化或非结构化数据（如在线操作、电邮和网页）。Intelligent Miner 提供了一套分析数据库的挖掘过程、统计函数和查看、解释挖掘结果的可视化工具，能自动生成典型数据集、发现关联、发现序列规律、概念性分类和可视化呈现，可以自动实现数据选择、数据转换、数据挖掘和结果呈现。

现在，IBM 的 Intelligent Miner 已经形成了一系列产品，包括分析软件工具——Intelligent Miner for Data 和 IBM Intelligent Miner for Text。

Intelligent Miner for Data 实现对传统文件、数据库和数据仓库的挖掘。它在原来的基础上改进了用户界面，增强了并行能力，提供统计功能，添加了新的预测技术以及优化算法，可以帮助用户充分利用数据集中的结构化数据，通过挖掘分析来满足市场分析、欺诈检测等业务领域的需求。

IBM Intelligent Miner for Text 可以提供一定程度的定制，具有可扩展性，索引的速度很快，具有先进的语言分析能力、聚集和过滤能力。Intelligent Miner 有强大的 API 函数库，可以创建定制的模型，能够处理巨大的数据量，同时支持并行处理，查询速度很快。允许用户从文本信息中获取有价值的信息，其数据源可以是 Web 页面、在线服务、传真、电子邮件、Lotus Notes 数据库、协定和专利库。它扩展了原来的数据采集功能，可识别文档语言，提取文本含义，建立人名、用语或其他词汇的词典，将类似的文档分组，根据内容将文档进行归类。

3. MineSet

MineSet 提供了地图可视化、散列可视化、树形可视化、规则可视化和迹象可视化 5 种可视化数据挖掘工具，以对数据和数据挖掘的结果进行可视化分析。引入了决策树算法、概率和关联算法，同时还提供了三维动画效果。

地图可视化工具支持空间相关数据与信息的分析。通过将数据应用于高度和颜色这两个预选参数或由用户定制的地图元素上，用户能迅速分辨出数据中存在的趋势、模式、关系和异常数据情况。

散列可视化工具能一次性在多维上分析数据特征，解决数据集过于复杂而不能在二维或三维空间中表示的问题。

树形可视化工具提供以可视化的方式表示树形和层次数据结构的功能。在一个三维飞梭航标的指示下，通过其在数据中的移动，用户可直观地发现其中的趋势、模式和异常。

规则可视化工具能以图形化的方式显示关联规则产生器的结果。通过分析关联规则产生器发现的规则，用户能更深入地洞察其指定的特征。

迹象可视化工具展示由迹象捕捉器建立的迹象分类器的结构和属性。迹象可视化工具用于说明某些属性的唯一值或在某一范围内的连续值如何影响一个特定的分类。

4. DBMiner

DBMiner 是一个通用的在线分析挖掘系统，用于在大型关系数据库和数据仓库内交互地挖掘多层次的知识。其独特之处在于紧密集成了 OLAP 和多种数据挖掘功能，包括特征化、关联、分类、预测和聚类等。

DBMiner 集成了数据源、挖掘任务和挖掘应用。DBMiner 通过 OLE DB 和 RDBMS 可以连接多种数据源，支持 Microsoft SQL Server、Analysis Server and Excel 集成。OLAP 探测功能和导航功能很强，对关系数据、多维数据有强大的在线分析挖掘能力。关联和时序算法对挖掘大数据集上频繁的、连续的模式表现出相关性和卓越的依赖分析性能。

5. SPSS

SPSS 公司在统计软件领域处于领先地位，也提供数据挖掘方案，并逐步增加该方向的投入。

SPSS 的产品有 SYSTAT 统计软件包，采用线性回归技术，其结果与传统的统计软件结果一致。

SPSS CHAID 是基于决策树的数据挖掘软件，主要用于市场和客户部门，为分析人员提供预测模型并产生对应的易于理解的树形图。

Clementine 是 SPSS 的核心挖掘产品。它提供了可视化快速建模的环境，可以将数据分析和建模技术与特定的问题相互结合，找出传统挖掘工具难以找到的答案。Clementine 率先引入了可视化建模和数据展现概念。系统内置神经网络、决策树、回归、聚类、联合和归纳规则、因子和主成分分析、时间序列分析等数据挖掘算法，还提供自定义算法接口 CEMI。Clementine 包含多种数据挖掘方法，而且在每种方法中都同时具备机器学习和许多相关统计模型以丰富用户的选择，使数据挖掘中获得的结果更具可靠性与精确性。此外，Clementine 还具有完善的数据导入和结果展现功能，可提供散布图、平面图和 Web 分析图等可视化效果，以提高用户对客户和市场的洞察力，留住有价值的客户、吸引新客户、识别欺诈行为、减少风险投资等。

6. SAS

SAS 研究与 SPSS 在统计软件领域是并驾齐驱的。SAS 的统计软件包 SAS 和 JMP 用于进行线性回归分析，其结果与使用传统统计方法的数据挖掘工具结果一致。SAS 是一种能在多种硬件平台上运行的、可伸缩的统计软件包。JMP 则是面向最终用户的独立软件包。

SAS/EM（Enterprise Miner）是一个图形化界面、菜单驱动的、拖拉式操作的、对用户友好的、功能强大的数据挖掘集成环境。其中集成了数据获取工具、数据取样工具、数据筛选工具、数据转换工具、数据挖掘工具、数据挖掘评价工具等多种专用工具，提供“抽样—探索—转换—建模—评估”的方法论、组织方便的处理流程、完美的报表和图形分析结果，即使是数理统计经验不足的用户，也能按部就班地实现数据挖掘。若用户经验丰富，则可精细地调整分析处理过程，以得到更令人满意的挖掘结果。

7. Scenario

Scenario 是 Cognos 软件公司的产品。该公司在提供查询和 OLAP 工具方面处于领先地位。Scenario 是一种与 Powerplay 和 Impromptu（该公司的两种工具）集成在一起的客户端数据挖掘解决方案。

8. Weka

Weka 是新西兰 Waikato 大学开发的开源数据挖掘产品，可进行数据预处理、关联挖掘、分类、回归、聚类和可视化。

9. ARMiner

复旦大学的数据挖掘工具 ARMiner 可以完成对数据的预处理工作，包括数据获取、数据取样、数据筛选和数据转换 4 个部分。可以实现对经过预处理的数据进行挖掘，包括一个数据挖掘数据库和一个数据挖掘过程模块。前者是在进行挖掘前，建立一个数据库以放置本次操作需要的数据，可预先进行一些诸如平均、最值和标准差等的计算和处理，为挖掘提供一个良好的工作环境。后者利用某一种数据挖掘算法进行实际挖掘操作。此外，ARMiner 还提供一种通用的数据挖掘评价的架构来比较不同模型的效果，预报各种不同类型分析工具的结果。在进行各种比较和预报的评价之后，给出一系列标准的图表，供用户进行定量评价。

其他常用的数据挖掘工具还有LEVELS Quest、Partek、SE-Learn、SPSS的数据挖掘软件Snob、Ashraf Azmy的SuperQuery、WINROSA、XmdvTool等。

经过十多年的发展，数据挖掘产品的性能获得了显著的改善，不论是自动化程度还是适用范围都发生了巨大变化，价格的门槛迅速降低，对于推进数据挖掘在企业和电子商务中的应用具有特殊的意义。

7.3 数据挖掘的可视化

数据挖掘是信息技术自然演化的结果。人们能够通过数据挖掘工具进行数据分析，发现重要的、感兴趣的模式，并将隐含在数据海洋中的知识提取出来。可视化充分利用人们对视觉的依赖和快速识别能力，将人脑的信息处理功能与计算机这个强大的信息处理系统自然地结合起来。这种将可视化技术运用到数据挖掘中的应用被称为数据挖掘的可视化或可视化数据挖掘。

7.3.1 数据挖掘可视化的过程与方法

数据挖掘可视化的目的是在数据挖掘中运用数据可视化技术，使用户能够交互地浏览数据、挖掘过程等。

信息可视化将数据信息和知识转化为一种视觉形式，充分利用人们对可视模式快速识别的自然能力。Card等人提出了信息可视化简单参考模型，如图7-1所示。数据挖掘过程中的可视化主要是如何实现参考模型中定义的映射、变换和交互控制。可以把各种数据信息可视化看作从数据信息到可视化形式，再到人的感知系统的可调节的映射。

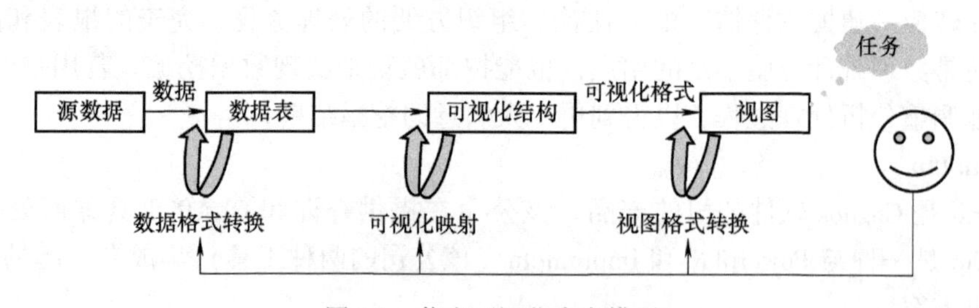

图7-1 信息可视化参考模型

从该模型可以看出，可视化是一系列的数据变换。用户可以对这些变换进行控制和调整。数据格式转换把各种各样的原始数据映射并转换为可视化工具、可以处理的标准格式；可视化映射运用可视化方法把数据表转换为可视化结构；视图格式转换通过定义位置、图形缩放、剪辑等图形参数创建可视化结构的视图，最终服务于要完成的任务。

可视化数据挖掘大致分为以下4个主要阶段。

① 数据收集阶段：确定业务对象进行原始数据收集。大量全面丰富的数据是数据挖掘的前提，没有数据，数据挖掘也就无从做起。因此，数据收集是数据挖掘的首要步骤。数据可以来自于现有事务处理系统，也可以从数据仓库中得到。这一阶段使用的可视化技术主要

是数据可视化。

② 数据预处理阶段：对源数据进行预处理，是数据挖掘的必要环节。由于源数据可能是不一致的或者有缺失值，因此数据的整理是必需的，以便于下一步数据挖掘的顺利进行。这一阶段同上一阶段一样，也是以数据可视化为主。

③ 模式发现阶段：根据不同的挖掘目标，可以相应采用不同的挖掘方法，得到有意义的数据模式。数据挖掘的方法有很多种，主要包括以下三大类：统计分析、知识发现、其他可视化方法。这一阶段主要用到的是针对过程和交互进行可视化的工具。

④ 模式可视化阶段：分析、解释模式。使用各种可视化技术，将数据挖掘的结果以各种可见的形式表现出来，并使用各种已知技术手段，对获得的模式进行数据分析，得出有意义的结论。数据挖掘的最终目的是辅助决策，可视化数据挖掘也不例外，而且可以更直观地验证模型的正确性，一旦有必要就可以调整挖掘模型。也就是说，可以在用户直接参与的情况下不断重复进行挖掘来获得期望或是最佳的结果。这样决策者就能根据挖掘的结果，结合实际情况，调整竞争策略等。

7.3.2 数据挖掘可视化的分类

根据不同的标准和目的，数据挖掘可视化可以有不同的分类形式。

按实现可视化的源数据信息集的类型来对数据挖掘可视化进行分类，可以大致分为一维数据信息可视化、二维数据信息可视化、三维数据信息可视化、多维数据信息可视化、时态数据信息可视化、层次数据信息可视化和网络数据信息可视化等形式。按照可视化技术与数据挖掘技术的融合方式来分，数据挖掘可视化可分为数据可视化、挖掘结果可视化、挖掘过程可视化和交互式挖掘可视化4类。

下面先介绍按照技术融合的分类形式：

1. 数据可视化

数据可视化能够表现出数据是如何分布的。数据可以用多种可视化形式表示，包括常见的面积图、柱形图、立方体、圆环图、散点图、折线图、帕雷托图、雷达图等。若数据是多维数据，则可使用：

① 几何投影方法。以发现多维数据集中“有意义”的投影为目标，将多维数据分析转换为只分析感兴趣的少量维度数据。

② 基于图标的方法。将一个多维数据项映射成一个图标，可以是线条图、条状图、颜色图等各种各样的图标形式。

③ 面向像素的方法。其基本思想是将每个数据值映射到一个有色像素上，并将属于某个属性的数据值表示在一个独立的窗口中。

④ 分层方法。先对 K 维空间进行细分，然后用一种层次的形式表示这些子空间。

以上的可视化方法各有优缺点，而且适用对象也有差异，因此也涌现出一批综合了多种可视化技术的可视化方法，如Parobox、数据星座、多景观等。

2. 挖掘结果可视化

挖掘结果可视化指将数据挖掘后得到的知识和结果用可视化的形式表达、解释和评价，以提高用户对结果的理解，并检验知识的真伪和实用性。

数据挖掘发现的知识和结果与用户所感兴趣的模式类型和采用的挖掘方法或算法有关，

因此，数据挖掘要变得有效，数据挖掘系统就应能够以多种形式显示所发现的模式，这些形式包括关联规则、表、交叉表、散列图、盒图、饼图或条形图、报告、决策树、簇、孤立点、概化规则和数据立方体、下钻或上卷。图 7-2 所示是几种常见的挖掘结果可视化形式。

age(X,"young")and income(X,"high")→class(X,"A")
age(X,"young")and income(X,"low")→class(X,"B")
age(X,"old")→class(X,"C")

a) 规则

age	income	class	count
young	high	A	14000
young	low	B	1038
old	high	C	786
old	low	C	1 374

b) 表

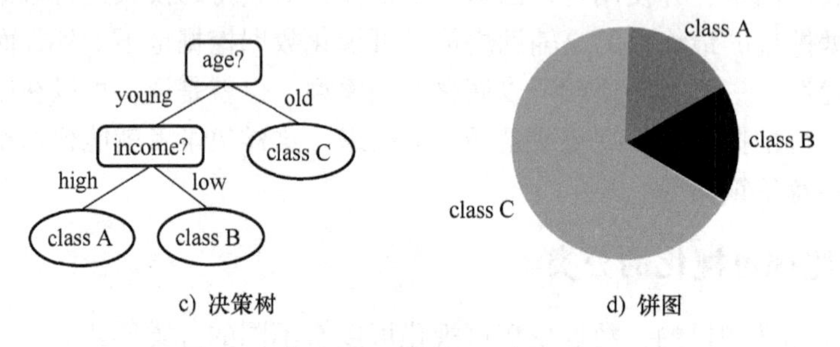

c) 决策树　　d) 饼图

图 7-2　模式的几种可视化表示形式

允许发现的模式以多种形式表示可以帮助不同背景的用户识别有趣的模式，并与系统交互或指导进一步的发现。用户应当能够指定用于发现模式的表现形式。图 7-3 所示为 SPSS 中利用决策树模型得到的可视化结果。

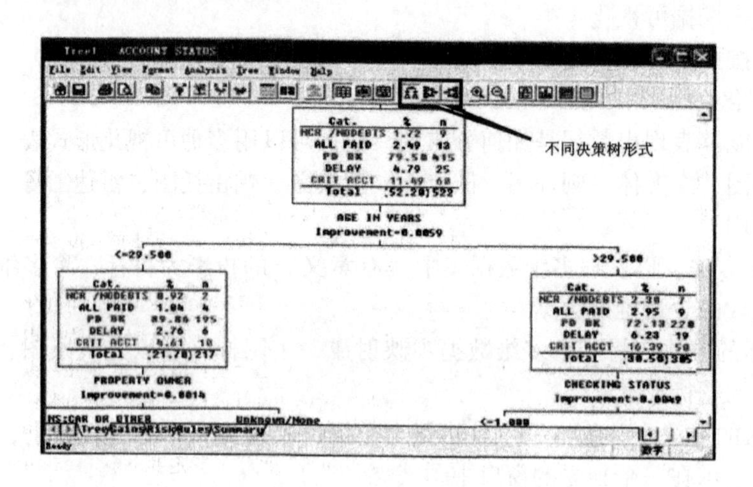

图 7-3　SPSS 决策树模型可视化结果

3. 挖掘过程可视化

数据挖掘过程可视化是将数据挖掘的整个过程用一种可视化的形式展现在用户的面前。在数据预处理、数据挖掘过程中，展现处理过程的数据可视化，有助于理解所采用的方法和数据挖掘算法，并发现其不足之处。通过将数据挖掘过程用可视化方式呈现出来，从而帮助用户以一种具体和简明的方式掌握知识萃取和决策分析的过程，并让用户充分地融入其中。

从中用户可以看出数据是如何被提取的，数据是从哪个数据库或数据仓库提取的，如何被清理、集成、预处理和挖掘的，而且可以看出数据挖掘选用的方法，结果存储的地方及显示方式。

可视化流程使数据观察和交互变得简单方便，是商业数据挖掘软件必不可少的一部分。例如，IBM IntelligentMiner、SASEnterpriseMiner、SPSSClementine、InsightfulMiner 等著名商业数据挖掘软件均实现了挖掘过程的可视化。

4. 交互式挖掘可视化

交互式挖掘允许用户聚焦搜索模式，根据返回的结果提出和精炼数据挖掘请求。对于包含大量数据的数据库或数据仓库，应当使用适当的抽样技术进行交互式数据探查。类似于OLAP在数据立方体上做的那样，通过交互地在数据空间和知识空间下钻、上卷和旋转来挖掘知识。用这种方法，用户可以与数据挖掘系统交互，从不同粒度、不同的角度来观察数据和发现模式，参与并影响数据挖掘模型的建立。

许多挖掘技术包括不同的处理步骤，并可能希望或直接要求用户干预，可视化技术能够帮助用户更直观地参与到支持决策过程。可视化促使用户在数据挖掘过程中根据领域知识做出判断，更容易帮助用户做出合理的决定。从这个观点出发，可视化数据挖掘技术不仅应用于分析挖掘过程中，并且在数据挖掘算法执行过程中也能起到重要作用。例如，一系列属性的数据分布可以用彩色扇区或列来表示（取决于整个空间是使用一个圆形表示，还是使用列的集合表示），这种表示方式可以帮助用户决定哪个扇区作为分类首先被选中，哪个地方是最好的扇区分割点。

交互式数据挖掘也可利用数据挖掘原语和数据挖掘查询语言。数据挖掘查询语言能为建立友好的图形用户界面提供基础。若将二者结合起来，就能实现用户与数据挖掘系统的自由交互。

常用的数据挖掘可视化分类形式还有根据源数据集类型来对数据挖掘可视化进行分类。

一维信息可视化是对简单的线性信息的显示。二维数据信息是指包括两个主要属性的信息，如城市地图和建筑平面图都属于二维信息可视化。三维数据信息通过引入体积的概念超越了二维信息，三维数据信息的表达不再是以符号化为主，而是以对现实世界的仿真手段为主。三维信息可视化被广泛地应用于建筑和医学领域。多维数据信息是指用户对数据集感兴趣的属性不止3个，它们的可视化就不能简单进行。多维数据可视化通常应用于人口普查、健康状况、现金交易、顾客群、销售业绩等领域。时间序列数据信息可视化是根据时间顺序图形化显示数据，是一种普遍使用的很有效的数据信息可视化方法。层次数据信息集中的数据常常会和其他数据信息有许多的关联。这样的内部依赖的可视化通常使用图表来表现，如磁盘目录结构、文档管理、图书分类等。网络数据信息指与其他任意数量的结点之间有联系的结点。因为属性和项目之间的关系可能非常复杂，使得结点与结点之间的关系及其属性数量都是可变的。网络数据信息可视化在帮助人们理解网络数据信息的空间结构，快速发现所需感兴趣的数据信息并有效防止迷途等方面将越来越重要。

7.3.3 数据挖掘可视化的工具

数据可视化工具帮助创建数据集的图表，使数据易于理解，从而提高认知与洞察的能力。数据挖掘可视化工具则帮助创建可视化的数据挖掘模型，利用这些模型来发现数据集汇总存在的模式，从而辅助决策支持或预测商机。

一般的数据可视化工具都具有以下功能：

① 数据可视化功能使用户能够阅读、管理、改变和分析多维、多变量数据。

② 图像处理功能使用户能够阅读多频段图像数据，提供图像处理函数。

③ 图形显示功能使用户能够建立交互的2D和3D图形显示应用程序。

④ 标注和图形化功能主要实现让用户建立多维数据的复杂图形，包括标题、箭头、圆、图表（如条图、饼状图、阶梯图）、图例和数轴等。

⑤ 提供数据库功能是为了使用户能够操作数据库中的数据。

⑥ 提供与用户界面的接口能使用户方便地建立平台独立的图形用户接口。

随着数据可视化技术的不断发展，出现了许多优秀的可视化数据挖掘工具。用图7-4来表示可视化数据挖掘工具的这种发展。

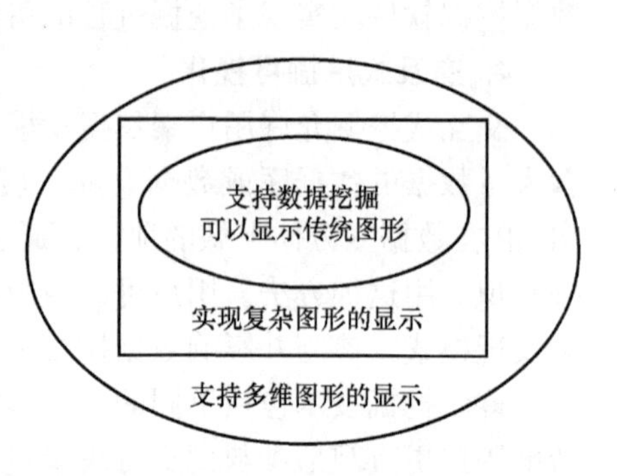

图7-4　可视化数据挖掘工具的发展

从图7-4中可以看出，对于绝大多数可视化工具而言，都已经实现了柱形图、条形图、饼图、折线图、散点图和雷达图这些传统的图表类型。在许多的商用可视化数据挖掘工具中也都实现了表达项数、统计和三维散点图这类复杂的图形的功能。例如，由SGI公司和美国Standford大学联合开发的多任务数据挖掘系统MineSet就使用了多种数据可视化工具来表现数据和知识。对同一个挖掘结果可以用不同的可视化工具以各种形式表示，用户也可以按照个人的喜好调整最终效果，以便更好地理解。一些可视化数据挖掘工具也可以支持多种数据挖掘技术——预测、分类、相关性检测等。例如，SPSS的相关产品Clementine，而Diamond可以用数据点色彩、形状、角度等形式来突破图形的三维极限，从而在更高的维度传达信息。

一般情况下，选择哪一种可视化数据挖掘工具，主要是由源数据信息集的类型和发现的模型基本结构来决定的。在此前提下，可以对所选工具进行一个测评。综合考虑可产生的模式种类的数量、解决复杂问题的能力、操作性能、数据存取能力、与其他产品的接口这些方面的因素。评价的工作应该按照图7-5的过程进行。

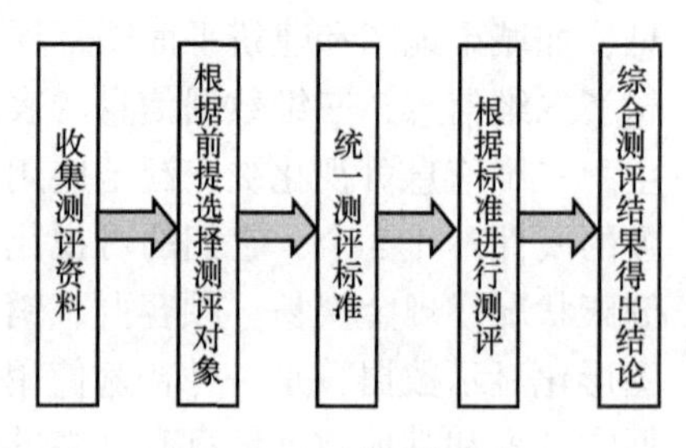

图7-5　工具评价步骤

7.4　Weka

Weka（Waikato Environment for Knowledge Analysis，怀卡托智能分析环境）是一个基于Java、用于数据挖掘和知识发现的开源产品，其开发者是来自新西兰怀卡托大学的ran H. Witten和Eibe Frank。经过十几年的发展历程，Weka是现今最完备的数据挖掘工具之一，而且被公认为是最著名的数据挖掘开源产品。它提供了统一的用户界面，集成了大量能承担数据挖掘任务的机器学习算法，包括对数据进行预处理、关联规则挖掘、分类、聚类等，并提供了丰富的可视化功能。同时，由于其源码的开放性，Weka不仅可以用于完成常规的数据挖掘任务，也可以用于数据挖掘的二次开发。

图7-6给出了Weka GUI的启动界面，右侧的“Applications”选项区列出了Weka的不同应用环境。

Explorer：使用Weka探索数据的环境。

Experimenter：运行算法、管理算法方案之间的统计检验的环境。

KnowledgeFlow：这个环境本质上和Explorer所支持的功能是一样的，但是它有一个可以拖放的界面并且支持增量学习(Incremental Learning)。

Simple CLI：提供了一个简单的命令行界面，从而可以在没有自带命令行的操作系统中直接执行Weka命令。

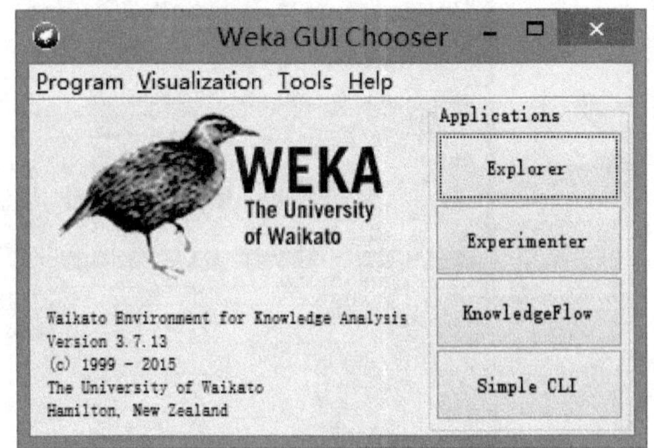

图7-6　Weka GUI的启动界面

7.4.1　Weka Explorer

Weka Explorer中的选项卡位于窗口顶部。Explore启动后，只有第一个选项卡是活动的，其他均是灰色的。在载入一个数据集之前，载入数据后，灰色选项卡被激活，单击它们可以在不同的选项卡间进行切换，以执行相应的不同操作。各选项卡的功能如下。

1）Preprocess：选择和修改要处理的数据。

2）Classify：对数据进行分类或回归。

3）Cluster：对数据进行聚类分析。

4）Associate：从数据进行关联规则挖掘。

5）Select attributes：对数据中相关的属性进行选择。

6）Visualize：交互式地查看数据的二维图像。

1. 预处理

预处理页面顶部的前4个按钮用来把数据载入Weka，如图7-7所示。

1）Open file：打开一个对话框，允许浏览和载入本地文件系统上的数据文件。

2）Open URL：打开一个存有数据的URL地址。

3）Open DB：从数据库中读取数据。

4）Generate：从一些数据生成器（Data Generators）中生成合成数据。

单击“Open file”按钮可以读取的文件格式有Weka的ARFF格式、CSV格式、C4.5格式，或者序列化的实例格式。通常，ARFF文件扩展名是.arff，CSV文件的扩展名是.csv，C4.5文件的扩展名是.data和.names，序列化的实例对象的扩展名为.bsi。

载入数据后，预处理页面中将显示相关信息，如图7-7中就显示了载入系统自带的数据后的信息。

Current relation（指目前装载的数据，可理解为数据库术语中单独的关系表）下有以下3个条目。

1）Relation：关系的名称，在它装载自的文件中给出。使用筛选器（下面将详述）将修改关系的名称。

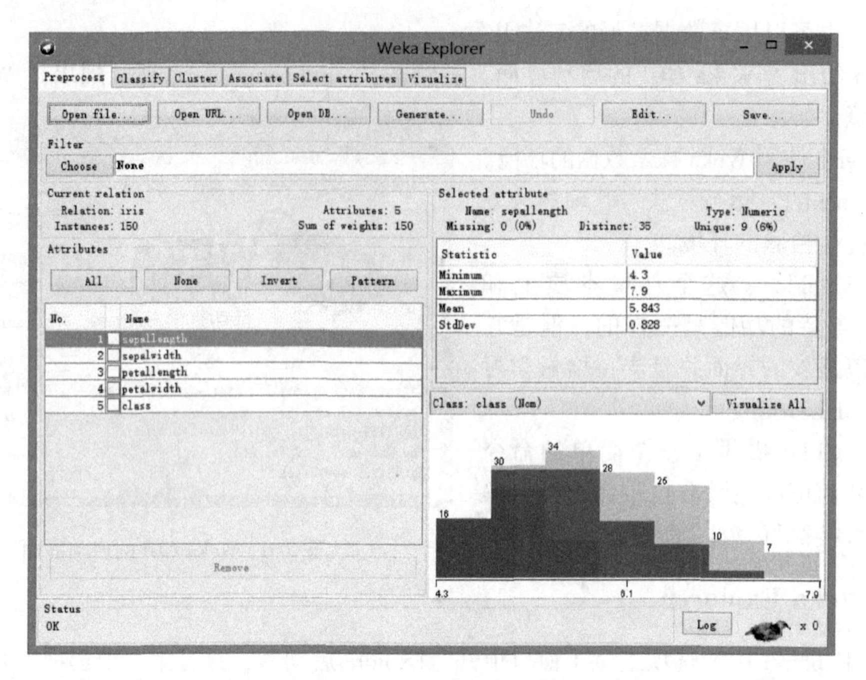

图 7-7　在 Explorer 环境下载入数据文件

2）Instances：数据中的实例（或称数据点/记录）的个数。

3）Attributes：数据中的属性（或称特征）的个数。

Current relation 下的“Attributes”选项区有以下 4 个按钮，可观察当前关系中的属性列表。当单击属性列表中的不同行时，右边“Selected attribute”选项区的内容会随之改变以给出列表中当前高亮显示的属性的相应描述，如属性名称、属性类型、数据中该属性缺失（或者未指定）的实例的数量（及百分比）等。这些统计量下面是一个列表，它根据属性的不同类型显示了关于该属性所存储值的更多信息。如果属性是分类型的，则列表将包含该属性的每个可能值以及取那个值的实例的数目。如果属性是数值型的，则列表将给出 4 个统计量来描述数据取值的分布：最小值、最大值、平均值和标准差。在这些统计量的下方，有一个彩色的直方图，根据直方图上方一栏所选择的 class 属性来着色。要注意的是，只有分类型的 class 属性，才会让直方图出现彩色。最后，可通过单击“Visualize All”按钮在一个单独的窗口中显示数据集中所有属性的直方图，以方便观察。

在预处理阶段还可以通过定义筛选器来对数据进行变换。Filter 栏就提供了对各种筛选器进行必要设置的功能。Filter 栏左边是一个“Choose”按钮，可选择 Weka 中的某个筛选器。选定筛选器后，它的名字和选项会显示在“Choose”按钮旁边的文本框中，用鼠标单击该文本框，弹出如图 7-8 所示的 GenericObjectEditor（通用对象编辑器）对话框。该对话框用于对筛选器进行配置。窗口中的字段反映了可用的选项，用以改变 filter 的设置。同样的对话框也用于配置其他对象，如分类器（classifier）和聚类器（C clusterer）。

GenericObjectEditor 对话框底部有 4 个按钮。“Open”和“Save”按钮允许存储对该对象的配置，以备将来使用。“Cancel”按钮用于直接退出，任何已做出的改变都将被忽略。若确定完成了对象的选择和设置，则可单击“OK”按钮返回到主 Explorer 窗口。之后就可以

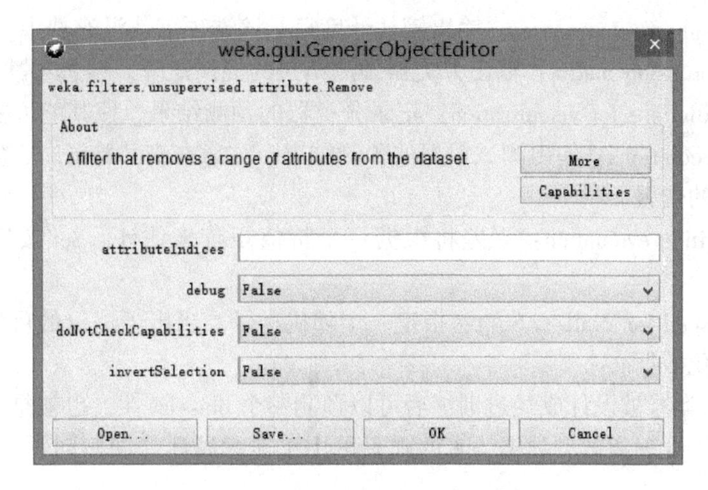

图7-8　GenericObjectEditor 对话框

通过单击 Preprocess 面板上 Filter 栏右边的“Apply”按钮将所设置好的筛选器应用于数据集上，然后 Preprocess 面板将显示转换过的数据。也可以单击“Undo”按钮取消这种改变，还可以单击“Edit”按钮在一个数据集编辑器中手动修改数据。最后，单击 Preprocess 面板右上角的“Save”按钮，用同样的格式保存当前的关系备用。

注意，一些筛选器会依据是否设置了 class 属性来做出不同的动作（单击直方图上方那一栏时，会出现一个可供选择的下拉列表）。特别地，supervised filters（监督式筛选器）需要设置一个 lass 属性，而某些 unsupervised attribute filters（非监督式属性筛选器）将忽略 lass 属性。也可以将 Class 设成 None，表示没有设置 class 属性。

2. 分类

在 classify 页面顶部是 Classifier 栏，其中的文本框给出了分类器的名称和相应选项。用鼠标单击文本框得到 GenericObjectEditor 对话框，与设置筛选器类似地进行当前分类器的配置。

应用选定的分类器后得到的结果可根据 Test Options 栏中的选择来进行测试，共有以下 4 种测试模式。

① Using training set：根据分类器在训练实例上的预测效果进行评价。

② Supplied test set：从文件载入一组实例，根据分类器在这组实例上的预测效果来评价。单击“Set”按钮将打开一个对话框，选择用来测试的文件。

③ Cross-validation：使用交叉验证来评价分类器，所用的折数填在“Folds”文本框中。

④ Percentage split：从数据集中按%栏指定的百分比取出部分数据做测试用，根据分类器在这些实例上的预测效果来评价。

不管使用哪一种测试方法，得到的模型总是根据所有训练数据来构建的。单击“More options”按钮还可设置更多的测试选项。

1）Output model：输出基于整个训练集的分类模型，从而模型可以被查看、可视化等。该选项默认是选中的。

2）Output per-class stats：输出每个 class 的准确度/召回率（precision/recall）和正确/错误（true/false）的统计值。该选项也是默认选中的。

3）Output evaluation measures：输出熵估计度量。该选项默认没有选中。

4）Output confusion matrix：输出分类器预测结果的混淆矩阵。该选项默认选中。

5）Store predictions for visualization：记录分类器的预测结果，使其能可视化表示。

6）Output predictions：输出测试数据的预测结果。注意在交叉验证时，实例的编号不代表它在数据集中的位置。

7）Cost-sensitive evaluation：误差将根据一个价值矩阵来估计。Set 按钮用来指定价值矩阵。

8）Random seed for xvall/% Split：指定一个随机种子，当出于评价的目的需要分割数据时，它用来随机化数据。

Weka 中的分类器被设计成经过训练后可以预测一个 class 属性，也就是预测的目标。有的分类器只可用于处理离散型数据，有的则只可用于连续属性（回归问题），还有的两者都可以学习。

数据集中的最后一个属性被默认为分类（class）属性。如果想训练一个分类器，让它预测一个不同的属性，单击 Test options 栏下方，会出现一个属性的下拉列表以供选择。

分类器、测试选项和 class 属性都设置好后，单击“Start”按钮就可以开始学习过程。训练完成后，右边的“Classifier output”选项区会被填充一些文本，描述训练和测试的结果。在“Result list”选项区中会出现一个新的条目，如图 7-9 所示。

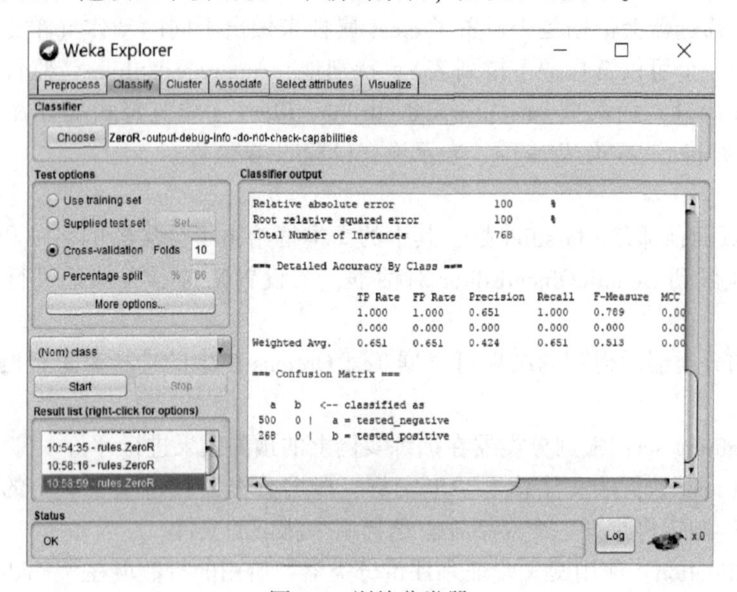

图 7-9　训练分类器

“Classifier output”选项区有一个滚动条，以便浏览结果文本。按〈Alt + Shift〉键，在这个区域单击鼠标左键，可保存输出结果。输出结果包括以下 5 个部分：①Run information 给出了学习算法各选项的一个列表，包括了学习过程中涉及的关系名称、属性、实例和测试模式；② Classifier model C full training set 用文本表示的基于整个训练集的分类模型；③ Summary统计量描述了在指定测试模式下，分类器预测 class 属性的准确程度；④ Detailed Accuracy By Class 更详细地给出了关于每一类的预测准确度的描述；⑤Confusion Matrix 给出了预测结果中每个类的实例数，其中矩阵的行是实际的类，矩阵的列是预测得到的类，矩阵元素就是相应测试样本的个数。

在训练了若干分类器之后，结果列表中也就包含了若干条目。用鼠标单击这些条目可以在生成的结果之间进行切换浏览。单击某个条目则会弹出一个菜单，包括以下选项：

1）View in main window：在主窗口中显示输出该结果。

2）View in separate window：打开一个独立的新窗口来显示结果。

3）Save result buffer：弹出一个对话框，使得输出结果的文本可以保存成一个文本文件。

4）Load model：从一个二进制文件中载入以前训练得到的模型对象。

5）Save model：把模型对象保存到一个二进制文件中。对象是以 Java “序列化”的形式保存的。

6）Re-evaluate model on current test set：通过 Supplied test set 选项下的 Set 按钮指定一个数据集，已建立的分类模型将在这个数据集上测试它的表现。

7）Visualize classifier errors：弹出一个可视化窗口，把分类结果做成一个散点图。其中正确分类的结果用叉表示，分错的结果用方框表示。

8）Visualize tree or Visualize graph：在允许的条件下，把分类模型的结构用图形来表示。图形可视化选项只有在贝叶斯网络模型建好之后才会出现。

9）Visualize margin curve：创建一个散点图来显示预测边际值。这个边际值的定义是：预测为真实值的概率与预测为真实值之外其他某类的最高概率之差。

10）Visualize threshold curve：生成一个散点图，以演示预测时改变各类之间的阈值后取得的平衡。

11）Visualize cost curve：生成一个散点图，给出期望价值（Expected Cost）的一个显式表达。在特定的情况下某些选项不适用时会变成灰色。

3. 聚类

和分类类似，单击如图7-10所示 Cluster 页面顶部的 Clusterer 选项区中的聚类算法，将

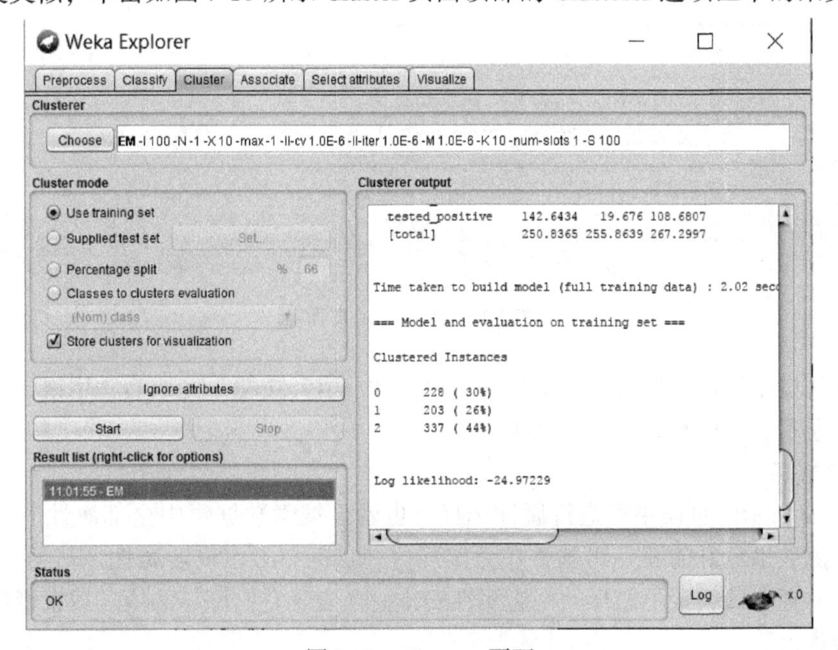

图7-10 Clusterer 页面

弹出一个用来选择新聚类算法的 GenericObjectEditor 对话框。Cluster Mode 选项区用来决定依据什么来聚类以及如何评价聚类的结果。前 3 个选项和分类的情形是一样的：Use training set、Supplied test set 和 Percentage split。区别在于现在的数据是要聚集到某个类中，而不是预测为某个指定的类别。第四个 Classes to clusters evaluation 模式是要比较所得到的聚类与在数据中预先给出的类别吻合得怎样。和 Classify 页面一样，下方的下拉列表框也可用来选择作为类别的属性。此外，Store clusters for visualization 复选框决定了在训练完算法后可否对数据进行可视化。对于非常大的数据集，内存可能成为瓶颈时，建议不勾选这一栏。

在对一个数据集聚类时，经常遇到某些属性应该被忽略的情况。单击“Ignore attributes”按钮，弹出一个小窗口，选择哪些是需要忽略的属性。选择窗口中属性将使它高亮显示，被选的属性将被忽略。

Cluster 页面与 Classify 页面相似，也有一个 Start/Stop 按钮，一个结果文本的区域和一个结果列表。它们的用法都和分类时的一样。用鼠标右键单击结果列表中的一个条目，弹出一个相似的菜单，只是它仅显示两个可视化选项：Visualize cluster assignments 和 Visualize tree。后者在不可用时会变灰。

4. 关联规则

图 7-11 所示是 Associate 页面包含的有关挖掘关联规则的信息。关联规则挖掘也可以像聚类器、筛选器和分类器的页面一样选择和配置。

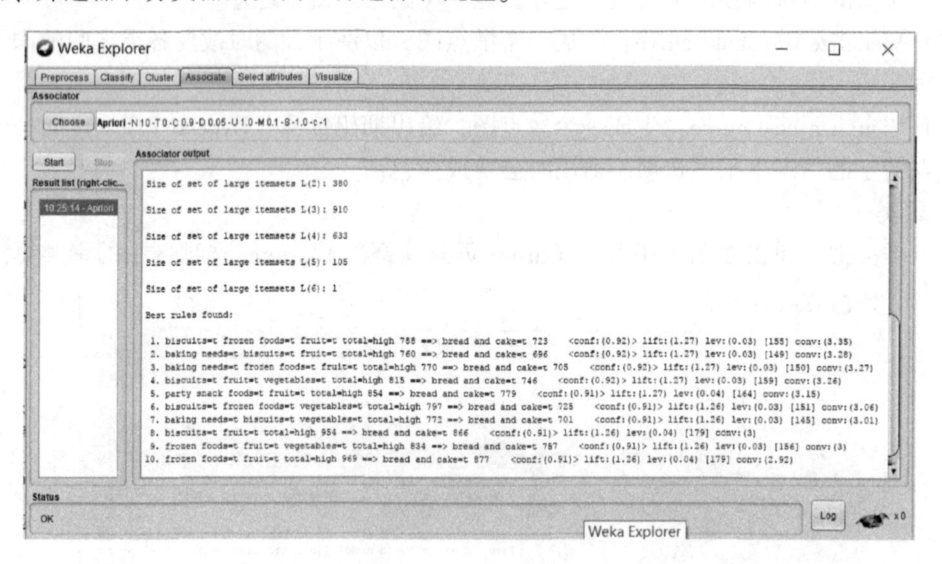

图 7-11 Associate 页面

为关联规则挖掘设置好合适的参数后，单击“Start”按钮。完成后，用鼠标右键单击结果列表中的条目，可以查看或保存结果。

5. 属性选择

在图 7-12 所示的页面中可进行属性选择，也就是搜索数据集中全部属性的所有可能组合，找出预测效果最好的那一组属性。为实现这一目标，必须设定属性评估器（Evaluator）和搜索策略。评估器决定了怎样给一组属性安排一个表示它们好坏的值。搜索策略决定了要怎样进行搜索。

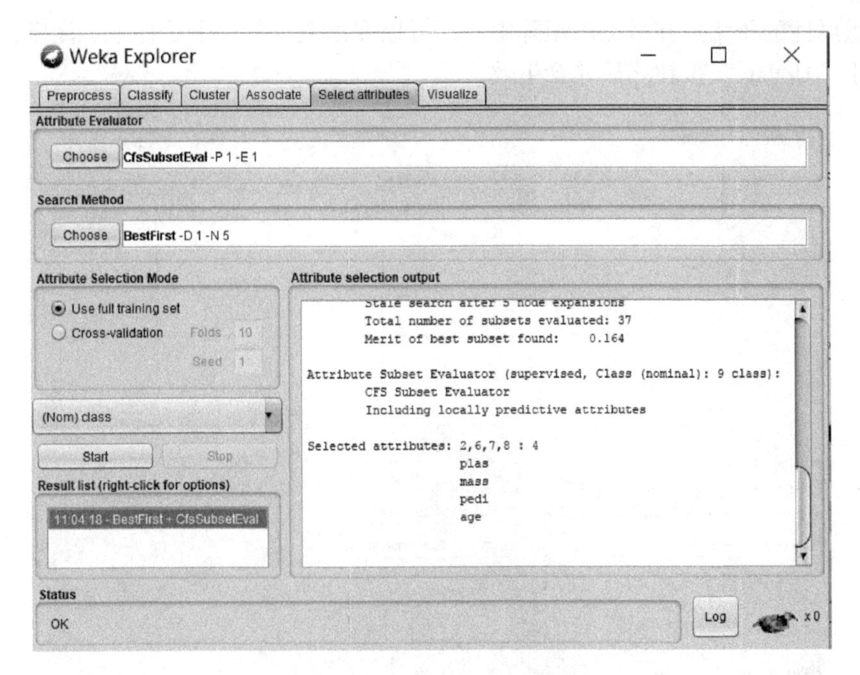

图 7-12　Select attributes 页面

Attribute Selection Mode 选项区有以下两个选项。

① Use full training set：使用训练数据的全体决定一组属性的好坏。

② Cross-validation：一组属性的好坏通过一个交叉验证过程来决定。Fold 和 Seed 分别给出了交叉验证的折数和打乱数据时的随机种子。

和 Classify 部分一样，有一个下拉框来指定 class 属性。

单击“Start”按钮开始执行属性选择过程。它完成后，结果会输出到结果区域中，同时结果列表中会增加一个条目。在结果列表上右击，会给出若干选项。其中前面 3 个（view in main window、view in separate window 和 save result buffer）和分类页面中是一样的。可以可视化精简过的数据集（visualize reduced data）；如果使用过主成分分析那样的属性变换工具，也能可视化变换过的数据集（visualize transformed data）。精简过/变换过的数据能够通过 Save reduced data. 或 Save transformed data 选项来保存。

如果想在精简/变换训练集的同时进行测试，而又不使用在分类器面板中的 Attribute Selected Classifier，那么最好在命令行或者 Simple CLI 中使用批量模式（“-b”）的 Attribute Selection 筛选器（这是一个 supervised attribute filter）。这一批量模式允许指定额外的输入和输出文件对（选项-r 和-s），处理它们的筛选器的设置是由训练文件（由-i 和-o 选项给出）决定的。

6. 可视化

图 7-13 所示是 Weka 的可视化页面，可以对当前关系做二维散点图式的可视化浏览。

进入 Visualize 页面后，系统会为所有的属性给出一个散点图矩阵，它们会根据所选的 class 属性来着色。可以通过设置项来改变每个二维散点图的大小，改变各点的大小，以及随机地抖动（jitter）数据，使得被隐藏的点显示出来。也可以改变用来着色的属性，可以只选择一组属性的子集放在散点图矩阵中，还可以取出数据的一个子样本。注意，这些改变只有在单击“Update”按钮之后才会生效。

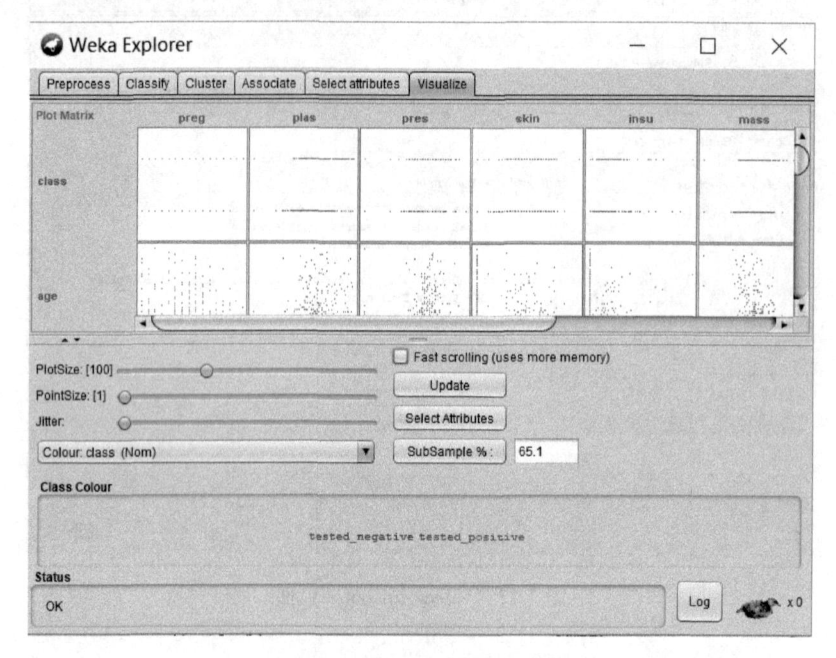

图 7-13 Weka 的可视化页面

在散点图矩阵的一个元素上单击后，会弹出一个单独的窗口对所选的散点图进行可视化。数据点散布在窗口的主要区域里。上方是两个下拉列表框选择用来打点的坐标轴。左边是用作 *X* 轴的属性，右边是用作 *Y* 轴的属性。在 *X* 轴选择器旁边是一个下拉框用来选择着色的方案。它可以根据所选的属性给点着色。在打点区域的下方，有图例来说明每种颜色代表的是什么值。如果这些值是离散的，则可以通过单击它们所弹出的新窗口来修改颜色。打点区域的右边有一些水平横条。每一条代表着一个属性，其中的点代表了属性值的分布。这些点随机地在竖直方向散开，使得点的密集程度能被看出来。在这些横条上单击可以改变主图所用的坐标轴。用鼠标左键单击改变 *X* 轴的属性，用鼠标右键单击改变 *Y* 轴的属性。横条旁边的“*X*”和“*Y*”代表了当前的轴用的那个属性（“B”则说明 *X* 轴和 *Y* 轴都是它）。属性横条的上方是一个标着 fitter 的游标。它能随机地使得散点图中各点的位置发生偏移，也就是抖动。把它拖动到右边可以增加抖动的幅度，这对识别点的密集程度很有用。如果不使用这样的抖动，几万个点放在一起和单独的一个点看起来会没有区别。

很多时候利用可视化工具选出一个数据的子集是有帮助的。在 *Y* 轴选择按钮的下方是一个下拉按钮，它决定选取实例的方法。可以通过以下 4 种方式选取数据点：①SelectInstance 单击各数据点会打开一个窗口列出它的属性值，如果单击处的点超过一个，则更多组的属性值也会列出来；②Rectangle 通过拖动创建一个矩形，选取其中的点；③Polygon 创建一个形式自由的多边形并选取其中的点，用鼠标左键单击添加多边形的顶点，用鼠标右键单击完成顶点设置，起始点和最终点会自动连接起来，因此多边形总是闭合的；④Polyline 可以创建一条折线把它两边的点区分开，左键添加折线顶点，右键结束设置，折线总是开放的（与闭合的多边形相反）。

使用 Rectangle、Polygon 或 Polyline 选取了散点图的一个区域后，该区域会变成灰色。这时单击“Submit”按钮会移除落在灰色区域之外的所有实例。单击“Clear”按钮会清除所选区域而不对图形产生任何影响。如果所有的点都被从图中移除，则 Submit 按钮会变成 Reset 按钮。这个按钮能使前面所做的移除都被取消，图形回到所有点都在的初始状态。最后，单击“Save”按钮可把当前能看到的实例保存到一个新的 ARFF 文件中。

7.4.2 Weka Experimenter

Experimenter 有以下两种模式：Simple 和 Advanced。Simple 具有较简单的界面，提供了实验所需要的大部分功能，Advanced 则提供了一个可以使用 Experimenter 所有功能的界面。使用 Experiment Configuration Mode 按钮在这两者间进行选择。

两种模式都可以进行在本地单一机器上的标准实验，或者分布在几台主机上的远程实验。分布式的实验减少了完成实验本身所需的时间，设置这样的实验需要更多的时间。

下面给出一个 Experimenter 操作的示例（分类）。

首先在单击“New”按钮后，就定义了一次实验的默认参数。

在 Results Destination 栏内选择要保存的文件格式和路径。可供选择的文件类型有 ARFF file（ARFF 文件）、CSV file（CSV 文件）和 JDBC database（JDBC 数据）。其中，ARFF 或 CSV 文件的优点是它们的创建不需要 Weka 之外的类文件。它们的缺点是实验一旦被中断就无法继续进行。中断包括出现错误、添加数据集或添加算法。尤其对于那些相当耗时的实验，会增加很多麻烦。JDBC 数据类型则可以很容易地把结果存储在数据库中。要使用某种特定数据库的 JDBC 功能，这需要在 CLASSPATH 中指定相应的 jar 文件。

用户可选择以下 3 种不同的实验验证类型。

1）Cross-validation（交叉验证）（默认）：根据给定的折数执行分层交叉验证。

2）Train/Test Percentage Split（data randomized）（按比例分割训练/测试集，随机挑选数据）：把数据打乱顺序并确定层次后，根据给定的百分比把这个数据集分割成一个训练文件和一个测试文件（在 Experimenter 中，不能显式地指定训练文件和测试文件）。

3）Train/Test Percentage Split（order preserved）（按比例分割训练/测试集，按顺序挑选数据）：因为不能显式地指定训练/测试文件对，所以可以利用这个实验类型把合并过的训练和测试文件还原（只需找到正确的比例）。

可在下方的单选框 Classification（分类）和 Regression（回归）间进行选择，这依赖于所用的数据集和分类器（classifiers）。

可通过绝对路径或相对路径添加数据集文件。示例中添加 data 目录下的 iris. arff 数据集。为了获得统计上有意义的结果，默认的迭代数量是 10。在 10 折交叉验证的情形下，这意味着对一个分类器要进行 100 次调用——从训练集计算它，并在测试集上测试。当存在多个数据集和算法时，用 Data sets first/Algorithms first（数据集优先/算法优先）来切换成优先迭代数据集的模式。

还可通过 Add new 按钮添加新算法。如果是第一次打开这个对话框，将出现 ZeroR；可以用 Choose 按钮打开 GenericObjectEditor 来选择别的分类器。有的分类器仅针对某种特定类型的属性（attribute）和目标属性（class），使用 Filter 按钮能够加亮显示它们。接着可使用 Add new 按钮继续添加其他的算法，如 JRip-F（Weka 里对 C4. 5 的实现）决策树。在设置好分类器的参数后，可单击“OK”按钮将它添加进算法列表。

下方的 Load options 和 Save options 按钮用来从 XML 加载或保存选中分类器的设置。这对配置相当复杂的分类器（如 nested meta-分类器）尤其有用，因为手动设置它们需要一些时间，却又经常要用到。

为了将来能重复使用，可将实验的当前设置保存进一个文件，单击窗口顶部的“Save”按钮即可。

配置好的 Experiment Environment 如图 7-14 所示。

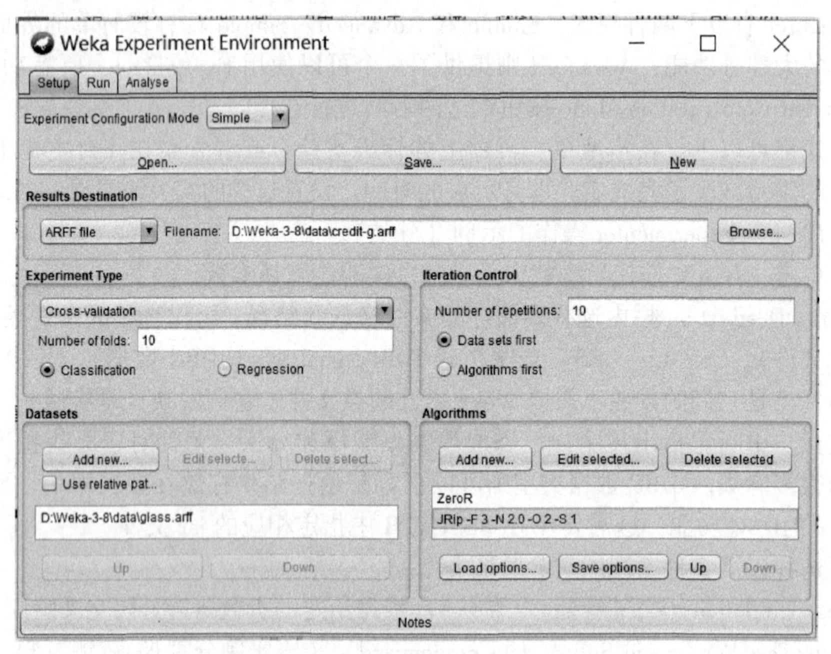

图 7-14　Experiment Environment 配置环境

要运行当前实验需单击实验环境窗口中的“Run”选项卡。当前实验将使用 ZeroR 和 J48 算法在 Iris 数据集上执行 10 次 10 折的分层交叉验证。单击“Start”按钮运行实验。如果实验定义正确，则在“Log”选项区中会显示如图 7-15 所示的 3 条信息，同时将实验结果保存在 Experiment1. arff 数据集里。

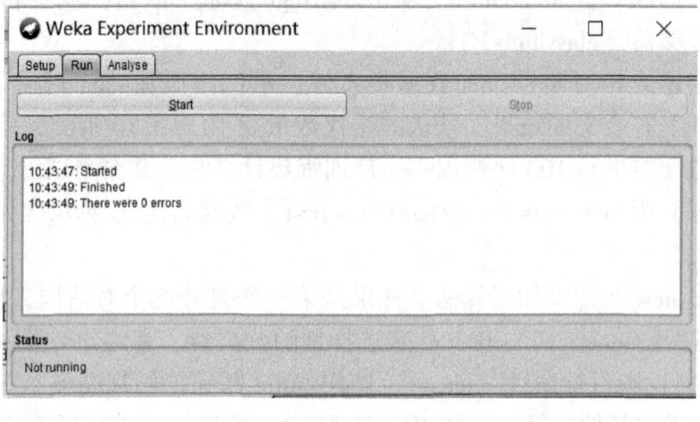

Weka Experiment Environment
Setup　Run　Analyse
Start　Stop
Log
10:43:47: Started
10:43:49: Finished
10:43:49: There were 0 errors
Status
Not running

图 7-15　运行实验结果信息

在 Weka 中还包含一个实验结果分析器。通过 Experiment 环境窗口顶部的 Analyse 选项卡可分析 InstancesResultListener 实验结果。图 7-16 所示是当前实验的分析结果。

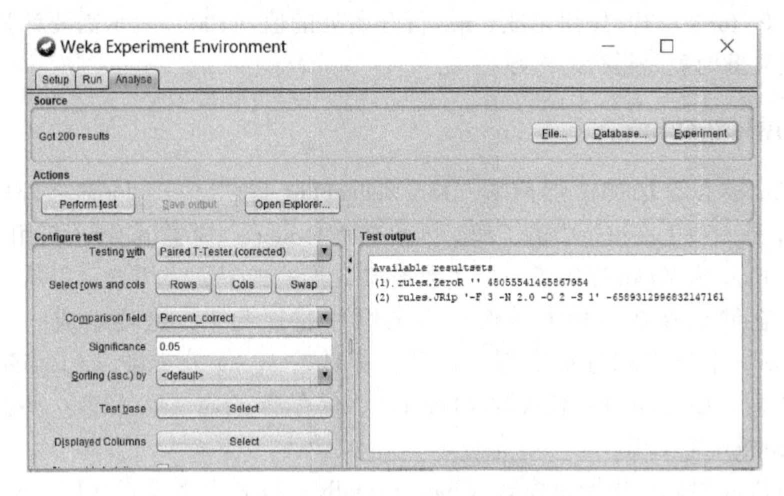

图 7-16　分析结果

在“Source”选项区中显示可用的结果行的数量（有 200 个结果）。先前的实验文件可以通过单击“File”，选择适当的 . arff 结果文件来载入。同样，可从数据库载入发送到数据库的结果。从“Comparison field（比较范围）”下拉列表中选择“Percent correct”属性，单击“Perform test”按钮对两个算法进行比较，得到如图 7-17 所示的结果。

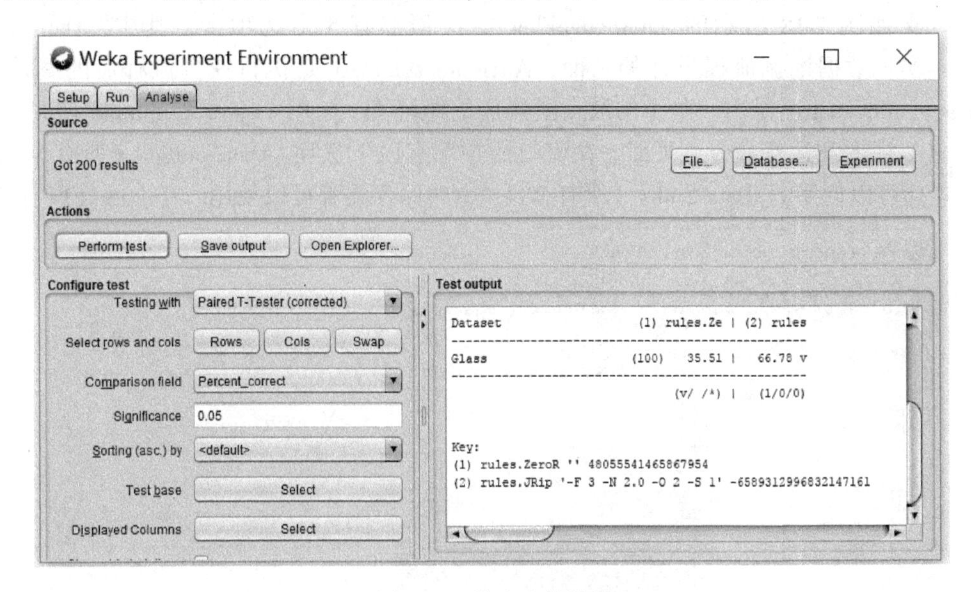

图 7-17　算法比较结果

对于各个算法，用百分比表示的正确率显示在各数据集所在的行：ZeroR 是 33. 33%，J48 是 94. 73%。符号 v/ * 表示一个特定结果在指定的显著水平（significance level，目前是 0. 05）下优于（v）或不如（ * ）基准算法（这里是 ZeroR）。J48 的结果统计上优于 ZeroR 所建立的基准。除了第一列，每列的底部有一个总计（xx/yy/zz），它表示在实验所用的数据集上，算法比基准算法优越（xx），等同（yy），不如（zz）的次数。在这个例子所用的数据集上，J48 比 ZeroR 好。待估属性的标准差可通过选中“Show std deviations”复选框，并再次单击“Perform test”按钮生成。iris 行开始处的值（100）表示需要计算标准差的待估属性的个数（此时就是运行的次数）。

7.4.3 KnowledgeFlow

作为 Weka 核心算法的图形前端，KnowledgeFlow 提供了 Explorer 之外的另一选择。KnowledgeFlow 是一项正在进行中的工作，因此有些 Explorer 中的功能还不可用。

KnowledgeFlow 为 Weka 提供了一个“数据流”形式的界面。用户可以从一个工具栏中选择组件，把它们放置在面板上并按一定的顺序连接起来，这样组成一个“知识流”（KnowledgeFlow）来处理和分析数据。目前，所有的 Weka 分类器（Classifier）、筛选器（Filter），聚类器（Clusterer）、载入器（Loader）、保存器（Saver），以及一些其他的功能可以在 KnowledgeFlow 中使用。

KnowledgeFlow 可以使用增量模式（Incrementally）或者批量模式（In Batches）来处理数据（Explorer 只能使用批量模式）。目前 WEKA 实现了下面这些可增量学习的分类器：AODE、IB1、IBk、KStar、NaiveBayesMultinomialUpdateable、NaiveBayesUpdateable、NNge、Winnow、RacedIncrementalLogitBoost、LWL 等。

（1）启动 KnowledgeFlow

Weka GUI Chooser 是用来启动 Weka 图形环镜的。选择标有“KnowledgeFlow”的按钮来启动它。在如图 7-18 所示的 KnowledgeFlow 窗口顶部有 5 个选项卡，其中，Date mining process 是实现数据挖掘流程设计的页面，Attribute summary 是执行挖掘流程后的属性柱状图，Scatter plot matrix 是由一些小的散点图构成的矩阵图，SQL Viewer 和 Simple CLI 选项页分别是 SQL 视图和运行命令行页面。在窗口的左部有以下选项：DataSources（所有 Weka 中的载入器都可以使用）、Data Sinks（所有 Weka 中的保存器都可以使用）、Filters（所有 Weka

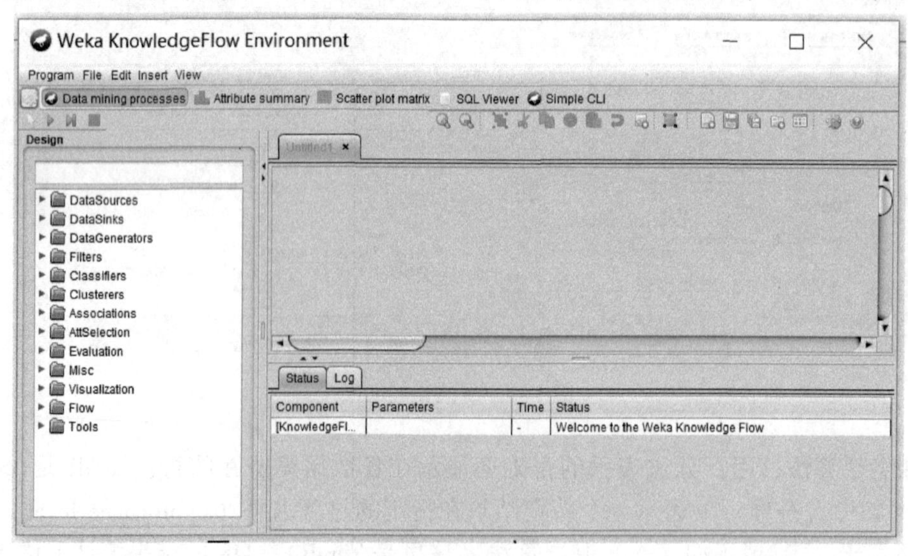

图 7-18　KnowledgeFlow 窗口

中的筛选器都可以使用)、Classifiers（所有 Weka 中的分类器都可以使用)、Clusterers（所有 Weka 中的聚类器都可以使用)、Associations（Weka 中的关联规则算法使用)、AttSelection Evaluation、Visualization 等。其中几个分项的基本功能介绍如下。

DataSources：选择数据源。

DataSinks：保存结果。注意，在 Linux 下一定要保存在当前用户有权写的目录中。

Filters：过滤器选择。

Classifiers：分类器选择。

Clusterers：聚类器选择。

Associations：关联规则算法选择。

Evaluation：评估器。

Visualization：用于将结果可视化的组件选择。

（2）KnowledgeFlow 操作示例

设置数据流来载入一个 arff 文件（批量模式）并使用 J48 来进行交叉验证。

首先单击“DataSources”选项卡，从工具栏中选择“ArffLoader”（鼠标指针会变成十字形)，在下方面板区域的某处单击一下，把 ArffLoader 组件放上去（一个 ArffLoader 的图标会出现在面板区域)，然后指定要载入的 arff 文件。先用鼠标右键单击在面板上的“ArffLoader”图标，在弹出的快捷菜单中“Edit”→“Configure”，浏览到想要的 arff 文件的位置。接下来单击窗口顶部的“Evaluation”选项卡并从工具栏中选择“ClassAssigner”组件（允许选择哪一列作为 class 属性)，把它放到面板上。

接下来需要把 ArffLoader 和 ClassAssigner 连接起来。首先用鼠标右键单击“ArffLoader”，在弹出的快捷菜单中选择“Connections”→“dataset”，会出现一根可伸缩的线。把鼠标移到 ClassAssigner 组件上并单击后，一根标有“dataset”的红线会把着两个组件连接起来。

然后用同样的方法添加一系列组件，并选择相应的方式连接起来，如图 7-19 所示。

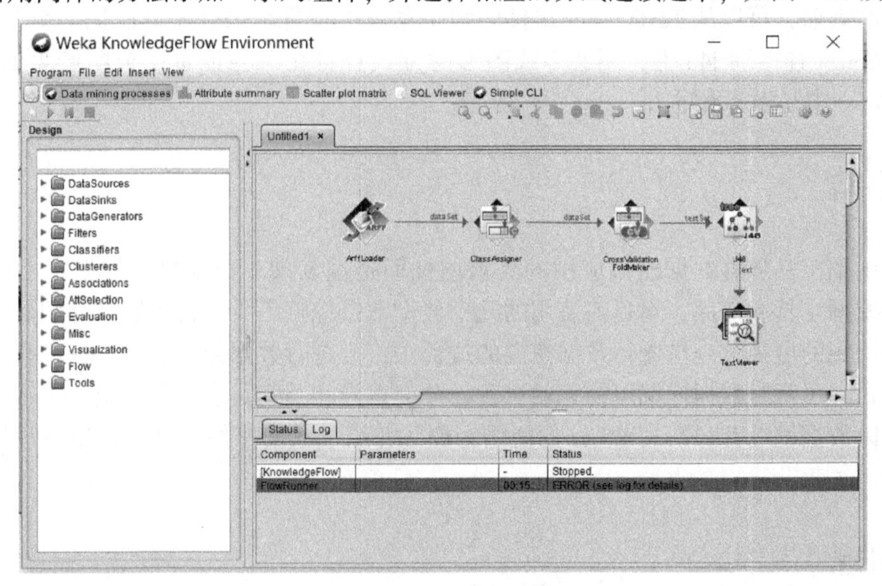

图 7-19　组件连接图

单击窗口左上角的“运行”按钮来执行知识流。面板上一些图标会运动起来，在窗口底部的状态栏和“Log”按钮中也可以看到一些相应的进度信息，运行后的结果如图 7-20 所示。

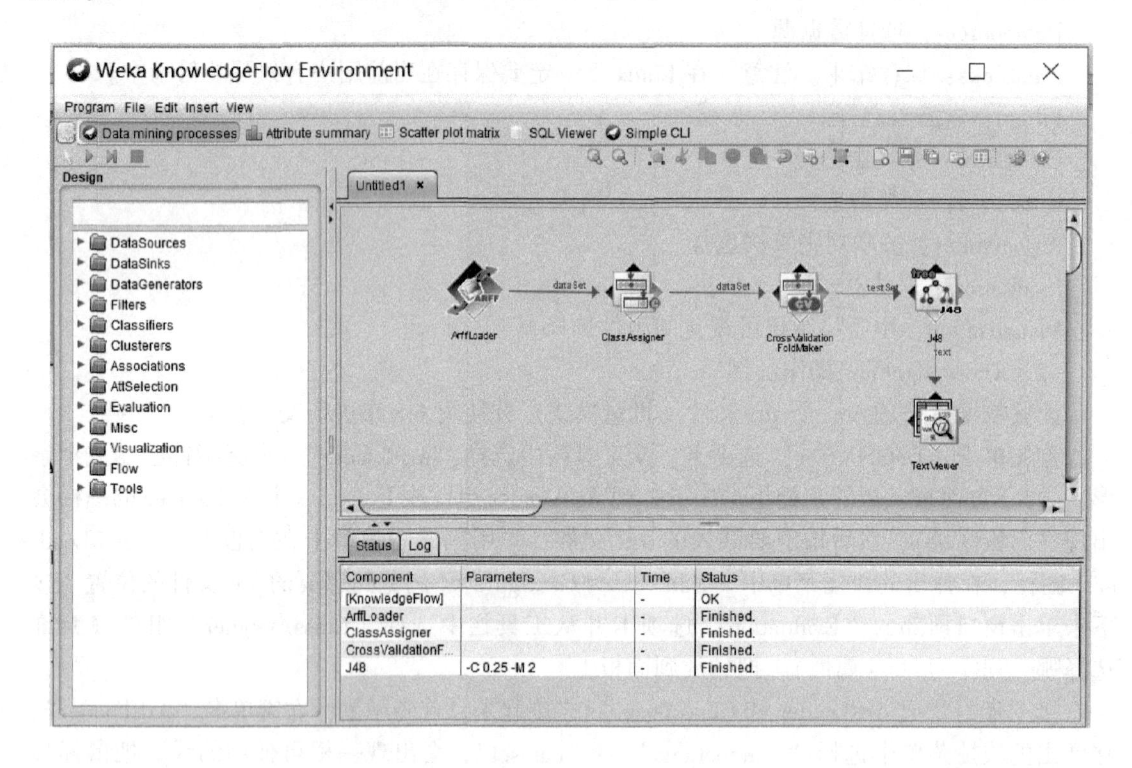

图 7-20　运行结果图

执行结束后，可以从 TextViewer 组件的弹出菜单中查看结果。还可以把一个 TextViewer 或 GraphViewer 连接到 J48 上，用文本或图形的方式查看交叉验证每一折所产生的决策树，这在 Explorer 中是做不到的。

7.5　小结

数据挖掘工具随着数据挖掘应用的需求增加而迅速发展。根据数据挖掘产品的评价标准，结合挖掘工具和产品，对目前使用的几个典型数据挖掘工具进行了简单介绍。

数据挖掘的可视化是在进行数据挖掘的过程中，为进行数据分析的用户提供直观的信息反馈的方式。本章对数据挖掘可视化的过程、分类以及相关工具进行了介绍。

最后以数据挖掘开源产品 Weka 的使用为例，介绍了数据挖掘工具的使用过程以及使用方式。

7.6　习题

7-1　举一个数据挖掘技术在生活中实际应用的例子。

7-2　根据数据挖掘产品的评价标准，选择一个数据挖掘产品对其进行评价。

7-3　Weka有什么应用环境？简述各个应用环境的特点。

7-4　举一个实例阐述用Weka Explorer进行聚类分析的整个过程。

7-5　举一个具体的例子说明应用Experimenter进行分类分析的过程。

7-6　选取目前中国市场上最流行的数据挖掘产品，根据其特色，简单说明其在可视化工具集成上的侧重点和体现的优越性？

实验部分

第 8 章 Mahout 入门

在开始探索 Mahout 算法之前，首先应该具备 Mahout 的测试环境才行。本章将就如何搭建 Mahout 测试环境进行详细的介绍。Mahout 的测试环境一般搭载在 Linux 操作系统上会比较好，而且所有的配置一般都要求使用 Linux 的终端进行配置（当使用桌面版 Linux 操作系统时，也可以使用 gedit 编辑器进行配置文件编辑），因此一般要求读者对 Linux 操作系统有一定的了解，会一些简单的、常用的 Linux 命令，如 ls（显示当前文件夹下所有子文件夹和文件）、tar（压缩和解压缩命令）、rm（删除命令）、vim（文件编辑）等。因为 Mahout 源码是由 Java 编写的，所以要求读者要有一定的 Java 编程基础，这样才能较好地理解 Mahout 中算法设计的思想。本章的基础配置中也包含了 Java 环境的配置，使读者从零开始，搭建一个属于自己的 Mahout 测试环境。

通过对本章的学习，读者可以方便、快捷地搭建 Mahout 的测试环境，为后面的 Mahout 算法实战演练提供必要的平台支持。

8.1 Mahout 安装前的准备

就像前面提到的，我们是在 Hadoop 云平台编写算法时遇到困难才想到使用 Mahout 的，所以首先要有一个 Hadoop 云平台才行。这里要注意的是，虽然 Mahout 最初应用的平台是 Hadoop 集群平台，但是现在经过扩展，Mahout 已经不仅仅适用于 Hadoop 集群云平台了，还可以单机运行算法，即与使用 Java 编写的算法是一样的，而且这个算法还是被优化过的。配置基于 Hadoop 云平台的 Mahout 环境所使用的软件包括 Linux 操作系统、JDK、Hadoop、Mahout，它们对应的版本见表 8-1。

表 8-1 Mahout 安装所需软件

软　件	版　本
操作系统	Ubuntu 16. 4. 2
JDK	jdk-9. 0. 1
Hadoop	Hadoop 2. 7. 5
Mahout	Mahout 0. 10. 2、Mahout0. 9

8.1.1 安装 JDK

1）首先查看是否安装了 SSH（SSH 包括客户端 ssh-client 和服务器端 ssh-server）。系统开启后，打开终端，输入“ssh”，如果出现如图 8-1 所示的提示，则 ssh-client 已经包含在操作系统中了，但是还需要使用 ssh-server。

```
xq@xq-virtual-machine:~$ ssh
usage: ssh [-1246AaCfGgKkMNnqsTtVvXxYy] [-b bind_address] [-c cipher_spec]
           [-D [bind_address:]port] [-E log_file] [-e escape_char]
           [-F configfile] [-I pkcs11] [-i identity_file] [-L address]
           [-l login_name] [-m mac_spec] [-O ctl_cmd] [-o option] [-p port]
           [-Q query_option] [-R address] [-S ctl_path] [-W host:port]
           [-w local_tun[:remote_tun]] [user@]hostname [command]
```

图 8-1　ssh 已安装的提示

验证是否已经安装了 ssh-server 的步骤如下：

首先查看本机 IP，使用命令 ifconfig 即可查看本机 IP，如图 8-2 所示。

```
xq@xq-virtual-machine:~$ ifconfig
ens33     Link encap:以太网  硬件地址 00:0c:29:55:f7:8d
          inet 地址:192.168.146.128  广播:192.168.146.255  掩码:255.255.255.0
          inet6 地址: fe80::dc22:7d81:198a:1f2c/64 Scope:Link
          UP BROADCAST RUNNING MULTICAST  MTU:1500  跃点数:1
          接收数据包:12353 错误:0 丢弃:0 过载:0 帧数:0
          发送数据包:9737 错误:0 丢弃:0 过载:0 载波:0
          碰撞:0 发送队列长度:1000
          接收字节:8290432 (8.2 MB)  发送字节:1634842 (1.6 MB)
```

图 8-2　查看本机 IP

然后使用命令 ssh IP 地址（远程登录 IP 宿主机的命令，需要用户名和密码）即可验证本机是否已经安装了 ssh-server。如果出现如图 8-3 所示的提示，则说明没有安装，可以使用下面的命令进行安装：sudo apt-get install ssh。

```
xq@xq-virtual-machine:~$ ssh 192.168.146.128
ssh: connect to host 192.168.146.128 port 22: Connection refused
xq@xq-virtual-machine:~$ sudo apt-get install ssh
```

图 8-3　ssh 未安装的提示

安装完毕后，直接按照上面的方式验证是否安装成功，若出现如图 8-4 所示的窗口，则说明已经成功安装了 ssh-server。

```
xq@xq-virtual-machine:~$ ssh 192.168.146.128
The authenticity of host '192.168.146.128 (192.168.146.128)' can't be establishe
d.
ECDSA key fingerprint is SHA256:3onYhZQM5klnlzduhP6rrt61WuItUkbgwo1X+gZKq3I.
Are you sure you want to continue connecting (yes/no)? yes
```

图 8-4　验证 ssh 是否安装成功

2）JDK 的安装。

第一阶段：先检测操作系统有没有已经安装好 JDK 环境，按〈Ctrl + Alt + T〉组合键呼出终端，输入命令“java-version”。

如果出现如图 8-5 所示的 JDK 版本信息，则说明已经安装好。

```
xq@xq-virtual-machine:~$ java -version
程序 'java' 已包含在下列软件包中：
 * default-jre
 * gcj-5-jre-headless
 * openjdk-8-jre-headless
 * gcj-4.8-jre-headless
 * gcj-4.9-jre-headless
 * openjdk-9-jre-headless
请尝试：sudo apt install <选定的软件包>
```

图 8-5　查看 JDK 版本信息

① 源码包准备。首先到官网（http：//www. oracle. com/technetwork/java/javase/downloads/index. html）下载 jdk，这里下载 jdk-9. 0. 1_linux-x64_bin. tar. gz 到主目录，然后使用如图 8-6 所示的命令进行解压。

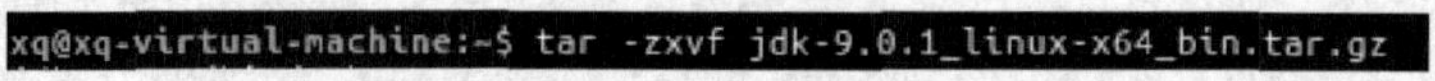

xq@xq-virtual-machine:~$ tar -zxvf jdk-9.0.1_linux-x64_bin.tar.gz

图 8-6　解压 jdk 源码包

② 确定解压后文件所在路径。解压后，把所得到的整个文件夹剪切到“software”中，如图 8-7 所示。

software
主文件夹
software
最近使用的
Home
jdk-9.0.1

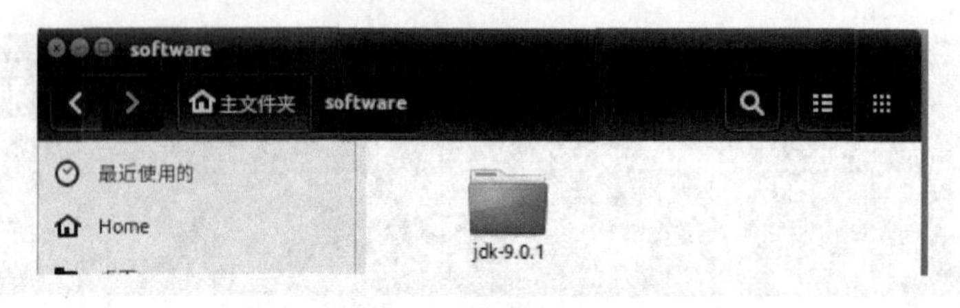

图 8-7　将 jdk 文件夹剪切到 software

用鼠标右键单击“jdk-9. 0. 1”文件夹，在弹出的快捷菜单中选择“属性”，打开“属性”窗口，查看该文件的路径。

jdk-9.0.1 属性
基本
权限
本地网络共享
名称(N)：
jdk-9.0.1
类型：
文件夹 (inode/directory)
内容：
1,456 项，共 581.0 MB
位置：
/home/xq/software
剩余空间：
12.7 GB

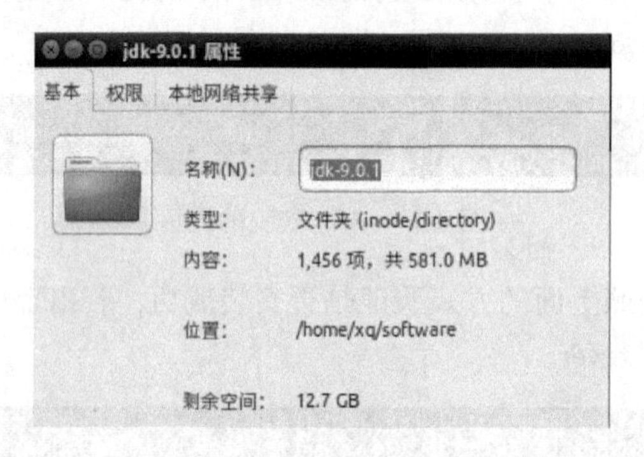

图 8-8　查看 jdk 文件夹路径

3）设置 jdk 环境变量。

这里采用全局设置方法，它是所有用户共用的环境变量，使用如图 8-9 所示的命令打开/etc/profile 文件。

xq@xq-virtual-machine:~$ sudo vim /etc/profile

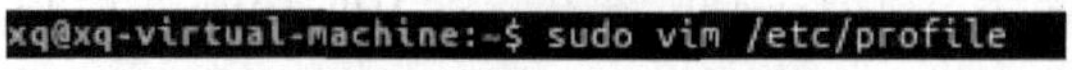

图 8-9　打开/etc/profile 文件

打开“profile”文件后，在末尾添加如下内容（见图 8-10）：

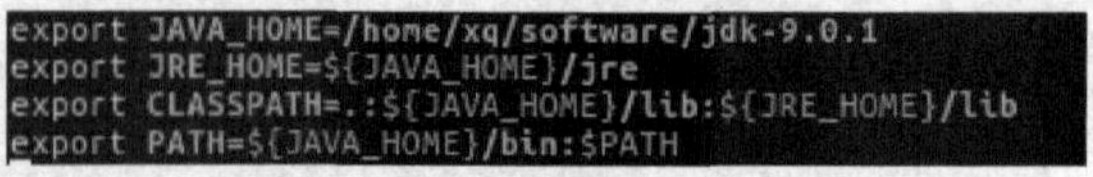

export JAVA_HOME=/home/xq/software/jdk-9.0.1
export JRE_HOME=${JAVA_HOME}/jre
export CLASSPATH=.:${JAVA_HOME}/lib:${JRE_HOME}/lib
export PATH=${JAVA_HOME}/bin:$PATH

图 8-10　在 profile 文件添加 jdk 环境变量

```
export JAVA_HOME=/home/xq/software/jdk-9.0.1
export JRE_HOME=${JAVA_HOME}/jre
export CLASSPATH=.:${JAVA_HOME}/lib:${JRE_HOME}/lib
export PATH=${JAVA_HOME}/bin:$PATH
```

其中，/home/xq/software/即为“jdk-9.0.1”文件夹的路径。

请记住，在上述添加过程中，等号两侧不要加入空格，不然会出现“不是有效的标识符”，因为 source /etc/profile 不能识别多余的空格。

完成后保存 profile 文件。

使用命令 source /etc/profile 更新/etc/profile，再使用命令 java-version 即可查看 java 的版本信息，一般显示如图 8-11 所示，则表示安装成功。

```
xq@xq-virtual-machine:~$ java -version
java version "9.0.1"
Java(TM) SE Runtime Environment (build 9.0.1+11)
Java HotSpot(TM) 64-Bit Server VM (build 9.0.1+11, mixed mode)
xq@xq-virtual-machine:~$
```

图 8-11 jdk 安装成功提示

8.1.2 安装 Hadoop

本书所安装的是 Hadoop 是 2.6.0 版本。

Hadoop 的安装过程一般包括配置 JDK、下载 Hadoop 相关文件、配置 SSH 无密码登录、设置 Hadoop 相关配置文件、格式化 Hadoop 文件系统、启动 Hadoop 并进行相关验证。以下详细介绍相关步骤。

1. 下载 Hadoop 相关文件

可以在下面的网页中下载 hadoop-2.7.5.tar.gz 格式的文件：http://archive.apache.org/dist/hadoop/core/hadoop-2.7.5/。下载时强烈建议也下载 hadoop-2.7.5.tar.gz.mds 文件，该文件包含了检验值可用于检查 hadoop-2.7.5.tar.gz 的完整性，否则若文件发生了损坏或下载不完整，Hadoop 将无法正常运行。

文件均通过浏览器下载，默认保存在“下载”目录中（若不是请自行更改 tar 命令的相应目录）。通过输入以下命令来检测文件的完整性：

```
cat ~/下载/hadoop-2.7.5.tar.gz.mds|grep 'MD5'    # 列出 md5 检验值
md5sum ~/下载/hadoop-2.7.5.tar.gz|tr "a-z" "A-Z"# 计算 md5 值，并转化为大写，方便比较
```

若文件不完整，则这两个值一般差别很大，可以简单对比一下前几个字符跟后几个字符是否相等即可，如图 8-12 所示。如果两个值不一样，请务必重新下载。

```
xq@xq-virtual-machine: ~
xq@xq-virtual-machine:~$ cat ~/下载/hadoop-2.7.5.tar.gz.mds | grep 'MD5'
hadoop-2.7.5.tar.gz:    MD5 = EE 3C C9 F3 84 B7 87 AC  13 AD 3B 13 35 92 09 24
xq@xq-virtual-machine:~$ md5sum ~/下载/hadoop-2.7.5.tar.gz | tr "a-z" "A-Z"
EE3CC9F384B787AC13AD3B1335920924  /HOME/XQ/下载/HADOOP-2.7.5.TAR.GZ
xq@xq-virtual-machine:~$
```

图 8-12 验证下载文件的完整性

2. 配置 SSH 无密码登录

SSH 无密码登录主要是为了主结点和各个子结点（slave）的通信需要，如果没有进行

无密码登录配置，那么每次启动 Hadoop 集群时都会要求输入相应的密码，这样当集群数量过多时将会异常麻烦，所以就需要配置 SSH 无密码登录了。配置 SSH 无密码登录的步骤如下：

首先，打开一个终端（打开终端默认当前目录为该用户的 home 目录，如用户为 xq，则默认目录为/home/xq），输入如下命令（ssh-keygen 生成 SSH 的公匙）：

ssh-keygen -t rsa

然后，按 < Enter > 键 3 次即可，当在终端中出现如图 8-13 所示的信息时，说明秘钥的公匙已经创建。默认会在/home/xq/. ssh 下生成两个文件：id_rsa 和 id_rsa. pub，前者为私钥，后者为公钥（. ssh 文件是隐藏文件，按〈Ctrl + H〉组合键显示隐藏文件），如图 8-14 所示。

```
xq@xq-virtual-machine:~$ ssh-keygen -t rsa
Generating public/private rsa key pair.
Enter file in which to save the key (/home/xq/.ssh/id_rsa):
Enter passphrase (empty for no passphrase):
Enter same passphrase again:
Your identification has been saved in /home/xq/.ssh/id_rsa.
Your public key has been saved in /home/xq/.ssh/id_rsa.pub.
The key fingerprint is:
SHA256:DsiGQ9v9nar+h8lgTh9oyAgmvGfG1JH/fS9SFVoOmnA xq@xq-virtual-machine
The key's randomart image is:
+---[RSA 2048]----+
|       .         |
|     o   . E . o |
|. . . o   o o = .|
|o+ * + .   o . o |
|o.Bo=.o.S .    . |
| ..Bo *+.o o o   |
|  +  = +o+o o .  |
|      . =.. . .  |
|     .ooo.  . .  |
+----[SHA256]-----+
```

图 8-13　秘钥的公匙已经创建提示

图 8-14　在/home/xq/. ssh 下生成的两个文件

将公钥追加到 authorized_keys 中：cat ~/. ssh/id_rsa. pub > > ~/. ssh/authorized_keys，然后用 ssh 连接自己：ssh localhost。如果直接显示登录成功，则说明 SSH 无密码登录配置成功；若还是需要密码，则表示没有成功。

3. 设置 Hadoop 相关配置文件

选择将 Hadoop 安装至/usr/local/中：

```
sudo tar -zxf ~/下载/hadoop-2.7.5.tar.gz-C/usr/local #解压到/usr/local
中 cd /usr/local/
sudo mv ./hadoop-2.7.5/ ./hadoop              #将文件夹名改为 hadoop
sudo chown -R xq ./hadoop                     #修改文件权限（xq 为用户名）
```

Hadoop 解压后即可使用。输入如下命令：./hadoop

```
cd /usr/local/hadoop
./bin/hadoop version
```

来检查 Hadoop 是否可用，成功则会显示 Hadoop 版本信息，如图 8-15 所示。

```
xq@xq-virtual-machine:/usr/local$ cd /usr/local/hadoop
xq@xq-virtual-machine:/usr/local/hadoop$ ./bin/hadoop version
Hadoop 2.7.5
Subversion https://shv@git-wip-us.apache.org/repos/asf/hadoop.git -r 18065c2b680
6ed4aa6a3187d77cbe21bb3dba075
Compiled by kshvachk on 2017-12-16T01:06Z
Compiled with protoc 2.5.0
From source with checksum 9f118f95f47043332d51891e37f736e9
This command was run using /usr/local/hadoop/share/hadoop/common/hadoop-common-2
.7.5.jar
```

图 8-15　Hadoop 版本信息

注意命令中的相对路径与绝对路径，本书后续出现的./bin/...，./etc/... 等包含./的路径均为相对路径，以/usr/local/hadoop 为当前目录。例如，在/usr/local/hadoop 目录中执行./bin/hadoop version 等同于执行/usr/local/hadoop/bin/hadoop version。可以将相对路径改成绝对路径来执行，但如果是在主文件夹 ~ 中执行 ./bin/hadoop version，则执行的会是/home/hadoop/bin/hadoop version，就不是所想要的了。

（1）Hadoop 单机配置（非分布式）

Hadoop 默认模式为非分布式模式，无须进行其他配置即可运行。非分布式即单 Java 进程，方便进行调试。

现在可以执行例子来感受下 Hadoop 的运行。Hadoop 附带了丰富的例子（运行./bin/hadoop jar ./share/hadoop/mapreduce/hadoop-mapreduce-examples-2.7.5.jar 可以看到所有例子），包括 wordcount、terasort、join、grep 等，如图 8-16 所示。

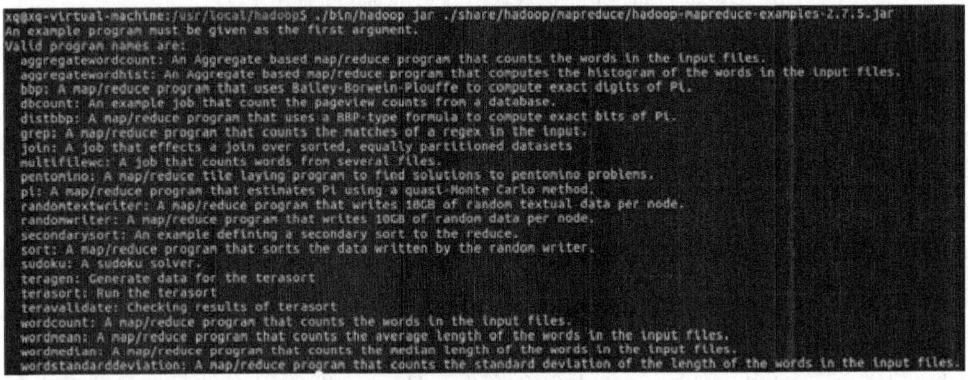

```
xq@xq-virtual-machine:/usr/local/hadoop$ ./bin/hadoop jar ./share/hadoop/mapreduce/hadoop-mapreduce-examples-2.7.5.jar
An example program must be given as the first argument.
Valid program names are:
  aggregatewordcount: An Aggregate based map/reduce program that counts the words in the input files.
  aggregatewordhist: An Aggregate based map/reduce program that computes the histogram of the words in the input files.
  bbp: A map/reduce program that uses Bailey-Borwein-Plouffe to compute exact digits of Pi.
  dbcount: An example job that count the pageview counts from a database.
  distbbp: A map/reduce program that uses a BBP-type formula to compute exact bits of Pi.
  grep: A map/reduce program that counts the matches of a regex in the input.
  join: A job that effects a join over sorted, equally partitioned datasets
  multifilewc: A job that counts words from several files.
  pentomino: A map/reduce tile laying program to find solutions to pentomino problems.
  pi: A map/reduce program that estimates Pi using a quasi-Monte Carlo method.
  randomtextwriter: A map/reduce program that writes 10GB of random textual data per node.
  randomwriter: A map/reduce program that writes 10GB of random data per node.
  secondarysort: An example defining a secondary sort to the reduce.
  sort: A map/reduce program that sorts the data written by the random writer.
  sudoku: A sudoku solver.
  teragen: Generate data for the terasort
  terasort: Run the terasort
  teravalidate: Checking results of terasort
  wordcount: A map/reduce program that counts the words in the input files.
  wordmean: A map/reduce program that counts the average length of the words in the input files.
  wordmedian: A map/reduce program that counts the median length of the words in the input files.
  wordstandarddeviation: A map/reduce program that counts the standard deviation of the length of the words in the input files.
```

图 8-16　Hadoop 附带的例子

在此选择运行 wordcount 例子，将 input 文件夹中的所有文件作为输入，统计当中单词出现的次数，最后输出结果到 output 文件夹中。步骤如下：

① 在 hadoop 目录下新建 input 文件夹，输入命令“mkdir input”，如图 8-17 所示：

```
xq@xq-virtual-machine:/usr/local/hadoop$ mkdir input
```

图 8-17　新建 input 文件夹

② 在文件夹 input 中创建两个文本文件 file1. txt 和 file2. txt，file1. txt 中的内容是“hello world”，file2. txt 中的内容是“hello hadoop”“hello mapreduce”（分两行），如图 8-18 所示。

```
xq@xq-virtual-machine:/usr/local/hadoop$ cd input
xq@xq-virtual-machine:/usr/local/hadoop/input$ vi file1.txt
xq@xq-virtual-machine:/usr/local/hadoop/input$ vi file2.txt
xq@xq-virtual-machine:/usr/local/hadoop/input$ ls
file1.txt  file2.txt
```

图 8-18　file1. txt 和 file2. txt

显示文件内容可用如图 8-19 所示的命令：

```
xq@xq-virtual-machine:/usr/local/hadoop/input$ cat ./file1.txt
hello world
xq@xq-virtual-machine:/usr/local/hadoop/input$ cat ./file2.txt
hello hadoop
hello mapreduce
xq@xq-virtual-machine:/usr/local/hadoop/input$
```

图 8-19　显示文件内容

③ 返回 hadoop 目录，然后运行 wordcount 程序，并将结果保存到 output 中，命令如下：

```
xq@ xq-virtual-machine: /usr/local/hadoop $ ./bin/hadoop jar ./
share/hadoop/mapreduce/hadoop-mapreduce-examples-2.7.5.jar wordcount. /
input ./output
```

④查看运行结果，命令为 cat. /output/ *，结果如图 8-20 所示。

```
xq@xq-virtual-machine:/usr/local/hadoop$ cat ./output/*
hadoop  1
hello   3
mapreduce       1
world   1
```

图 8-20　Hadoop 单机模式运行 wordcount 的输出结果

注意，Hadoop 默认不会覆盖结果文件，因此再次运行上面实例会提示出错，需要先将 . /output 删除：

```
rm -r ./output
```

（2）Hadoop 伪分布式配置

Hadoop 可以在单结点上以伪分布式的方式运行，Hadoop 进程以分离的 Java 进程来运行，结点既作为 NameNode，也作为 DataNode，同时读取的是 HDFS 中的文件。

Hadoop 的配置文件放在｛HADOOP 安装路径｝/etc/hadoop 文件夹下：需要修改 core-site. xml、hdfs-site. xml 和 hadoop-env. sh 3 个文件。Hadoop 的配置文件是 xml 格式，每个配置以声明 property 的 name 和 value 的方式来实现。

① 修改配置文件 core-site. xml（vim. /etc/hadoop/core－site. xml），将当中的

```
<configuration>
</configuration>
```

修改为下面配置：

```
<configuration>
        <property>
            <name>hadoop.tmp.dir</name>
            <value>file:/usr/local/hadoop/tmp</value>
            <description>Abase for other temporary directories.
</description>
        </property>
        <property>
            <name>fs.defaultFS</name>
            <value>hdfs://localhost:9000</value>
        </property>
</configuration>
```

② 同样地，修改配置文件 hdfs-site.xml（vim./etc/hadoop/hdfs-site.xml）：

```
<configuration>
        <property>
            <name>dfs.replication</name>
            <value>1</value>
        </property>
        <property>
            <name>dfs.namenode.name.dir</name>
            <value>file:/usr/local/hadoop/tmp/dfs/name</value>
        </property>
        <property>
            <name>dfs.datanode.data.dir</name>
            <value>file:/usr/local/hadoop/tmp/dfs/data</value>
        </property>
</configuration>
```

Hadoop 配置文件说明：

Hadoop 的运行方式是由配置文件决定的（运行 Hadoop 时会读取配置文件），因此如果需要从伪分布式模式切换回非分布式模式，则需要删除 core-site.xml 中的配置项。

此外，伪分布式虽然只需要配置 fs.defaultFS 和 dfs.replication 就可以运行（官方教程如此），不过若没有配置 hadoop.tmp.dir 参数，则默认使用的临时目录为/tmp/hadoo-hadoop，而这个目录在重启时有可能被系统清理掉，导致必须重新执行 format 才行。所以我们进行了设置，同时也指定 dfs.namenode.name.dir 和 dfs.datanode.data.dir，否则在接下来的步骤中可能会出错。

③修改配置文件 hadoop-env.sh（vim./etc/hadoop/hadoop-env.sh）：

```
export JAVA_HOME=/home/xq/software/jdk-9.0.1
```

```
    export HADOOP_PREFIX=/usr/local/hadoop
    export HADOOP_OPTS=" -Djava.library.path=$HADOOP_PREFIX/lib:
$HADOOP_PREFIX/lib/native"
```

注意，第三行的 HADOOP_OPTS，如果没有这一项，运行会有 WARN util. NativeCodeLoader: Unable to load native-hadoop library for your platform... using builtin-java classes where applicable 的错误提示。在这个配置文件中可以设置多个与 Hadoop 相关的属性，但是 JDK 属性是必须的，因此这里设置前面配置好的 JDK 的路径即可。

④ 配置完成后，执行 NameNode 的格式化：

```
./bin/hdfs namenode -format
```

执行信息如图 8-21 所示，当出现如图 8-22 所示的类似信息时，说明格式化成功。

```
xq@xq-virtual-machine:/usr/local/hadoop$ ./bin/hdfs namenode -format
18/01/30 18:25:30 INFO namenode.NameNode: STARTUP_MSG:
/************************************************************
STARTUP_MSG: Starting NameNode
STARTUP_MSG:   host = xq-virtual-machine/127.0.1.1
STARTUP_MSG:   args = [-format]
STARTUP_MSG:   version = 2.7.5
STARTUP_MSG:   classpath = /usr/local/hadoop/etc/hadoop:/usr/local/hadoop/share/hadoop/common
```

图 8-21　NameNode 的格式化

```
18/01/30 18:25:32 INFO common.Storage: Storage directory /usr/local/hadoop/tmp/dfs/name has been
successfully formatted.
18/01/30 18:25:32 INFO namenode.FSImageFormatProtobuf: Saving image file /usr/local/hadoop/tmp/df
s/name/current/fsimage.ckpt_0000000000000000000 using no compression
18/01/30 18:25:32 INFO namenode.FSImageFormatProtobuf: Image file /usr/local/hadoop/tmp/dfs/name/
current/fsimage.ckpt_0000000000000000000 of size 319 bytes saved in 0 seconds.
18/01/30 18:25:32 INFO namenode.NNStorageRetentionManager: Going to retain 1 images with txid >=
0
18/01/30 18:25:32 INFO util.ExitUtil: Exiting with status 0
18/01/30 18:25:32 INFO namenode.NameNode: SHUTDOWN_MSG:
/************************************************************
SHUTDOWN_MSG: Shutting down NameNode at xq-virtual-machine/127.0.1.1
************************************************************/
```

图 8-22　执行 namenode 格式化后的信息

若格式化成功，则会看到“successfully formatted”和“Exitting with status 0”的提示，若为“Exitting with status 1”，则是出错。

⑤ 接着启动 Hadoop，命令如下：

```
./sbin/start-dfs.sh
```

也可以输入：

```
./sbin/start-all.sh
```

启动时可能会出现如下 WARN 提示：WARN util. NativeCodeLoader: Unable to load native-hadoop library for your platform… using builtin-java classes where applicable。该 WARN 提示可以忽略，并不会影响正常使用（该 WARN 可以通过编译 Hadoop 源码解决）。

启动完成后，可以通过命令 jps 来判断是否成功启动，若成功启动，则会列出如下进程：“NameNode”” DataNode”“SecondaryNameNode”等，如图 8-23 所示。

如果 SecondaryNameNode 没有启动，请运行 ./sbin/stop-all.sh 关闭进程，然后再次尝试

```
xq@xq-virtual-machine:/usr/local/hadoop$ jps
8224 ResourceManager
8065 SecondaryNameNode
7747 NameNode
8340 NodeManager
8616 Jps
7866 DataNode
```

图 8-23　成功启动的进程

启动。如果没有 NameNode 或 DataNode，则表示配置不成功，请仔细检查之前的步骤，或通过查看启动日志排查原因。

一般可以通过查看启动日志来排查原因，注意以下几点：

- 启动时会提示形如“DBLab-XMU：starting namenode，logging to/usr/local/hadoop/logs/hadoop-hadoop-namenode-DBLab-XMU. out”，其中 DBLab-XMU 对应你的机器名，但其实启动日志信息是记录在/usr/local/hadoop/logs/hadoop-hadoop-namenode-DBLab-XMU. log 中，所以应该查看这个扩展名为 . log 的文件；
- 每一次的启动日志都是追加在日志文件之后，所以得拉到最后面看，对比记录的时间就知道了。
- 一般出错的提示在最后面，通常是写着 Fatal、Error、Warning 或者 Java Exception 的地方。
- 可以在网上搜索一下出错信息，看能否找到一些相关的解决方法。

若是 DataNode 没有启动，则可尝试如下的方法（注意，这会删除 HDFS 中原有的所有数据，如果原有的数据很重要请不要这样做）：

#针对 DataNode 没法启动的解决方法

```
$ ./sbin/stop-all.sh  #关闭
$ rm -r ./tmp     #删除 tmp 文件，注意这会删除 HDFS 中原有的所有数据
$ ./bin/hdfs namenode -format  #重新格式化 NameNode
$ ./sbin/start-all.sh  #重启
```

⑥ 成功启动后，可以访问 Web 界面 http：//localhost：50070 查看 NameNode 和 Datanode 信息，还可以在线查看 HDFS 中的文件，如图 8-24 所示。

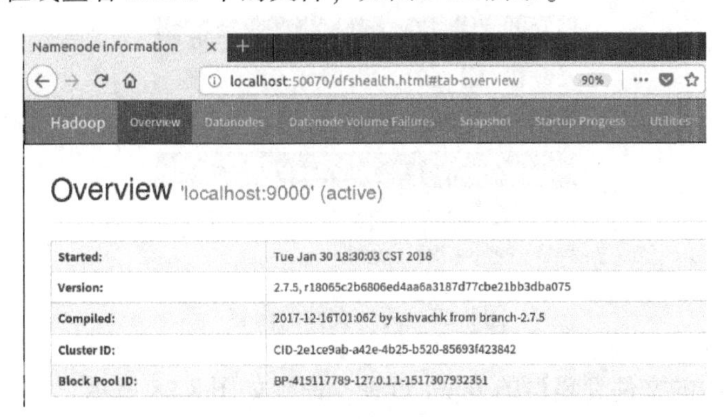

图 8-24　查看 NameNode 和 Datanode 信息

⑦ 运行 Hadoop 伪分布式实例。

上面的单机模式，wordcount 例子读取的是本地数据，伪分布式读取的则是 HDFS 上的数据。

首先，要使用 HDFS，在 HDFS 中创建 input 目录，如图 8-25 所示。

```
xq@xq-virtual-machine:/usr/local/hadoop$ ./bin/hadoop dfs -mkdir -p input
```

图 8-25　在 HDFS 中创建 input 目录

意思是在 HDFS 远程创建一个输入目录，我们以后的文件需要上载到这个目录里面才能执行。

注意，执行这个命令时可能会提示类似安全的问题，如果提示了，请使用以下命令来退出安全模式：

```
bin/hadoop dfsadmin -safemode leave
```

当分布式文件系统处于安全模式的情况下，文件系统中的内容不允许修改也不允许删除，直到安全模式结束。安全模式主要是为了系统启动时检查各个 DataNode 上数据块的有效性，同时根据策略必要的复制或者删除部分数据块。运行期通过命令也可以进入安全模式。

然后，依次进入“usr”→“local”→“hadoop”创建一个文件夹 file 用来存储本地原始数据，并在这个目录下创建“mytest1. txt”和“mytest2. txt”两个文件，或者你想要的任何文件名。创建的文件如图 8-26 所示。

图 8-26　创建的两个文件

分别在这两个文件中输入下列示例语句，如图 8-27 所示。

图 8-27　两个文件的内容

上传本地 file 中的文件到集群的 Input 目录，命令如图 8-28 所示。

```
xq@xq-virtual-machine:/usr/local/hadoop$ ./bin/hadoop dfs -put ./file/mytest*.txt input
```

图 8-28　上传本地 file 中文件到集群的 Input 目录

复制完成后，可以通过命令查看文件列表：./bin/hdfs dfs-ls input，结果如图 8-29 所示。

```
Found 2 items
-rw-r--r--   1 xq supergroup         22 2018-01-30 18:35 input/mytest1.txt
-rw-r--r--   1 xq supergroup         24 2018-01-30 18:35 input/mytest2.txt
```

图 8-29　Input 目录的文件列表

伪分布式运行 MapReduce 作业的方式跟单机模式相同，区别在于伪分布式读取的是 HDFS 中的文件。

最后，运行 wordcount：./bin/hadoop jar ./share/hadoop/mapreduce/hadoop-mapreduce-examples-2.7.5.jar wordcount input output

运行完毕后，查看单词统计结果：./bin/hdfs dfs -cat output/＊，如图 8-30 所示。

图 8-30　单词统计结果

Hadoop 运行程序时，输出目录不能存在，否则会提示错误 “org.apache.hadoop.mapred.FileAlreadyExistsException：Output directory hdfs：//localhost：9000/user/hadoop/output already exists”，因此若要再次执行，需要执行如下命令删除 output 文件夹：

```
./bin/hdfs dfs -rm -r output                    # 删除 output 文件夹
```

在实际开发应用程序时，可考虑在程序中加上如下代码，能在每次运行时自动删除输出目录，避免烦琐的命令行操作：

```
Configuration conf =new Configuration ();
Job job =new Job (conf);
/ * 删除输出目录 * /
Path outputPath =new Path (args [1]);
outputPath.getFileSystem (conf).delete (outputPath, true);
```

另外，也可以将运行结果取回到本地：

```
$ rm -R ./output
$ bin/hdfs dfs -get output output  #将 HDFS 上的 output 文件夹复制到本机
$ cat ./output/ *
```

WordCount 的详细执行步骤如下：

- 将文件拆分成 splits，由于测试用的文件较小，因此每个文件为一个 split，并将文件按行分割形成 <key，value> 对，如图 8-31 所示。这一步由 MapReduce 框架自动完成，其中偏移量（即 key 值）包括了回车所占的字符数（Windows 和 Linux 环境会不同）。
- 将分割好的 <key，value> 对交给用户定义的 map 方法进行处理，生成新的 <key，value> 对，如图 8-32 所示。

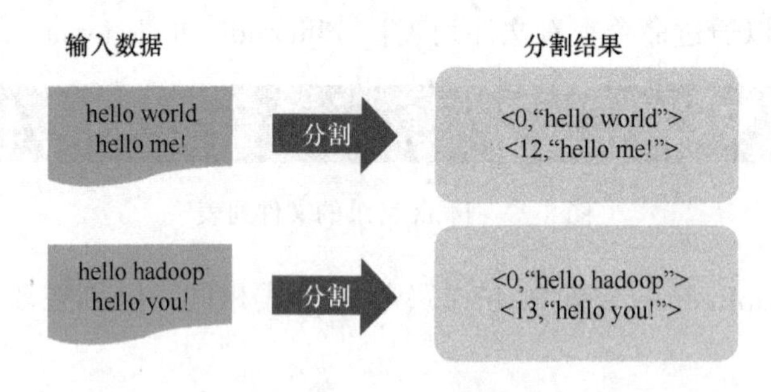

图 8-31 分割过程

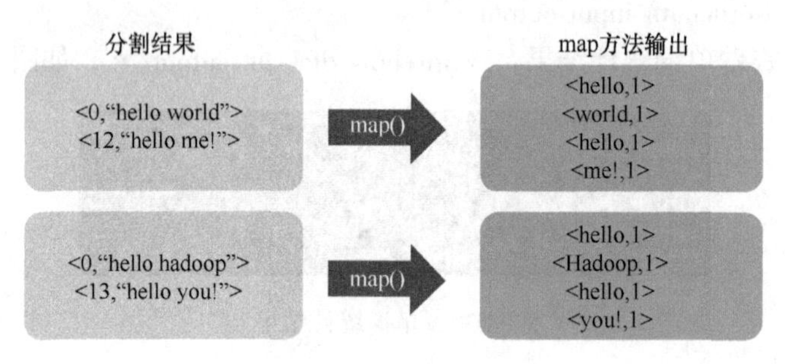

图 8-32 执行 map 方法

- 得到 map 方法输出的 <key，value> 对后，Mapper 会将它们按照 key 值进行排序，并执行 Combine 过程，将 key 值相同的 value 值累加，得到 Mapper 的最终输出结果，如图 8-33 所示。

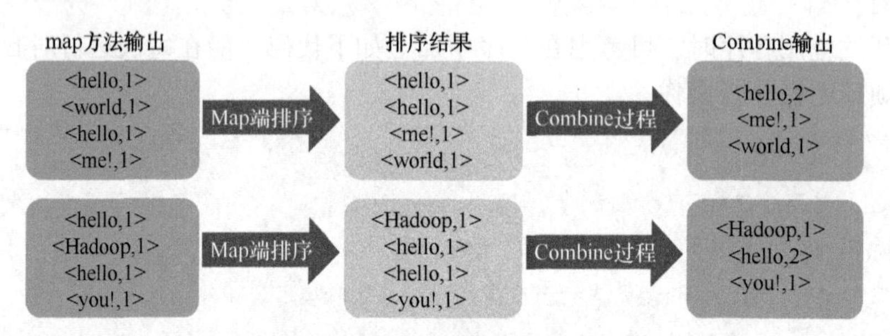

图 8-33 Map 端排序及 Combine 过程

- Reduce 先对从 Mapper 接收的数据进行排序，再交由用户自定义的 reduce 方法进行处理，得到新的 <key，value> 对，并作为 WordCount 的输出结果，如图 8-34 所示。

图 8-34 Reduce 端排序及输出结果

8.2 Mahout 的安装

关于 Mahout 的安装配置有以下两种方式：①下载完整包进行解压缩；②下载源码，然后使用 Maven 进行编译。本书主要介绍第一种方式。

1. 下载

本书以 Mahout 0.10.2 版本为例。在 Mahout 官网（http://archive.apache.org/dist/mahout/）下载 apache-mahout-distribution-0.10.2.tar.gz，保存在 home 目录的“下载”文件夹中。

2. 解压

将下载的 apache-mahout-distribution-0.10.2.tar.gz 源码解压至/usr/local 目录下，用户可以根据自己的需要选择合适的解压目录。

```
sudo tar -zxf ~/下载/apache-mahout-distribution-0.10.2.tar.gz -C /usr/local
cd /usr/local/
sudo mv ./apache-mahout-distribution-0.10.2/ ./Mahout0.10   #将文件夹名改为 Mahout0.10
sudo chown -R xq ./Mahout0.10                   #修改文件权限（xq 为用户名）
```

3. 环境变量设置

输入“sudo vim /etc/profile”，打开“profile”文件后，在末尾添加：

① 在/etc/profile 中配置 Mahout 环境变量。

```
export MAHOUT_HOME=/usr/local/Mahout0.10
export MAHOUT_CONF_DIR=$MAHOUT_HOME/conf
export PATH=$MAHOUT_HOME/conf:$MAHOUT_HOME/bin:$PATH
```

② 在/etc/profile 中配置 Mahout 所需的 Hadoop 环境变量。

```
export HADOOP_HOME=/usr/local/hadoop
export MAHOUT_CONF_DIR=${HADOOP_HOME}/etc/hadoop
export PATH=$PATH:$HADOOP_HOME/bin
export HADOOP_HOME_WARN_SUPPRESS=not_null
```

完成后，使用命令 source /etc/profile 更新一下/etc/profile。

4. 验证 Mahout 是否安装成功

首先，使用命令 cd /usr/local/Mahout 0.10 进入 Mahout 目录，然后执行 mahout 命令，若出现如图 8-35 所示的界面，说明安装成功。

说明：由于 mahout 0.9 以上的版本不支持 Parallel Frequent Pattern Mining 算法，因此该算法是在 mahout 0.9 下运行的（其他算法均在 mahout 0.10.2 下运行），mahout 0.9 的下载配置如下：

在 Mahout 官网（http://archive.apache.org/dist/mahout/）下载 mahout-distribution-0.9.tar.gz，保存在 home 目录的“下载”文件夹中，然后运行如下命令：

```
xq@xq-virtual-machine:~$ cd /usr/local/Mahout0.10
xq@xq-virtual-machine:/usr/local/Mahout0.10$ mahout
Running on hadoop, using /usr/local/hadoop/bin/hadoop and HADOOP_CONF_DIR=
MAHOUT-JOB: /usr/local/Mahout0.10/mahout-examples-0.10.2-job.jar
An example program must be given as the first argument.
Valid program names are:
  arff.vector: : Generate Vectors from an ARFF file or directory
  baumwelch: : Baum-Welch algorithm for unsupervised HMM training
  buildforest: : Build the random forest classifier
  canopy: : Canopy clustering
  cat: : Print a file or resource as the logistic regression models would see it
  cleansvd: : Cleanup and verification of SVD output
  clusterdump: : Dump cluster output to text
  clusterpp: : Groups Clustering Output In Clusters
  cmdump: : Dump confusion matrix in HTML or text formats
  cvb: : LDA via Collapsed Variation Bayes (0th deriv. approx)
  cvb0_local: : LDA via Collapsed Variation Bayes, in memory locally.
  describe: : Describe the fields and target variable in a data set
  evaluateFactorization: : compute RMSE and MAE of a rating matrix factorization against probes
  fkmeans: : Fuzzy K-means clustering
  hmmpredict: : Generate random sequence of observations by given HMM
```

图 8-35　mahout 安装成功

```
sudo tar -zxf ~/下载/mahout-distribution-0.9.tar.gz  -C  /usr/local
cd /usr/local/
sudo mv ./mahout-distribution-0.9/ ./Mahout0.9 #将文件夹名改为Mahout 0.9
sudo chown -R xq ./Mahout0.9                          #修改文件权限(xq 为用户名)
```

接着，输入“sudo vim /etc/profile”，打开“profile”文件后，在/etc/profile 中配置 Mahout 环境变量：

```
export MAHOUT_HOME=/usr/local/Mahout0.9
```

即将原来的 MAHOUT_HOME 路径由 Mahout 0.10 改为 Mahout 0.9 即可。

最后，source /etc/profile 更新一下/etc/profile。

8.3　测试安装

1）下载一个文件 synthetic_control.data，下载地址为 http://archive.ics.uci.edu/ml/databases/synthetic_control/synthetic_control.data，并把这个文件保存在“下载”目录下。

2）在 HDFS 中创建 testdata 目录，并将数据文件上传，如图 8-36 所示。

```
xq@xq-virtual-machine:/usr/local/Mahout0.10$ hadoop dfs -mkdir -p testdata
```

图 8-36　在 HDFS 中创建 testdata 目录

将下载下来的数据上传到 testdata 目录下：

```
hadoop fs -put ~/下载/synthetic_control.data testdata
```

注：因为在例子代码中写死了输入的路径是 testdata，将练习数据上传到 hdfs 中对应的 testdata 目录下即可。

复制完成后，可以通过命令查看文件列表：hdfs dfs -ls testdata，结果如图 8-37 所示。

```
Found 1 items
-rw-r--r--   1 xq supergroup     288375 2018-01-30 18:44 testdata/synthetic_control.data
```

图 8-37　testdata 文件列表

3）使用 Mahout 中的 k-means 聚类算法。

执行如下命令：

```
mahout-core org.apache.mahout.clustering.syntheticcontrol.kmeans.Job
```

出现如图 8-38 所示的信息，说明安装成功了，结果自动打印出来。

```
        1.0 : [distance=37.241687454618685]: [35.913,29.855,33.25,30.166,27.532,24.791,29.38
2,30.916,33.337,32.682,34.063,28.091,32.15,29.337,28.08,35.838,33.807,26.973,24.089,30.694,3
5.094,33.424,34.086,32.633,30.806,26.496,27.5,33.752,24.634,25.088,32.197,27.662,26.727,31.8
28,31.327,25.647,30.786,25.077,42.6,53.603,47.426,45.479,47.015,41.967,44.346,51.579,52.547,
43.022,45.694,42.104,48.868,42.844,53.483,52.084,42.346,42.945,43.442,51.091,42.904,47.054]
        1.0 : [distance=33.32713479800289]: [28.487,34.156,28.659,35.527,35.25,30.795,31.318
,28.034,25.375,33.61,29.723,28.462,24.683,35.245,34.151,35.341,27.724,27.502,28.539,32.302,3
0.586,30.747,28.18,27.085,35.723,26.787,29.89,28.044,27.663,27.24,25.005,24.731,32.778,46.40
3,47.259,45.38,45.677,40.544,39.214,43.374,42.056,43.683,42.56,38.311,44.878,40.559,46.917,4
3.313,38.759,47.516,38.562,47.779,36.325,42.066,44.773,48.305,47.137,39.604,37.563,44.185]
18/01/30 18:47:06 INFO clustering.ClusterDumper: Wrote 6 clusters
18/01/30 18:47:06 INFO driver.MahoutDriver: Program took 26767 ms (Minutes: 0.4461166666666
666)
xq@xq-virtual-machine:/usr/local/Mahout0.10$
```

图 8-38　k-means 聚类执行成功信息

4）也可以执行 hadoop fs -ls /user/xq/output 查看聚类结果（因为写死的输出路径是/user/ * * * /output），如图 8-39 所示。

```
Found 15 items
-rw-r--r--   1 xq supergroup        194 2018-01-30 18:47 /user/xq/output/_policy
drwxr-xr-x   - xq supergroup          0 2018-01-30 18:47 /user/xq/output/clusteredPoints
drwxr-xr-x   - xq supergroup          0 2018-01-30 18:46 /user/xq/output/clusters-0
drwxr-xr-x   - xq supergroup          0 2018-01-30 18:46 /user/xq/output/clusters-1
drwxr-xr-x   - xq supergroup          0 2018-01-30 18:47 /user/xq/output/clusters-10-final
drwxr-xr-x   - xq supergroup          0 2018-01-30 18:46 /user/xq/output/clusters-2
drwxr-xr-x   - xq supergroup          0 2018-01-30 18:46 /user/xq/output/clusters-3
drwxr-xr-x   - xq supergroup          0 2018-01-30 18:46 /user/xq/output/clusters-4
drwxr-xr-x   - xq supergroup          0 2018-01-30 18:46 /user/xq/output/clusters-5
drwxr-xr-x   - xq supergroup          0 2018-01-30 18:46 /user/xq/output/clusters-6
drwxr-xr-x   - xq supergroup          0 2018-01-30 18:46 /user/xq/output/clusters-7
drwxr-xr-x   - xq supergroup          0 2018-01-30 18:47 /user/xq/output/clusters-8
drwxr-xr-x   - xq supergroup          0 2018-01-30 18:47 /user/xq/output/clusters-9
drwxr-xr-x   - xq supergroup          0 2018-01-30 18:46 /user/xq/output/data
drwxr-xr-x   - xq supergroup          0 2018-01-30 18:46 /user/xq/output/random-seeds
```

图 8-39　k-means 聚类结果

8.4　小结

本章首先介绍了 Mahout 安装所需要的基本软件，并给出了几个软件的版本，方便用户可以快速、便捷地建立测试环境；然后介绍了 Ubuntu 环境下的 JDK 和 Hadoop 的详细安装过程，并通过一些测试方法来验证是否安装成功；接着介绍了下载发布版的 Mahout 程序进行安装；最后通过一个简单的算法调用来测试 Mahout 平台，不仅可以达到测试 Mahout 平台的目的，同时可以使用户初步了解如何使用 Mahout 解决应用问题。

第9章

使用 Mahout 实践关联规则算法

关联规则分析也称为购物篮分析，最早是为了发现超市销售数据库中不同商品之间的关联关系。例如，一个超市的经营者想要更多地了解顾客的购物习惯，如“哪组商品可能会在一次购物中同时购买?”或者“某顾客购买了笔记本式计算机，那么该顾客3个月后购买数码照相机的概率有多大?”，他可能会发现购买了面包的顾客非常有可能会同时购买牛奶，这就导出了一条关联规则“面包⇒牛奶”，其中面包称为规则的前项，而牛奶称为后项。可以通过降低面包售价进行促销，而适当提高牛奶的售价，关联销售出的牛奶就有可能增加超市整体的利润。

在餐厅点餐时，面对菜单中大量的菜品信息，往往无法迅速找到满意的菜品，既增加了点菜的时间，又降低了客户的就餐体验。实际上，菜品的合理搭配是有规律可循的：顾客的饮食习惯、菜品的荤素和口味，有些菜品之间是相互关联的，而有些菜品之间是对立或竞争关系（负关联），这些规律都隐藏在大量的历史菜单数据中，如果能够通过数据挖掘发现顾客点餐的规则，就可以快速识别客户的口味，当他下了某个菜品的订单时，推荐相关联的菜品，引导顾客消费，提高顾客的就餐体验和餐饮企业的业绩水平。

关联规则分析是数据挖掘中最活跃的研究方法之一，目的是在一个数据集中找出各项之间的关联关系，而这种关系并没有在数据中直接表现出来。

9.1 FP 树关联规则算法

FP 树算法原理参见第4.4节。

Mahout 中实现关联规则的算法是 FP 树关联规则，在 Mahout 中称为 Parallel Frequent Pattern Mining（并行频繁项集挖掘算法），这一模块当前只包含这一个算法。这个算法可以根据输入的参数来选择是否允许单机版或并行版。

针对这个算法，按照如下步骤进行分析：首先分析这个算法在 Mahout 中的实现原理，然后通过对这个算法调用 Mahout 的算法包中相应的算法接口来实战演示如何调用这个算法，主要包括输入数据的获取、算法包中算法的参数意义、调用算法接口，以及对生成结果的分析。

9.1.1 Mahout 中 Parallel Frequent Pattern Mining 算法的实现原理

在 Mahout 中，Parallel Frequent Pattern Mining 算法一共包含以下5个过程：

① 由原始数据求出一维频繁项集并进行编码。

② 根据编码后的一维频繁项集，对原始数据进行分组。

③ 针对每一个分组数据分别进行建树操作。

④ 针对每一棵建好的 FP 树进行频繁项集挖掘。

⑤ 整合每棵 FP 树挖掘的频繁项集，得到最终的频繁项集。

其 MapReduce 流如图 9-1 所示。

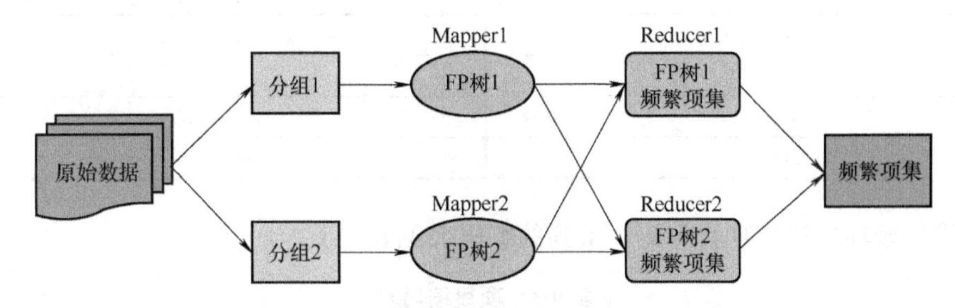

图 9-1 Parallel Frequent Pattern Mining 算法的 MapReduce 流

从图 9-1 所示的流图可以看出，Parallel Frequent Pattern Mining 算法的并行策略：首先将原始数据集进行分组，针对每组数据就可以使用集群中的一个结点来运行 FP 树算法，分别进行建树和挖掘操作，这样就可以达到并行的目的；然后合并每个子结点挖掘的频繁项集进行整合得到最终的结果。但是，这存在一个问题：把数据分组后，对每棵子树进行挖掘得到的频繁项集在最后汇总后会不会有一些被漏掉了？答案是肯定的，如果采用的是随机分组数据，如按照文件中的数据的位置，直接把其分为两个部分，这样肯定会漏掉频繁项集。所以，Mahout 中提出了一种分数据的方案，使用这种方案对原始数据进行分组，对分组后的数据建树挖掘，得到的频繁项集在进行整合后是不会被漏掉的。

使用表 9-1 中的原始数据，对 Parallel Frequent Pattern Mining 算法的 5 个过程分析如下：

表 9-1 FP 树算法的原始数据集

事务 ID	事　务　集
100	*f*, *a*, *c*, *d*, *g*, *i*, *m*, *p*
200	*a*, *b*, *c*, *f*, *l*, *m*, *o*
300	*b*, *f*, *h*, *j*, *o*
400	*b*, *c*, *k*, *s*, *p*
500	*a*, *f*, *c*, *e*, *l*, *p*, *m*, *n*

1. 求一维频繁项集并编码

利用单词计数算法求出各个项目出现的次数，然后读取这个输出文件到一个列表中，这个列表按照项目出现的次数从大到小排序，接着进行项目编码，即次数出现最多的项目编码为 0，以此类推，最后把编码后的列表写入 HDFS 文件系统上面的一个文件中。这个文件就是一维频繁项集编码后的数据文件。假设频繁项集阈值为 3，得到的一维频繁项集为

$<(f:4),(c:4),(a:3),(b:3),(m:3),(p:3)>$

可以看到，*f* 与 *c*、*a* 与 *b* 等出现的次数都是一样的，在这里当项目出现次数一样时，排列顺序是随机的，这样可以提高效率。

根据一维频繁项集对原始数据集进行排序和删减，主要操作是把原始数据集中的每条记录按照一维频繁项集进行排序，然后删除没有在一维频繁项集中出现的项目（如果项目出

现的次数小于给定的阈值，那么该项目就会被删除），得到下面的更新数据集，见表9-2。

表9-2　FP树算法更新数据集

事务ID	事 务 集
100	*f*, *c*, *a*, *m*, *p*
200	*f*, *c*, *a*, *b*, *m*
300	*f*, *b*
400	*c*, *b*, *p*
500	*f*, *c*, *a*, *m*, *p*

对一维频繁项集进行项目编码，得到的编码表见表9-3。

表9-3　项目编码表

item	code	item	code	item	code
f	0	*a*	2	*m*	4
c	1	*b*	3	*p*	5

根据表9-2得到更新数据集的编码数据集，见表9-4。

表9-4　更新数据编码表

原始事务	编码事务
f, *c*, *a*, *m*, *p*	0, 1, 2, 4, 5
f, *c*, *a*, *b*, *m*	0, 1, 2, 3, 4
f, *b*	0, 3
c, *b*, *p*	1, 3, 5
f, *c*, *a*, *m*, *p*	0, 1, 2, 4, 5

2. 分组原始数据

分组的规则：针对一条事务，若其中包含组0和组1的项目，则输出两条事务，分别归为组0和组1，组0为此条事务，组1为此条事务截取相应的部分得到的；若其中只含有组0的项目，而不含有组1的项目，则此条事务只归为组0；若其中只含有组1的项目，则此条事务只归为组1。

假设把原始数据集分为两组，组编号就是分组0和分组1。根据分组的规则可以得到分组0包含的项目为<*f*, *c*, *a*, *b*, *m*, *p*>，分组1包含的项目为<*b*, *m*, *p*>。对表9-4的数据编码表进行分组，分组后的数据见表9-5。

表9-5　分组数据表

分组0	分组1
0, 1, 2, 4, 5→*f*, *c*, *a*, *m*, *p*	4, 5→*m*, *p*
0, 1, 2, 3, 4→*f*, *c*, *a*, *b*, *m*	3, 4→*b*, *m*
0, 3→*f*, *b*	3→*b*
1, 3, 5→*c*, *b*, *p*	3, 5→*b*, *p*
0, 1, 2, 4, 5→*f*, *c*, *a*, *m*, *p*	4, 5→*m*, *p*

例如，针对第一条事务<*f*, *c*, *a*, *m*, *p*>，由于这条事务同时包含了分组0和分组1的

项目，因此要输出到两个分组中，其中，分组 0 就是 $<f, c, a, m, p>$，分组 1 就是 $<m, p>$。这里可能会让人产生误解：是不是分组 0 就是原始事务集呢？答案是否定的，分组 0 不是原始事务集。例如，有一条事务集是 $<m, p>$，针对这条事务进行分组，得到的输出只会是一条记录，且是分组 1 的，分组 0 没有输出。

按照这样的规则可以保证分别对分组 0 和分组 1 的数据进行建树挖掘而不会漏掉可能的频繁项集，不过这样操作最后整合时会有重复的频繁项集记录，需要去重。

这个过程在 Mahout 中对应输出的 Key/Value 对见表 9-6。

表 9-6　分组数据的 Key/Value 对

输　入		输　出	
Key	Value	Key	Value
事务在文件中位置	事务	事务在文件中位置	事务

经过上面的步骤就可以对分组数据进行建树挖掘了。

3. 建立 FP 树及挖掘 FP 树

经过第 2 步骤中的分组原始数据过程后，原始数据被分为两组，这样就可以针对每个分组中的数据建立 FP 树及挖掘 FP 树了。

这个过程中输出的 Key/Value 对见表 9-7。

表 9-7　建立 FP 树的 Key/Value 对

输　入		输　出	
Key	Value	Key	Value
组号	该组号事务	组号	该组号对应的 FP 树

4. 整合频繁项集

针对在第 3 步骤中生成的频繁项集，在整合频繁项集这一步使用一个 Job，包括 Mapper 和 Reducer 来进行操作。Mapper 主要整合所有分组的频繁项集，输出给 Reducer 进行处理，Reducer 的主要任务是对整合后的频繁项集进行去重及排序处理。去重就是去除重复的频繁项集，排序主要是针对频繁项集的次数降序排列。

9.1.2　Mahout 的 Parallel Frequent Pattern Mining 算法实践

1. 输入数据

为了很好地分析 Parallel Frequent Pattern Mining 算法的结果，使用表 9-1 的数据来进行实战。首先使用 fs 命令把数据上传到 HDFS 文件系统：

```
hadoop dfs -mkdir -p input
hadoop fs -put ~/数据文件/fp.dat input
hdfs dfs -ls input
```

结果如图 9-2 所示。

```
Found 1 items
-rw-r--r--   1 xq supergroup         66 2018-01-30 20:15 input/fp.dat
```

图 9-2　input 文件夹中的 fp. dat

注：为了方便管理，原始数据文件统一放在 home 目录下的名为“数据文件”的文件夹中。

HDFS 文件系统上的数据是一个事务集（见图 9-3），每行数据代表一个事务，其中的 *f*，*a*，…分别代表一个项目。

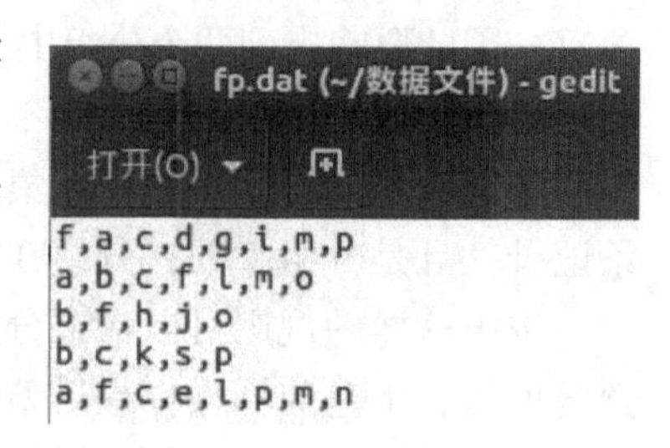

图 9-3　原始 FP 算法数据

2. 参数意义

在 Mahout 中，Parallel Frequent Pattern Mining 算法有 3 个 Job 任务，不过调用该算法只使用一个简单的函数即可，这个函数会自动调用每个 Job 任务。Parallel Frequent Pattern Mining 主程序对应的源代码是：

```
org.apache.mahout.fpm.pfpgrowth.FPGrowthDriver
usage: <command> [Generic Options] [Job-Specific Options]
```

其中：

```
<command>: mahout org.apache.mahout.fpm.pfpgrowth.FPGrowthDriver;
```

[Generic Options]：

- -archives <paths>：在集群中被解压的压缩文件选项，以逗号隔开每个压缩文件。
- -conf <configuration file>：应用所需要的配置文件选项。
- -D <property = value>：为特定的变量赋值的选项。
- -files <paths>：在集群中使用到的文件选项，以逗号隔开每个文件。
- -fs <local | namenode: port>：选择 namenode 的选项。
- -jt <local | jobtracker: port>：选择 job tracker 的选项。
- -libjars <paths>：需要被包含到 classpath 中的 jar 文件选项，逗号隔开每个 jar 文件。
- -tokenCacheFile <tokensFile>：设置符号的文件选项。

[Job-Specific Options]：

- --input（-i）input：任务的输入文件选项，必选。
- --output（-o）output：任务的输出文件选项，必选。
- --minSupport（-s）minSupport：频繁项集出现的最小次数，即最小支持度，默认值为 3，可选。
- --maxHeapSize（-k）maxHeapSize：最大的堆内存值，用于挖掘 top k 项目，默认值为 50，可选。
- --numGroups（-g）numGroups：此参数只能在 MapReduce 模式使用，指明原始数据要分的组数量，默认是 1000，可选。
- --splitterPattern（-regex）splitterPattern：用于对原始数据事务中项目使用分隔符进行解析，如" \"[,\\t] * [,|\\\t][,\\t] * \" ", "[,\t] * [,|\t][,\t] * ", 可选。
- --numTreeCacheEntries（-tc）numTreeCacheEntries：树缓存中的条目个数，用于防止重复建树。一级条件树可能会消耗很多的内存，需要设置这个值比较小，但是这里要将这个值设置得相对大，以预防建立重复的树，推荐值是 [5-10]，默认值是 5，可选。

- --method（-method）method：调用该算法使用并行算法还是单机，可以使用 sequential | mapreduce，默认是 sequential，可选。
- --encoding（-e）encoding：文件的编码，默认值是 UTF-8，可选。
- --useFPG2：使用替代的 FPG 实现，可选。
- --help（-h）：打印此参数帮助信息，可选。

3. 运行

进入 Mahout 的根目录，运行下面的命令：

mahout org. apache. mahout. fpm. pfpgrowth. FPGrowthDriver -i input/fp. dat -o output -s 3 -k 10 -regex '[,]'-method mapreduce。

参数说明：

1）-i 输入文件：由于运行在 Hadoop 环境中，因此输入路径必须是 hdfs 路径，这里需要指出文件名，若是多个，则可以用 * 代表 input 目录下的所有文件（input/ * ）。此例中输入的文件是 input/fp. dat。

2）-o 输出文件：此例中输出文件为 hdfs 上的 output。

3）-s 最小支持度：此例中设置为 3，即频繁项集出现次数最小应该是 3。

4）-k 最大项集数：此例中设置为 10。

5）-regex：因为项目之间的分隔符是逗号，所以设置为'［,］'。

6）-method：因为这里使用并行的方式，所以设置为 mapreduce。

因为原始事务集数据比较少，所以这里的-g 参数没有设置。

运行上面的命令之后，可以在终端中查看到输出的信息，如图 9-4 所示（只列出了部分信息）。

```
Map-Reduce Framework
        Map input records=6
        Map output records=14
        Map output bytes=360
        Map output materialized bytes=105
        Input split bytes=123
        Combine input records=14
        Combine output records=6
        Reduce input groups=6
        Reduce shuffle bytes=105
        Reduce input records=6
        Reduce output records=6
        Spilled Records=12
        Shuffled Maps =1
        Failed Shuffles=0
        Merged Map outputs=1
        GC time elapsed (ms)=55
        CPU time spent (ms)=0
        Physical memory (bytes) snapshot=0
        Virtual memory (bytes) snapshot=0
        Total committed heap usage (bytes)=357842944
```

图 9-4　Parallel Frequent Pattern Mining 算法终端输出信息

4. 结果分析

使用命令：hdfs dfs -ls output，可查看最终运行的结果，会产生 4 个文件夹，如图 9-5 所示。其中，挖掘的关联结果在 frequentpatterns 文件夹下：

```
Found 4 items
-rw-r--r--   1 xq supergroup        194 2018-01-25 19:12 output/fList
drwxr-xr-x   - xq supergroup          0 2018-01-25 19:12 output/fpgrowth
drwxr-xr-x   - xq supergroup          0 2018-01-25 19:12 output/frequentpatterns
drwxr-xr-x   - xq supergroup          0 2018-01-25 19:12 output/parallelcounting
```

图 9-5　Parallel Frequent Pattern Mining 算法 output 中的 4 个文件夹

其中，fList 是一个文件，按降序排列存储了单个项出现的频次（频次大于支持度），fp-growth 存储的是按频繁树获取的频繁项集（没有经过整理），frequentpatterns 则是我们需要的经过排序合并后的频繁项集（每一个单项都有），最后一个文件夹和 fList 记录的内容差不多，包括低于支持度的项的统计（也有单项统计的）。

由于 mahout 的结果是 sequencefile 格式存储，因此需要 mahout 提供的 seqdumper 方法将序列文件转化成文本文件查看，可使用命令为

```
mahout seqdumper -i output/frequentpatterns/part-r-00000
```

注：这里的-o 命令若不加以说明，则是将 hdfs 上的结果存储到本地目录路径上，-q 表示将不存储除数据以外的其他文本信息。

得到如图 9-6 所示的 Parallel Frequent Pattern Mining 算法输出的频繁项集。

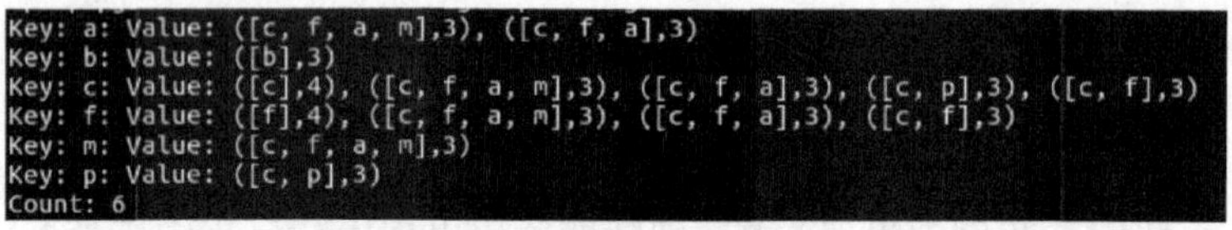

```
Key: a: Value: ([c, f, a, m],3), ([c, f, a],3)
Key: b: Value: ([b],3)
Key: c: Value: ([c],4), ([c, f, a, m],3), ([c, f, a],3), ([c, p],3), ([c, f],3)
Key: f: Value: ([f],4), ([c, f, a, m],3), ([c, f, a],3), ([c, f],3)
Key: m: Value: ([c, f, a, m],3)
Key: p: Value: ([c, p],3)
Count: 6
```

图 9-6　Parallel Frequent Pattern Mining 算法输出的频繁项集

9.2　小结

本章针对经典的 FP 树算法原理，详细分析了在 Mahout 中的实现原理，并且给出了在 Mahout 中的调用方式及调用参数的说明，然后进行实战，使读者在学习完这部分内容之后可以自己动手进行实验。

第 10 章 使用 Mahout 实践聚类算法

聚类的定义：将物体或抽象对象的集合分成类似的对象组成的多个类的过程。由聚类所生成的簇是一组数据对象的集合，这些对象与同一个簇中的对象彼此相似，与其他簇中的对象相异。

聚类在生活中的应用有很多，如在商务上，聚类能帮助市场分析人员从客户基本库中发现不同的客户群，并且用购买模式来刻画不同的客户群特征；在生物学上，聚类用于推导植物和动物的分类，对基因进行分类，获得对种群中固有结构的认识；在互联网上，聚类也能用于对 Web 上的文档进行分类，以发现信息。

聚类算法在 Mahout 中是单独的一个模块，这个模块包含很多不同的具体算法（在官网 http：//cwiki. apache. org/confluence/display/MAHOUT/Algorithms 上就可以看到），在第 1 章中已经介绍，此处不再赘述。

本章主要分析 Canopy、K-means 这两个算法。同样按照下面的步骤进行分析：首先分析这些算法的基本原理，然后分析其在 Mahout 中的实现原理，最后通过对每个算法调用 Mahout 的算法包中相应的算法接口来实战演示如何调用每个算法，主要包括输入数据的获取、算法包中算法的参数意义、调用算法接口以及对生成结果的分析。

10.1 Canopy 算法

传统的聚类算法对于一般的应用问题（基本都是小数据量）都是可以解决的，但是当数据变得很大时，就有点“力不从心”了。这里的数据变得很大是指：①数据的条目很多，整个数据集包含的样本数据向量很多；②针对①中的每个样本数据向量其维度很大，即包含多个属性；③要聚类的中心向量很多。当所要应用聚类算法的数据是上面所述情况时，传统的聚类方法应用起来就会相当棘手，这时就要采取另外的途径，即改进的聚类算法。本节介绍的 Canopy 算法就是聚类算法发展到一定阶段，Andrew McCallum、Kamal Nigam、Lyle H. Ungar 根据前人经验加上自己的想法提出来的一种改进算法，是基于划分的聚类方法。

Canopy 算法的主要思想是把聚类分为两个阶段：阶段一，通过使用一个简单、快捷的距离计算方法把数据分为可重叠的子集，称为“canopy”；阶段二，通过使用一个精准、严密的距离计算方法来计算出现在阶段一中同一个 canopy 的所有数据向量的距离。这种方式与之前的聚类方式不同的地方在于使用了两种距离计算方式，同时因为只计算了重叠部分的数据向量，所以达到了减少计算量的目的。

具体来说，阶段一使用一个简单距离计算方法来产生具有一定数量的可重叠的子集。canopy 就是一个样本数据集的子集，子集中的样本数据是通过一个粗糙的距离计算方法来计算样本数据向量和 canopy 的中心向量的距离，设定一个距离阈值，当计算的距离小于这个阈值时，就把样本数据向量归为此 canopy。要说明的是，每个样本数据向量有可能存在于多个 canopy 里面，但是每个样本数据向量至少要包含于一个 canopy 中。canopy 的创建基于不存在于同一个 canopy 中的样本数据向量彼此很不相似，不能被分为同一个类的这样的观点考虑的。由于距离计算方式是粗糙的，因此不能够保证性能（计算精确度）。但是通过允许存在可叠加的 canopy 和设定一个较大的距离阈值，在某些情况下可以保证该算法的性能。

图 10-1 是一个 canopy 的例子，其中包含 5 个数据中心向量。

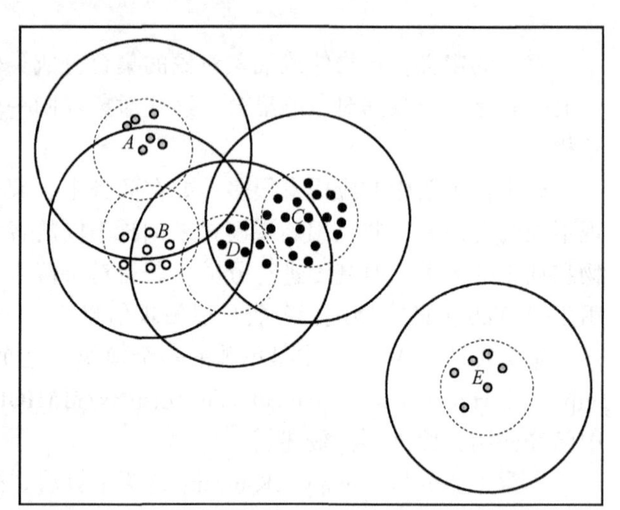

图 10-1 canopy 聚类图

图 10-1 中的数据向量用同样灰度值表示的属于同一个聚类。聚类中心向量 A 被随机选出，然后以 A 数据向量创建一个 canopy，这个 canopy 包括所有在其外圈（实线圈）的数据向量，而内圈（虚线）中的数据向量则不再作为中心向量的候选名单。

创建一个普通的 Canopy 算法的步骤如下：

1）原始数据集合 List 按照一定的规则进行排序（这个规则是任意的，但是一旦确定就不再更改），初始距离阈值为 $T1$、$T2$，且 $T1 > T2$（$T1$、$T2$ 的设定可以根据用户的需要，或者使用交叉验证获得）。

2）While（list 不为空）。

{

随机选择一个结点做 canopy 的中心；并从 list 删除该点；

遍历 list：

对于任何一条记录，计算其到各个 canopy 的距离；

如果距离 $< T2$，则给此数据打上强标记，并从 list 删除这条记录；

如果距离 $< T1$，则给此数据打上弱标记；

如果到任何 canopy 中心的聚类都 $> T1$，那么将这条记录作为一个新的 canopy 的中心，并从 list 中删除这个元素；

}

同样，Canopy 算法的实现也比较简单，其使用 $T1$ 和 $T2$ 两个距离来实现对数据集的一个粗略的划分，表现为最终会生成几个 Canopy。下面举一个例子，一共有以下 8 个二维的点：

(8.1, 8.1)、(7.1, 7.1)、(6.2, 6.2)、(7.1, 7.1)、(2.1, 2.1)、(1.2, 1.2)、(0.1, 0.1)、(3.0, 3.0)

为了计算简便，我们选择曼哈顿距离作为距离的量度，即 $|x_1 - x_2| + |y_1 - y_2|$。选取 $T1 = 8$，$T2 = 4$。

首先选取（8.1，8.1）作为第一个 Canopy 的中心，并从 list 中删除这个点，然后开始遍历整个 list。

第二个点（7.1,7.1）与 Canopy 1（8.1,8.1）的距离是 2，2 < $T2$，所以第二个点属于 Canopy 1，将其加入 Canopy 1，并从 list 中删除该点。

第三个点（6.2,6.2）与 Canopy 1（8.1,8.1）的距离是 3.8，3.8 < $T2$，所以第三个点也是属于 Canopy 1。同样将其加入 Canopy 1，并从 list 删除该点。

第四个点（7.1,7.1），与第二个点是相同的。

第五个点（2.1,2.1），其到 Canopy 1（8.1,8.1）的距离是 12，大于 $T1$，所以第五个点不属于任何 Canopy，新生成一个 Canopy，其中心是（2.1,2.1），并从 list 中删除该点，因为这个点不会属于其他 Canopy 了。

第六个点（1.2,1.2）到 Canopy 1（8.1,8.1）的距离是 13.8，13.8 > $T1$，到 Canopy 2（2.1,2.1）的距离是 1.8，1.8 < $T2$，所以第六个点属于 Canopy 2（2.1,2.1），并从 list 中删除这个点。

第七个点（0.1,0.1）到 Canopy 1（8.1,8.1）的距离是 16，16 > $T1$，到 Canopy 2（2.1,2.1）的距离是 4，4 = $T2$，所以将第七个点打上属于 Canopy 2（2.1,2.1）的弱标记，但并不从集群中删除该点。

第八个点（3.0,3.0）到 Canopy 1（8.1,8.1）的距离是 10.2,10.2 > $T1$，到 Canopy 2（2.1,2.1）的距离是 1.8，1.8 < $T2$，所以将第八个点加入到 Canopy 2（2.1,2.1）中。

此时所有 Canopy 的状态是：

Canopy 1(8.1,8.1)：[(8.1,8.1),(7.1,7.1),(6.2,6.2),(7.1,7.1)]

Canopy 2(2.1,2.1)：[(2.1,2.1),(1.2,1.2),(0.1,0.1),(3.0,3.0)]

并且算法的第一次 While 循环已经完成，此时 list 中还剩下的元素是（0.1,0.1）将他自己作为一个新的 Canopy，Canopy 3（0.1,0.1），此时 Canopy 的最后状态是：

Canopy 1(8.1,8.1)：[(8.1,8.1),(7.1,7.1),(6.2,6.2),(7.1,7.1)]

Canopy 2(2.1,2.1)：[(2.1,2.1),(1.2,1.2),(3.0,3.0)]

Canopy 3(0.1,0.1)：[(0.1,0.1)]

所以最终的 Canopy 聚类中心是（7.125,7.125），（2.1,2.1），（0.1,0.1）。

阶段二，可以在阶段一的基础上应用传统聚类算法，比如贪婪凝聚聚类算法、K 均值聚类算法，当然，这些算法使用的距离计算方式是精准的距离计算方式。因为只计算了同一个 canopy 中的数据向量之间的距离，而没有计算不在同一个 canopy 的数据向量之间的距离，所以假设它们之间的距离为无穷大。例如，若所有的数据都简单归入同一个 canopy，那么阶段二的聚类就会退化成传统的具有高计算量的聚类算法了。但是，如果 canopy 不是那么大，且它们之间的重叠不是很多，那么代价很大的距离计算就会减少，同时用于分类的大量计算也可以省去。进一步来说，如果把 Canopy 算法加入到传统的聚类算法中，那么算法既可以保证性能，即精确度，又可以增加计算效率，即减少计算时间。

Canopy 算法的优势在于可以通过第一阶段的粗糙距离计算方法把数据划入不同的可重叠的子集中，然后只计算在同一个重叠子集中的样本数据向量来减少对于需要距离计算的样本数量。

10.1.1 Mahout 中 Canopy 算法的实现原理

在 Mahout 中，Canopy 算法用于文本的分类。实观 Canopy 算法包含以下 3 个 MR，即 3 个 Job。

① Job1：将输入数据处理为 Canopy 算法可以使用的输入格式。

② Job2：每个 Mapper 针对自己的输入执行 Canopy 聚类，输出每个 Canopy 的中心向量；每个 Reducer 接收 Mapper 的中心向量，并加以整合以计算最后的 Canopy 的中心向量。

③ Job3：根据 Job2 的中心向量来对原始数据进行分类。

其中，Job1 和 Job3 属于基础操作，不再进行详细分析，而主要对 Job2 的数据流程加以简要分析，即只对 Canopy 算法的原理进行分析。

首先如图 10-2 所示，可以根据这个图来理解 Job2 的 map/reduce 过程。

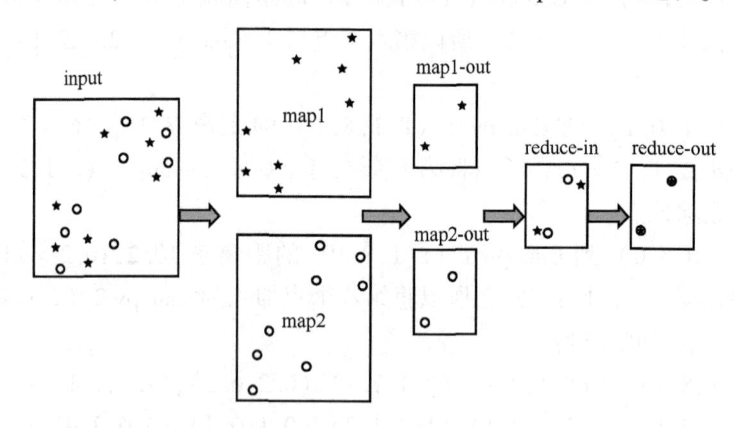

图 10-2　Canopy 的 map/reduce 过程图

图 10-2 中的输入数据可以产生两个 Mapper 和一个 Reducer。每个 Mapper 处理其相应的数据，在这里处理的意思是使用 Canopy 算法来对所有的数据进行遍历，得到 Canopy。具体如下：首先随机取出一个样本向量作为一个 Canopy 的中心向量，然后遍历样本数据向量集，若样本数据向量和随机样本向量的距离小于 *T*1，则把该样本数据向量归入此 Canopy 中；若距离小于 *T*2，则把该样本数据从原始样本数据向量集中去除，直到整个样本数据向量集为空为止，输出所有的 Canopy 的中心向量。Reducer 调用 Reduce 过程处理 Map 过程的输出，即整合所有 Map 过程产生的 Canopy 的中心向量，生成新的 Canopy 的中心向量，即最终的结果。

举个例子，我们只有两个 map 任务：

第一个 map 的数据是：

(8.1,8.1)、(7.1,7.1)、(6.2,6.2)、(7.1,7.1)、(2.1,2.1)、(1.2,1.2)、(0.1,0.1)、(3.0,3.0)

根据之前的计算，我们得到其 Canopy 中心是（7.125，7.125），(2.1,2.1)，(0.1,0.1)，那么第一个 map 的数据就是（7.125，7.125），(2.1,2.1)，(0.1,0.1)。

第二个 map 的数据是：

(8,8)、(7,7)、(6.1,6.1)、(9,9)、(2,2)、(1,1)、(0,0)、(2.9,2.9)

运用 Canopy 算法我们可以得到，其 Canopy 中心是（7.525,7.525），（1.475,1.475），（1.45,1.45）。第二个 map 的输出数据就是（7.525,7.525），（1.475,1.475），（1.45,1.45）。

那么 Reduce 中获得的数据就是（7.125,7.125），（2.1,2.1），（0.1,0.1），（7.525,7.525），（1.475,1.475），（1.45,1.45）。Reduce 任务会用 Canopy 算法对这个 6 个点进行 Canopy 划分，从而得到全局的 Canopy 中心。

10.1.2 Mahout 中 Canopy 算法实战

1. 输入数据

为了更加清楚地了解数据的逻辑流，这里采用前面例子中的数据作为输入数据，内容如图 10-3 所示。

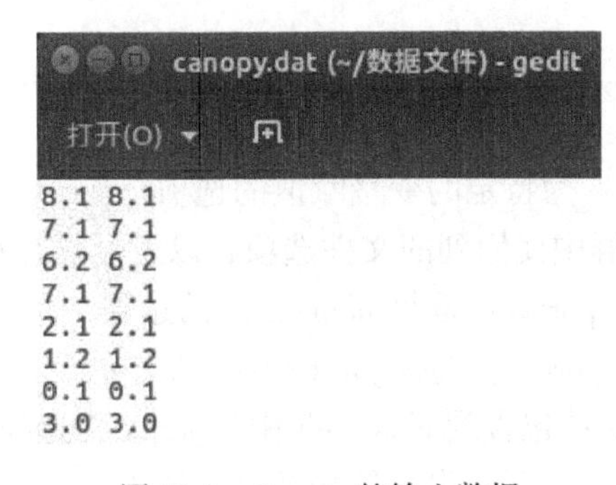

图 10-3 Canopy 的输入数据

首先上传文本数据到 HDFS，使用如下命令：

```
hadoop dfs -mkdir -p input/in          # 在 input 目录下创建 in 文件夹
hadoop fs -put ~/数据文件/canopy.dat input/in  # 将 canopy.dat 上传至 input 目录的 in 文件夹中
hdfs dfs -ls input/in     # 查看 input/in 文件夹中的文件
```

input/in 文件夹的内容如图 10-4 所示。

图 10-4 input/in 文件夹中的文件 1

为了适应多种数据，聚类算法多使用向量空间作为输入数据，所以在运行算法前，需要先将数据文件转换成向量。注：mahout 用 InputDriver 数据转换时，需要数据默认用空格分隔。输入的命令如下：

```
mahout org.apache.mahout.clustering.conversion.InputDriver -i input/in/canopy.dat -o input/vecfile -v org.apache.mahout.math.RandomAccessSparseVector。
```

转换后输入命令：hdfs dfs-ls input，查看 input 文件夹，结果如图 10-5 所示。

```
Found 2 items
drwxr-xr-x   - xq supergroup          0 2018-01-30 18:54 input/in
drwxr-xr-x   - xq supergroup          0 2018-01-30 18:56 input/vecfile
```

图 10-5　input/in 文件夹中的文件 2

2. 参数意义

Canopy 算法在 Mahout 中的使用方式如下：

```
usage: <command> [Generi Options][Job-Specific Options]
```

其中：

```
<command>: mahout canopy;
```

[Generic Options]：

- -archives <paths>：在集群中被解压的压缩文件选项，以逗号隔开每个压缩文件。
- -conf <configuration file>：应用所需要的配置文件选项。
- -D <property = value>：为特定的变量赋值的选项。
- -files <paths>：在集群中使用到的文件选项，以逗号隔开每个文件。
- -fs <local | namenode：port>：选择 namenode 的选项。
- -jt <local | jobtracker：port>：选择 job tracker 的选项。
- -libjars <paths>：需要被包含到 classpath 中的 jar 文件选项，逗号隔开每个 jar 文件。
- -tokenCacheFile <tokensFile>：设置符号的文件选项。

[Job-Specific Options]：

- --input（-i）input：任务的输入文件选项，必选。
- --output（-o）output：任务的输出文件的选项，必选。
- --distanceMeasure（-dm）distanceMeasure：距离计算的类名称，默认为 Square-Euclidean，即欧氏距离二次方，可选。
- --t1（-t1）t1：*T*1 阈值，可选。
- --t2（-t2）t2：*T*2 阈值，可选。
- --t3（-t3）t3：Reducer 中用到的 *T*1 阈值，可选。
- --t4（-t4）t4：Reducer 中用到的 *T*2 阈值，可选。
- --clusterFilter（-cf，-clusterFilter）clusterFilter：限制 Mapper 中比较小的 canopies 产生，可选。
- --overwrite（-ow）：如果出现，则对输出路径进行重写，可选。
- --clustering（-cl）：如果出现，则对数据进行分类，可选。
- --method（-xm）method：选择使用的计算方式，单机或集群，默认为集群，可选。
- --outlierThreshold（-outlierThreshold）outlierThreshold：异常值阈值，可选。
- --help（-h）：打印此参数帮助信息，可选。
- --tempDir tempDir：临时文件所存放的地方，可选。
- --startPhase startPhase：开始要运行算法的阶段，可选。
- --endPhase endPhase：最后要运行算法的阶段，可选。

最后，讨论 Canopy 的参数 *T1* 和 *T2*。

- *T1* > *T2*，具体值由文档及距离计算公式而定。
- 若 *T1* 过大，会使得许多点属于多个 Canopy，造成各个簇的中心点距离比较近，使得簇之间的区分不明显。
- 若 *T2* 过大，强标记数据点的数量会增加，从而减少簇个数。
- 若 *T2* 过小，会增加簇的个数，以及计算时间。

网上有人给出了这个做法，仅供参考：

- 对数据进行采样。
- 计算所有文档之间的平均距离（使用要在 Canopy 中用的距离公式）。
- *T1* = 平均距离 ×2；*T2* = 平均距离。

上述做法有一定道理，但个人觉得以下更加合理：

- 对数据进行采样。
- 选择一个 *T2*，*T1* = 2 × *T2*。
- 进行聚类，并评测聚类效果，可使用 k-fold 交叉验证。
- 迭代选择下一个 *T2*。
- 直到找到最优的 *T1* 与 *T2*。

T3 和 *T4* 的值可以不用设置，直接使用 *T1* 和 *T2* 的值即可。

3. 运行

```
mahout canopy -i  input/vecfile -o output -t1 8-t2 4 -ow -cl
```

参数说明：

1）-i 输入文件：将转换成的向量文件 input/vecfile 作为输入文件。

2）-o 输出文件：此例中输出文件为 hdfs 上的 output。

3）-t1 T1 阈值：此例设为 8。

4）-t2 T2 阈值：此例设为 4。

5）-ow overwrite：即使输出目录存在，也依然覆盖。

6）-cl clustering：执行聚类操作，即划分数据。

运行上面的命令之后，可以在终端中查看到输出的信息，如图 10-6 所示（只列出了部分信息）。

```
Map-Reduce Framework
        Map input records=8
        Map output records=8
        Input split bytes=121
        Spilled Records=0
        Failed Shuffles=0
        Merged Map outputs=0
        GC time elapsed (ms)=3
        Total committed heap usage (bytes)=150917120
File Input Format Counters
        Bytes Read=338
File Output Format Counters
        Bytes Written=715
```

图 10-6　Canopy 算法终端输出的部分信息

4. 结果分析

使用命令：hdfs dfs -ls output，可查看最终运行的结果如图 10-7 所示。

```
Found 2 items
drwxr-xr-x   - xq supergroup          0 2018-01-30 18:57 output/clusteredPoints
drwxr-xr-x   - xq supergroup          0 2018-01-30 18:57 output/clusters-0-final
```

图 10-7　Canopy 算法 output 中的两个文件夹

其中，clusteredPoints 中是已经分好的类，clusters-0-final 中存储的是最后的 reduce 输出。同样地，由于上面的文件是 sequencefile 格式存储，因此需要 mahout 提供的 seqdumper 方法将序列文件转化成文本文件查看，可使用命令为

```
mahout seqdumper -i output/clusters-0-final/part-r-00000
```

得到如图 10-8 所示的 Canopy 算法输出的聚类结果。

```
Key: C-0: Value: org.apache.mahout.clustering.iterator.ClusterWritable@2e607b8
Key: C-1: Value: org.apache.mahout.clustering.iterator.ClusterWritable@2e607b8
Key: C-2: Value: org.apache.mahout.clustering.iterator.ClusterWritable@2e607b8
Count: 3
```

图 10-8　Canopy 算法输出的聚类结果

clusteredPoints 中存放着具体的簇信息，查看命令为

```
mahout seqdumper -i output/clusteredPoints
```

具体的簇信息如图 10-9 所示。

```
Key: 2: Value: wt: 1.0 distance: 2.9403125000000045   vec: [8.1,8.1]
Key: 2: Value: wt: 1.0 distance: 0.09031249999999955   vec: [7.1,7.1]
Key: 2: Value: wt: 1.0 distance: 0.9453125   vec: [6.2,6.2]
Key: 2: Value: wt: 1.0 distance: 0.09031249999999955   vec: [7.1,7.1]
Key: 1: Value: wt: 1.0 distance: 0.0   vec: [2.1,2.1]
Key: 1: Value: wt: 1.0 distance: 1.6199999999999992   vec: [1.2,1.2]
Key: 0: Value: wt: 1.0 distance: 0.0   vec: [0.1,0.1]
Key: 1: Value: wt: 1.0 distance: 1.6199999999999974   vec: [3.0,3.0]
Count: 8
```

图 10-9　具体的簇信息

10.2　K-means 算法

1967 年，James MacQueen 提出的“K-means”（K 均值）其实是一种硬聚类算法，属于典型的局域原型的目标函数聚类的代表。算法首先随机选择 k 个对象，每个对象初始地代表一个簇的平均值或者中心。对于剩余的每个对象，根据其到各个簇中心的距离，把它们分给距离最小的簇中心，然后重新计算每个簇的平均值。重复这个过程，直到聚类准则函数收敛。

K-means 聚类算法具有以下优点：①该算法简单、快速，原理利于理解；②对处理大数据集，该算法相对是可伸缩和高效率的，其算法复杂度大约是 $O(nkt)$，其中，n 是所有对象的数目，k 是簇的数目，t 是迭代的次数；③当数据集满足球状密集性或者团状密集性时，其聚类效果很好。这个算法也有一些待改进的地方，如事先要确定 k 值，即要求用户事先知道数据的一些特点，而且该算法经常以局部最优结束，有时很难达到全局最优；该算法对初始聚类的中心比较敏感，对于不同的初始值，其聚类结果也可能有很大的差异；而且该算法

只能发现球状簇，其他形状的簇比较难发现；另外，噪声数据对聚类的结果影响也比较大。针对上面种种不足和缺陷，可对该算法提出一些改进，在此就不一一列举了。

10.2.1 Mahout 中 K-means 算法的实现原理

在 Mahout 中，K-means 算法由两大部分组成：①外部的循环，即算法的准则函数不满足时要继续的循环；②循环的主体部分，即算法的主要计算过程。Mahout 中实现的 K-means 算法和上面对应，分别使用 KmeansDriver 来设置循环，使用 KmeansMapper、KmeansReducer（KmeansCombiner 设置后算法运行速度会提高）作为算法的主体部分。该算法的输入主要包含两个路径（或者说文件），其中一个是数据的路径，另一个是初始聚类中心向量的路径，即包含 k 个聚类中心的文件。这里要求数据都是序列化的文件，同时要求输入数据的 key 设置为 Text（这个应该是没有做硬性要求的），value 设置为 VectorWritable（这个是硬性要求的）。其实在该算法中可以通过设置参数来自动提取原始数据中的 k 个值作为初始中心点的路径，如果要自己提供初始中心点的文件，则可以通过 Canopy 算法来得到聚类的中心点，作为 K-means 算法的初始中心点文件。

该算法在 KmeansDriver 中通过不断循环使用输入数据和输入中心点来计算输出（这里的输出都定义在一个 clusters-N 的路径中，N 是可变的）。输出同样是序列文件，key 是 Text 类型，value 是 Cluster 类型。该算法的原理图如图 10-10 所示。

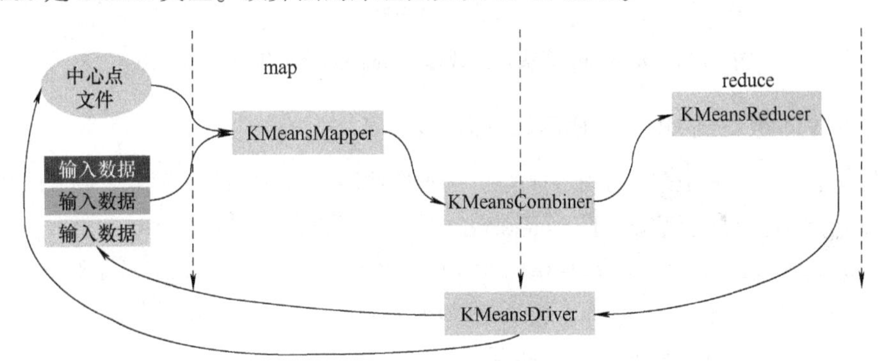

图 10-10 K-means 算法原理图

KmeansDriver 通过判断算法计算的误差是否达到阈值或者算法循环的次数是否达到给定的最大次数来控制循环。在循环过程中，新的聚类中心文件路径一般命名为“clusters-N”且被重新计算得到，这个计算结果是根据前一次的中心点和输入数据计算得到的。最后一步，是通过一个 KmeansMapper 根据最后一次的中心点文件来对输入文件进行分类，计算得到的结果放入到文件名为“clusteredPoints”的文件夹中，这次任务没有 Cmbiner 和 Reducer 操作。

KmeansMapper 在 setup 函数中读取输入数据，然后根据用户定义的距离计算方法把这些输入放入到最近的聚类中心簇中，输出的 key 是类的标签，输出的 value 是类的表示值；KmeansCombiner 通过得到 Mapper 的输出，然后把这些输出进行整合，得到总的输出；KmeansReducer 通过设定一个 Reducer 来进行计算，接收所有的 Combiner 的输出，把相同的 key 的类的表示值进行整合并输出。这 3 个类输入/输出的 key/value 对见表 10-1。

表 10-1 K-means 算法的输入/输出的 key/value 对

	Input-Key	Input-Value	Output-Key	Output-Value
KmeansMapper	Text	VectorWritable	Text	ClusterWritable
KmeansCombiner	Text	ClusterWritable	Text	ClusterWritable
KmeansReducer	Text	ClusterWritable	Text	ClusterWritable

在通常情况下，Combiner 的输入和输出的 key/value 对是一样的。

10.2.2 Mahout 中 K-means 算法实战

1. 输入数据

同样地，为了更加清楚地了解数据的逻辑流，这里采用下面的仿造输入数据，内容如图 10-11 所示。

kmeans1.txt (~/数据文件) - gedit

```
8 8
7 7
6.1 6.1
9 9
2 2
1 1
0 0
2.9 2.9
```

kmeans2.txt (~/数据文件) - gedit

```
8.1  8.1
7.1  7.1
6.2  6.2
7.1  7.1
2.1  2.1
1.2 1.2
0.1 0.1
3.0 3.0
```

图 10-11 K-means 算法输入数据：kmeans1. txt 和 kmeans2. txt

首先上传文本数据到 HDFS，使用如下命令：

```
hdfs dfs -rm -r input/in/*          # 先删除 input 目录下 in 文件夹中的文件
hadoop fs -put ~/数据文件/kmeans1.txt ~/数据文件/kmeans2.txt input/in
# 将 kmeans1.txt 和 kmeans2.txt 上传至 input 目录的 in 文件夹中
hdfs dfs -ls input/in     # 查看 input/in 文件夹中的文件
```

input/in 文件夹的内容如图 10-12 所示。

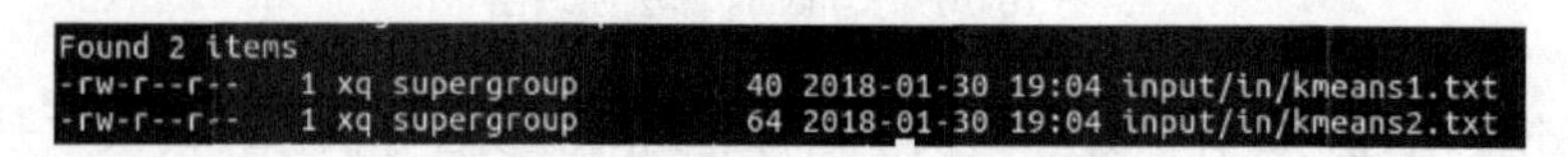

```
Found 2 items
-rw-r--r--   1 xq supergroup         40 2018-01-30 19:04 input/in/kmeans1.txt
-rw-r--r--   1 xq supergroup         64 2018-01-30 19:04 input/in/kmeans2.txt
```

图 10-12 input/in 文件夹中的文件 3

为了适应多种数据，聚类算法多使用向量空间作为输入数据，所以在运行算法前，需要先将数据文件转换成向量。输入的命令如下：

```
mahout org.apache.mahout.clustering.conversion.InputDriver -i input/in -o input/vecfile -v org.apache.mahout.math.RandomAccessSparseVector
```

转换后输入命令“hdfs dfs -ls input”，查看 input 文件夹，结果如图 10-13 所示。

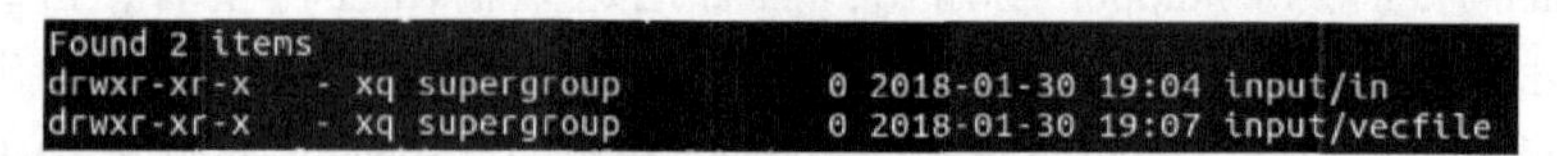

```
Found 2 items
drwxr-xr-x   - xq supergroup          0 2018-01-30 19:04 input/in
drwxr-xr-x   - xq supergroup          0 2018-01-30 19:07 input/vecfile
```

图 10-13 input/in 文件夹中的文件 4

2. 参数意义

K-means 算法在 Mahout 中的使用方式如下：

```
usage: <command> [Generi Options] [Job-Specific Options]
```

其中：

```
<command>: mahout kmeans;
```

[Generic Options]：

参数选项和 Canopy 算法一样，这里不再介绍，直接参考 Canopy 算法的相应章节即可。

[Job-Specific Option]：

- --input（-i）input：任务的输入文件选项，必选。
- --output（-o）output：任务的输出文件的选项，必选。
- --distanceMeasure（-dm）distanceMeasure：距离计算的类名称，默认为 Square-Euclidean，即欧氏距离二次方，可选。
- --clusters（-c）clusters：初始聚类中心点文件路径，其包含的必须是序列文件，如果 *k* 参数被设置，则此路径上面的数据将被重写，必选。
- --numClusters（-k）k：聚类中心的数目，如果选择，则聚类中心路径被重写，可选。
- --convergenceDelta（-cd）convergenceDelta：判断退出循环的阈值，默认是 0.5，可选。
- --maxlter（-x）maxlter：最大的循环次数，必选。
- --overwrite（-ow）：如果出现，则对输出路径进行重写，可选，
- --clustering（-cl）：如果出现，则对数据进行分类，可选。
- --method（-xm）method：选择使用的计算方式，单机或者集群，默认为集群，可选。
- --outlierThreshold（-outlierThreshold）outlierThreshold：异常值阈值，可选。
- --help（-h）：打印此参数帮助信息，可选。
- --tempDir tempDir：临时文件所存放的地方，可选。
- --startPhase startPhase：开始要运行算法的阶段，可选。
- --endPhase endPhase：最后要运行算法的阶段，可选。

其中 *k* 的值可选可不选，这里的实战设置了此参数，设置此参数后可以不用再进行聚类中心的配置。最大的聚类次数是一定要选择的，否则当聚类循环的阈值没有达到时就会一直进行循环。

3. 运行

首先，指定初始的聚类中心点：clusters（-c）参数即初始聚类中心点文件路径。

在 home 目录下的“数据文件”文件夹中创建一个 center. txt 文件，随机输入两个聚类中心，如图 10-14 所示。

```
2.0 2.0
2.1 2.1
```

图 10-14　初始的两个聚类中心

将 center. txt 上传至 input 目录中，并将此数据文件转换成序列文件。使用命令如下：

```
hadoop fs -put ~/数据文件/center.txt input
mahout org.apache.mahout.clustering.conversion.InputDriver -i input
/center.txt -o input/center-v org.apache.mahout.math.RandomAccessSparse
Vector
```

然后使用下面的命令运行 K-means 算法：

```
mahout kmeans -i input/vecfile -o output -c input/center -k 2-x 6
-cl
```

参数说明：

1） -i 输入文件：将转换成的向量文件 input/vecfile 作为输入文件。

2） -o 输出文件：此例中输出文件为 hdfs 上的 output。

3） -c 初始输入聚类中心点：此例中为 center. txt 转换成的序列文件 input/center。

4） -k 聚类的数目：此例设为 2，即最终形成两个簇。

5） -x 最大的循环次数：此例设置为 6。

6） -cl clustering：执行聚类操作，即划分数据。

在运行完上面的命令后，可以在终端查看到全部的信息，部分信息如图 10-15 所示。

```
Map-Reduce Framework
        Map input records=16
        Map output records=16
        Input split bytes=242
        Spilled Records=0
        Failed Shuffles=0
        Merged Map outputs=0
        GC time elapsed (ms)=4
        Total committed heap usage (bytes)=505716736
File Input Format Counters
        Bytes Read=658
File Output Format Counters
        Bytes Written=1468
```

图 10-15　K-means 算法终端输出的部分信息

4. 结果分析

使用命令：hdfs dfs -ls output，可查看最终运行的结果，如图 10-16 所示。

```
Found 5 items
-rw-r--r--   1 xq supergroup        194 2018-01-30 19:10 output/_policy
drwxr-xr-x   - xq supergroup          0 2018-01-30 19:10 output/clusteredPoints
drwxr-xr-x   - xq supergroup          0 2018-01-30 19:10 output/clusters-0
drwxr-xr-x   - xq supergroup          0 2018-01-30 19:10 output/clusters-1
drwxr-xr-x   - xq supergroup          0 2018-01-30 19:10 output/clusters-2-final
```

图 10-16　K-means 算法 output 中的 5 个文件夹

从图 10-16 可以看出，循环主体进行了 3 次（这里主体循环只运行了 3 次，而最大的循环次数设置为 6，此处算法达到了准则函数的阈值了，直接退出循环），输出路径分别是 output/clusters-0、output/clusters-1、output/clusters-2-final，最后一个任务是进行分类数据。其中的 clusteredPoints 是已经分好的类，存放着具体的簇信息，同样地，由于上面的文件是 sequencefile 格式存储，所以需要 mahout 提供的 seqdumper 方法将序列文件转化成文本文件查看，可使用以下命令查看：

```
mahout seqdumper -i output/clusteredPoints
```

具体的簇信息如图 10-17 所示。

```
Key: 8: Value: wt: 1.0 distance: 1.201250000000016  vec: [8.1,8.1]
Key: 8: Value: wt: 1.0 distance: 0.10125000000000048  vec: [7.1,7.1]
Key: 8: Value: wt: 1.0 distance: 2.5312500000000284  vec: [6.2,6.2]
Key: 8: Value: wt: 1.0 distance: 0.10125000000000048  vec: [7.1,7.1]
Key: 13: Value: wt: 1.0 distance: 0.6328125  vec: [2.1,2.1]
Key: 13: Value: wt: 1.0 distance: 0.22781250000000064  vec: [1.2,1.2]
Key: 13: Value: wt: 1.0 distance: 4.1328125  vec: [0.1,0.1]
Key: 13: Value: wt: 1.0 distance: 4.277812499999996  vec: [3.0,3.0]
Count: 8
Input Path: hdfs://localhost:9000/user/xq/output/clusteredPoints/part-m-00001
Key class: class org.apache.hadoop.io.IntWritable Value Class: class org.apache.mahout.clust
ering.classify.WeightedPropertyVectorWritable
Key: 8: Value: wt: 1.0 distance: 0.9112499999999955  vec: [8.0,8.0]
Key: 8: Value: wt: 1.0 distance: 0.21125000000000682  vec: [7.0,7.0]
Key: 8: Value: wt: 1.0 distance: 3.001249999999999  vec: [6.1,6.1]
Key: 8: Value: wt: 1.0 distance: 5.611249999999984  vec: [9.0,9.0]
Key: 13: Value: wt: 1.0 distance: 0.42781249999999993  vec: [2.0,2.0]
Key: 13: Value: wt: 1.0 distance: 0.5778125000000003  vec: [1.0,1.0]
Key: 13: Value: wt: 1.0 distance: 4.727812500000001  vec: []
Key: 13: Value: wt: 1.0 distance: 3.7128124999999983  vec: [2.9,2.9]
Count: 8
18/01/30 19:13:33 INFO driver.MahoutDriver: Program took 2440 ms (Minutes: 0.04066666666666
66)
```

图 10-17　K-means 算法的结果

因为设置的 k 值为 2，初始化的聚类中心分别是 [2.0,2.0]、[2.1,2.1]，这样的初始聚类中心不是很好；最后的两个簇：clusters-1（对应着图中 key 为 13）的输出分别为 [2.1,2.1]、[1.2,1.2]，[0.1,0.1]、[3.0,3.0]、[2.0,2.0]、[1.0,1.0]，[0, 0]、[2.9,2.9]；clusters-2 的（对应着图中 key 为 8）的输出分别为 [8.1,8.1]、[7.1,7.1]，[6.2,6.2]、[7.1,7.1]、[8.0,8.0]、[7.0,7.0]，[6.1,6.1]、[9.0,9.0]。

10.3　小结

本章首先介绍了聚类算法的一般概念，然后简要分析了这类算法在生活中的应用，使读者了解了该类算法的应用场景，接着通过分析 Canopy 和 K-means 两个聚类算法的 Mahout 实现，让读者在比较清晰地理解每个具体算法的原理的同时，了解该算法在 Mahout 的实现思路，开拓思维，在每个小节还专门设置了算法实战，使读者通过实战可以轻而易举地学会如何调用该算法，为读者解决实际问题提供帮助。

第 11 章 使用 Mahout 实践分类算法

分类的定义：在一定的有监督的学习前提下，将物体或抽象对象的集合分成多个类的过程，即可称为分类。分类和聚类的区别就是是否有预先的学习阶段，聚类是没有的，一开始就聚类，而分类是有这个学习过程的。对于分类问题，其实谁都不会陌生，说我们每个人每天都在执行分类操作一点都不夸张，只是我们没有意识到罢了。例如，当你看到一个陌生人，你的脑子下意识判断这个人是男是女；你可能经常会走在路上对身旁的朋友说“这个人一看就很有钱”之类的话，其实这就是一种分类操作。

分类问题往往采用经验性方法构造映射规则，即一般情况下的分类问题缺少足够的信息来构造 100% 正确的映射规则，而是通过对经验数据的学习从而实现一定概率意义上正确的分类，因此所训练出的分类器并不是一定能将每个待分类项准确映射到其分类，分类器的质量与分类器构造方法、待分类数据的特性以及训练样本数量等诸多因素有关。

例如，医生对病人进行诊断就是一个典型的分类过程，任何一个医生都无法直接看到病人的病情，只能通过观察病人表现出的症状和各种化验检测数据来推断病情，这时医生就好比一个分类器，而这个医生诊断的准确率与他当初受到的教育方式（构造方法）、病人的症状是否突出（待分类数据的特性）以及医生的经验多少（训练样本数量）都有密切关系。

分类的应用很广，如上面提到的例子就是用了分类的思想。分类算法一般涉及的领域有银行风险评估，即银行根据已有客户的信息把这些客户分为风险高的客户和风险低的客户，然后使用这些数据进行分析获得规则，之后使用规则对新的客户进行高风险和低风险用户分类；客户类别分类，即使用各种分类算法依据某个行业的客户指标对客户进行分类，前面的银行风险评估也是属于客户类别分类的一种；文本检索和搜索引擎分类，通过应用现有的经验规则把新的文本进行分类的应用；安全领域中的入侵检测以及软件项目中的应用等。

分类算法在 Mahout 中同样是单独的一个模块，这个模块包含很多个不同的具体算法（在其官网 http：//cwiki. apache. org/confluence/display/MAHOUT/Algorithms 上就可以看到），其具体算法在第 1 章中已经介绍，此处不再赘述。

本章主要分析 Bayesian 和 Random Forests 这两个算法。同样采取如下的分析步骤：首先简要分析这些算法的基本原理，然后分析其在 Mahout 中的实现原理，最后通过对每个算法在 Mahout 中的算法接口调用来实战演示如何调用每个算法，主要包括输入数据的获取、算法的参数意义、调用算法实例以及对生成结果的分析。

11.1 Bayesian 算法

Bayesian 算法是统计学的分类方法，它是一种利用概率统计知识进行分类的算法。在许多场合，朴素贝叶斯（Naive Bayes，NB）分类算法可以与决策树和神经网络分类算法相媲美，该算法能运用到大型数据库中，且方法简单、分类准确率高、速度快。这个算法是在贝叶斯定理的基础上发展而来的，贝叶斯定理假设不同属性值之间是不相关联的。但是，在现实生活中的很多时候，这种假设是不成立的，从而导致该算法的准确性会有所下降。

朴素贝叶斯分类的流程可以由图 11-1 表示（暂时不考虑验证）。

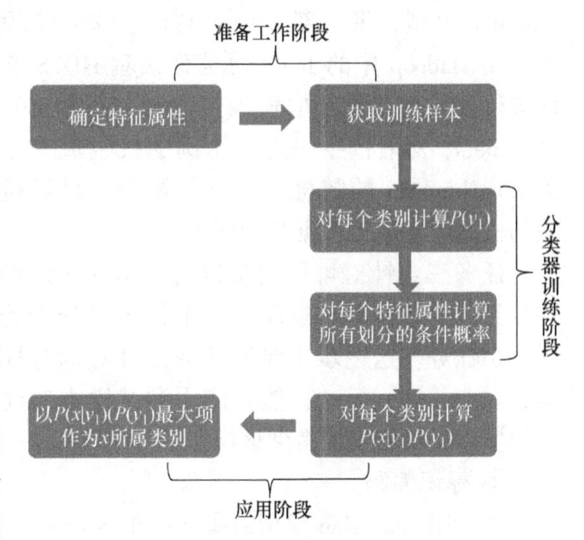

图 11-1 贝叶斯算法流程图

可以看到，整个朴素贝叶斯分类分为以下 3 个阶段：

第一阶段——准备工作阶段。这个阶段的任务是为朴素贝叶斯分类做必要的准备，主要工作是根据具体情况确定特征属性，并对每个特征属性进行适当划分，然后由人工对一部分待分类项进行分类，形成训练样本集合。这一阶段的输入是所有待分类数据，输出是特征属性和训练样本。这一阶段是整个朴素贝叶斯分类中唯一需要人工完成的阶段，其质量对整个过程将有重要影响，分类器的质量很大程度上由特征属性、特征属性划分及训练样本质量决定。

第二阶段——分类器训练阶段。这个阶段的任务就是生成分类器，主要工作是计算每个类别在训练样本中的出现频率及每个特征属性划分对每个类别的条件概率估计，并将结果记录。其输入是特征属性和训练样本，输出是分类器。这一阶段是机械性阶段，根据前面讨论的公式可以由程序自动计算完成。

第三阶段——应用阶段。这个阶段的任务是使用分类器对待分类项进行分类，其输入是分类器和待分类项，输出是待分类项与类别的映射关系。这一阶段也是机械性阶段，由程序完成。

详细原理及具体过程参见第 6 章。

11.1.1 Mahout 中 Bayesian 算法的实现原理

在 Mahout 中，Bayesian 算法同样用来进行文本分类，Bayesian 分类有训练过程，而 Canopy 没有训练过程。

根据实例可以对 Bayesian 进行以下三个任务。

任务一：转换文本到可用的向量。

转换文本到向量不是一个任务就能完成的，这个任务分为以下若干个小步骤：

① 转换文本到序列文件。

② 转换序列文件到向量文件，其中又可分为 8 个小步骤，这个 8 个小步骤在 Mahout 中由 7 个 Job 和一个直接操作分别执行，其中的 8 个小步骤由 DocumentTokenizer、WordCount、CodeWord（非 Job）、MakePartialVectors、MergePartialVectors、VectorTfIdfDocumentFrequencyCount、MakePartialVectors、MergePartialVectors 完成。

此过程可用图 11-2 所示的流程图表示。

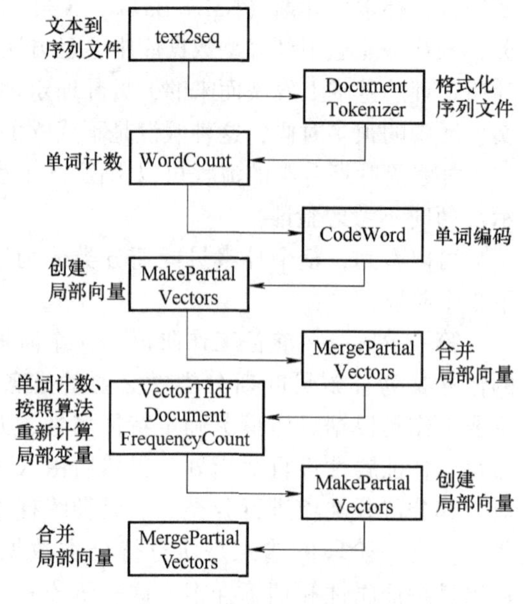

图 11-2　文本转换为向量流程图

任务二：把输入文件分为两部分，包括训练数据和测试数据。

把输入文件分为两部分，一部分用于训练 Bayesian 模型，另一部分用于测试。这一步没有使用 Hadoop 中的 Job，而是直接对 HDFS 文件进行操作：首先获取输入文件的总行数 LineNumbers，然后按照一定的比例随机生成容量为 LineNumbers 的随机［0，1］数组，最后按照随机数组把原始数据分为两组。

任务三：针对可用向量进行 Bayesian 建模并分类数据以及评价模型。每个任务又分为若干个小任务。这一步主要的任务是针对训练样本建立 Bayesian 模型，然后使用测试样本对建立的模型进行测试，得到该模型的评价结果：

① 标识编码。

② 获得 Bayesian 模型的属性向量 ScoreFeatureAndLabel。

③ 获得 Bayesian 的属性向量 WeightsPerFeature 和 WeightsPerLabel。

④ 对测试数据进行分类。

⑤ 根据④的结果进行模型评价。

这一过程可用如图 11-3 所示的流程图来表示。

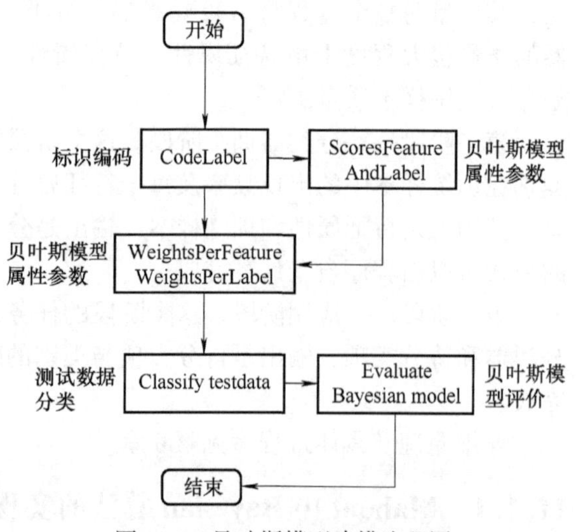

图 11-3　贝叶斯模型建模流程图

经过上面的步骤后，就可以得到贝叶斯模型以及该模型的评价，可以根据评价的好坏来决定是否使用此模型或者修改相应的参数，重新进行建模、评价，以期望得到更好的模型。

11.1.2　Mahout 的 Bayesian 算法实战

20newsgroups 数据集是用于文本分类、文本挖据和信息检索研究的国际标准数据集之一。数据集收集了大约 20 000 个左右的新闻组文档，均匀分为 20 个不同主题的新闻组集合。一些新闻组的主题特别相似（e. g. comp. sys. ibm. pc. hardware/comp. sys. mac. hardware)，还有一些却完全不相关（e. g misc. forsale/soc. religion. christian)。

20 个新闻组数据集有 3 个版本。第一个版本 19997 是原始的并没有修改过的版本。第二个版本 bydate 是按时间顺序分为训练（60%）和测试（40%）两部分数据集，不包含重复文档和新闻组名（新闻组，路径，隶属于，日期)。第三个版本 18828 不包含重复文档，只有来源和主题。

20news-19997. tar. gz 原始 20 Newsgroups 数据集。

20news-bydate. tar. gz 按时间分类，不包含重复文档和新闻组名（18846 个文档）。

20news-18828. tar. gz 不包含重复文档，只有来源和主题（18828 个文档）。

此处采用 20news-bydate. tar. gz 这一版本，数据集每个数据文件为一条信息，文件头部几行指定消息的发送者、长度、类型、使用软件，以及主题等，然后用空行将其与正文隔开，正文没有固定的格式。实践的目标是根据新闻文档内容，将其分到不同的文档类型中。

1. 输入数据

下载 20news-bydate. tar. gz 数据包并解压缩。下载地址为

```
http: //people.csail.mit.edu/jrennie/20Newsgroups/20news-bydate
.tar.gz
```

将 20news-bydate. tar. gz 解压，并将 20news-bydate 中的所有子文夹中的内容复制到 20news-all 中。该步骤完成后，20news-all 文件夹存放在 home 目录下的“数据文件”文件夹中。将 20news-all 放在 hdfs 的 20news-all 目录下，命令如下：

```
hadoop dfs -put ~/数据文件/20news-all 20news-all
```

输入“hdfs dfs -ls 20news-all”，查看 20news-all 文件夹中的文件，20news-all 文件夹的内容如图 11-4 所示。

```
Found 20 items
drwxr-xr-x   - xq supergroup          0 2018-01-30 19:28 20news-all/alt.atheism
drwxr-xr-x   - xq supergroup          0 2018-01-30 19:30 20news-all/comp.graphics
drwxr-xr-x   - xq supergroup          0 2018-01-30 19:32 20news-all/comp.os.ms-windows.misc
drwxr-xr-x   - xq supergroup          0 2018-01-30 19:34 20news-all/comp.sys.ibm.pc.hardware
drwxr-xr-x   - xq supergroup          0 2018-01-30 19:36 20news-all/comp.sys.mac.hardware
drwxr-xr-x   - xq supergroup          0 2018-01-30 19:37 20news-all/comp.windows.x
drwxr-xr-x   - xq supergroup          0 2018-01-30 19:38 20news-all/misc.forsale
drwxr-xr-x   - xq supergroup          0 2018-01-30 19:39 20news-all/rec.autos
drwxr-xr-x   - xq supergroup          0 2018-01-30 19:40 20news-all/rec.motorcycles
drwxr-xr-x   - xq supergroup          0 2018-01-30 19:41 20news-all/rec.sport.baseball
drwxr-xr-x   - xq supergroup          0 2018-01-30 19:41 20news-all/rec.sport.hockey
drwxr-xr-x   - xq supergroup          0 2018-01-30 19:42 20news-all/sci.crypt
drwxr-xr-x   - xq supergroup          0 2018-01-30 19:42 20news-all/sci.electronics
drwxr-xr-x   - xq supergroup          0 2018-01-30 19:43 20news-all/sci.med
drwxr-xr-x   - xq supergroup          0 2018-01-30 19:44 20news-all/sci.space
drwxr-xr-x   - xq supergroup          0 2018-01-30 19:45 20news-all/soc.religion.christian
drwxr-xr-x   - xq supergroup          0 2018-01-30 19:46 20news-all/talk.politics.guns
drwxr-xr-x   - xq supergroup          0 2018-01-30 19:46 20news-all/talk.politics.mideast
drwxr-xr-x   - xq supergroup          0 2018-01-30 19:48 20news-all/talk.politics.misc
drwxr-xr-x   - xq supergroup          0 2018-01-30 19:48 20news-all/talk.religion.misc
```

图 11-4　20news-all 文件夹中的文件

在 20news-all 目录下，一个子目录代表一个分类，每个分类下有多个文本文件，每个文本文件代表一个样本。

到此，输入数据准备完成，接下来就可以直接运行该算法实例了。

2. 参数意义

Bayesian 算法在 Mahout 中包含多个子任务，每个子任务都是由一个 Job 完成的，每个 Job 都有自己相应的参数，下面分别进行解释。

（1）第一个任务：seqdirectory

```
usage: seqdirectory [Generic Options] [Job-Specific Options]
```

其中，[ ] 包含的两个参数是可选的，下面进行具体介绍。

[Generic Options]：参数选项和 Canopy 算法一样，这里不再介绍，直接参考 Canopy 算法的相应章节即可。

[Job-Specific Options]：

- --input (-i) input：任务的输入文件选项，必选。
- --output (-o) output：任务的输出文件的选项，必选。
- --chunkSize (-chunk) chunkSize：块大小，默认为 64MB，可选。
- --fileFilterClass (-filter) fileFilterClass：用于文件解析的类的名字，默认是 org. apache. mahout. text. PrefixAdditionFilter，可选。
- --overwrite (-ow)：如果出现，则对输出路径进行重写，可选。
- --keyPrefix (-prefix) keyPrefix：输出 key 的前缀，可选。
- --charset (-c) charset：输入文件的编码方式，默认为 UTF-8，可选。
- --help (-h)：打印此参数帮助信息，可选。
- --tempDir tempDir：临时文件所存放的地方，可选。
- --startPhase startPhase：开始要运行算法的阶段，可选。
- --endPhase endPhase：最后要运行算法的阶段，可选。

(2) 第二个任务：seq2sparse

```
usage: seq2sparse [--minSupport <minSupport > --analyzerName <analyz-
erName > --chunkSize <chunkSize > --output <output > --input <input > --minDF
<minDF >--maxDFSigma <maxDFSigma >--maxDFPercent <maxDFPercent > --weight
<weight > --norm <norm > --minLLR <minLLR > --numReducers <numReducers > --
maxNGramSize < ngramSize >-overwrite --help --sequentialAccessVector --
namedVector -logNormalize]
```

其中 [ ] 包含的参数的详细信息如下。

- --input (-i) input：任务的输入文件的选项，必选。
- --output (-o) output：任务的输出文件的选项，必选。
- --chunkSize (-chunk) chunkSize：块大小，100 ~ 10000MB，可选。
- --minSupport (-s) minSupport：最小支持度，默认是 2，可选。
- --analyzerName (-a) analyzerName：分析器的类名，可选。
- --minDF (-md) minDF：文章最小出现次数，默认是 1，可选。
- --maxDFSigma (-xs) maxDFSigma：使用 tf (tf-idf) 向量的比例，使用向量的次方数来表示 (sigma)。通过这个参数的设置，可以移除很高频率的单词。一般默认比较好的参数设置为 3.0，默认是-1.0，此参数设置后会覆盖 maxDFPercent 参数的设置，可选。
- --maxDFPercent (-x) maxDFPercent：DF 算法点乘的最大比例，可以移除很高频率的单词，用 0 ~ 100 之间的一个数字表示，默认是 99，如果 maxDFSigma 参数同样设置，那么此参数将会被覆盖，可选。
- --weight (-wt) weight：权重使用的类型，当前可使用的 TF 为 TFIDF，可选。
- --norm (-n) norm：归一化的参数值，默认是不进行归一化，可选。

- --minLLR（-ml）minLLR：最小的 Log 相似度，默认是 1.0，可选。
- --numReducers（-nr）numReducers：reduce 任务的个数，默认是 1，可选。
- --maxNGramSize（-ng）maxNGramSize：要新建的 ngrams 的最大个数，默认是 1，可选。
- --sequentialAccessVector（-seq）：输出文件是否按照序列文件格式，如果设置，则输出是序列文件的格式，可选。
- --namedVector（-nv）：输出向量是否是 NamedVector 的格式，如果设置，则是 NamedVector 的格式，可选。
- --logNormalize（-lnorm）：输出文件是否是归一化的，如果设置，则输出是归一化的，可选。
- --overwrite（-ow）：如果出现，则对输出路径进行重写，可选。
- --help（-h）：打印此参数帮助信息，可选。

（3）第三个任务：split

```
usage: split [Generic Options] [Job-Specific Options]
```

其中，[ ] 包含的两个参数是可选的，下面进行具体介绍。

[Generic Options]：参数选项和 Canopy 算法一样，这里不再介绍，直接参考 Canopy 算法的相应章节即可。

[Job-Specific Options]：

- --input（-i） input：任务的输入文件的选项，必选。
- --trainingOutput（-tr）trainingOutput：训练任务的输出文件的选项，必选。
- --testOutput（-te） testOutput：测试任务的输出文件的选项，必选。
- --testSplitSize（-ss）testSplitSize：每个标识的测试文件的数量，可选。
- --testSplitPct（-sp）testSplitPct：测试数据所占总文件数目的百分比，可选。
- --splitLocation（-sl）splitLocation：测试数据开始的位置（0 表示开始的位置，50 表示中间的位置，100 表示末尾），可选。
- --randomSelectionSize（-rs）randomSelectionSize：用于被随机抽选出来作为测试数据的数量，可选。
- --randomSelectionPct（-rp）randomSelectionPct：当使用 MapReduce 模式时，用于被随机抽选出来作为测试数据的百分比，可选。
- --method（-xm）method：算法执行的模式，序列模式或者 MapReduce 模式，默认是 MapReduce 模式，可选。
- --mapRedOutputDir（-mro）mapRedOutputDir：map 过程的输出文件，可选。
- --keyPct（-k）keyPct：map/reduce 模式使用的数据比例，默认是 100%，可选。
- --charset（-c）charset：输入文件的编码方式，当是序列文件时，此参数没有作用，可选。
- --overwrite（-ow）：如果出现，则对输出路径进行重写，可选。
- --help（-h）：打印此参数帮助信息，可选。
- --tempDir tempDir：临时文件所存放的地方，可选。

- --startPhase startPhase：开始要运行算法的阶段，可选。
- --endPhase endPhase：最后要运行算法的阶段，可选。

（4）第四个任务：trainnb

```
usage: trainnb [Generic Options] [Job-Specific Options]
```

其中，[ ] 包含的两个参数是可选的，下面进行具体介绍。

[Generic Options]：参数选项和 Canopy 算法一样，这里不再介绍，直接参考 Canopy 算法的相应章节即可。

[Job-Specific Options]：

- --input（-i）input：任务的输入文件的选项，必选。
- --output（-o）output：任务的输出文件的选项，必选。
- --labels（-l）labels：逗号间隔的标识列表，可选。
- --extractLabels（-el）：从输入文件中获得标识，可选。
- --alphal（-a）alphal：平滑参数，可选。
- --trainComplementary（-c）：训练是否使用全部数据，可选。
- --labelIndex（-li）labelIndex：标识索引存储的路径，可选。
- --overwrite（-ow）：如果出现，则对输出路径进行重写，可选。
- --help（-h）：打印此参数帮助信息，可选。
- --tempDir tempDir：临时文件所存放的地方，可选。
- --startPhase startPhase：开始要运行算法的阶段，可选。
- --endPhase endPhase：最后要运行算法的阶段，可选。

（5）第五个任务：testnb

```
usage: testnb [Generic Options] [Job-Specific Options]
```

其中，[ ] 包含的两个参数是可选的，下面进行具体介绍。

[Generic Options]：参数选项和 Canopy 算法一样，这里不再介绍，可直接参考 Canopy 算法的相应章节即可。

[Job-Specific Options]：

- --input（-i）input：任务的输入文件的选项，必选。
- --output（-o）output：任务的输出文件的选项，必选。
- --model（-m）model：训练阶段模型的路径，必选。
- --runSequential（-seq）：是否使用序列模式，可选。
- --testComplementary（-c）：测试是否使用全部数据，可选。
- --labelIndex（-l）labelIndex：标识索引存储的路径，可选。
- --overwrite（-ow）：如果出现，则对输出路径进行重写，可选。
- --help（-h）：打印此参数帮助信息，可选。
- --tempDir tempDir：临时文件所存放的地方，可选。
- --startPhase startPhase：开始要运行算法的阶段，可选。
- --endPhase endPhase：最后要运行算法的阶段，可选。

上面 5 个任务是一个连续的过程，可以分步执行，然后就每一个过程的输出进行单独分析，也可以直接连起来执行，具体参考下一部分内容。

3. 运行

采取分步方式运行该算法，具体步骤如下。

1）把 20newsgroups 数据转换为序列文件：

```
mahout seqdirectory -i 20news-all -o 20news-seq -ow
```

完成后，输入命令“hadoop fs -ls 20news-seq”，查看 20news-seq 中的文件，如图 11-5 所示。

```
Found 2 items
-rw-r--r--   1 xq supergroup          0 2018-01-30 19:52 20news-seq/_SUCCESS
-rw-r--r--   1 xq supergroup   19202391 2018-01-30 19:52 20news-seq/part-m-00000
```

图 11-5　20news-seq 中的文件

2）把序列文件转换为向量：

```
mahout seq2sparse -i 20news-seq -o 20news-vectors -lnorm -nv -wt tfidf -ow
```

完成后，输入命令“hadoop fs -ls 20news-vectors”，查看 20news-vectors 中的文件，如图 11-6 所示。

```
Found 7 items
drwxr-xr-x   - xq supergroup          0 2018-01-30 19:54 20news-vectors/df-count
-rw-r--r--   1 xq supergroup    1937084 2018-01-30 19:54 20news-vectors/dictionary.file-0
-rw-r--r--   1 xq supergroup    1890053 2018-01-30 19:54 20news-vectors/frequency.file-0
drwxr-xr-x   - xq supergroup          0 2018-01-30 19:54 20news-vectors/tf-vectors
drwxr-xr-x   - xq supergroup          0 2018-01-30 19:54 20news-vectors/tfidf-vectors
drwxr-xr-x   - xq supergroup          0 2018-01-30 19:54 20news-vectors/tokenized-documents
drwxr-xr-x   - xq supergroup          0 2018-01-30 19:54 20news-vectors/wordcount
```

图 11-6　20news-vectors 中的文件

3）把输入数据分为训练和测试两部分，以随机将 60% 的数据用于训练，40% 的数据用于测试。

```
    mahout split-i 20news-vectors/tfidf-vectors --trainingOutput
20news-train-vectors --testOutput 20news-test-vectors --randomSelec-
tionPct 40 --overwrite --sequenceFiles -xm sequential
```

4）训练贝叶斯模型：

```
mahout trainnb -i 20news-train-vectors -o model -li labindex -ow -c
```

输入命令查看生成的索引：hadoop fs -text labindex，结果如图 11-7 所示。

输入命令查看训练出来的模型：hadoop fs -ls model，结果如图 11-8 所示。

5）测试、评估贝叶斯模型：

首先，用训练数据测试模型，命令如下：

```
    mahout testnb -i 20news-train-vectors -m model -l labindex -ow -o
20news-testing -c
```

所得的结果如图 11-9 所示。

```
alt.atheism     0
comp.graphics   1
comp.os.ms-windows.misc 2
comp.sys.ibm.pc.hardware        3
comp.sys.mac.hardware   4
comp.windows.x  5
misc.forsale    6
rec.autos       7
rec.motorcycles 8
rec.sport.baseball      9
rec.sport.hockey        10
sci.crypt       11
sci.electronics 12
sci.med 13
sci.space       14
soc.religion.christian  15
talk.politics.guns      16
talk.politics.mideast   17
talk.politics.misc      18
talk.religion.misc      19
```

图 11-7　生成的索引

```
Found 1 items
-rw-r--r--   1 xq supergroup    3607269 2018-01-30 19:56 model/naiveBayesModel.bin
```

图 11-8　训练的模型

```
=======================================================
Summary
-------------------------------------------------------
Correctly Classified Instances          :      11214       98.7061%
Incorrectly Classified Instances        :        147        1.2939%
Total Classified Instances              :      11361

=======================================================
Confusion Matrix
-------------------------------------------------------
a    b    c    d    e    f    g    h    i    j    k    l    m    n    o    p    q    r    s    t    <--Classified as
484  0    0    0    0    0    0    0    0    0    0    0    0    0    1    0    0    0    0    2     |  487  a
 = alt.atheism
1    602  0    2    0    3    2    0    0    0    0    1    0    0    1    0    0    0    0    0     |  612  b
 = comp.graphics
2    3    550  20   0    2    2    0    0    1    1    3    0    0    1    0    0    0    0    1     |  586  c
 = comp.os.ms-windows.misc
1    1    0    589  0    0    0    0    0    0    1    0    0    0    0    0    0    0    0    0     |  592  d
 = comp.sys.ibm.pc.hardware
0    0    0    2    563  0    1    0    0    0    0    0    0    0    0    0    1    0    0    0     |  567  e
 = comp.sys.mac.hardware
0    2    0    1    0    556  1    0    0    0    0    0    0    0    1    0    0    0    0    1     |  562  f
 = comp.windows.x
0    0    0    1    1    0    575  4    2    0    1    0    3    0    0    0    1    1    0    0     |  589  g
 = misc.forsale
0    0    0    0    0    0    0    589  2    0    0    1    1    0    0    0    2    0    0    0     |  595  h
 = rec.autos
0    0    0    0    0    0    0    1    614  0    0    0    0    0    1    0    0    0    0    0     |  616  i
 = rec.motorcycles
0    0    0    0    0    0    0    0    0    595  1    0    0    0    1    0    0    0    0    0     |  597  j
 = rec.sport.baseball
0    0    0    0    0    0    0    0    0    1    593  0    0    0    0    0    0    0    0    0     |  594  k
 = rec.sport.hockey
0    0    0    0    0    0    0    0    0    0    0    605  0    0    1    0    1    0    1    0     |  608  l
 = sci.crypt
0    1    0    1    1    0    0    2    0    0    0    0    590  0    2    1    0    0    0    0     |  598  m
 = sci.electronics
0    0    0    0    0    0    0    0    0    0    0    0    1    581  1    0    0    0    0    0     |  583  n
 = sci.med
0    0    0    0    0    0    0    0    0    0    0    0    1    0    589  0    1    0    0    0     |  591  o
 = sci.space
0    0    0    0    0    0    0    0    1    0    0    0    0    1    0    583  0    1    0    0     |  586  p
 = soc.religion.christian
0    0    0    0    0    0    0    0    0    0    0    2    0    0    0    0    591  0    0    0     |  593  q
 = talk.politics.guns
1    0    0    0    0    0    0    0    0    2    0    0    0    0    0    0    0    559  0    0     |  562  r
 = talk.politics.mideast
0    0    0    0    0    0    0    1    0    0    0    1    0    0    0    0    5    1    459  1     |  468  s
 = talk.politics.misc
17   0    0    0    0    0    0    0    0    1    0    0    0    1    1    4    1    1    2    347   |  375  t
 = talk.religion.misc

=======================================================
Statistics
-------------------------------------------------------
Kappa                                       0.9775
Accuracy                                   98.7061%
Reliability                                93.8966%
Reliability (standard deviation)            0.216
Weighted precision                          0.9872
Weighted recall                             0.9871
Weighted F1 score                           0.987
```

图 11-9　训练数据测试模型的结果

然后，用测试数据测试模型，命令如下：

```
mahout testnb -i 20news-test-vectors -m model -l lablindex -ow -o
20news-testing -c
```

所得的结果如图 11-10 所示。

```
=======================================================
Summary
-------------------------------------------------------
Correctly Classified Instances          :       6656      88.9245%
Incorrectly Classified Instances        :        829      11.0755%
Total Classified Instances              :       7485

=======================================================
Confusion Matrix
-------------------------------------------------------
a    b    c    d    e    f    g    h    i    j    k    l    m    n    o    p    q    r    s    t     <--Classified as
292  0    0    0    1    0    0    0    0    0    0    0    0    2    2    4    2    1    0    8     |  312   a  = alt.atheism
0    289  3    11   12   8    11   2    0    1    1    4    4    1    3    1    4    1    2    3     |  361   b  = comp.graphics
4    19   249  48   11   13   10   7    1    2    4    3    10   5    4    0    1    3    4    1     |  399   c  = comp.os.ms-windows.misc
1    8    5    333  10   3    8    1    2    0    0    2    6    3    0    4    2    0    2    0     |  390   d  = comp.sys.ibm.pc.hardware
1    7    3    13   337  1    7    3    1    3    2    3    4    1    1    5    0    2    2    0     |  396   e  = comp.sys.mac.hardware
0    13   1    3    3    375  6    1    5    1    1    3    3    2    6    1    0    1    1    0     |  426   f  = comp.windows.x
1    6    1    36   7    1    273  15   7    4    5    1    17   2    2    1    5    0    0    2     |  386   g  = misc.forsale
0    1    0    3    1    0    4    362  8    2    1    0    4    1    0    2    2    1    2    1     |  395   h  = rec.autos
1    1    0    0    0    0    0    2    373  0    0    1    1    0    1    0    0    0    0    0     |  380   i  = rec.motorcycles
1    0    0    1    1    0    1    0    2    378  9    1    0    0    0    1    0    0    1    1     |  397   j  = rec.sport.baseball
0    0    1    0    0    0    1    1    0    3    398  0    0    0    0    0    0    0    1    0     |  405   k  = rec.sport.hockey
1    0    1    0    0    0    1    0    0    0    0    377  0    0    0    1    1    0    1    0     |  383   l  = sci.crypt
1    4    0    13   5    2    9    2    3    2    1    3    325  3    6    2    2    1    1    1     |  386   m  = sci.electronics
1    1    0    1    0    0    0    2    0    1    1    0    2    391  3    0    2    1    0    1     |  407   n  = sci.med
0    2    0    1    0    0    1    3    0    0    0    0    0    2    382  0    1    0    0    4     |  396   o  = sci.space
7    1    1    1    1    0    0    1    0    0    0    1    0    1    1    388  0    2    0    6     |  411   p  = soc.religion.christian
0    0    0    0    0    1    0    0    1    0    1    2    0    1    0    0    308  0    3    0     |  317   q  = talk.politics.guns
0    0    0    1    0    0    0    0    0    1    0    0    0    0    1    2    0    371  2    0     |  378   r  = talk.politics.mideast
0    0    0    0    0    0    1    1    0    1    2    1    0    1    3    1    16   6    270  4     |  307   s  = talk.politics.misc
23   0    0    1    0    0    1    0    0    0    1    1    0    2    3    18   7    1    10   185   |  253   t  = talk.religion.misc

=======================================================
Statistics
-------------------------------------------------------
Kappa                                       0.8539
Accuracy                                   88.9245%
Reliability                                84.5013%
Reliability (standard deviation)            0.2183
Weighted precision                          0.8907
Weighted recall                             0.8892
Weighted F1 score                           0.8872
```

图 11-10　测试数据测试模型的结果

图 11-9 和图 11-10 中对角线代表预测正确的数量。

4. 结果分析

从图 11-9 中可以看到，训练样本文件数目是 11361 个，模型的评价结果：针对训练数据进行测试，可以看到模型的准确率达到了 98% 以上，在 11361 个样本中只有 147 个样本被贴错了“标识”。从图 11-10 中可以看到，针对测试样本，文件数目是 7485 个，模型的准确率达到了 89%，说明该训练得到的贝叶斯模型具有较好的正确率，可以用于对新数据进行分类。另外，通过图 11-9 和图 11-10 所示的混淆矩阵，也可以发现哪些标识容易被误分类，由图可知，标识 d 是被误分类最多的一个标识。

另外，也可以输入如下命令查看详细信息：

```
mahout seqdumper -i 20news-testing/part-m-00000
```

结果如图 11-11 所示。

在文件监控系统可以看到运行本次算法所产生的文件，如图 11-12 所示。

```
Key: talk.religion.misc: Value: {0:0.009685259718731635,1:0.009667681739761022,2:0.009547529301458519,3:0.009641550091339485,4:0.009659320018432518,5:0.009607001420799023,6:0.00964110717796439,7:0.009627932981183666,8:0.009624886071588661,9:0.009621402312995943,10:0.009590425749382772,11:0.009651027583712274,12:0.009648170935752041,13:0.009605709352807013,14:0.009630205265129355,15:0.009650274088174 88,16:0.009642132769933082,17:0.009600242861268895,18:0.009646277146645085,19:0.009666864199864659}
Key: talk.religion.misc: Value: {0:0.008862368211099814,1:0.008799939709030882,2:0.008732134810753881,3:0.008832718840219099,4:0.008844399034576275,5:0.008780647363928498,6:0.008833974883213313,7:0.008838897769057615,8:0.008849825920151197,9:0.008829722068244329,10:0.008800050420706994,11:0.008828979974668711,12:0.008837594262942837,13:0.008813760330089442,14:0.008835286256910636,15:0.008850322829340227,16:0.008961360116984509,17:0.008837550092020438,18:0.008900711811797352,19:0.009160051842338774}
Key: talk.religion.misc: Value: {0:0.004402676777142625,1:0.004360375791535143 5,2:0.004324616727949419,3:0.004377759145689328,4:0.004381041214112703,5:0.004353666140254205,6:0.004377608096518702,7:0.004380019679405 24,8:0.004377470097431823 5,9:0.004383181254863117 5,10:0.004367523892386206,11:0.004376871311970473,12:0.004373397698777201,13:0.004369223767924984,14:0.004372649716595925,15:0.004398666224630521,16:0.004392265753672624,17:0.004373155729897 74,18:0.004398974686357937 4,19:0.004535748071252983}
Key: talk.religion.misc: Value: {0:0.006789619989341588,1:0.006706409690641272 5,2:0.006648709055555388,3:0.006727569557685938,4:0.006730811264226227,5:0.006687988005995358 5,6:0.006722954184965386 5,7:0.006728671003596062,8:0.006724160663425443,9:0.006727376284405989,10:0.006726908591228203,11:0.006734222206641804,12:0.006728480200270447,13:0.006708111377557559,14:0.006717926874779 39,15:0.006806530627290 18,16:0.006750631111433846 5,17:0.006733435762901964,18:0.006756771847395861,19:0.006907345848040987}
Key: talk.religion.misc: Value: {0:0.007925855492437898,1:0.007838715997844543,2:0.007776027784497751,3:0.007866716646108168,4:0.007873178768926752,5:0.007823939748187 16,6:0.007865128820642 37,7:0.007878670011140475,8:0.007869198997517 02,9:0.007865721115665344,10:0.007842413038411598,11:0.007878656968263287,12:0.007864806349664863,13:0.007853233637680685,14:0.007854091451500362,15:0.007960437920483796,16:0.007883127024745574,17:0.007847470615932472,18:0.007897805890813 27,19:0.008054665122396608}
Count: 7485
```

图 11-11　详细信息

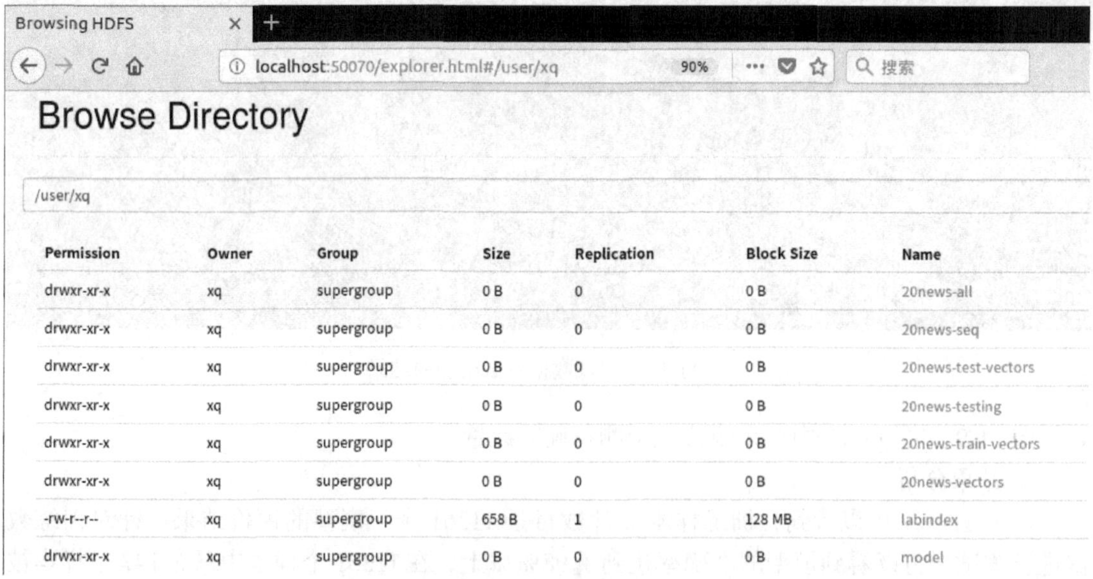

Browsing HDFS

localhost:50070/explorer.html#/user/xq

Browse Directory

/user/xq

Permission	Owner	Group	Size	Replication	Block Size	Name
drwxr-xr-x	xq	supergroup	0 B	0	0 B	20news-all
drwxr-xr-x	xq	supergroup	0 B	0	0 B	20news-seq
drwxr-xr-x	xq	supergroup	0 B	0	0 B	20news-test-vectors
drwxr-xr-x	xq	supergroup	0 B	0	0 B	20news-testing
drwxr-xr-x	xq	supergroup	0 B	0	0 B	20news-train-vectors
drwxr-xr-x	xq	supergroup	0 B	0	0 B	20news-vectors
-rw-r--r--	xq	supergroup	658 B	1	128 MB	labindex
drwxr-xr-x	xq	supergroup	0 B	0	0 B	model

图 11-12　贝叶斯算法产生的文件

11.2　Random Forests 算法

Random Forests（随机森林）是一种比较新的机器学习模型。2001 年 Breiman 把分类树组合成随机森林（Breiman 2001a），即在变量（列）的使用和数据（行）的使用上进行随机化，生成很多分类树，再汇总分类树的结果。随机森林在运算量没有显著提高的前提下提高了预测精度。随机森林对多元线性不敏感，结果对缺失数据和非平衡的数据比较稳健，可以很好地预测多达几千个解释变量的作用（Breiman 2001b），被誉为当前最好的算法之一

(Iverson et al. 2008)。

随机森林是用随机的方式建立一个森林，森林里面有很多的决策树组成，随机森林的每一棵决策树之间是没有关联的。在得到森林之后，当有一个新的输入样本进入时，就让森林中的每一棵决策树分别进行一下判断，看看这个样本应该属于哪一类（对于分类算法），然后看看哪一类被选择最多，就预测这个样本为那一类。

其实使用决策树就可以解决由随机森林解决的问题，但是为什么要再创造一个随机森林算法呢？因为随机森林具有以下优点：在数据集上表现良好；在当前的很多数据集上，相对其他算法有着很大的优势；它能够处理很高维度（feature 很多）的数据，并且不用做特征选择；在训练完后，它能够给出哪些 feature 比较重要；在创建随机森林时，对 generlization error 使用的是无偏估计；训练速度快；在训练过程中，能够检测到 feature 间的互相影响；容易做成并行化方法；实现比较简单。随机森林中的每一棵树都是很弱的，但是大家组合起来就很厉害了。可以这样比喻随机森林算法：每一棵决策树就是一个精通于某一个窄领域的专家（因为我们从 M 个 feature 中选择 m 让每一棵决策树进行学习），这样在随机森林中就有了很多个精通不同领域的专家，对一个新的问题（新的输入数据），可以用不同的角度去看待它，最终由各个专家投票得到结果。

决策树的建立在 6.3 节已经进行了介绍，下面来看看随机森林算法的原理。

随机森林算法的工作原理：针对输入数据进行下面的算法，输入数据一般包括训练集个数 N、训练集特征属性数目 M、随机选取的特征属性数目 m（$m < M$）、随机森林包含的决策树个数 T。

1）从 N 个训练集中以有放回抽样的方式，取样 N 次，形成一组 N 个训练集（即 bootstrap 取样）。

2）按照第 1 步中的方式形成 T 组训练集。

3）对于每一组训练集，随机选取 m 个训练集特征属性。根据这 m 个特征值来计算其最佳的分裂方式。

4）每棵树都要在完全生长而不会剪枝的前提下完成。

5）当所有的 T 棵树建立完成后，算法结束。

该算法的流程图如图 11-13 所示。

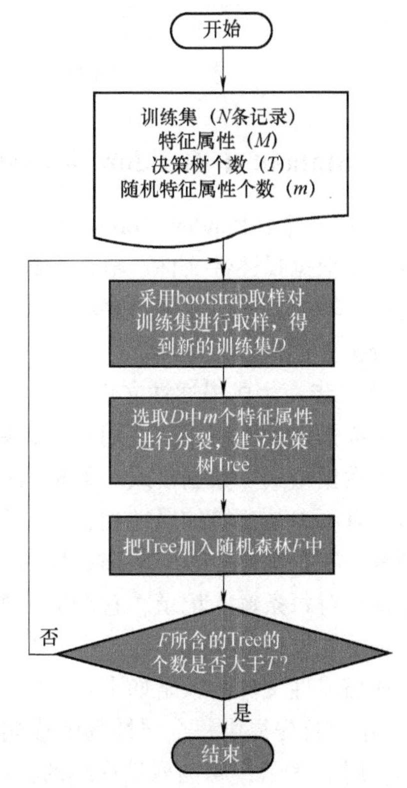

图 11-13　随机森林算法流程图

得到随机森林 F 后，可以使用测试数据来对随机森林 F 进行评估，具体采用如图 11-14 所示的算法。通过此算法可以得到随机森林模型的评估参数，然后根据此评估参数来决定是否使用此随机森林模型。

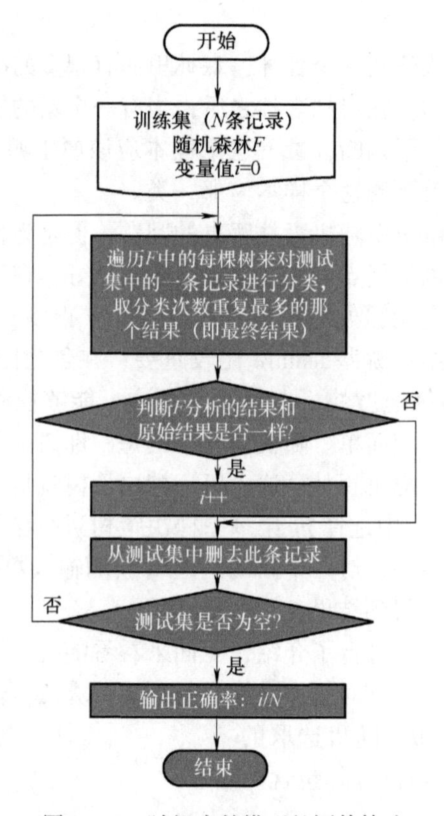

图 11-14　随机森林模型的评估算法

11.2.1　Mahout 中 Random Forests 算法的实现原理

在 Mahout 中，Random Forests 算法是由以下三大部分组成的：①根据原始数据生成描述性文件；②根据描述性文件、输入数据和其他参数应用决策树算法生成多棵决策树，把这些决策树进行转换，以生成随机森林模型；③使用测试数据来对上面生成的随机森林模型进行评估，分析上述模型的好坏。

1. 第一步：生成描述性文件

在生成描述性文件之前，用户首先要对原始输入训练数据有一定的了解，如知道每个特征属性的数据格式。数据格式一般指属性是离散的还是连续的。同时还应知道这个训练数据集是否含有不参与建模的属性列，如有些数据集第一列是行号，这个一般在建模时是不需要的。还有一些数据集含有一些描述性列，这些数据在建模时也是不需要的。最后，要知道训练数据集针对每条输入记录，它的输出类别是在哪个属性列。在知道上面这些前提后，就可以进行描述性文件的生成了。

生成描述性文件的策略如下：

1）用户首先提供每个属性列的描述（属性列属于不参加建模的，用 *I* 表示；属性列是离散的，用 *C* 表示；属性列是连续的，用 *N* 表示；属性列是输出类别的，用 *L* 表示）。

2）根据这个描述遍历输入训练数据集，针对每条训练数据集中的记录使用属性列描述来进行分析，即进行描述性一致检查。具体分析如下：

- 如果这列属性描述是 I，则只需记录这个属性列是属于第几个属性列（即属性列下标），然后继续其他属性列判断。
- 如果这列属性描述是 N，则把这个属性列的值转换为数值。转换出错，则说明这条记录和描述文件不符，于是退出并进行下一条记录的分析。
- 如果这列属性描述是 C，则把这个属性值存入一个不可重复的 set 里面，并用 set 的下标来表示这个属性值，用于后面的计算。
- 如果这列属性描述是 L，则按照 C 的格式进行存储，同时记录这个属性列下标。

3）如果上面的属性列都通过了描述性一致检查，则把保存输入文件总记录数的变量 Num 进行加 1 操作。最后，把用户提供的属性列描述，以及属性列描述为 I 和 L 的属性列下标记录、属性列描述为 C 的所有列表、记录文件总记录条数的 Num 全部存入数据描述性文件。

下面给出一个引用以上策略生成描述性文件的实例，数据见表 11-1。

表 11-1　Random Forests 算法的输入训练数据

Id	*X*1	*X*2	*X*3	*Y*
1	3.9	0.3	Ⅰ	1
2	2.0	4.0	Ⅱ	1
3	3.2A	2.0	Ⅱ	2
4	9.0	2.2	Ⅲ	3
5	2.0	3.9	Ⅰ	2

按照上面生成的描述性文件生成策略可以得到生成的描述性文件的各个变量。首先提供属性列的描述性字符串：[I 2 N C L]，其中 [2 N] 其实等价于 [N N]（即如果有连续 n 个 C 类型，就可以写成 nC；如果有连续 m 个 N 类型，就可以写成 mN），属性列描述性字符串就要转换为 [Ignore，Numerical，Numerical，Categorical，Categorical]，然后存入描述性文件。属性列 $X3$ 的列表为 [Ⅰ Ⅱ Ⅲ]（顺序是随机的），属性列 Y 的列表为 [1 2 3]（顺序是随机的），然后把这两个列表都存入描述性文件。最后就是输入数据集的记录条数，此例中应该是 4，而不是 5，因为第 3 条记录的属性列 $X1$ 的描述字符串为数值型，但是其值为离散的，与描述不符，所以这条记录不能作为输入数据集中的一条。

2. 第二步：生成随机森林模型

这一步主要包括以下 3 个操作：①建立一棵决策树；②把所有建好的决策树转换为随机森林模型；③把随机森林模型存入文件。

（1）建立一棵决策树

建立一棵决策树其实是第二步中最重要的操作了。建树的过程可以使用图 11-15 所示的算法流程来分析：首先对原始数据采用 bootstrap 进行抽样，形成新的数据集，然后随机抽取 m 个属性，分别对这些属性进行信息增益计算（信息增益计算参考第 6 章），得到具有最大信息增益的属性。这个最大增益属性就是这棵决策树的根结点。最大增益属性又可以把数据集分为两个或者多个部分（若属性为数值型，则数据集分为两部分，否则分为多个部分）。把数据分为若干个部分后，就可以递归调用建树方法来进行根结点的子树创建了。

这个算法的结束是当整棵树都建立完成时，当数据集容量小于给定阈值时不是算法结束的时候，这点要明确。

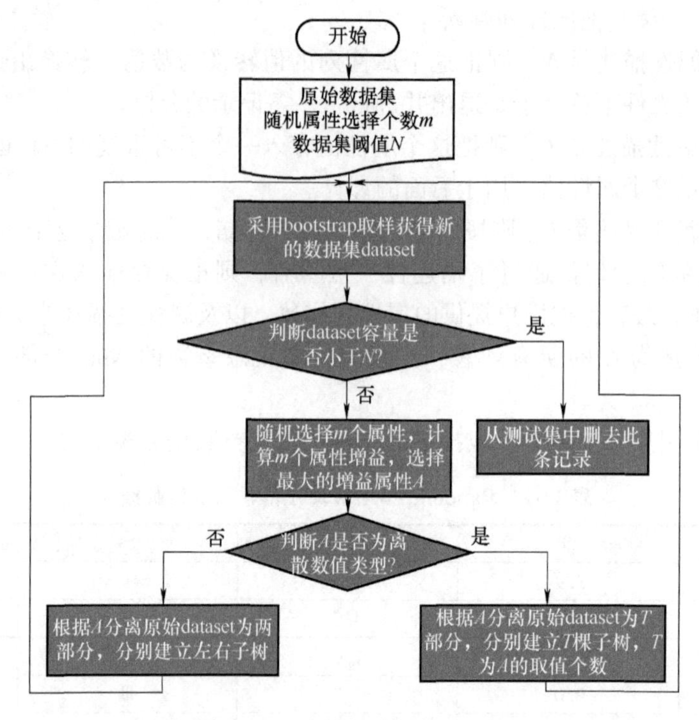

图 11-15　决策树建树算法流程

（2）决策树转换为随机森林模型

在建树阶段，每次建立一棵树后就会将其写入文件中，因此到最后的时候，所有的树都在一个文件中。这一步就是读取这个文件，然后把这些决策树封装在一个链表，存入一个变量中，这个变量就是随机森林变量模型。

（3）存储随机森林模型

存储随机森林模型就是把（2）中产生的随机森林变量模型存入 HDFS 文件系统当中，以方便后面评估阶段读取随机森林模型。

3. 第三步：评估随机森林模型

评估随机森林模型的最主要参数是分类的正确率，附加输出还有一个混淆矩阵，类似于图 11-9 和图 11-10。

这一步的基本流程和图 11-14 一样，只是在进行 $i++$ 操作时，并不是简单的 $i++$，通过 i/N 得到最后的正确率，还要对混淆矩阵进行相应的初始化操作，这样才能得到最后的混淆矩阵。

Mahout 的 Random Forests 算法的分布式策略如图 11-16 所示。

这里首先根据提供分片的大小来对原始数据进行分片，分片后就可以针对每个分片建立一个 map 任务，这样可以使集群所有结点都参

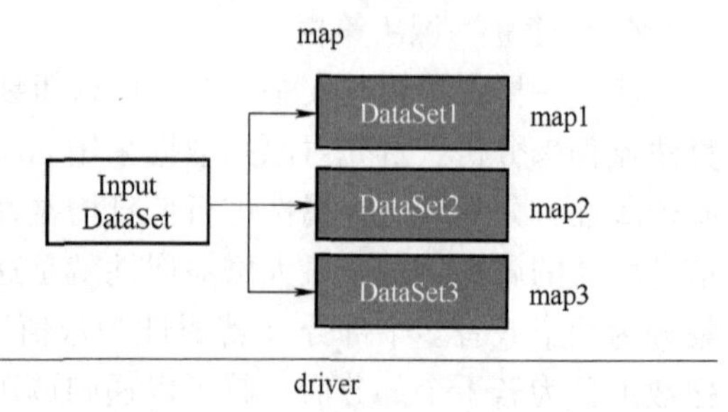

图 11-16　Random Forests 算法的分布式策略

与计算，以达到并行的目的。这里也有不足的地方，关于分片的大小：如果分片太大，那么可能只有一个分片，这样就达不到并行的目的了；如果分片太小，那么每一个分片数据所包含的数据就不足以涵盖原始数据集的大部分特征，这样得到的随机森林模型的效果就会很差。这两种结果都不理想，因此这里的分片大小就特别需要慎重考虑。

11.2.2 Mahout 的 Random Forests 算法实战

1. 输入数据

Random Forests 算法实战使用的输入数据是 UCI 数据集中的玻璃分类数据集（glass. data），这个数据集可以在 http：//archive. ics. uci. edu/ml/machine-learning-databases/glass/进行下载。此数据集一共有 214 条记录，每条记录含有 11 列数据，其中第一列是样本的 ID 编号，第 2 ~10 列是样本特征属性（全部都是数值型的），第 11 列是样本的类型，一共有 6 种，分别是浮法玻璃生产法生产的建筑外窗、非浮法玻璃生产法生产的建筑外窗、浮法玻璃生产法生产的车窗、器皿玻璃、餐具玻璃、前照灯玻璃。其中非浮法玻璃生产法生产的车窗（使用编号 4 表示）在此数据集中没有数据。

使用 Hadoop 的 fs 命令把 glass. data 数据上传到 HDFS 文件系统的 randomforest 文件夹中（hadoop fs -put ~/数据文件/glass. data randomforest），使用命令“hdfs dfs -ls randomforest”查看结果如图 11-17 所示，其部分数据如图 11-18 所示。

```
Found 1 items
-rw-r--r--   1 xq supergroup      11903 2018-01-30 20:03 randomforest/glass.data
```

图 11-17　将 glass. data 上传到 HDFS 文件系统的 randomforest

```
glass.data (~/数据文件) - gedit
打开(O) ▾
1,1.52101,13.64,4.49,1.10,71.78,0.06,8.75,0.00,0.00,1
2,1.51761,13.89,3.60,1.36,72.73,0.48,7.83,0.00,0.00,1
3,1.51618,13.53,3.55,1.54,72.99,0.39,7.78,0.00,0.00,1
4,1.51766,13.21,3.69,1.29,72.61,0.57,8.22,0.00,0.00,1
5,1.51742,13.27,3.62,1.24,73.08,0.55,8.07,0.00,0.00,1
6,1.51596,12.79,3.61,1.62,72.97,0.64,8.07,0.00,0.26,1
7,1.51743,13.30,3.60,1.14,73.09,0.58,8.17,0.00,0.00,1
8,1.51756,13.15,3.61,1.05,73.24,0.57,8.24,0.00,0.00,1
9,1.51918,14.04,3.58,1.37,72.08,0.56,8.30,0.00,0.00,1
10,1.51755,13.00,3.60,1.36,72.99,0.57,8.40,0.00,0.11,1
11,1.51571,12.72,3.46,1.56,73.20,0.67,8.09,0.00,0.24,1
12,1.51763,12.80,3.66,1.27,73.01,0.60,8.56,0.00,0.00,1
```

图 11-18　Random Forests 算法实战的部分输入数据

2. 参数意义

Random Forests 算法在 Mahout 中有以下 3 个部分：生成描述文件、建立随机森林模型和评估随机森林模型。

（1）生成描述文件

```
mahout org.apache.mahout.classifier.df.tools.Describe --path <path> --file <file> --descriptor <descriptor1> [<descriptor2>... ] --regression --help
```

上面的参数的具体含义如下。

- --path（-p）path：任务的输入文件的选项，必选。
- --file（-f）file：任务的描述文件的路径，必选。
- --descriptor（-d）descriptor [descriptor...]：输入数据的描述，因为输入数据的属性可能有多个，所以这里可以写多个参数，可选。
- --regression（-r）：指明使用回归或者分类，默认是分类，可选。
- --help（-h）：打印此参数帮助信息，可选。

其中，-d 参数可以根据前面的介绍进行填写。

（2）建立随机森林模型

```
mahout org.apache.mahout.classifier.df.mapreduce.BuildForest--
data < path > --dataset < dataset > --selection < m > --no-complete --
minsplit < minsplit > --minprop < minprop > --seed < seed > --partial --
nbtrees < nbtrees > --output < path > --help
```

上面的参数的具体含义如下。

- --data（-d）path：任务的输入文件的选项，必选。
- --dataset（-ds）dataset：描述文件的路径，必选。
- --selection（-sl）m：随机选取属性的个数，对于分类问题，默认是属性个数的二次方根，对于回归问题，默认是属性个数的1/3，可选。
- --no-complete（-nc）：建立的决策树是否完整，可选。
- --minsplit（-mp）minsplit：决策树是否分支的数据集容量阈值，默认是2，可选。
- --minprop（-mp）minprop：决策树是否分支的数据集比例阈值，用于回归分析，默认是0.001，可选。
- --seed（-sd）seed：随机种子，可选。
- --partial（-p）：使用 MapReduce 模式还是 Sequential 模式，可选。
- --nbtrees（-t）nbtrees：决策树的个数，必选。
- --output（-o）path：任务的输出文件的路径，用来存储决策树模型，必选。
- --help（-h）：打印此参数帮助信息，可选。

（3）评估随机森林模型

```
mahout org.apache.mahout.classifier.df.mapreduce.TestForest --
{JP3input < input > --dataset < dataset > --model  < path > --output < out-
put > --analyze --mapreduce --help
```

上面的参数的具体含义如下。

- --input（-i）input：任务的输入文件选项，必选。
- --dataset（-ds）dataset：描述文件的路径，必选。
- --model（-m）path：随机森林模型的存储路径，必选。
- --mapreduce（-mr）：使用 MapReduce 模式还是 Sequential 模式，可选。
- --output（-o）output：任务的输出文件的路径，用来存储决策树模型，必选。

- --analyze（-a）：是否显示模型评估信息，可选。
- --help（-h）：打印此参数帮助信息，可选。

其中，-a 参数一般是要写上的，这样在程序运行之后就可以看到随机森林的评估信息了。

3. 运行

① 首先针对输入文件（即在 HDFS 文件系统上的 glass. data 文件），使用下面的命令，生成描述文件：

```
mahout org.apache.mahout.classifier.df.tools.Describe -p randomforest
/glass.data -f randomforest/glass.info -d I 9 N L
```

这里，-d 后面的参数就是对输入文件 glass. data 的描述字符串：I 说明第一列是可以忽略的，这里的第一列是数据集的 ID，肯定是要忽略的，后面 9 个属性列都是数值型的，所以使用“9N”表示，最后一个属性列是每条记录的分类结果，使用 L 表示。-f 后面的参数就是最后生成的描述文件的路径和文件名。

命令执行完成后会出现如图 11-19 所示的信息。

```
18/01/30 20:04:39 INFO tools.Describe: generating the dataset...
18/01/30 20:04:40 INFO tools.Describe: storing the dataset description
18/01/30 20:04:40 INFO driver.MahoutDriver: Program took 3363 ms (Minutes: 0.05605)
```

图 11-19　Describe 执行完成的信息

使用命令：hadoop dfs -ls randomforest，查看 randomforest 文件夹中的文件，结果如图 11-20 所示。

```
Found 2 items
-rw-r--r--   1 xq supergroup      11903 2018-01-30 20:03 randomforest/glass.data
-rw-r--r--   1 xq supergroup        560 2018-01-30 20:04 randomforest/glass.info
```

图 11-20　randomforest 文件夹中的文件

描述文件是用 Json 格式保存的，使用命令查看 glass. info 描述文件：hadoop dfs -cat randomforest/glass. info，结果如图 11-21 所示。

```
[{"values":null,"label":false,"type":"ignored"},{"values":null,"label":false,"type
":"numerical"},{"values":null,"label":false,"type":"numerical"},{"values":null,"la
bel":false,"type":"numerical"},{"values":null,"label":false,"type":"numerical"},{"
values":null,"label":false,"type":"numerical"},{"values":null,"label":false,"type"
:"numerical"},{"values":null,"label":false,"type":"numerical"},{"values":null,"lab
el":false,"type":"numerical"},{"values":null,"label":false,"type":"numerical"},{"v
alues":["1","2","3","5","6","7"],"label":true,"type":"categorical"}]xq@xq-virtual-
machine:/usr/local/Mahout0.10$
```

图 11-21　glass. info 描述文件

② 生成描述文件后，就可以开始建模了，命令如下：

```
mahout org.apache.mahout.classifier.df.mapreduce.BuildForest -
d randomforest/glass.data -ds randomforest/glass.info -sl 3 -ms 3 -p -
t 5 -o randomforest/forest_result
```

在上面参数中，-sl 设置为 3，即在建树过程中随机选择的属性个数是 3；-ms 设置为 3，即当数据集的容量小于 3 时，就会产生叶子结点而不是去递归建树；-p 设置为 true（出现这个参数，就说明这个参数被设置为 true），即使用 MapReduce 模式；-t 设置为 5，即生成 5 棵决策树组成的随机森林模型。

执行完成的信息如图 11-22 所示。

```
        Map-Reduce Framework
                Map input records=214
                Map output records=5
                Input split bytes=118
                Spilled Records=0
                Failed Shuffles=0
                Merged Map outputs=0
                GC time elapsed (ms)=56
                Total committed heap usage (bytes)=47669248
        File Input Format Counters
                Bytes Read=11903
        File Output Format Counters
                Bytes Written=3360
18/01/30 20:06:36 INFO common.HadoopUtil: Deleting hdfs://localhost:9000/user/xq/forest_result
18/01/30 20:06:36 INFO mapreduce.BuildForest: Build Time: 0h 0m 5s 153
18/01/30 20:06:36 INFO mapreduce.BuildForest: Forest num Nodes: 223
18/01/30 20:06:36 INFO mapreduce.BuildForest: Forest mean num Nodes: 44
18/01/30 20:06:36 INFO mapreduce.BuildForest: Forest mean max Depth: 9
18/01/30 20:06:36 INFO mapreduce.BuildForest: Storing the forest in: randomforest/forest_result
/forest.seq
```

图 11-22　BuildForest 执行完成的信息

③ 在使用上面的命令生成了随机森林模型后，就可以对上述模型进行评估了，命令如下：

```
mahout org.apache.mahout.classifier.df.mapreduce.TestForest -i randomforest/glass.data -ds randomforest/glass.info -m randomforest/forest_result -a -o predictions
```

这里的-m 参数就是上一步中建立的模型的路径；-mr 设置为 MapReduce 模式，因为这里默认是非 MapReduce 模式的，所以要设置为 MapReduce 模式。

执行完成后会出现如图 11-23 所示的信息：

```
=======================================================
Summary
-------------------------------------------------------
Correctly Classified Instances          :        194       90.6542%
Incorrectly Classified Instances        :         20        9.3458%
Total Classified Instances              :        214

=======================================================
Confusion Matrix
-------------------------------------------------------
a       b       c       d       e       f       <--Classified as
67      3       0       0       0       0        |  70          a     = 1
2       74      0       0       0       0        |  76          b     = 2
7       5       5       0       0       0        |  17          c     = 3
0       0       0       12      0       1        |  13          d     = 5
0       0       0       0       7       2        |  9           e     = 6
0       0       0       0       0       29       |  29          f     = 7

=======================================================
Statistics
-------------------------------------------------------
Kappa                                       0.8111
Accuracy                                   90.6542%
Reliability                                70.3686%
Reliability (standard deviation)            0.3961
Weighted precision                          0.9139
Weighted recall                             0.9065
Weighted F1 score                           0.893
```

图 11-23　TestForest 执行完成信息

4. 结果分析

从图 11-22 可以看出，map 的输入记录为 214 条记录，输出为 5 条记录，符合前面对数据的分析，而且输出的是 5 棵决策树，和参数设置的值一致；同时可以看到建立的决策树的一些结点信息以及所有决策树存储的路径。在对随机森林模型的测试中，使用的还是训练数据（这里这样做的确有不妥的地方），因此，在图 11-23 中看到 map 的个数还是 214，同时还可以看到随机森林对测试数据的测试结果，其中 90% 以上的数据都被正确分类了，说明随机森林模型效果还不错，可以使用。在终端的信息中，最后还给出了测试数据的混淆矩阵，根据这个矩阵，用户可以分析出哪些类别容易被误分以及其他信息。

11.3 小结

本章首先通过日常生活中的例子引入了分类的概念，然后简要分析了分类算法在生活中的应用，方便读者了解该类算法的应用场景。接着通过分析 Hadoop 云平台上面两个分类算法的 Mahout 实现：Bayesian 和 Random Forests，在比较清晰地理解每个具体算法的原理的同时，了解该算法在 Mahout 的实现思路，扩展读者的思维。并且在每个小节专门设置了算法实战，通过算法实战，可以轻松地学会如何调用该算法，为读者解决自己的实际问题提供帮助。

参考文献

[1] HAN JIAWEI，KAMBER MICHELING，PEI JIAN. 数据挖掘概念与技术［M］. 3 版 . 范明，孟小峰，译. 北京：机械工业出版社，2012.

[2] TAN PANG NIING，STEINBACH MICHAEL，KUMAR VIPIN. 数据挖掘导论［M］. 完整版 . 范明，范宏建，译 . 北京：人民邮电出版社，2011.

[3] 李春葆，李石君，李筱驰 . 数据仓库与数据挖掘实践［M］. 北京：电子工业出版社，2014.

[4] 李雄飞，董元方，李军 . 数据挖掘与知识发现［M］. 2 版 . 北京：高等教育出版社，2010.

[5] 黄德才 . 数据仓库与数据挖掘教程［M］. 北京：清华大学出版社，2016.

[6] WU XINDONG，KUMAR VIPIN. 数据挖掘十大算法［M］. 李文波，吴素研，译 . 北京：清华大学出版社，2013.

[7] 王丽珍，周丽华，陈红梅，等 . 数据仓库与数据挖掘原理及应用［M］. 2 版 . 北京：科学出版社，2009.

[8] 西安美林电子有限责任公司 . 大话数据挖掘［M］. 北京：清华大学出版社，2013.

[9] 王国胤，刘群，于洪，等 . 大数据挖掘及应用［M］. 北京：清华大学出版社，2017.

[10] 简祯富，许嘉裕 . 大数据分析与数据挖掘［M］. 北京：机械工业出版社，2016.

[11] 刘军 . Hadoop 大数据处理［M］. 北京：机械工业出版社，2013.

[12] 樊哲 . Mahout 算法解析与案例实战［M］. 北京：机械工业出版社，2015.

[13] GIACOMELLI PIERO. Mahout 实践指南［M］. 靳小波，译 . 北京：机械工业出版社，2014.

[14] 张良均，樊哲，赵云龙，等 . Hadoop 大数据分析与挖掘实战［M］. 北京：机械工业出版社，2017.